"十二五"国家重点出版物出版规划项目
教育部新兴领域教材研究与实践项目
城市交通系列教材　　邵春福　闫学东　总主编

城市交通设计

（第 2 版）

岳　昊　张　旭　主编

北京交通大学出版社
·北京·

内 容 简 介

本书共分 10 章，主要内容包括绪论、城市交通设计的基础、城市交通资源配置与网络设计、城市道路交通空间设计、城市公共交通设计、城市交通枢纽交通设计、城市停车交通设计与管理、交通语言设计、城市道路立体交叉交通设计、城市交通设计方案评价。

本书是“十二五”国家重点出版物出版规划项目“城市交通系列教材”之一，既可作为交通工程专业本科生教材，也可供相关专业技术人员参考。

图书在版编目（CIP）数据

城市交通设计 / 岳昊，张旭主编. —2 版. —北京：北京交通大学出版社，2023.5
城市交通系列教材 / 邵春福，闫学东总主编
ISBN 978-7-5121-4943-4

Ⅰ. ① 城…　Ⅱ. ① 岳…　② 张…　Ⅲ. ① 城市规划–交通规划–高等学校–教材
Ⅳ. ① TU984.191

中国国家版本馆 CIP 数据核字（2023）第 082246 号

城市交通设计
CHENGSHI JIAOTONG SHEJI

责任编辑：韩素华
出版发行：北京交通大学出版社　　电话：010-51686414　　http://www.bjtup.com.cn
地　　址：北京市海淀区高梁桥斜街 44 号　　邮编：100044
印 刷 者：北京时代华都印刷有限公司
经　　销：全国新华书店
开　　本：185 mm×260 mm　　印张：23.75　　字数：593 千字
版 印 次：2016 年 1 月第 1 版　　2023 年 5 月第 2 版　　2023 年 5 月第 1 次印刷
印　　数：1～1 000 册　　定价：69.00 元

本书如有质量问题，请向北京交通大学出版社质监组反映。对您的意见和批评，我们表示欢迎和感谢。
投诉电话：010-51686043，51686008；传真：010-62225406；E-mail：press@bjtu.edu.cn。

总 序

现代交通系统对我国城镇化发展具有支撑性和先导性作用，它既是人们生活出行的基本保障，又是带动城市经济社会发展的“先行者”。自改革开放以来，我国的城镇化以年均超1%的速度快速发展，截至 2021 年底，我国的城镇化率已经超过 64.72%。城市交通系统，尤其在超大城市和特大城市，以公共交通为骨干的城市综合交通体系发展迅速，已经有 28 个省（自治区、直辖市）的 51 个城市开通了城市轨道交通系统，运营总里程位居世界第一。然而，城市交通拥堵、汽车尾气污染和交通事故多发等“城市病”现象也日趋严重，已经成为阻碍我国城市经济社会发展的社会问题，严重影响市民的生产和生活，人们出行的获得感、安全感不高，更谈不上满足感和幸福感。

“城市病”问题得到了政府和社会各界的广泛关注，但是至今高校尚没有设置城市交通专业，又没有与此对应的系列化、专业化教材，导致城市交通治理人才匮乏。城市交通涉及人文、社会、政治、经济、工程等多个领域，是典型的交叉学科，治理城市交通需要复合型人才。

为满足社会对城市交通专业人才的培养需求，从 2012 年开始，编者与北京交通大学出版社共同组织北京交通大学交通运输学院交通工程和交通运输 2 个国家级教学团队的师资力量编写了“城市交通系列教材”，包括《城市交通概论》《城市总体规划》《城市交通调查》《城市交通规划》《城市交通流理论》《城市公共交通》《城市交通管理与控制》《城市交通设计》《城市交通枢纽》《城市道路工程》《城市交通安全》《城市交通经济》《城市智能交通系统》《城市交通专业实验教程》《城市智慧物流》，共 15 册教材。本系列教材获批了原国家新闻出版广电总局的“‘十二五’国家重点出版物出版规划项目”，并于 2016 年完成了本系列教材第 1 版的出版发行。

本系列教材一直作为北京学院的主要参考教材使用。北京学院是北京市教育委员会借助在京高校的优势特色资源为北京市培养特需人才的一项重要工程。北京交通大学依托在交通运输领域的传统优势和特色，于 2015 年申报北京学院城市交通辅修专业并获批，并于同年招生，至今已经招收了 6 届。

本系列教材为“城市交通系列教材”的第 2 版。修订出版第 2 版的理由如下：首先，本系列教材初版发行 6 年多来，受到了相关高等院校和科研单位的厚爱。其次，中共中央、国务院于 2019 年 9 月发布了《交通强国建设纲要》，于 2021 年 2 月发布了《国家综合立体交通网规划纲要》，并把交通强国建设作为国家战略，要求到 21 世纪中叶，构建安全、便捷、高效、绿色、经济的现代化综合交通体系，打造一流设施、一流技术、一流管理、一流服务，建成人民满意、保障有力、世界前列的交通强国，为全面建成社会主义现代化强国、实现中华民族的伟大复兴中国梦提供坚强支撑；实现“全国 123 出行交通圈”（都市区 1 小时通勤，城市群 2 小时通达，全国主要城市 3 小时覆盖）和“全球 123 快货物流圈”（国内 1 天送达，周边国家 2 天送达，全球主要城市 3 天送达），做到“人享其行，物优其流”。最后，城市和都市圈内部的“多规融合”和“多规合一”，京津冀、长三角、粤港澳、成渝等世界级城市群和国家、区域级城市群建设的推进，以及智慧城市、智慧交通和城市治理等对城市交通的知识体系和人才培养提出了新的需求。编写团队为适应上述需求的变革，修订出版本系列教材的第 2 版。

由于编者的水平、时间有限，本系列教材中难免出现疏漏和不足之处，敬请读者批评指正。

编　者

2022 年 10 月

前　言

城市交通系统既是含有道路、城市轨道、水上交通、枢纽节点的立体交通系统，又是由行人、非机动车、公共交通、私家汽车和各种营运客货车组成的综合交通系统。在城市交通系统中，交通出行者、车辆首先通过道路交通实现各自的空间位移，在交通节点（交通枢纽和站点）实现交通方式的换乘和货物的运转，最终到达目的地。广义地讲，城市交通系统的目标一是支撑城市社会经济的高效发展，二是引导或拉动社会经济发展。狭义地讲，城市交通系统运行的目标是安全、高效（顺畅）、节能和低碳、人性化及环境友好，而城市交通设计是实现交通系统运行目标的手段之一，这就要求设计者对各种交通方式和交通节点进行优化设计。安全的交通设计应考虑交通基础设施的交通功能、交通出行者和交通工具运行特性，以及它们之间的相互关系与对城市环境的影响；高效（顺畅）的交通设计应利用系统的思想，考虑交通方式的分离与衔接及交通出行特性与交通工具特性的良好匹配；节能和低碳的交通设计则应考虑公共交通优先和提高机动车的运行速度；人性化的交通设计应考虑交通出行者的行为心理和生理等特征，便于人们使用；环境友好的交通设计应该美观，并与当地文化相契合。

然而，由于交通设计在我国起步较晚，又没有得到应有的重视，致使目前城市交通系统运行存在不安全、效率低下、耗能高、排放污染严重，更缺乏人性化和美观等问题，亟须从教材、人才培养和工程实际等方面加以足够的重视，以便不利状况尽早得到改善。

在交通设计相关书籍方面，同济大学杨晓光教授的团队做了先驱性的工作，主持编写了《城市道路交通设计指南》和《交通设计》，并完成了一批道路交通应用设计的成功案例，是本书的重要参考资料。但是，交通设计在我国尚处于发展阶段，需要交通领域全体人员推动和实践，以达到蓬勃发展，共同提高我国交通设计水平的目的。

本书作为“城市交通系列教材”之一，从城市综合交通系统的宏观和微观视角、理论及技术层面讲述交通系统设计的内容。从宏观视角，主要讲述城市交通体系设计、城市交通资源配置设计、城市交通网络衔接设计和组织设计等；从微观视角，主要讲述交通方式、线路、断面、节点和交通语言设计等。从理论层面，主要讲述城市交通设计的基础理论，涉及交通工程学、系统工程学、工业设计、城市设计、计算科学、交通环境工程学、景观和地区文化，以及城市交通设计的原则与核心要素；从技术层面，主要讲述交通方式、线路、节点、断面、交通语言、衔接设计及评价等技术。

本书第 2 版由北京交通大学岳昊教授和张旭教授主编。编写人员及其主要分工为：岳昊教授编写第 1 章、第 2 章、第 6 章并对全书进行统稿，罗斯达教授编写第 3 章和第 10 章，张旭教授编写第 4 章，陈旭梅教授编写第 5 章，熊志华副教授编写第 7 章和第 8 章，王颖讲师编写第 9 章。

本书受国家自然科学基金创新群体项目“城市群综合交通协同组织与资源配置”（批准号：71621001）和国家自然科学基金面上项目“步行设施内障碍物的瓶颈阻滞与隔离保护机理”（批准号：71771013）的资助，在此一并表示衷心感谢。

由于编者能力和水平所限，内容难免存在不足或错误，恳请读者批评指正。

编　者

2023 年 3 月

完稿于红果园

目 录

第1章 绪　论

城市交通设施是人们衣、食、住、行和城市生产的基础，良好的交通设计可以使人们的生产、生活安全，出行高效，环境舒适，物流顺畅，城市美观。本章主要讲述城市交通设计的目标、交通设计与道路工程设计、城市交通设计的内容、城市交通设计的发展历史等。

1.1　概　述

“安全、通畅、低碳、便捷、高效、舒适和人性化”的城市交通设施是人们对其设计和运营管理的基本要求。然而，由于既往的城市交通基础设施在规划和设计阶段缺少对交通基本功能、从使用者视角及系统性等方面的考虑，往往带来建设运营后不好用、不安全、不和谐，甚至不能用等问题，既影响了其基本功能的发挥，又产生了一些不应有的后果。因此，交通基础设施的规划和设计引入交通设计并贯穿于各个环节，是城市发展、居民生活和物流活动质量的必需，是决定新型城市化的成败因素之一。

1.2　城市交通设计的目标

城市交通可以定义为在城市范围内从事客货运输交通系统的总称。因此，城市交通系统就基础设施而言是含有道路、城市轨道、水上交通、枢纽站点的立体交通系统；就运输对象而言是含有客运和货运的交通系统；就载运工具而言，是含有城市公共交通、汽车交通、非机动车交通和行人的综合交通系统。

城市交通设计是基于城市交通规划的理念和成果，运用交通工程学的基本理论和原理，以城市交通系统的“安全、快速、便捷、环保、经济”为目的，以城市交通系统的时间资源、空间资源、建设投资等为约束条件，对现有或规划建设的交通系统及其设施的交通功能加以优化设计，以寻求确定交通系统时间和空间要素的最佳方案。从交通设施的规划、设计、建设、管理和运维的生命周期角度，交通设计上承设施规划、下启设施建设与管理，主要分为面向建设与面向管理的交通设计。从交通出行者空间移动的角度，交通设计服务出行者的整个出行过程，基于交通设施为出行者提供完善的交通功能与信息，确保出行过程的安全、便捷和快速。从交通系统层次结构的角度，交通设计包括交通系统的总体设计、交通体系结构设计、交通网络设计和交通导向系统设计等宏观设计，以及城市交通的线路、节点、单体标识、设施局部细节等微观设计。

城市交通设计的目标是：完成城市交通系统时空资源的综合配置和不同交通方式的衔接，以使出行者安全、便捷、舒适，物流顺畅，系统整体高效、低碳和美观。为了实现这一目标，对客流的零距离换乘设计和货流的无缝衔接设计是其基本的理念和原则。

1.3 交通设计与道路工程设计

传统道路工程设计的内容，主要包括以下八大领域。

① 道路几何设计，包括平面线性设计、纵断面线性设计、横断面设计。

② 路基设计，包括路基稳定处理、土石方计算与处理。

③ 路面设计，包括柔性路面（沥青路面）设计，刚性路面（混凝土路面）设计。

④ 构造物设计，包括桥梁设计、护坡设计、隧道设计、涵洞设计、挡土墙设计、其他构造物设计等。

⑤ 排水设计，包括地表排水设计、地下排水设计、路侧排水设计。

⑥ 道路交叉设计，包括平面交叉设计、交叉口渠化设计、立体交叉设计、交汇道路设计、道路与轨道的平面交叉道路设计。

⑦ 交通工程设施设计，包括标志、标线、信号灯、护栏、诱导标、照明设施、反光设施、防炫设施等设计。

⑧ 道路附属设施设计，包括防撞设施、吸能设施、机电设施、遮光设施、隔音设施、收费设施、服务设施、植栽绿化等设计。

传统道路工程设计主要注重交通设施的土木工程设计与结构工程设计，强调交通设施的建筑与构造本身，以确保交通设施在运营过程中的稳定性、安全性与完整性，而忽视了设施的交通功能设计，特别是交通系统中交通服务功能的设计。交通设计应主要注重交通设施的交通功能设计，强调交通系统与设施的外在服务功能，确保被服务对象在整个出行过程中的安全、便捷、快速与舒适。

道路交通设计与道路工程设计之间既有区别又有联系，在一定程度上很难做彻底的分割。设计要保证在工程上能够实现并能达成经济、环保，易于维护、便于管理等目标。交通系统的交通服务功能，是以其设施为物理基础，以其交通需求和出行过程为服务对象，以其交通组织管理和控制为具体手段。合理的交通设计不仅有助于指导道路工程设计，而且有助于提高道路交通管理水平。道路工程设计所呈现的几何线形与横断面及交叉口布局，组成了道路交通运行安全与效率的先天基因；不良的几何线形与不佳的横断面配置，会升高道路的事故发生率与严重程度，降低道路的运行效率，提高道路的管理成本，使后续的改善建设也大费周章。

由于城市交通的内涵所在，本书的交通设计除以道路为基础的道路交通设计外，还包括交通枢纽站点周边的多方式交通衔接设计及停车场的设计等，范围更宽。

1.4 城市交通设计的内容

基于上述对城市交通的定义，可知交通设计是基于城市客货流的需求，对城市交通基础设施网络线路、节点和管理设施等从功能上进行设计和合理配置，以优化组织交通流，是一种综合交通设计。本书将城市交通设计的内容归纳为以下几点。

① 城市交通设计的理论基础。作为城市交通时空资源的配置、衔接和交通流的优化组织，交通工程学、系统工程、工业设计、城市设计、环境工程学、计算科学和人文历史等将成为设计的理论基础。

② 城市交通网络设计。城市交通网络构成城市的骨架，是支撑和引导城市发展的重要因素。因此，城市交通网络设计是对城市综合交通系统的体系结构和布局形式，以及对其中单一交通网络的功能层次及其衔接关系进行合理设计。

③ 城市交通节点交通设计。城市交通节点交通设计含交通枢纽、车站、停车场和停车泊位及道路交叉口的交通设计。交通枢纽分为综合交通枢纽和单方式交通枢纽；车站分为轨道交通车站、公交车站和出租车停靠站等；停车场分为社会停车场和公建停车场；停车泊位主要为路侧停车泊位；道路交叉口形式含环岛式平面交叉、普通平面交叉和立体交叉。需要说明的是，道路交叉的时间资源优化，即信号配时是“城市交通系列教材”中《城市交通管理与控制》分册的主要内容之一，因此本书的平面道路交叉部分仅对其空间资源进行优化设计。

④ 城市道路断面交通设计。城市道路按照其功能分为城市快速路、主干路、次干路和支路等。城市道路断面交通设计是对这些道路的横断面和纵断面进行的交通设计。

⑤ 城市道路交通导向（语言）系统的设计。城市道路交通导向系统分为交通标志和标线等导向装置。

⑥ 城市交通设计方案评价。城市交通设计是对上述①～⑤项内容的综合设计，其方案设计的效果通过一系列指标体现，如安全、效率、便捷、舒适、低碳等。城市交通设计方案评价即通过一定的理论方法对其效果进行综合评价。

1.5 城市交通设计的发展历史

交通设计起源于20世纪50年代，并在美国、欧洲和日本等地兴起。起初人们关注的是交通基础设施的无障碍设计（barrier free design），即为身体残障者的出行去除各种障碍，并由美国黑人民权运动家马丁·路德·金提倡。

1961年，美国颁布了 *Buildings and Facilities—Providing Accessibility and Usability for Physically Handicapped People* [《建筑物和设施——为肢体残疾的人提供易用性和可用性》(ANSI A117.1-1961)]，该标准主要约束设计者在进行产品设计时，应满足残障者生理层面的要求。

有些障碍设计作为交通设计的内容之一，也随着机动车的不断增加得到应用。例如，在社区道路上普遍使用的减速挡、交通宁静化设计及宁静社区等，均是人为设计某种障碍强制降低车速或限制机动车的通行，以达到安全、宁静、舒适的目的。

20世纪70年代，在满足了残障、老弱、疾患等人群生理层面的无障碍需求后，人们在设计中更进一步考虑满足心理层面的要求，于是交通设计发展到广泛设计阶段，正像美国建筑设计师麦克·贝尔（Michael Bednar）提倡的那样：撤除了环境中的障碍后，每个人的官能都可以获得提升。

20 世纪 80 年代末期，交通设计进一步发展到通用设计（universal design）阶段。1987 年，美国设计师 Ron Mace 开始使用“通用设计”一词，并定义为：创造不需要特殊调整，与年龄、体格、残疾程度无关，任何人都可以利用的产品和环境，并且充满物美价廉、智慧和创意。可见，通用设计是注重人、产品和环境之间高度协调的一种设计。

通用设计的核心思想是把所有人都看成程度不同的能力障碍者，即人的能力是有限的——在不同的年龄阶段，人们具有的能力不同——在不同的环境中具有的能力也不同。

到 20 世纪 90 年代中期，Ron Mace 与一群设计师为通用设计制定了 7 项原则，具体如下。

① 公平：对任何使用者都不会造成伤害或使其受窘。设计者应对所有使用者提供相同的使用手段，不将使用者划分“另类”，如“残疾人专用”等。

② 弹性：涵盖了广泛的个人嗜好和能力，提供多元化的使用选择。

③ 简易及直观：不论使用者的经验、知识、语言能力或集中力如何，都很容易理解和掌握。

④ 明显的信息：不论周围状况或使用者感官能力如何，都有效针对使用者传达必要的信息。

⑤ 容错：将危险或不经意的动作所导致的不利后果降至最低。

⑥ 省力：可以有效、舒适及不费力气地使用。

⑦ 适当的尺寸及空间：不论使用者体形、姿势或移动性如何，设计都提供适当的大小及空间供操作与使用。

同时，Ron Mace 还给出了 3 项附则：可长久使用，具经济性；品质优良且美观；对人体及环境无害。

1990 年，美国颁布了世界上第一部《美国残疾人法案》（*Americans with Disabilities Act*）。

我国于 1990 年 12 月 28 日颁布实施了《中华人民共和国残疾人保障法》，其中第七章对无障碍环境进行了规定。在此之前的 1988 年 9 月，我国建设部、民政部和中国残疾人联合会联合发布了《方便残疾人使用的城市道路和建筑物设计规范》（JGJ 50—1988）。

我国对交通基础设施交通设计，尤其是道路交通设计的研究起步于 20 世纪 90 年代后期，同济大学杨晓光教授对此进行了开创性的研究，并取得了丰硕的研究成果。然而，我国交通设计，尤其是城市交通设计的水平还停留在土木工程设计的阶段，协调和衔接及“交通”的思想还难以融入，更难以满足安全、便捷、舒适等人性化要求。本书试图在前人研究成果的基础上对交通设计进行进一步的探索。

复习思考题

1. 什么是城市交通设计？其目标是什么？
2. 交通设计与道路工程设计的区别和联系是什么？
3. 城市交通设计的内容有哪些？
4. 简述城市交通设计的发展历史。

第 2 章

城市交通设计的基础

城市交通设计涉及的内容较多，是交通工程专业知识与相关专业理论及相关技术规范和标准的综合运用。本章主要介绍城市交通设计依据的理论基础、设计原则、核心要素、层级结构与设计步骤、相关标准规范和规则等，为后续章节的学习奠定基础。

2.1 概　　述

城市作为人类制造的最复杂的人造体，是由基础设施、产业、人和公共服务等组成的复杂巨系统，每个城市都有自己的生命体特征，即城市个性。

城市交通设计的任务就是将交通基础设施、交通出行和公共服务从功能上有机地结合起来，凸显城市个性，满足城市经济社会发展的需要，创造安全舒适的生活环境。

城市交通设计需充分考虑交通需求，既最大限度地满足这种需求，又不因过度满足而造成浪费，这必须通过交通调查分析、科学的预测、系统的规划、安全评估和经济测算来实现，因此需要交通工程学理论和系统工程的思想。

城市交通设计在城市范围内进行，也是城市设计的一部分，必须考虑城市空间、功能、形态、景观、历史和文化等要素，做到和谐、美观、时尚和艺术，与城市历史文化统一。

城市交通设计产生产品，又属于工业设计的范畴，对设计要素的把握和流程应符合工业设计的要求。

城市交通设计还必须赋予其产品时代感。节能减排、低碳和人性化交通出行是世界交通领域的发展方向，在我国城市空气污染和道路交通拥堵严重、交通安全形势严峻、人口高度密集的现状条件下，追求城市交通设计的节能减排、低碳和人性化就显得尤为重要。

城市交通设计产品应具有较长的生命周期，其建设和维护成本多为政府投资，一旦建成就不可以、也不允许短时间内拆毁重建，因此，利用系统工程的思想，统筹全局，既可以避免“挂一漏万”，又不至于做“亡羊补牢”的憾事。

2.2 城市交通设计的理论基础

如第 1 章所述，城市交通设计依托交通工程学、系统工程、工业设计、城市设计、计算科学、交通环境工程和历史文化等理论，并针对具体交通设计问题进行“量身定制”。

1. 交通工程学

城市交通设计属于交通工程学的范畴。交通工程学是研究交通运输系统中人、车、路和环境之间的相互关系，揭示人的出行、车辆和货物移动及与环境之间协调的规律，并通过对交通运输系统的分析、规划、设计及运营组织和管理等，达到系统的安全、高效、便捷、舒适和低碳，能为各种交通设施使用者提供服务，以支撑引导经济社会的发展和人类进步的一门学问。交通工程学的研究始于 20 世纪 30 年代，发展于 50 年代，成熟于 20 世纪末 21 世纪初。交通工程学的理论是城市交通设计的核心理论基础。

2. 系统工程

系统工程是从系统总体出发，综合运用有关学科的理论与方法，求得最优的解决方案，是一项组织管理技术，并强调系统的总体统筹和协调。战国时期修建的都江堰水利工程，至今依旧在灌溉田畴，是造福人民的伟大水利系统工程，是世界系统工程应用的鼻祖和典范。这项工程主要由鱼嘴分水堤、飞沙堰溢洪道、宝瓶口进水口三大部分和百丈堤、人字堤等附属工程构成，科学地解决了江水自动分流、自动排沙、控制进水流量等问题，消除了水患，灌溉区域已达 40 余个县。在现代，系统工程的先行者华罗庚教授在 20 世纪 60 年代初期就对“统筹方法”进行了系统的研究，并在大庆油田、太原铁路局、太原钢铁公司，以及农业生产中推广应用，取得了良好的效果。我国的“两弹一星”元勋钱学森教授将系统工程思想应用于原子弹、氢弹和人造地球卫星系统的研制及航天事业，为我国的军事科学创造了辉煌。城市交通设计也同样需要系统工程的思想，从系统的整体统筹考虑问题，避免陷入微观狭域。例如，城市交通体系设计应该统筹城市内部的各种交通方式，而不应该仅着眼于道路；道路交叉口或线路的交通拥堵应该着眼于上游和周边替代线路等。

3. 工业设计

工业设计被定义为：就批量生产的工业产品而言，凭借训练、技术知识、经验及视觉感受赋予材料、结构、构造、形态、色彩、表面加工和装饰以新的产品与规格。其设计原理是为了达到某一特定目的，利用现代化手段，从构思到实施方案，进行生产和服务的设计过程，特别注重“产品”的功能、用户需求和行为，以及创造与科技的结合。

典型工业设计程序是：① 需求；② 分析；③ 问题陈述；④ 概念设计；⑤ 定位；⑥ 具体设计；⑦ 详细设计；⑧ 设计图纸。

4. 城市设计

1973 年，《雅典宪章》确定了城市的四大功能，即居住、休闲、工作和交通，其中的交通就是人们俗称的“行”。

城市设计的对象包括空间形态、局部地段、街道、广场、小区、交通系统、建筑物、公共设施、生活小品等。

城市设计的主要内容包括空间形态要素、景观要素、文化要素的构成设计。

可见，城市交通设计是城市设计的内容之一，包括上述对象和内容。

5. 计算科学

尽管城市交通设计是城市设计的内容之一，也与工业设计相关联，但是城市交通基础设施特性与城市建筑物和工业产品又有不同。不同的城市交通基础设施具有不同的功能，性格、习惯各异的交通参与者的使用，以及运动特性不同的载运工具的移动，形成复杂的流（需求），这些流分布于复杂而庞大的交通基础设施网络和节点内，为了适应流的设计就需要进行科学的计算。因此，数学计算和计算机仿真等计算科学是城市交通设计的必需，可达到“量体裁衣”的效果。

6. 交通环境工程

在环境问题日趋严重的今天，低碳和可持续发展成为当今和今后一段时间内的主旋律。因此，节能减排的城市交通设计也成为一个非常重要的要求。环境工程作为城市交通设计的基础之一，主要表现在节能和减排。在城市交通设计中，两者主要体现在城市交通体系设计方面，即节能减排型交通体系设计。公交优先、以公共交通为导向的开发（transit-oriented development，TOD）、城市轨道交通主导、慢行交通系统等是典型的节能减排模式。在减排方面，优化交通组织和优化信号配时系统等，均能减少停车，提高机动车的平均行驶车速，从而减少尾气排放。

7. 历史文化

城市都有其历史文化背景，尤其是我国的历史文化名城的建设规模大多依据《周礼·考工记》设计和建设，新城也具有其历史文化特点。因此，城市交通设计应该充分尊重和体现对应城市的历史文化元素，凸显地区历史文化，使得设计具有显著的地方色彩。此外，城市的色彩也是历史文化的沉积，例如，春秋战国时期，秦国咸阳的黑色、楚国郢城的黄色、齐国临淄的红色、燕国蓟城的蓝色、韩国郑城的绿色，以及近代北京的琉璃瓦色等。

此外，我国古代的城市和交通网络是按照阴阳五行的思想来设计的，即朱雀（南）、玄武（北）、青龙（东）、白虎（西），南北中轴大道为朱雀路，城墙北门为玄武门、南门为朱雀门等。

2.3 城市交通设计的原则

城市交通设计涉及的领域较广，包含的设施种类繁多，具有极为鲜明的综合性系统工程特色。在具体的城市交通设计实务操作中，为避免不同交通工程细分领域之间顾此失彼的现象，有诸多的原则，以保障交通系统与其设施设计对居民出行的实质性安全和有效，否则会导致交通设计内涵的发散失序，使居民面临不良的出行环境，包括安全风险、交通拥堵、交通污染等。

城市交通设计的原则包括以下几项。

（1）安全性

支撑可持续发展（sustainable development）的 4 个核心支柱分别是安全（safety）、能源（energy）、资源（resource）与环境（environment）。安全位居首位，为全球共识。对安全的保障体现了对生命价值与尊严的认知。从交通工程的角度而言，安全是无可替代的最高指导原则，任何交通规划与设计均应以安全为首要前提。道路交通事故是极为严重的社会公害，其造成的社会成本耗损会严重侵蚀经济建设成果。提高道路交通安全水平可等同于发展社会经济，或减少国民经济建设成果的耗损。

（2）易行性

易行性（mobility），即出行过程中各道路用户包括车辆在前往目的地方向可快速行进的特性。速度与交通时空维度相关，快速可以有效缩短出发地和目的地之间的交通时间。对车辆而言，任何道路在规划设计阶段须通过对需求分析选定某一相对合理的设计速度（design speed），希望通过合理的可实现的设计速度缩短城市内或城市间的时空距离。因此，在设计时，必须深入考虑城市道路是否确实具备“易行性”的特质。

（3）可达性

可达性（accessibility），即在出行过程中为方便出行者抵达目的地的属性。目的地为出行过程的终点，可以具体为某个小范围内的某一特定地点，例如，某个住户、建筑物或某个小区等。城市交通工程领域中的“可达性”是指出行者采用不同交通方式（包括车辆）可方便到达小范围内具体目的地的便捷程度。对于使用私人小汽车的道路用户，当驾驶人越接近目的地时，越需要停车设施。完整的道路网络可以提供面状、辐射状、网格状的交通服务功能，也可为起讫点（origin and destination，OD）之间提供多条不同的交通路线。

（4）兼容性

兼容性（compatibility），即城市交通系统与其设施应具备兼容共享的特性。例如，城市道路网络不仅可以服务正常状态下的居民出行需求，也可以服务非常态下的应急交通需求；在某一路段上，可同时服务小汽车、公共交通、非机动车、行人等多种出行方式，也可能同时存在长距离、中距离、短距离等不同出行距离与购物、通勤、业务等不同出行目的的交通主体。兼容性意味着系统内部各个元素之间存在竞争与合作关系，因此城市交通系统应具备合理的兼容性。

（5）容量、能力适宜性

容量、能力（capacity）适宜性，即道路网络或路段可从容服务的交通流量或交通需求。容量或通行能力，是衡量道路网络（路段）在单位时间内能承载各种道路流量的重要指标。当交通需求大于容量或通行能力时，就会导致交通拥堵，增加居民出行延误。因此，在交通设计时须考虑交通系统所具备的应对高峰期道路流量的能力。

（6）连续性

连续性（continuity），即出行者可行进的交通流线应具备的特性。在交通网络中，车流、人流等交通流可行进的交通流线应具备连续性。道路使用者由起点出发至终点，沿途所经路线必须具有连续性，中间不可有中断。交通流线的连续性与道路网络的兼容性相辅相成。

（7）简洁性

简洁性（simplicity），即城市交通设施应具备简洁、易辨识且易管理养护的特性。城市交通设施的主要作用是为交通需求提供有效且安全的服务，非必要的浮夸造型、复杂构造均为浪费之举。城市交通设施完工通车之日即是管理养护开始之日，上游的无端浪费必然会导致下游管理养护经费的增加。

（8）耐久性

耐久性（durability），即城市交通设施使用寿命长久的特性。交通基础设施建设乃百年大计，除初始建设成本之外，每年的管理养护皆会产生成本负担，因此交通基础设施建设均应符合全生命周期成本（life cycle cost）最小化的理念。交通辅助设施建设亦然，劣质辅助设施造成养护维修频繁，不仅不符合全生命周期成本最小化的理念，而且对交通安全也会有很大的影响。

（9）可靠性

可靠性（reliability），即城市交通设施质量的可信赖性。以道路网络可靠性为例，表现为在受到干扰影响时维持正常服务水平的可能性，可具体分解为：连接可靠性、出行时间可靠性和容量可靠性等。

（10）可明视性

可明视性（visibility），即城市交通设施的可见性、易辨识性。驾驶人在行进过程中，必须能够确实明视前方的任何状况，从而从容完成其驾驶任务（driving task）。因此，驾驶人在出行沿途中，不论何时、何地、何种天气条件，均可以看清前方设计视距范围内的任何景物与路况。

（11）一致性

一致性（uniformity），即重要城市交通设施应全国一致。驾驶人对外界特定事物的认知具有一定的思维惯性，例如，在出行过程中触目可及的标志、标线与信号灯等。长期习惯一旦养成，其根深蒂固的惯性认知无法在瞬间做出改变，这对驾驶过程中的交通安全极为不利。因此，标志、标线与信号灯等交通设施应具备全国一致性、同一性，并具备法律效力。

（12）人性化

人性化（humanity），即城市交通设计应符合“以人为本”或“人本交通”的理念。“以人为本”交通设计的基本内涵可简单定义为：以人类需求为导向，设计人类追求的美好生活所需的交通系统。“以人为本”的交通亦可归属为可持续发展的一部分。城市交通设计过程中的首要重点在于深入了解各道路使用者包括驾驶人先天具有的本能与天性，其中最重要的设计考虑要素是人的因素（human factors）。

（13）耐受性

耐受性（capability），即城市交通设施应满足外力施加的承受能力。城市交通设计无法与土木工程结构设计完全切割开，任何城市交通设施在承受车辆碰撞、风载负荷等外力时必须符合设计需求和结构力学原理。

（14）可能性

可能性（probability），即城市交通系统中事件发生的概率。有些事件虽然概率很小，但其后果的严重性却很大，在交通设计过程中也应综合考虑。在城市交通设计过程中，当存在无法改变的先天限制条件，导致设计发挥空间受限无法达到最佳状态时，必须从概率的角度出发优化设计方案，两害相权取其轻。例如，追求失败率最低、死亡率最低、风险最小化等。

（15）易施工性

易施工性（constructability），即城市交通设施在施工与养护过程中的便利程度。优质的城市交通设计必须考虑交通设施的易施工性，这对管理者有效掌握建设工期与经费预算有很大的帮助；同时，也要考虑交通设施建设完成交付使用后的易养护性。

2.4 城市交通设计的核心要素

在城市交通设计中，存在诸多因素影响基本对策提出、备选方案生成、方案对比分析、方案评价优化等。城市交通设计的核心要素包括驾驶任务、信息传输、人因理论等。

这里需要强调说明，以下内容主要针对车辆，在实际工作中不可忽略其他道路用户的设计，具体设计方法可参考相应规范。

2.4.1 驾驶任务

驾驶任务，是指在驾驶人由出发起点到终点的驾驶行进过程中，驾驶人及道路交通主管部门应尽责履行的工作任务。驾驶任务在道路交通规划与设计领域中占据重要的位置。许多道路交通规划、设计考虑的细节与驾驶任务息息相关，甚至大量隐含于各类相关的设计规范、准则、指南中。驾驶任务可分为三大核心：控制、引导、运行。

（1）控制

控制是指驾驶人在驾驶车辆行进过程中，必须正确且有效地操控车辆，属于驾驶人本身应尽的责任，例如，正确掌控方向盘、依车流及路况而适当加减车速或变换车道等。在城市交通设计内涵无瑕疵的前提下，由各种原因导致的感知不准、反应不当、判断失误等而引发交通事故，驾驶人本身应承担事故的相应责任。同时，城市交通规划与设计师对驾驶人的“控制”也应有清楚认知，要切实认真做好规划与设计内容，使驾驶人在道路上能从容地控制车辆，例如，深入优化道路几何线形、避免弯急坡陡等。

（2）引导

道路属于公共资源，具有共享属性。享有法定通行路权的任何人，都有按规定使用道路的权利。在道路上行驶的众多车辆中，驾驶人的教育水平、年龄、驾驶习惯与经验等皆不相同。因此，驾驶人在遵循各类交通标准、标线、控制设施引导的同时，应随时注意自身车辆与前后左右其他车辆的运行状况，根据当时车流运行状况依序、依规地进行安全驾驶，保证车流运行的顺畅。对于道路交通主管部门而言，应充分了解驾驶任务中“引导”的内涵，适时适地履行正面引导（positive guidance）的责任，例如，正确有效地布设交通标志、标线，引导驾驶人适当调整车速等。

（3）运行

驾驶人本身应有明确的出行计划及确定的方向性、目的地，依循各种交通标志、标线、控制设施的指引，促使出行的驾驶过程顺利，并平安抵达目的地。

2.4.2 信息传输

在由“人”“车”“路”“环境”组成的城市交通系统中，在不计入外在环境影响的前提下，“人”“车”“路”三者间存在环环相扣的连锁关系。“人”控制“车”的同时，“车”反馈给“人”相应的车辆状况信息；“车”行驶于“路”的同时，“路”给“车”提供车行道空间；“人”在利用“路”的交通信息引导车辆行驶的同时，对“路”的交通状态信息等产生影响。因此，“人”“车”“路”三者之间具有信息传输的特性，且与城市交通各种设施的设计与布设直接相关。

在城市交通设计领域中，信息传输极为重要。如何将道路本身或车流中其他车辆的相关信息有效地传输给驾驶人，关乎车流的行车安全与运输效能。驾驶人在确知信息后，便可采取适当的应对操作。因此，信息传输的主要目的在于辅助驾驶人确知周边环境、邻近路况、车流中其他车辆的状况等。有了正确的信息传输，驾驶人方可从容、高效地完成驾驶任务，进而实现行车安全与交通顺畅的终极目标。

信息传输与驾驶任务直接相关，具体包括三大工作重点。

① 道路上应有何种必要信息传输给道路使用者？

② 道路上的信息应如何正确且有效地传输给道路使用者？

③ 道路上信息量的多寡对道路使用者的影响如何？

1. 道路信息

道路信息（roadway information）是指驾驶人在驾驶过程中，沿途必须从道路及其相关设施获得的各种有用信息。驾驶人在道路上完成其驾驶任务时需要外在信息的辅助，否则将犹如无方向感且无导航辅助的孤舟。在道路交通规划与设计中，完整的道路信息可分为两大类：正式信息（formal information）与非正式信息（informal information）。从车流运行顺畅与交通安全的角度来看，正式信息的重要性远大于非正式信息。

（1）正式信息

正式信息是指在城市交通系统中道路本身具备的软硬件设施及路权界限内各式各样可提供给道路使用者的有用信息，具体包括道路本身的几何线形、道路本身的永久性硬件设施、交通管理与控制设施等。

道路本身的几何线形，包括道路几何设计中的平面线形、纵断面线形与道路横断面等。驾驶人通过视距范围内的道路几何线形可清楚地判别前方道路的外观与变化，进而轻松掌控车辆、从容转向、相应调整速度等。道路本身的永久性硬件设施，包括具有连续性的中央分向护栏、路侧护栏、隧道壁、桥梁护栏等，这些皆是驾驶人在车辆行进过程中可清晰明视以便于操作车辆的视觉参照物。交通管理与控制设施是为了辅助道路使用者安全行驶、提示驾驶人有效完成驾驶任务的道路设施，其中交通标志、标线与信号灯是道路交通管理与控制设施的三大主体。此外，隔离护栏、交通锥等施工区的隔离设施，也可被视为交通管理与控制设施。

在上述正式信息中，道路本身的几何线形、道路本身的永久性硬件设施在道路工程建设完成后几乎已全然定型，在依照合格的规范、标准进行设计的前提下，一般问题不大，争议性通常较小。对驾驶人而言，最重要的正式信息应该是交通管理与控制设施类信息，最典型的是必须长年管理养护的交通标志、标线与信号灯。其中，交通标线是连续性信息，交通标志与信号灯则是间歇性信息，即只在道路某处才有布设。

道路上行驶的车辆均为驾驶人独立操控，车辆间的互相牵制与影响现象随时存在于车流中。因此，驾驶人在改变行车方向时有责任将信息告知邻近车辆，这类驾驶人在车辆行进过程中发送的信息亦可被视为正式信息。例如，驾驶人欲向右变换车道或右转向时，均须于某时间段提前打开右侧转向灯，告知邻近车辆驾驶人，以便邻近车辆驾驶人采取适当措施，保持前后车距。

正式信息是道路与驾驶人两者间的无声沟通语言，与车流的运行安全与效率密切相关。因此从初始规划设计阶段直至后续的管理养护阶段，正确、合理、有效地传递适当的正式信息给驾驶人，是道路交通主管部门与执法部门不可推卸的责任。正式信息的任何缺失或遗漏都会影响驾驶人有效执行其驾驶任务，直接或间接形成安全隐患。同样，驾驶人在车辆行进过程中，如发送的正式信息有误，可能会误导其他驾驶人而衍生事故，则错发信息的驾驶人也应当负有事故连带责任。

由此可见，正式信息背后具有严肃的公权力与法律意涵，正式信息处置不当或遗漏等皆极易造成争议，甚至衍生诉讼事件。道路上有哪些正式信息必须传递给驾驶人，须在相关设计规范、标准、准则中严格明确；同理，驾驶人在何时何地应发送正式信息给其他道路使用者，也应明文规定于相关交通法规的条文中。这不仅紧密关系到车流运行安全与效率，而且对交通警察的有效执法及事故责任鉴定都极具正面意义。

（2）非正式信息

非正式信息是指位于道路的路权界线外，驾驶人目视可及且可作为驾驶人视觉参照物的所有对象，例如，某处视线可及的高耸建筑物、大型桥梁、远处高山等。此外，道路旁侧的广告招牌，造型较显眼突出的所有构造物或设施等都是驾驶人可自主决定是否采用的非正式信息。

非正式信息的种类繁多、复杂多样，对行车安全的影响程度因其地点、特性等而有明显差异。非正式信息能否被驾驶人有效利用全凭驾驶人个人意志，道路交通主管部门无权也无法掌控。道路交通主管与执法部门应在道路日常巡查时，特别注意是否可能存在路侧非正式信息影响车流正常运行与行车安全的情况，例如，路侧绵密的商家广告牌在白天时可能导致路侧标志被湮没与忽视，在夜间时的亮丽广告灯光可能影响驾驶人对信号灯的有效辨识等。

2. 视觉信息传输

视觉信息传输（visual communication），即利用视觉获得信息的过程。道路使用者获得道路信息的主要方法是通过视觉，即驾驶人利用其双眼明视而获得认知道路的各种相关信息。交通标志、标线、信号的设计原理与布设准则皆与视觉信息传输的机制有关。道路上信息的视觉传输并非多多益善，重点在于适当、适量、适用，具有实用意义的视觉信息传输必须具备以下两个条件。

① 信息必须让被传输对象清楚识认，即驾驶人、骑行者、行人等被传输信息者可以清楚注意到并认知该信息的内涵，该现象称为“认知”（perception）。有了清楚的认知，驾驶人或行人方可做出正确判断。

② 被传输信息者在已经认知信息内容的前提下，如判断后并有所作为，则必须保证有足够的时间进行反应，该过程称为“反应”（reaction）。例如，驾驶人有足够的时间可从容制动、减速与停车等。

认知与反应组合后所需的时间，称为“认知反应时间”（perception-reaction time，PRT）。在信息传输后，道路使用者必须有绝对充足的认知反应时间；如果认知反应时间不足，则视觉传输便没有任何意义。例如，某驾驶人刚打开左转向灯，就骤然向左变换车道，这种状况必造成行驶于邻近左车道的车辆驾驶人无充足的认知反应时间，可能造成事故。因此，“认知反应时间”在城市交通设计中极为重要，其具体应用细节和要求一般已固化在了相应的设计规范和标准中。

3. 信息传输的阶段性

在车辆行进过程中，由于道路几何线形、道路内外环境及其他车辆动态等信息的持续性变化，导致驾驶人在接收道路信息时具有明显的阶段性特点。车辆在道路上行驶的位置随着时间的变化而变化，因此驾驶人获取道路信息的过程是由不同连续的信息获取阶段组成的，在每个阶段内的信息内容与信息量存在差异。在具体的城市交通设计实务中，应重点思考的内容包括以下几方面。

① 该阶段的信息提供是否正确？该阶段提供的信息正确无误方可保证引导驾驶人继续安全行进，而后进入下一阶段。

② 该阶段信息内容的适用性应在何处结束？沿着道路长度方向，该阶段信息内容的适用性结束时刻，也是下一阶段的信息提供的开始时刻，同时应思考提供何种信息给驾驶人。

③ 该阶段提供的信息内容与前一阶段的信息内容是否应具有连续性或相关性？

④ 该阶段提供的最有意义的信息（most meaning information，MMI）是什么？驾驶人面对眼前的各种信息不见得会全部接收，有时甚至刻意忽视。驾驶人最关心的是对其最重要、最有意义的信息。在城市交通设计实务中，提供给驾驶人信息的重点不在量多，而在于“最有意义”。

⑤ 针对提供的信息，驾驶人是否具有绝对充足的认知反应时间？在城市交通设计实务中，任何阶段提供的信息如果对驾驶人有影响，例如，提示其减速或预告出口位置等信息，务必确认驾驶人具有绝对充足的认知反应时间。

⑥ 当外界环境变化时，各阶段所提供的信息是否仍具有适用性？随着天气异常、交通拥堵等外在环境的变化，各阶段所提供的信息是否仍具有适用性，是否必须考虑加设可提供额外信息的设施，如信息可变标志等。

⑦ 重要信息是否需要重复提供？攸关安全等特别重要的信息是否应重复提供？如需重复提供，其间隔距离应为多长？

2.4.3 人因理论

人因（human factors）理论在城市交通设计领域与驾驶任务相同，处于极其重要的主导地位。城市交通的任何软硬件设施均为“人”而设，因此城市交通设计只有充分了解“人”“车”“路”的先天限制条件，了解“人因理论”的内涵，才能在城市交通设计实务中，切实服务于“人”，即广义的道路使用者。

1. 先天限制条件

城市交通系统是由“人”“车”“路”“环境”4 个维度组成的动态系统。虽然“环境”更具不可控制性，但在交通设计阶段应充分了解“人”“车”“路”的先天限制条件。

1）“人”的先天限制条件

（1）视觉限制

视觉对道路使用者（含驾驶人）交通行为的影响既普遍又深入，其主要原因是 85%~90% 的交通管理与控制设施是利用视觉传输的原理将信息传递给道路使用者的。因此，交通管理与控制设施的设计细节与道路使用者视觉间具有非常强的关联性。

在城市交通设计实务中，以下重要指标应深入评估。

① 驾驶人可看多远？

② 驾驶人可看多宽？

③ 信息可否看得清晰？

④ 是否确实了解信息内容？

⑤ 可否辨清颜色？

⑥ 对颜色的感受如何？

⑦ 速度对视觉的影响如何？

⑧ 年龄对视觉能力的影响如何？

⑨ 不同光线条件对道路使用者的视觉影响如何？

（2）反应时间限制

反应速度、时间、距离三者是相关联的。道路交通设计中的反应时间以秒为单位，其代表的另外一层意义则是可观察的距离。以车速 60 km/h 为例，代表每 1 s 车辆移动约 17 m，已超过 3 辆小型汽车的总长度。即使道路信息已被完整清晰地传递给了驾驶人，驾驶人也已完全了解该信息的内涵，但仍应该保证驾驶人有充足的反应时间。例如，驾驶人在认知路侧标志的内容后，仍需足够的反应时间才能完成减速制动与停车动作。

2）“车”的先天限制条件

道路上行驶的车辆种类繁多，尺寸不同、性能各异，驾驶人的驾驶经验不同、速度分布也有差异，但任何道路设计本身对车辆必有某种程度的先天限制，主要包括制动力限制和速度限制。

（1）制动力限制

制动力限制，即不论车辆性能如何优异，路面干燥、潮湿情况一定会影响有效制动距离，此时路面摩擦系数的重要性远大于车辆本身的制动性能。

（2）速度限制

速度限制，即任何道路设计一定有相对应的设计速度，在道路几何线形、路面状况、车流状态等诸多条件限制下，车辆的行驶速度不可能任由驾驶人随心所欲，一定要有所限制，即车速应在合理速度范围之内，否则会存在安全隐患。从交通执法的角度，车辆的行驶速度也不可超过标志限速值（posted speed limit，PSL）。

任何城市交通设计都需考虑车辆的尺寸（长、宽、高、前后轮距、轴距、前悬挂长度、后悬挂长度等）与设计规范、标准相符。城市交通设计必须保证车辆在不超速前提下，车辆前后轮行进合成的运行轨迹都在设计路权范围内。

3）“路”的先天限制条件

（1）弯道限制

由于地形、土地及外在环境条件的限制，在任何等级道路的几何线形中必有曲线段弯道。由于车辆行进在弯道处受到离心力的作用，因此道路横断面必有超高的相关设计。

（2）交叉路口限制

在城市区域道路网结构中必然有交叉路口的存在，且在交叉路口处的车流状态属间断性交通流。因此，不论任何人、任何车辆，在信号灯控制交通口处必须遵从信号灯显示；在接近非信号灯控制交叉口，车辆驾驶人必须做随时制动停车的准备。

（3）路侧环境限制

路侧环境对驾驶人的驾驶行为有重要的影响，因此，城市交通设计者也应深入了解路侧安全设计。

2. 人因理论的主体

在城市交通设计领域，针对人因理论考虑的主体有心理层面与生理层面。

（1）心理层面

心理层面是指道路使用者面对其周围环境、道路信息时的意识、感应或认知能力，以及后续所产生的一系列反应与相关行为等。

（2）生理层面

生理层面是指正常人的身体本能，如体力、视力、动作反应能力等，与年龄、性别等有极大的关系。

针对城市交通设计的人因理论研究，主要包括以下几方面。

① 探讨人在特定道路交通情境下，心理、生理、感应知觉的能力与特性。

② 探讨人对道路周围环境变化及周围事物的感受与反应能力。

③ 探讨如何将人因理论完全融入道路交通规划与设计实务中。

城市交通规划与设计涉及多维度的复杂思维。在驾驶人从获得道路信息到其采取相应行为的过程中，心理层面与生理层面活动于瞬间同时产生效果，完全不可分割。驾驶人认知的道路信息是“因”，而其驾驶行为则是“果”，两者之间存在极为明确的因果与先后关系。如果驾驶人认知的道路信息有误，即使驾驶人处于心理健全、生理健康的状态，其驾驶行为也可能会被误导，进而做出错误的驾驶动作，造成明显的安全隐患。因此，由于人的先天能力有限，城市交通设计的内涵必须能够切实有效地适应“人”，绝不可超出“人”的各种先天限制条件。

3. 名义安全与实质安全

城市交通设计的首要目标必然是交通安全，但交通安全是一个广泛的通称，事实上安全水平存在高低层次的鲜明区别。在城市交通设计实务中，要由名义安全（nominal safety）向实质安全（substantive safety）进阶。

（1）名义安全

名义安全是指现实层面符合、满足当时设计规范、标准等设计文件的安全水平。在城市交通设计实务时，虽然有诸多设计规范、标准、准则、指南等文件可以遵循，但是从道路交通安全的角度，仅满足设计规范与标准等官方文件要求的设计，其安全水平只是名义安全，与追求的理想层面的绝对安全尚有一定差距。

（2）实质安全

实质安全是指比名义安全更高层次的安全水平。虽然大家都追求绝对安全，但仍不可能实现完全百分之百的安全。从安全风险角度来看，实质安全间接代表了安全风险已极低，事故风险已大幅减少。

存在名义安全与实质安全差别的主要原因是，在目前执行的设计规范、标准、准则等条文或规定中可能有诸多理想性色彩的假设条件，或者交通工程师受目前科技限制或自身积累经验的不足，对某些具有特殊性的交通状况并未形成完全的认识，致使交通设计的成果可能无法与真正的路况及交通条件相融合。因此，除遵循现有的设计规范、准则、标准等设计文件外，还需要通过道路安全评价、道路速度管理、路侧安全考虑、人因理论考虑等设计辅助工作，将现实的名义安全提升至理想的实质安全境界。

同时，实质安全属于超高理想境界，实际无法具体衡量与量化，又不可能完全达到。因此，在交通设计实务中仅能通过各种努力与辅助工作，促进名义安全向实质安全转化，使实质安全尽量接近绝对安全。

4. 自解释道路

自解释道路（self-explaining road，SER），是指在信息传递过程中道路信息对道路使用者而言应具有一目了然的自解释特性。由于道路使用者主要通过视觉获取外界的道路信息，因此，道路应具备无须其他媒介的无声自解释性。自解释道路的基本核心理念与目标是：强调城市交通设计更合乎实质安全，更具备人性化。自解释道路的设计理念包括以下几方面。

① 具备车辆简易操作的驾驶环境，即符合驾驶人的心理与生理特点。

② 道路几何线形须与驾驶人期望（driver expectation）一致，即符合驾驶人在驾驶过程中心理与生理的预期。

③ 驾驶经验不丰富的驾驶人也可以在道路上轻松驾驶。

在城市交通设计实务中，自解释道路是人因理论的升华，即以“人”为中心的设计（human-oriented design，HOD）。从适应驾驶人的人因理论的角度，自解释道路的设计也应注意以下几点。

① 驾驶人信息负载不可太大。驾驶人信息负载（driver information load，DIL），是指驾驶人在车辆行进过程中的信息负荷。驾驶人信息负载太大意味着“信息过载”，即道路交通主管或执法部门提供给驾驶人的信息量太大，使信息传递无法有效完成，驾驶人无法接收全部信息，容易间接形成安全隐患。例如，道路上交通标志的内容太多，字体太小，驾驶人无法全部详阅或仅能看清某部分内容等。

② 驾驶工作负荷适当。驾驶工作负荷（driver work load，DWL），是指驾驶人在车辆行进过程中操控车辆的工作负荷。驾驶工作负荷太大，说明驾驶人操控车辆时的工作量太大，间接表示安全隐患比较突出。例如，当道路平面线形有急弯且纵断线形又有急陡坡时，驾驶人操控转向盘的动作也一定较为复杂。同时，驾驶工作负荷也不能太小，这样容易导致驾驶人分心驾驶，产生交通安全隐患。

因此，在城市交通设计实务中，应力求驾驶人信息负载与驾驶基础工作负荷合理，避免过大等不合理现象，以减少隐形的交通安全隐患。

5. 驾驶彷徨

驾驶彷徨（driving dilemma），是指驾驶人等道路使用者在遇到眼前状况时产生犹豫、短暂不知所措或陷入思考迟钝与紊乱的现象。道路使用者在犹豫不决时，可能思绪不稳、逻辑思考紊乱、判断决策不佳，甚至容易做出错误行为。驾驶人在道路上一旦遇到驾驶彷徨的状况，会使自己陷于危险境地。因此，在城市交通设计实务中，应充分考虑并极力避免驾驶彷徨的现象。从驾驶任务与人因理论的角度，驾驶彷徨具体包括以下几方面。

① 黄灯彷徨：驾驶人在行进中遇到信号灯显示黄灯时，难以决定应快速通过路口还是制动停车的现象。

② 信号灯指令彷徨：驾驶人在目视前方的信号灯指示时，由于外界信息的矛盾对通行路权归属或可行进流线产生的犹豫现象。

③ 标线彷徨：由于标线绘制不合理，导致驾驶人对其行进交通流线是否拥有通行路权产

生短暂犹豫的现象。

④ 标志彷徨：由于标志内容不清晰，含义模糊，驾驶人即使可以清楚目视，却无法判断标志的含义，可能无意中做了错误决策，进而陷入危险之中。

⑤ 道德彷徨：驾驶人在行进过程中，可能同时面对“顾此则失彼”的双重窘境，此时驾驶人将面临彷徨心境，决策过程比较紊乱。例如，驾驶人在下山过程中，车辆制动明显受损，又面临右侧岩壁凸出、左侧是悬崖的状况，此时驾驶人只能二选一，采取损伤较小的决策，但可能因时间短暂而错失先机。

⑥ 分心彷徨：在车辆行进过程中，导致驾驶人的精神并未全然集中在驾驶行为上的迷惘现象，致使驾驶人完成驾驶任务的过程有瑕疵。例如，由于外在环境或驾驶人本身的身心因素，导致驾驶人未合理操控车速、未遵守交通控制设施指示等，皆属于分心彷徨，使驾驶人无意中陷入危险之中。

⑦ 视距彷徨：驾驶人目视前方，无法及时判定视距的短暂犹豫现象。

⑧ 纵坡彷徨：长距离下坡路段，驾驶人对前方纵坡坡度的改变无法判别或判别失误的犹豫现象。

驾驶彷徨是人因理论在城市交通设计中重点考虑的问题。需要特别强调的是，驾驶人在行进过程中可能同时面对两种或两种以上的彷徨状况，即为典型的双重彷徨（double dilemma）状况等。

6. 吸睛效应

吸睛效应（eye-catching effect），是指驾驶人在面对多重信息时，较为突显或鲜明的信息使驾驶人对其他重要信息疏忽的现象。当驾驶人面对多重外在信息时，一次只能细看某一信息，须完全了解此信息的内涵后才有可能继续了解下一个信息，所以突显或鲜明的信息容易造成“喧宾夺主”的现象，导致重要信息被丢失。

例如，在实际的交通环境中，字体极大的发光文字会格外吸引驾驶人的注意力，驾驶人为赶时间而加速以便赶上绿灯，却完全忽视前方尚有一个无信号标志路口的存在等。在城市交通设计实务中，尤其要注意在异常天气或夜间情况下的吸睛效应。

城市交通设计的终极任务是建造完善、安全的“路”，其服务对象是“人”和“车”。在交通系统中，驾驶任务、信息传输、人因理论三者密切关联、不可分割；而且在城市交通设计的诸多细节中，都与这三者存在直接或间接的关联。因此，交通设计师应将三者完整地融入到城市交通设计的全过程和细节中。

2.5　城市交通设计的层级结构与步骤

城市交通设计分为城市交通系统总体设计、交通体系结构、交通网络设计和导向系统设计等宏观设计，以及线路、节点和单体标识设计等微观设计。

2.5.1　城市交通设计的层级结构

1. 城市交通系统总体设计

城市交通系统对城市经济社会的发展起支撑和引导作用，因此其总体设计至关重要。可以说，我国城市目前出现的交通、空气环境和交通安全等问题均归咎于城市交通系统总体设计的缺失。要根据城市的经济发展、空间发展、用地发展等来设计城市交通系统的总体发展战略，并根据城市交通系统总体发展战略，设计城市交通系统的总体规模、总体骨架和主导交通方式等。例如，对当前被公认为世界性的 4 座城市（纽约、伦敦、巴黎和东京）而言，其道路交通系统的平均密度约为 18 km/km^2，建成区城市轨道交通平均密度约为 0.83 km/km^2，通勤用市郊铁路平均密度约为 0.08 km/km^2。这样可以为总体设计提供有益的参考，例如，如果按照该平均值设计计算，北京建成区的城市道路总规模应约为 25 000 km（2021 年底为 8 000 km），建成区的城市轨道交通规模应约为 1 100 km（2022 年底为 807 km），通勤用市郊铁路总规模应约为 1 300 km（2021 年底为 353.5 km）。

城市交通系统的总体骨架是城市交通系统设计的重要内容之一。道路系统主要指城市快速路和主干路骨架，城市轨道交通系统主要是快速轨道系统骨架。环形放射状是其典型的骨架形式。

主导交通方式，主要指城市客运主导交通方式，它是城市交通出行方式的骨干。轨道交通方式应该是大城市及其以上等级城市的主导交通方式，道路交通是中小城市的主导交通方式。

2. 交通体系结构

在交通系统总量确定后，交通体系结构设计也是一个非常重要的问题。交通体系结构，即在城市交通系统中，各种交通方式通车（运营）里程在总量中所占的百分比，以及某种交通方式内部等级里程的比例。以超特大城市交通系统为例，其轨道交通的营运里程与道路的通车里程的比例大体上都接近 2∶8。而在道路系统中，城市快速路、主干路、次干路和支路的比例应按照金字塔形设计。

3. 交通网络设计

交通网络设计是指在网络中不同等级网络的合理衔接设计。例如，在设计道路交通系统时，应避免等级道路的跨越衔接，即支路不应与主干路及其以上等级的道路直接连接，次干路不能与城市快速路进行直接衔接设计。

4. 导向系统设计

在复杂的城市交通系统中出行，交通导向系统可以给出交通出行者通往下一位置的信息，以避免无用的交通和过度消耗体力。

5. 线路、节点和单体标识设计

城市交通线路的交通设计分为横纵断面、平面曲线和过街等；在节点（平面交叉口、立体交叉口、交通枢纽、车站、停车场等）内部，分为渠化、换乘引导和标志牌信息标识设计及设置；单体标识是指标志牌的形状、形式和内容设计等。

2.5.2 城市交通设计的步骤

城市交通设计的基本步骤如下。

① 条件分析及依据。交通设计条件，即约束条件可以左右设计方案规模和质量。交通设计条件主要有用地条件、交通条件，以及地理、气候、水文、文化、历史、经济等条件；城

市交通设计的依据较多，将在后文详述。

② 现状和需求分析。通过调查把握交通设计对象的上述条件现状及交通状况，并对其将来需求进行深入分析，确立希望达到的目标，这些是做好交通设计方案的基础和前提。

③ 基本对策。在把握交通设计条件和现状并掌握了需求的基础上，根据目标和具体情况因地制宜地给出基本对策，为方案设计奠定基础。

④ 方案设计。根据基本方案，利用交通设计方法，确定交通设计方案，并根据具体情况，给出几个备选方案，以进行对比分析。

⑤ 方案优化及评价。基于交通设计的相关约束条件及其需求分析，确定综合评价指标，运用定量（交通仿真）、定性及专家评估和公共咨询等方法对备选方案加以评估与优化，给出设计方案。

2.6　城市交通设计的依据

城市交通设计必须满足相应的法律、规范和标准，主要包括交通和城市相关法律、城乡规划和交通规划类规范、城市交通设计类规范、城市交通管理设施设计类规范、交通控制设施设计类规范等。

1. 交通和城市相关法律

符合我国的法律是城市交通设计的基本要求。目前，我国城市交通设计类相关法律有《城乡规划法》《公路法》《铁路法》《民用航空法》《港口法》《管道法》《道路交通安全法》《环境保护法》《环境噪声污染防治法》《大气污染防治法》，以及城市道路管理条例和道路运输管理条例等。我国目前尚没有制定全国性质的城市停车类法律，只有部分城市制定了适合该城市停车情况的机动车停车条例，例如，北京市 2018 年 3 月 30 日十五届人大常委会第三次会议表决通过了《北京市机动车停车条例》，并于 2021 年 9 月 24 日修正，于 2022 年 1 月 1 日起施行。

2. 城乡规划和交通规划类规范

城市交通设计将从城乡规划和交通规划类规范中获取城市道路网络布局规划、城市公共交通规划、城市交通枢纽及停车场规划等的基本要求，包括其功能、规模、规划指标等信息。常用的城市规划标准是《城市用地分类与规划建设用地标准》（GB 50137—2011），已在《城市总体规划》分册中进行了详细的阐述，《城市交通规划》分册中也有所涉及。目前我国城市交通规划类法律和标准有《城市综合交通体系规划标准》（GB/T 51328—2018）。

3. 城市交通设计类规范

城市交通设计类规范是在上述相关法律及城乡规划类、交通规划类规范和标准的约束下，主要规定城市道路、轨道交通、城市公共汽车、电车、交通枢纽、停车场站等交通设施的功能设计方法及具体设计要求等。在城乡接合部，还有与公路、铁路、航空和水运等交通基础设施及其运营管理设施的衔接问题，因此相关设计规范标准较多，主要有以下几类。

（1）综合类

- 《无障碍设计规范》（GB 50763—2012）；
- 《建筑与市政工程无障碍通用规范》（GB 55019—2021）；
- 《城市客运交通枢纽设计标准》（GB/T 51402—2021）。

（2）城市道路类

- 《城市综合交通体系规划标准》（GB/T 51328—2018）；
- 《城市道路工程设计规范》（CJJ 37—2012）；
- 《城市道路绿化规划与设计规范》（CJJ 75—1997）；
- 《城市人行天桥与人行地道技术规范》（CJJ 69—1995）；
- 《城市道路照明设计标准》（CJJ 45—2015）；
- 《城市道路交通工程项目规范》（GB 55011—2021）；
- 《园林绿化工程项目规范》（GB 55014—2021）。

（3）轨道交通类

- 《地铁设计标准》（GB 50157—2013）；
- 《市域（郊）铁路设计规范》（TB 10624—2020）；
- 《城市轨道交通工程项目规范》（GB 55033—2022）；
- 《城市轨道交通工程设计规范》（DB11/ 995—2013）。

（4）公共汽车、电车类

- 《城市公共交通客运设施城市公共汽、电车候车亭》（CJ/T 107—1999）；
- 《城市道路公共交通站、场、厂工程设计规范》（CJJ/T 15—2011）；
- 《城市客运经济技术指标计算方法 第 2 部分：公共汽电车》（JT/T 1373.2—2021）；
- 《城市客运经济技术指标计算方法 第 3 部分：巡游出租汽车》（JT/T 1373.3—2021）；
- 《城市客运经济技术指标计算方法 第 5 部分：城市客运轮渡》（JT/T 1373.5—2021）；
- 《出租汽车运营服务规范》（GB/T 22485—2021）；
- 《道路交通信息服务　长途客运线路信息》（GB/T 29104—2012）；
- 《道路交通信息服务　公共汽电车线路信息基础数据元》（GB/T 29110—2012）。

（5）停车类

- 《车库建筑设计规范》（JGJ 100—2015）；
- 《城市停车规划规范》（GB/T 51149—2016）。

（6）城乡接合部交通设施类

- 《铁路旅客车站建筑设计规范》（GB 50226—2007）；
- 《交通客运站建筑设计规范》（JGJ/T 60—2012）；
- 《民用运输机场服务质量》（MH/T 5104—2013）；
- 《公路工程技术标准》（JTG B01—2014）；
- 《公路路线设计规范》（JTG D20—2017）；
- 《公路交通安全设施设计规范》（JTG D81—2017）；
- 《公路交通安全设施设计细则》（JTG/T D81—2017）；
- 《公路交通标志板》（JT/T 279—2004）。

4. 城市交通管理设施设计类规范

城市交通管理设施设计类规范是保障城市交通基础设施安全、有序、顺畅使用的依据，主要有以下几种。

- 《道路交通标志和标线　第 1 部分：总则》（GB 5768.1—2009）；
- 《道路交通标志和标线　第 2 部分：道路交通标志》（GB 5768.2—2022）；
- 《道路交通标志和标线　第 3 部分：道路交通标线》（GB 5768.3—2019）；
- 《道路交通标志和标线　第 4 部分：作业区 》（GB 5768.4—2017）；
- 《道路交通标志和标线　第 5 部分：限制速度》（GB 5768.5—2017）；
- 《道路交通标志和标线　第 6 部分：铁路道口》（GB 5768.6—2017）；
- 《道路交通标志和标线　第 7 部分：非机动车和行人》（GB 5768.7—2018）；
- 《道路交通标志和标线　第 8 部分：学校区域》（GB 5768.8—2018）；
- 《城市道路交通标志和标线设置规范》（GB 51038—2015）
- 《道路交通信息服务　数据服务质量规范》（GB/T 29101—2012）；
- 《道路交通信息服务　通过调频数据广播发布的道路交通信息》（GB/T 29102—2012）；
- 《道路交通信息服务　通过可变情报板发布的交通信息》（GB/T 29103—2012）；
- 《道路交通信息服务　浮动车数据编码》（GB/T 29105—2012）；
- 《道路交通信息服务　交通状况描述》（GB/T 29107—2012）；
- 《道路交通信息服务　术语》（GB/T 29108—2021）；
- 《道路交通信息服务　通过无线电台发布的交通信息》（GB/T 29109—2012）；
- 《道路交通信息服务　通过蜂窝网络发布的交通信息》（GB/T 29111—2012）。

一些地方城市还根据具体情况制定了地方规范或标准，例如，交通管理设施设计类规范，如上海市《道路交通管理设施设置技术规程》（DBJ 08－39—1994）、上海市《城市居住区交通组织规划与设计规程》（DG/TJ 08－2027—2007）、北京市《城市轨道交通运营服务管理规范》（DB11/T 647—2021）等。

5. 交通控制设施设计类规范

交通控制类设施是维护交通秩序、保障交通安全的重要部分，是进行时间资源配置设计的重要内容，需要由相应标准和规范保证。交通控制设施设计类规范需要明确规定交通控制的实施条件、控制方法和相关控制参数、设备及其布设的要求等。目前我国此类规范主要有以下几项。

- 《城市道路交通信号控制方式适用规范》（GA/T 527—2005）；
- 《道路交通信号灯》（GB 14887—2011）；
- 《道路交通信号控制机》（GA 47—2002）；
- 《道路交通信号灯设置与安装规范》（GB 14886—2016）；
- 《城市道路交通信号控制方式适用规范》（GA/T 527—2005）。

复习思考题

1. 城市交通设计的理论基础有哪些?
2. 城市交通设计的上位指导思想有哪些?
3. 城市交通设计的核心要素有哪些?
4. 简述城市交通设计的依据。
5. 我国目前缺少哪些城市交通设计依据?

第3章

城市交通资源配置与网络设计

城市交通资源配置与网络设计属于城市交通的顶层设计，是在城市交通建设用地的约束下，优化配置交通基础设施网络，以使各种交通方式资源配置、网络体系结构与交通组织合理。本章主要讲述城市交通设计体系、城市交通资源配置设计、城市交通网络结构设计、城市交通网络衔接设计、城市交通网络组织设计及城市交通无障碍设计等。

3.1 概　　述

随着城市规模不断扩大，居民出行需求日益增加，城市用地渐趋紧张，交通资源日益匮乏，如何最大限度地发挥现有有限交通资源的效益，已经成为非常重要的社会问题。

城市交通系统是一个复杂、开放的巨系统。在该系统中，如何对宝贵的交通资源进行优化配置，如何合理地对交通网络进行顶层设计，确保各种交通方式［城市轨道交通、道路交通、公共汽（电）车交通、非机动车交通和行人交通］网络结构合理、衔接有效和组织有序，并充分考虑对于残疾人交通无障碍设计的需求？如何遵从科学的交通设计体系，从而给出最优设计方案？如何回答这些问题，对于充分发挥交通系统的最大效率至关重要。目前我国城市交通资源配置存在诸多不合理现象，资源利用效率较低，网络衔接不够通畅，公平性体现不足。

3.2 城市交通设计体系

交通设计承接城市设计和城市交通规划，对交通管理和交通基础设施（道路、枢纽、管理设施）的结构设计与建设提供指导。其主要作用是通过掌握城市设计和城市交通规划等相关基础和约束条件，对交通系统及其设施进行优化设计，实现对城市交通系统资源的优化配置。

交通设计的基本流程可以描述为以下步骤：首先，从城市现有人口密度、就业密度、交通网络分布、可达性等方面，掌握城市现有的交通资源配置和交通基础设施供应状况，从而分析城市交通设计需求，判断它是属于城市新建设施型交通设计还是改建、治理型交通设计；其次，收集和整理相关基础资料，包括用地、交通产生源分布、居民反馈意见和交通管理部门需求等宏观信息，以及道路沿线出入口分布、公交停靠站、互联网租赁自行车电子围栏、行人过街、路内停车场分布等详细信息，并掌握城市交通规划、专项交通规划、分区交通规划、城市详细规划及交通专项调查研究等研究成果；再次，根据实际需求，在明确交通设计指标的基础上，给出交通设施交通设计方案，包括城市交通网络设计、城市道路交通空间设计、城市公共汽车交通设计、城市交通枢纽交通设计、城市停车场（库）交通设计、城市交通语言系统设计及城市道路立体交叉设计等；最后，结合实际问题确定评价指标，从定性和定量两个方面对交通设计方案进行评价和比选。

城市交通设计的基本体系如图 3–1 所示。

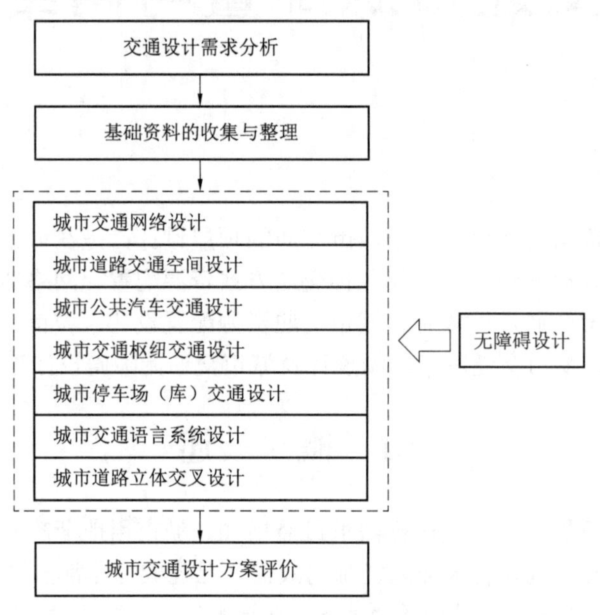

图 3–1　城市交通设计的基本体系

3.3　城市交通资源配置设计

在城市交通系统中，人和物的移动需要消耗空间资源、时间资源、土地资源和能源等，同时产生交通废气、噪声及震动乃至交通废水（路面交通污染颗粒经雨水冲刷后形成），造成对环境的破坏与消耗。因此，为了城市与交通、资源、能源及环境的可持续（协调）发展，有必要对城市交通资源配置进行优化设计。

3.3.1　交通资源的定义

在经济学中，资源是指用来满足需要的产品和劳务。因此，城市交通资源可被定义为用来满足居民在城市内部的交通出行需要而投入的人力、物力和财力。根据投入的先后顺序，可以将城市交通资源分为两个部分：一部分是交通基础设施建设和维修所投入的资源，包括城市道路、轨道交通、枢纽场站等交通基础设施和相关附属设施，以及交通基础设施在维护过程中所需的人力、资金、土地等资源；另一部分是在满足城市居民交通需要过程中所投入的资源，包括交通工具、交通设备等物质资源，从事交通营运、交通管理和交通规划等方面的人力资源，以及所需要的能源等自然资源。根据资源的种类，城市交通资源又可分为技术资源、市场资源、空间资源、动力资源、金融资源及生态环境等。

3.3.2　交通资源配置设计

我国著名经济学家厉以宁在《市场经济大辞典》中将资源配置解释为：“经济中的各种资源（包括人力、物力、财力）在各种不同的使用方向之间的分配。”城市交通资源配置是指在最大限度满足人们交通出行需要的基础上，对城市交通资源进行合理分配。而城市交通资源配置设计即以发挥所有交通资源的最大效益为目标，对交通资源配置方案进行设计，使其在最大限度上满足城市居民的交通需求。城市交通资源配置设计的主要目标是实现城市交通资源的优化配置。城市交通资源配置设计与交通资源、交通供需之间的关系如图 3–2 所示。

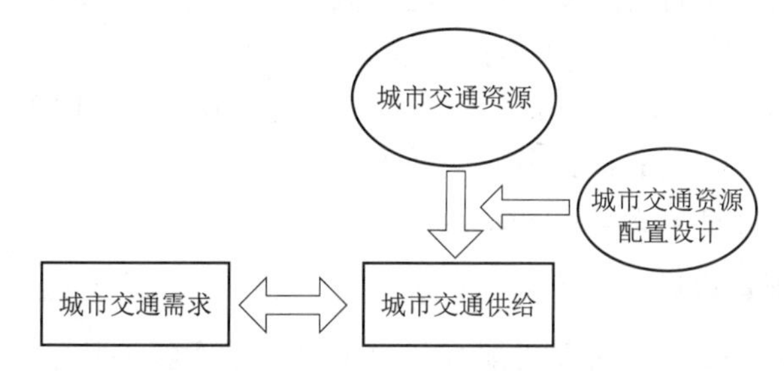

图 3–2　城市交通资源配置设计与交通资源、交通供需之间的关系

交通资源配置设计主要有两个内涵：一是指为了最大限度地满足人们的生活、生产和发展需要，城市交通系统怎样从整个社会中获取所需的人力、物力和财力；二是指为了发挥所有交通资源最大的效益，如何分配投入到城市交通系统的人力、物力和财力。

第二层含义是本章重点考虑的范畴。资源配置设计的基本思路是将投入的所有资源当作一个有机联系的系统，该系统的各个部分通过合理重组，相互影响，重新协作，构造出更合理的结构，更大限度地发挥整体的功效，来实现最大效益。其特点是对现有资源的重新排列组合。在此内涵下，交通资源配置设计的目标首先就是要促进资源最大限度地发展和增长；其次是充分利用现有的资源，最大限度地发挥其功能，最合理地解决资源的分配和使用问题。

3.3.3　交通资源配置设计的原则

交通资源配置设计应遵循两大基本原则：效率原则和公平原则。由于不同交通基础设施和交通方式的经济属性不同，在配置城市交通资源时，交通基础设施和交通方式适用的原则有所不同。交通基础设施是经济和社会发展所需的基础设施，大多具有公共产品或准公共产品的属性，应在公平原则的前提下实现配置效率的提高。交通方式大多具有私人产品属性，应以效率原则为主进行交通资源配置，对于少数具有公益性特征的交通方式（如公共汽车交通），应适用公平优先的原则。

3.3.4　交通资源配置设计的主要内容

城市交通资源配置设计的主要内容包括土地资源配置设计、交通方式资源配置设计、网络资源配置设计、交通组织资源配置设计及支撑资源配置设计 5 个方面。

1. 土地资源配置设计

土地资源是承载交通运输活动的基础性资源，其配置是交通资源配置的核心，在交通资源配置中起决定性的作用。交通用地配置是指城市交通设施用地在不同用途和地区的分配，以有效地满足经济社会发展所产生的交通运输需求。交通运输系统与土地利用之间具有复杂的相互促进、相互制约的关系，因此必须制订合理的交通用地配置方案才能实现资源利用的最大化和交通运输系统的高效化，从而正确引导土地利用格局的发展。进行城市土地资源配置设计应依据《城市用地分类与规划建设用地标准》（GB 50137—2011）。该标准对城市用地进行了分类，对不同规模城市中的各种用地的比例进行了规定，并要求城市交通设施用地的比例在 10%～30%。在进行具体配置时，中小城市应取下限，大城市和特大城市应取上限。目前，我国城市交通设施用地的实际配置比例还很低，多数城市尚未达到标准要求的比例，而国外的城市交通设施用地比例一般都较高，例如，纽约约为 34%、巴黎约为 26%、伦敦约为 25%、东京约为 24%。因此，对我国城市而言，如何更新城市规划理念，合理配置城市用地，配置更多的交通设施用地，也配置更多的交通设施，提高交通供给，从而从源头上解决城市交通问题，是进行城市交通系统设计的关键。

2. 交通方式资源配置设计

在城市交通系统中，每种交通方式都有各自不同的技术经济特征，它们适用于不同的交通出行活动，不同的交通方式有各自发展的优势领域（适应出行距离、运距和运输能力）和发展规律，具有互补性。而与此同时，各种交通方式的服务功能具有交集，有一定的可替代性，具有竞争性。因此，在进行交通方式资源配置设计时，充分发挥它们的互补性，避免恶性竞争，从而使得整个交通系统协调发展是设计的根本。

地铁具有占用土地资源少、运输能力大、运营速度高、排放低和安全、准时，以及适合于长距离的交通出行等优势，但建设成本高，应设置于城市人口密度大的建成区。

市郊铁路具有运输能力大、运营速度高、排放低和安全、准时，以及适合于较长距离的交通出行等优势，但占地相对较多、建设成本较高，应设置于中心城与卫星城之间，并采用大间距设站的方式以保证城市土地利用规划的落实。

轻轨具有运输能力中等、运营速度相对较高、排放低和安全、准时，以及适合于中短距离的交通出行和占地相对较少等优势，其建设成本居中，应设置于建成区内或中心城与卫星城之间。

快速公交（bus rapid transit，BRT）具有运输能力中等、运营速度相对较快、相对准时和安全、建设成本相对较低，以及适合于中短距离的交通出行等优势，应设置于城市主干路。

城市公共汽（电）车与轨道交通相比，具有运输能力小、运营速度慢、与道路上社会车辆混行造成准时性和安全性差等特点，但具有建设成本低、运输组织灵活，以及适合长距离的交通出行等优势，可以按照需求设置于城市的不同区域。

非机动车和行人道是供慢速、舒适和安全出行的交通设施，应与机动车交通进行分离式配置设计，并且在行人道上配置盲道。

3. 网络资源配置设计

随着城市规模的不断扩大，交通需求不再通过单一的交通方式来完成，出行效率成为居民出行时主要关注的方向。交通需求和交通方式间不存在严格的对应关系，不同交通方式间的交叉应用，不仅可以发挥各自的优势，还能够取长补短。目前，多方式城市交通系统已经成为世界城市交通的发展方向。

多方式的共同合作可以最大限度地发挥城市交通功效，大大提高居民出行的效率。因此，使各种交通方式顺畅衔接、有效合作，形成城市多交通方式网络，不仅可以使城市交通资源充分发挥作用，而且还能使城市交通体系功能和效果达到最大化。

在进行城市交通网络资源配置时，特大城市和大城市交通方式资源配置设计的原则是，以城市轨道交通（地铁、市郊铁路和轻轨）为骨干交通方式，以公共汽（电）车为基本交通方式，同时辅以系统、连续的非机动车和行人道系统。中等城市交通方式资源配置设计的原则是，以公共汽（电）车为主要交通方式，以轻轨和BRT等为辅助交通方式，辅以系统、连续的非机动车和行人道系统。小城市交通方式资源配置设计的原则是，以公共汽（电）车为主要交通方式，以系统、连续的非机动车和行人道为基本的交通方式。

以日本东京都市圈为例，其交通网络资源配置是典型的以城市轨道交通为骨干交通方式，以公共汽（电）车为基本交通方式，同时辅以系统、连续的非机动车和行人道系统。东京都市圈具有参与城市交通出行的日本国家铁路、地铁、市郊铁路和轻轨等城市轨道交通系统，总里程达 2 500 余千米，承担了近 80%的交通出行运输比例，同时还有约 12 000 km 的城市道路、1 200 km 的公共汽（电）车运营里程。

4. 交通组织资源配置设计

在多方式城市交通系统中，交通组织资源配置设计是灵活、有效利用内部交通资源的有效方法。主要有公交专用道、大容量车辆车道（high occupancy vehicle，HOV 车道）、潮汐车道、单向交通组织等。

公交专用道是为了避免公共汽（电）车与社会车辆混合行驶带来的干扰和延误而为公交车设置的专用车道，应设置在社会车辆对公交车运行影响大的道路上，有时为了交通参与者利用公交的方便，也结合单向交通组织在等级较低的道路上设置公交专用道。

HOV 车道，即高乘坐率车道，是方便乘坐率高的车辆快速通行而设置的专用道路，以鼓励共享车辆运行，减少私家车的使用和缓解道路交通拥堵，可在城市主要干路和快速路上设置。

潮汐车道用于承担不同时段的非对称交通流，例如，早高峰时段的进城方向多于出城方向，晚高峰则相反，设置 1 条车道早高峰时段用于进城方向，在晚高峰时段再调整为出城方向，应设置于快速路或主干路并辅以交通标志和标线。

单向交通组织是在道路上只允许某一方向的社会车辆通行，另一方向供非机动车交通使用，有时还供公交使用，可以设置在各种等级的道路上。日本大阪的城市快速路环线通过组织单向通行，既合理利用了交通资源，又有效组织了快速路环线与放射线的交通衔接。日本的城市支路通过设计单向交通组织，设置了行人和非机动车交通安全、舒适的空间。巴黎的城市支路通过组织单向通行，将公交专用道和非机动车专用道设置在支路上。我国多数城市已开始重视单向交通组织的利用。

5. 支撑资源配置设计

城市交通系统的发展不但需要大量基础交通设施的建设，还需要信息、技术、人力、政策等软因素的支撑。科技的先进水平是城市交通资源配置的首要支撑条件，科技水平不仅决定了各交通方式的发展水平，还决定了交通系统的安全性、快捷性；现代社会是信息高度发达的社会，信息作为交通系统支撑资源，对城市交通资源配置起重要的作用，各种交通信息诱导系统、监控系统等都对资源配置提出了新的、更高的要求；城市交通系统的发展归根结底是人在起作用，所以加强人力资源配置，提高城市交通行业人员的综合素质，实现人尽其才，是实现城市交通资源优化配置的最有效途径之一。

以上海城市轨道交通网络票务系统为例，通过研究和制定国内首套自动售检票系统技术标准，上海轨道交通结合信息采集和网络集成等技术，设计并构建了新型轨道交通网络化自动售检票系统架构，建立完整的系统安全体系，以实现在线合理清分及票款划拨，实现网络资源高效、合理的配置和使用，实现非接触 IC 票卡的多系统兼容应用。该系统具备每天 1 600 万人次的数据处理容量，能够实现 5 min 内在线客流监督统计功能，具备网络 24 h 内票款的清算到账能力，并能适应多票种、多方案票价体系。该票务系统的使用有效地节省了人力资源，显著提高了上海市轨道交通的运营效率。

3.4 城市交通网络结构设计

在城市内，根据经济的发展和人们活动的需要，各种交通方式联合，各种交通线（如机动车道路、非机动车道路）和点（如交叉口、交通枢纽）交织，形成了包含不同形式和层次的城市交通网络。对于新建城市、城市布局还没有完全形成的城市与道路交通基础设施还比较薄弱的中小城市而言，合理的城市交通网络结构将有助于引导城市用地布局、促进城市发展；对于交通网络已经形成的大城市，合理的交通网络结构将有助于缓解交通拥堵、提高居民出行效率。

3.4.1 城市交通网络布局类型

1. 城市道路网络类型

如在“城市交通系列教材”的《城市道路工程》（姚思建主编）中所述，在我国市域范围内，将道路分为城市道路和公路，其中城市道路又被划分为快速路、主干路、次干路和支路，公路分为高速公路、一级公路、二级公路、三级公路和四级公路。“城市交通系列教材”的《城市交通规划》（邵春福主编）对城市道路交通网络结构类型进行了详细叙述，主要有 6 种类型，即方格网式、带状式、环形放射式、自由式、混合式和其他类型。

（1）方格网式

每隔一定距离设置纵向的和横向的接近平行的道路（见图 3–3），但由于地形和历史等原因，方格网式一般不一定是严格垂直和平行的。这种布局的优点是：① 布局整齐，有利于建筑布置和方向识别；② 由于多为四路垂直交叉口，简化了交通组织和控制。这种布局的缺点是：道路非直线系数比较大。方格网式适用于地势平坦的中小城市及大城市的局部地区的干路网。

（2）带状式

由一条或几条主要交通线路沿带状轴向延伸，并与一些相垂直的次级交通线路组成类似方格状的交通网（见图 3–4）。可使城市的土地利用布局沿着交通轴线方向延伸并接近自然，对地形、水系等条件适应性较好。

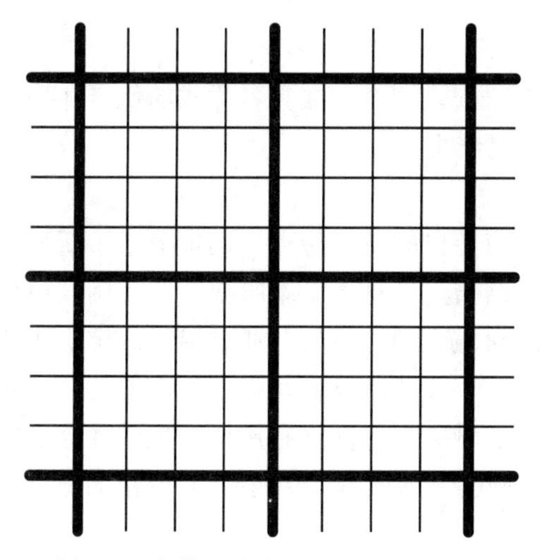

图 3–3 方格网式交通网络布局示意图

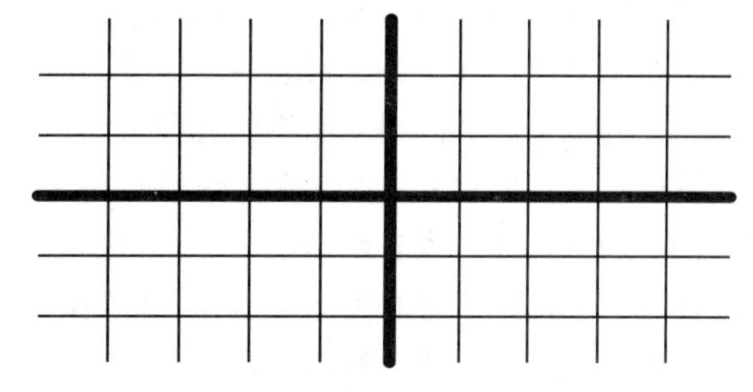

图 3–4 带状式交通网络布局示意图

（3）环形放射式

环形放射式的道路网由若干条环线（不一定成圆形）和起自城市中心或环线上的某一点的射线组成（见图 3–5）。这种布局的优点是：① 有利于市中心与各分区、郊区的交通联系；② 非直线系数较小。这种布局的缺点是：因街道形状不够规则，交通组织比较复杂。环形放射式道路网一般适用于大城市和特大城市的主干路路网。北京道路网、日本东京道路网都属于典型的环形放射式。

（4）自由式

受历史原因、山地、河流的影响，道路的线路走行无一定规则，形成自由式交通网络布局（见图 3–6）。该布局的优点是：① 能充分结合自然地形；② 节约道路工程费用。该布局的缺点是：道路线不规则，造成建筑用地分散和交通组织困难。自由式交通网络布局适用于山区城市和河流较多的城市。我国相当多的城市历史悠久，历史形成的道路和街巷在城市道路建设中应充分尊重并尽可能加以保护，不可为刻意构建网格、放射状等形式而随意改变。尊重历史，迎难而上才能创造出具有特点的城市。天津、大连和青岛等沿海港口城市的道路交通网络布局皆为自由式。

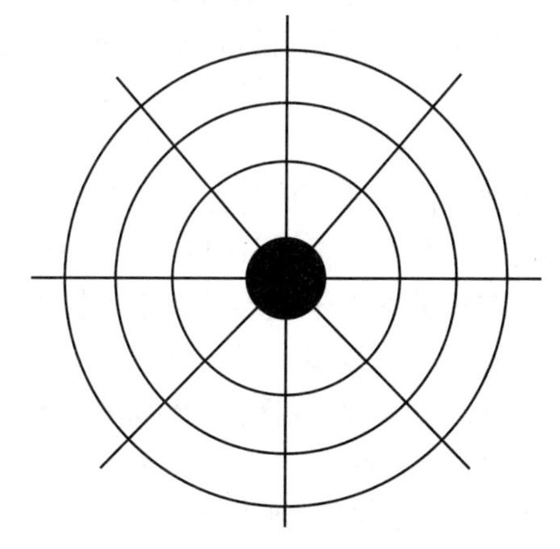

图 3–5 环形放射式交通网络布局示意图

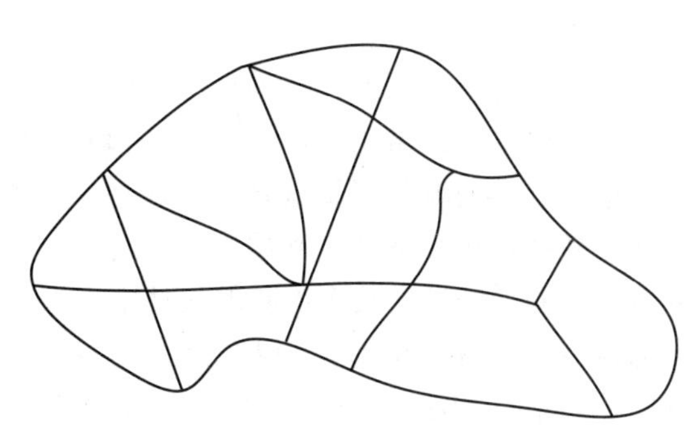

图 3–6 自由式交通网络布局示意图

（5）混合式

因地制宜，将上述两种或 3 种道路网形式混合在一起。混合式兼具各样式的优点并扬长避短。我国大多数城市采用方格网式与环形放射式的混合式。

（6）其他类型

在交通网络基本布局形式的基础上，各城市为适应各自的发展特点，逐步形成了新型交通网络布局形式，其中最具代表性的是手指状交通网络布局。丹麦哥本哈根借鉴英国城镇规划原则，为保证区域内相当比例的就业人口能够使用轨道交通上下班，通过沿已确定走廊的线状发展，逐步形成了手指状交通网络布局（见图 3–7）。手指状路网可以实现有效的、放射状的向心通勤，同时也有助于维持一个合适规模的中心城区。该网络布局所产生的住宅区模式同样有利于保持原有的居住习惯并有效控制基础设施的发展成本，“手指”间保留的绿化用地也实现了城市与自然的和谐共存。

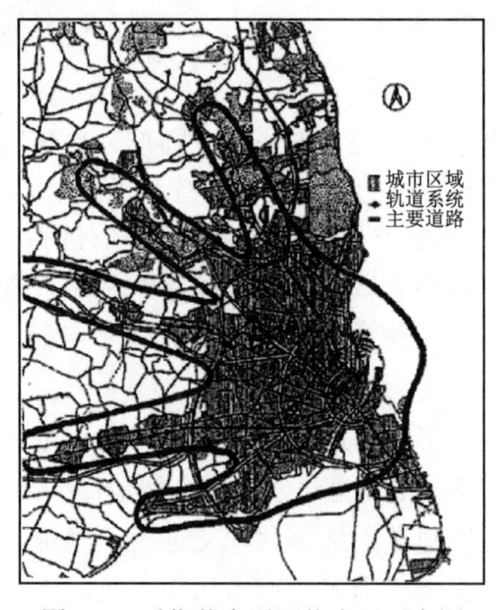

图 3–7　手指状交通网络布局示意图

2. 城市轨道交通网络形态

与城市道路不同，城市轨道交通尽管有市郊铁路、地铁、轻轨等，但从其技术方面分级不如道路分级细致，本书将其分为干线和普通线路两种。基于此，可以将城市轨道交通网络形态分为两种，即换乘型和直达型。

（1）换乘型

该形式由几条放射形干线与环形干线相接，通过设置在环形干线上的枢纽站相互换乘衔接，或与其他普通线路相互换乘衔接。该种方式可以快速疏散具有明显潮汐性的进出城交通出行，适用于中心城与卫星城之间的连接，又通过干线环线将放射形干线连接起来，提供相互之间的换乘，可以降低交叉层数，但对于过境交通出行则换乘次数多。日本东京和大阪的市域轨道交通系统结合其都市圈的具体情况采用了该种类型，由 JR 环线连接 JR 放射线和几条市郊铁路，如图 3–8 所示。以东京为例，中心环线（JR 山手线，高架）在东京站、品川站、涩谷站、新宿站和池袋站枢纽站，与来自千叶、横滨、吉祥寺和大宫方向的市郊铁路衔接，同时在这些枢纽站也与地铁衔接。

（2）直达型

该形式不设城市轨道交通干线环线，市郊铁路穿城直通设计或交汇于一个中心站。该种形式不需要在干线上设置换乘枢纽站，适用于换乘较少、过境交通出行明显的情况。伦敦、纽约和巴黎等大城市的城市轨道交通采用这种形式。

需要说明的是，一个城市的轨道交通网络形态应适应并主动引导该城市的交通出行需求，不能因刻意追求某种形态而忽略交通设计的目标。

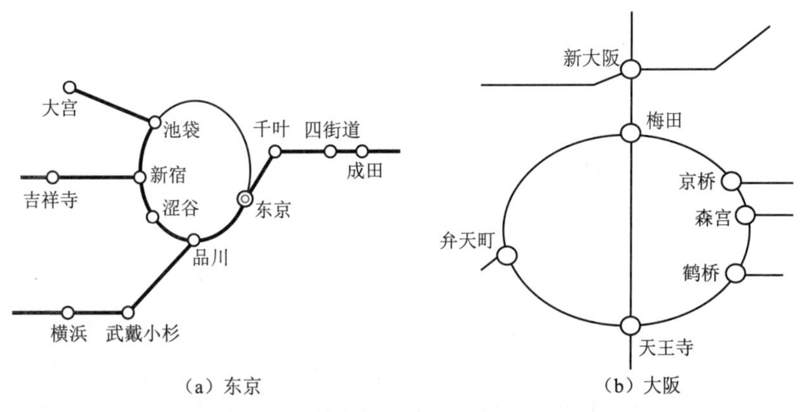

图 3–8　日本的城市干线轨道交通网络

3.4.2　考虑道路等级的网络结构设计

城市交通网络中各等级道路的比例对路网的性能有较大影响，各等级的道路在城市交通网络中都有不可替代的作用，《城市综合交通体系规划标准》（GB/T 51328—2018）规定，不同等级道路的功能定位不同（见表 3–1），常见分布如图 3–9 所示。

表 3–1　不同等级道路的功能定位

道路等级	功能定位
快速路	承担快速、远距离的区间交通
主干路	联系城市区域之间的主要交通性道路
次干路	集散性道路
支路	为短距离地方性活动组织服务
生活区道路	小区内部使用

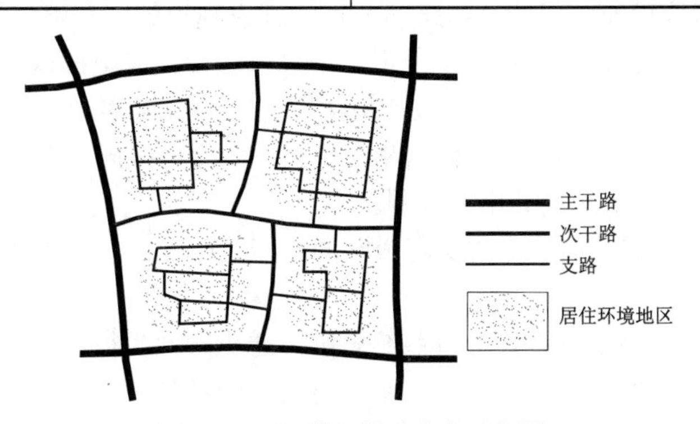

图 3–9　不同等级道路分布示意图

不同等级道路的通过性和可达性可以用图 3–10 表示。可以看出，快速路、主干路和次干路主要具有通过性高、可达性低的特点，而支路和生活区道路则具有通过性低、可达性高的特点。

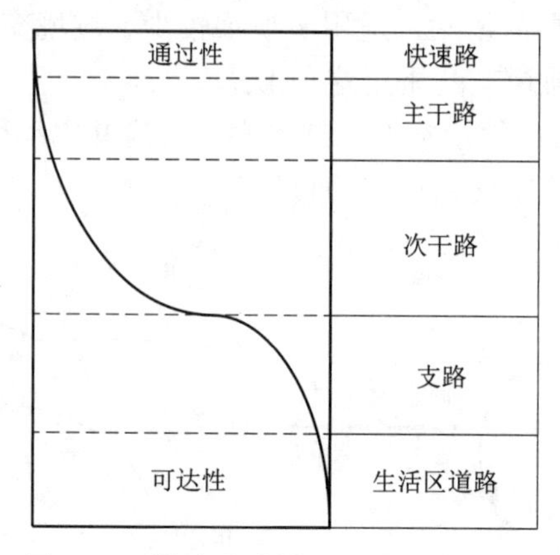

图 3–10　道路通过性和可达性二分曲线

如何根据交通需求调节各等级道路之间的比例是城市交通网络设计的重要环节，根据《城市综合交通体系规划标准》（GB/T 51328—2018），在理想的交通条件下，快速路、主干路、次干路和支路的占比呈“金字塔”型，快速路占比最小，支路占比最大。

在实际的城市交通网络设计中，各等级道路之间的比例还应考虑自然地理条件、对外交通、城市布局、交通模式等各种因素，从网络整体性和道路服务功能的角度对比例进行设计和调整。将道路划分成等级并保持合理层级结构的目的是满足用户利用不同的交通方式出行、不同出行距离和量的需求及对道路空间的有效使用。

3.5　城市交通网络衔接设计

结构各异的城市交通网络，均由不同等级的道路组成，道路之间须进行衔接设计。本节对衔接设计的主要原则、内容等进行介绍。需要说明的是，交通标志、标线设计是网络衔接的重要组成部分，交通标志、标线设计将在第 8 章交通语言设计中详细介绍。

3.5.1　概述

道路交通网络衔接设计，即针对道路网节点进行宏观设计。分流、合流、交叉是城市道路节点功能的 3 种基本类型，如图 3–11 所示。一般节点设计应遵循以下原则。

① 一致性原则。道路节点设计应当与我国相关法规的规定相一致。

② 综合性原则。城市道路节点应根据相交道路的等级、方向、交通量、公共交通站点设置、周围用地性质等确定形式及其用地范围。

③ 匹配性原则。节点功能应当与交汇道路的功能相匹配；节点设计与车辆机动性、道路通行能力相匹配。

④ 系统性原则。道路节点设计应有系统思维，避免顾此失彼或转移交通矛盾。

⑤ 节约性原则。道路节点设计应在满足功能要求的条件下优先考虑较简单的节点形式，同时还应进行充分的经济分析，造价和运营费用应与当时的经济水平相适应。

⑥ 可持续发展原则。道路节点设计应考虑规划设计方案的近远期过渡，为节点的改造升级留有余地。

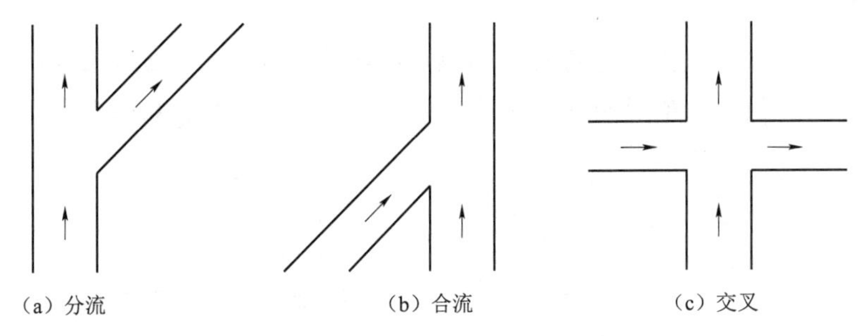

图 3–11　城市道路节点功能类型

3.5.2　道路位阶差

原则上，一条道路应该只能与它同等级和相邻级的道路相连，即道路位阶差小于或等于 2，如表 3–2 所示。与高速公路和城市快速路的衔接应使用立交的形式，其他的衔接都应使用平面交叉的形式。当位阶差大于 2 时，易出现以下问题：

① 两条道路通行能力相差较大，形成瓶颈；

② 驾驶人进行驾驶任务的难度明显较高，不利于安全行车；

③ 行人、非机动车的安全设计困难较大。

表 3–2　道路位阶差

交通功能位阶与道路分级		1	2	3	4	5	6
		高速公路	一级公路	快速路	主干路	次干路	支路
1	高速公路	0	–1	–2			
2	一级公路	1	0	–1	–2		
3	快速路	2	1	0	–1	–2	
4	主干路		2	1	0	–1	–2
5	次干路			2	1	0	–1
6	支路				2	1	0

3.5.3　出入口间距

对于一条城市干线道路，若其为非快速路，则路侧往往存在学校、医院、商场、住宅区等出入口；若为快速路，其出入口即为连接快速路的入口和出口匝道。出入口间距设置应注意减小分、合流交通对主线交通流的干扰，并应为分、合流车辆的加减速和车道变换提供安全、可靠的条件。

快速路的主要功能是通行，为城市长距离交通服务，因此其出入口间距确定时需避免吸引短距离交通，合理引导交通需求。快速路的出入口间距，应根据其形式（包括进、出口组合方式、是否有集散车道等）、线形、设计车速等因素确定，当主线设计车速越高时，出入口间距应该越大。非快速路的出入口间距应尽可能大，应通过周边商家共用出入口等方式减少出入口数量，应结合左转禁限等管控手段减少交通冲突。

3.5.4 变速车道

当低等级道路与高等级道路衔接时，为提高衔接点的交通安全与效率，有必要设计变速车道，包括加速车道和减速车道两种。变速车道可分为平行式与直接式，如图 3–12 所示。

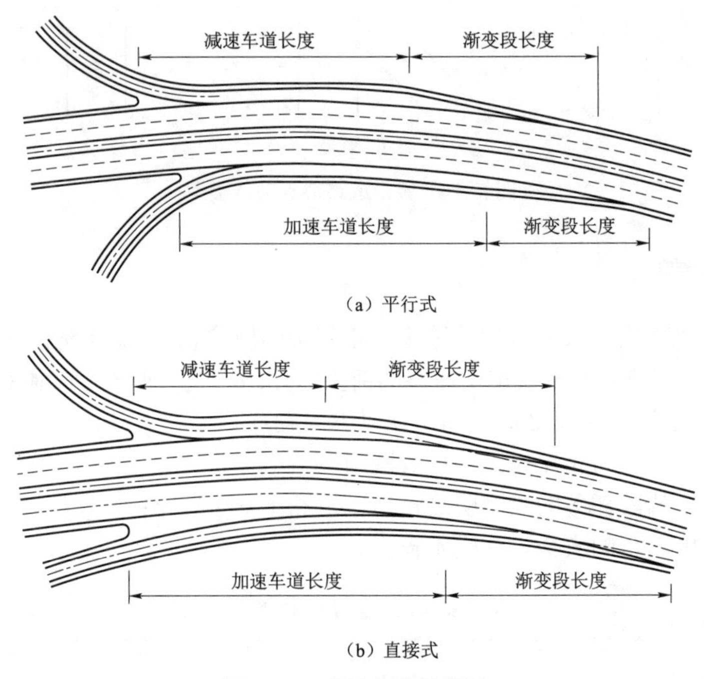

（a）平行式

（b）直接式

图 3–12 变速车道的类型

变速车道供车辆加速或减速，其中加速车道能够减小匝道汇入车流与主线交通之间的速度差，降低合流对主线运行的影响；减速车道能够提前为分流车辆提供制动的空间，不仅能提高分流交通的安全性，而且能降低分流对主线运行的影响。《公路立体交叉设计细则》（JTG/T D21—2014）规定快速路主线与匝道之间的连接部应设置变速车道，而对于非快速路，特别是当道路设有两侧分隔带、中央分隔带时，可为汇入主线的右转、掉头等交通设置变速车道。

3.5.5 快速路出入口与邻接平面交叉口的衔接段

城市快速路与其他道路之间主要是通过出入口匝道进行连接。若交叉口下游邻接快速路入口匝道，当交叉口出口道车道数或通行能力不足时，易使得衔接段排队溢出到交叉口；若交叉口上游邻接快速路出口匝道，当交叉口进口道车道数或通行能力不足时，易使得衔接段拥堵，且排队可能溢出到出口匝道甚至快速路主线。因此，对出入口匝道进行优化设计有助于改善由于快速路与普通道路之间的交通流转换困难导致的交通瓶颈，提高城市道路网的运行效率。

1）出入口匝道在衔接位置的确定

（1）匝道横向位置

匝道横向位置的确定，首先应考虑城市快速路及其衔接道路的几何条件。若为路面式城市快速路，则匝道横向位置以内侧式为主，如图 3–13（a）所示；若为高架式城市快速路，受高架路限高、连接路段长度等的限制，其横向位置以外侧式［见图 3–13（b）］及中间式［见图 3–13（c）］为宜。

① 出口匝道横向位置及其适用性：为了减少交织，降低交通流紊乱程度，提高通行能力，出口匝道的纵横向位置应综合考虑交通的流向与流量特征、与其衔接的普通道路的到达流量组成特性因素。

② 入口匝道横向位置及其适用性：当进口匝道横向位置采用内侧式布置时，衔接道路不上匝道的交通流与相交道路右转上匝道车流之间存在冲突；若采用外侧式，又将存在相交普通道路右转不上匝道的车流与上匝道的各转向交通流的冲突。因此，应视其交通流特征选取匝道的适当位置，也可通过对相交道路右转车流实施有效的信号控制，可较好地解决以上的冲突问题。中间式匝道横向布置可用于避免此类冲突问题的发生。

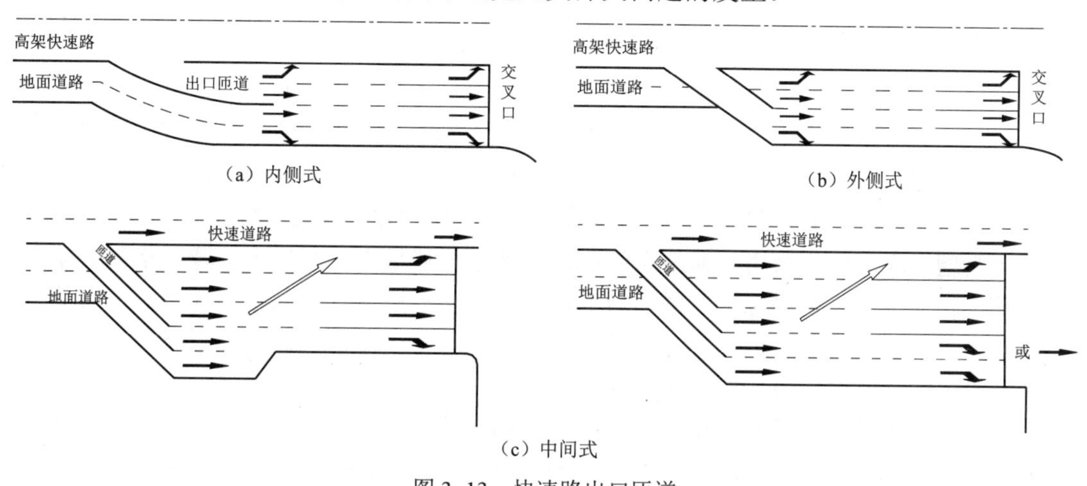

图 3–13 快速路出口匝道

（2）匝道纵向位置

如图 3–13 所示，匝道与衔接道路的纵向连接点离开停车线的距离，应大于匝道流出交通与衔接道路交通的交织段长度和停车排队长度之和。交织段长度应以满足新建快速路及其辅路系统的服务水平为目标，根据匝道及其衔接道路预测流量和交织比来确定。因匝道纵向位置的确定还受到城市道路网密度的限制，所以应视实际情况采取封禁部分支路的转向车流或在衔接路段采取无交织设计措施加以改善。

2）其他组织方式和控制方法的选用

在上述衔接设计方法不能满足需要的前提下，可以考虑禁行或实施交通控制方案。

① 针对出口匝道，可考虑禁行其邻接交叉口的左转交通流，让其在前方（下游）路段掉头行驶，或者在下游交叉口实施左转。在现实中，部分出口匝道衔接路段采取了禁左或禁右的交通组织方式，有利于简化交叉口交通流的混杂程度，提高其通行能力和服务水平。但这种交通组织方式将影响某一方向车流的通行权，将矛盾分散转移至周边的道路。此外，对于过饱和交叉口，应对其上游（出口匝道或衔接的普通道路）实施流入控制或交通诱导。

② 针对入口匝道，可考虑实施匝道封闭，让车辆利用地面道路绕行，可从一定程度上起到分流的作用，防止入口匝道及其上游路段排队溢出到邻接交叉口（位于入口匝道上游），并减少快速路主线的压力。2002 年，该方式开始在上海实行，北京、武汉等大城市也相继尝试，

但由于其对绕行车辆的影响较大，遭到了不少驾驶人的反对。为降低该影响，可以采用高峰期封闭的方式，以鼓励驾驶人错峰出行。

3.6 城市交通网络组织设计

城市交通网络组织设计的目标，是从全局观点出发，从系统工程的角度考虑，结合严格的交通组织管理，提高道路系统通行能力，本节主要讨论微循环网络设计与单向交通组织设计两部分内容。

3.6.1 城市交通微循环网络设计

1. 城市交通微循环

现阶段，我国大量城市的支路网不能提供良好的交通环境，使得绝大多数机动车交通汇集于主、次干路，导致干路发生交通拥堵。因此，在“堵点”附近设计“交通微循环”，利用改、扩建等手段，充分挖掘堵点附近未被充分利用的支路网络的通行能力，使其发挥集散功能，承担干路上不必要的短距离交通，缓解城市骨干路路网的交通拥堵。

城市交通微循环网络引用了血液系统的微循环来描述城市道路的小区域网络。微循环是医学名词，指微动脉与微静脉之间的血液循环。血液从动脉血管流入微循环系统，再从微循环系统流入静脉血管。类似地，城市中的交通流则从城市干路流入微循环道路系统，再从微循环道路系统流入其他干路，如图 3–14 所示。

城市交通微循环网络通常是由干路网络以外的支路及部分次干路组成的区域道路网络，强调发挥城市支路网络在整个城市交通系统的毛细血管作用，利用支路网分担和集散主要道路的交通流，形成合理的网络交通流空间分布，提高整个路网的交通承载能力，从而达到缓解交通拥堵的目的。

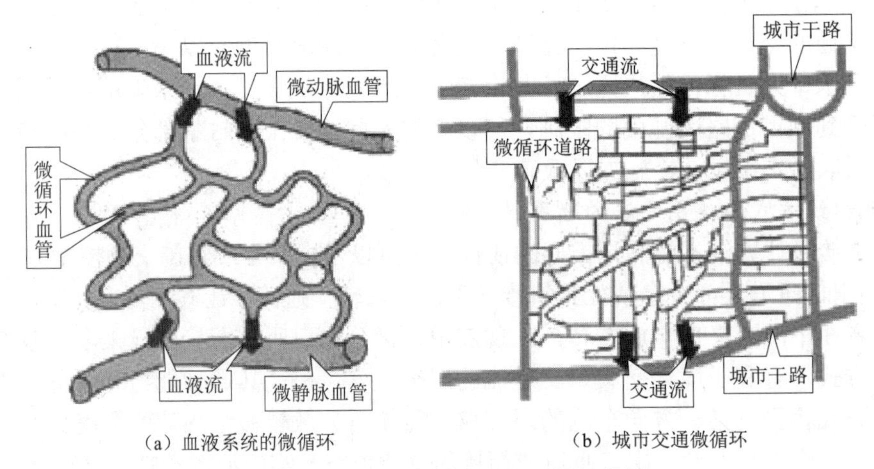

（a）血液系统的微循环　　（b）城市交通微循环

图 3–14　城市交通微循环网络示意图

2. 交通微循环的分类

目前，根据不同的功能和性质，交通微循环可以按照以下方法进行分类。

① 从控制范围上可分为城市整体交通微循环、区域交通微循环和小范围交通微循环。

② 从时空连续性上可分为临时交通微循环和长期交通微循环。

③ 从交通载体上可分为机动车交通微循环、自行车交通微循环和步行交通微循环。

④ 从运载工具的服务对象上可分为货运交通微循环和客运交通微循环，其中客运交通微循环可分为私人交通微循环和公共交通微循环。

⑤ 从交通走向上可分为单向、双向和可变向交通微循环。

3. 交通微循环设计优化目标及评价

交通微循环设计的目标应包括以下几个方面。

① 由于交通微循环的主要作用是缓解主干路交通压力，所以第一个目标就是主干路饱和度小于某种水平。

② 交通效率最高。就是在规划交通微循环网络之后，使所有车辆总的通过时间最少。

③ 环境影响最小。由于交通微循环是利用区域支、次干路来组织交通，因此势必会对区域内人们的生活、工作带来影响。其中最显著的影响就是汽车尾气对环境的影响。

④ 改造成本尽可能小。改造成本与改造的路段长度、改造程度有关。此外，还应考虑交通微循环用地最小化，以减少微循环交通对区域的干扰。

交通微循环设计效果可以通过以下指标进行评价。

① 支路利用率。支路利用率是指目标区域内支路中能够通过汽车的道路长度占所有支路长度的比值。

② 路网负荷均匀度。路网负荷均匀度是指目标区域内各等级路网交通负荷的均匀程度。

③ 非直线系数。非直线系数是指目标区域内 A、B 两点的道路长度与空间直线距离的比值。非直线系数越大，反映 A、B 两点的实际绕行距离越大，车辆越不易疏导。然而，对于机动车交通而言，如果能保持交通畅通，则可以组织适度的绕行，但是对于非机动车和行人交通而言，应尽量减少绕行。

3.6.2　单向交通组织设计

1. 单向交通组织设计概念

道路单向交通（one-way traffic），或称单向通行、单行线、单行道、单向路（街），是指只允许车辆按某一方向行驶的道路交通。在城市中，多条单向交通道路相互衔接、相互配合的组织形式，称作单向交通系统。单向交通组织是交通组织管理的一个部分。它是以提高交通流的畅通性和道路通行能力为目的，对交通流在道路网络上进行优化组织，以充分利用道路网络的资源，为实现交通流运行的安全、通畅而采取的一种交通管理措施。

单向交通组织方式对道路交通流进行时空同步分离，可大大降低交叉口复杂程度，以相对简单、迅速的方式减少车辆行驶延误及交通堵塞，确保交通安全，提高道路交通运行效率，优化道路资源配置。因此，它成为在城市中心区域缓解道路拥堵现象的一种有效手段，并已被国内外越来越多的城市所接受。据统计，几乎世界上所有的大城市和特大城市均在城市支路设置了单向交通。单向交通组织设计的基础是城市道路交通网络密度高，原则是适合单向交通组织的道路相邻成对、相向设计。

2. 单向交通组织分类

由于城市道路和交通条件不同，单向交通的组织形式是多种多样的，大体可以分为以下几种形式。

（1）固定式单向交通

根据单向交通的特点，选择两条相邻道路，组成固定的、方向相反的单行道路。在这种单行道路的所有车道上，在全部时间内，各种机动车辆只允许按照规定方向行驶，禁止逆行。

（2）定时式单向交通

对道路上的车辆在部分时间内实行单向交通，而其余时间仍然维持双向交通。

（3）定车种式单向交通

规定某种车辆（如公交车辆）可以双向行驶，其他车辆只允许单方向行驶，或者规定只允许某种车辆单方向行驶。

此外，单向交通的道路根据机非混行程度分为以下 3 级。① 专用道路，行驶的车辆全部为机动车，路旁不允许设置停车位；② 准专用道路，行驶的车辆全部为机动车，路旁一侧可设置单向停车泊位；③ 混行道路，机动车辆与非机动车辆混合行驶，路旁一侧可设置单向停车泊位或机动车与非机动车分离行驶或采用可逆向车道，机动车与非机动车分离行驶等。

3. 单向交通的设计条件

（1）道路网条件

根据路网形态的不同，单向交通可以采用不同的组织模式。棋盘形和带状形道路系统是较适合组织单向交通的城市道路网络。而对于不规则的路网，可以根据实际情况，灵活地协调主次干路及支路网络的功能，适当地在主干路实施单向交通，亦能够较好地提升路网通行效率，缓解区域交通拥堵。此外，在路网中设计单向交通组织时，应遵循单行互补理论，即为保证车辆能够较为便利地返回原地，需在单行道周边设计一条相反的单行道，两条道路应尽可能相似，尽可能平行，尽可能距离接近。

（2）道路路段条件

在特殊情况下，当两条平行道路不是同一等级时，可考虑将低等级的道路设为单向交通，另一条道路仍为双向交通。路网密度很大而道路宽度不足的旧城区道路，在满足下列条件时可设置为单向通行的行车路线：

① 当道路宽度小于 10 m 而流向比大于 1.2 时；

② 当道路宽度小于 12 m 而流向比大于 2 且有平行道路可以配对时；

③ 当道路宽度不足以同时设置人行道、车行道时；

④ 对于只能布置奇数车道的道路，在采用双向通行不利于发挥其道路资源作用时；

⑤ 平行于大流量主干路的一组支路、次干路；

⑥ 宽度狭窄，不适合固定交通工具如有轨道车双向通行的道路。

（3）交叉口条件

当有 5 条或 5 条以上的道路相交时，交叉口难以处理，宜将部分或全部相交道路设置为单向交通。

（4）交通流条件

潮汐交通可设置为定时式单向交通；当交通组成非常复杂时，可设置为定车种式单向交通。

（5）环境条件

当城市某一区域无法解决车辆停放时，可将一些次干路或支路设置为单向交通，道路一侧或两侧设置为临时停车。需要注意的是，单行道上的车辆车速一般较高，在人流较多的区域采用单向交通组织需要充分考量行人和非机动车出行，并方便过街，确保交通安全。

4. 单向交通组织的设计程序

应按照以下流程进行单向交通组织的设计。

（1）交通状况调查及分析

确定拟制定单向交通的路网范围，影响范围一般为拟制定单向交通道路的所有交叉口及与其相邻的两个路口区域内；对区域进行交通调查，主要包括社会经济及土地利用调查、道路条件调查、交通条件调查等；根据路网内交叉口的饱和度和道路服务水平等指标，评价现有道路的交通状况。

（2）制订单向交通方案

按需要和可能，拟订多个单向交通网络组织方案，通过交通仿真，模拟交通的实际状况。

（3）交通管理设施设置

按各方案设计交通管理设施，包括交通标志、标线、信号灯、监控及过街设施，并编制工程预算。

（4）效果评价

事前评价，按单向交通实施前调查数据进行现状模拟仿真，确定效果，对比基础数据。按交通延误少、绕行距离短、路网负荷均衡 3 方面对单向方案对比优选。事后评价，单向交通方案实施一个月后，按事前调查内容进行对比调查，确定方案效果，及时进行调整。

5. 国外大城市单向交通组织

国外大城市单向交通的组织模式大致可分为 3 种，分别为曼哈顿模式、伦敦模式及新加坡模式。

1）曼哈顿模式

曼哈顿是纽约中心区，是世界上就业密度最大的地区之一，路网密度在 20 km/km^2 左右，地块被道路分隔为若干个长方形的小街区，其道路大都组织单向交通，且组织单向交通的道路功能等级各不相同。相邻两条道路单向交通的通行方向相反，组成单向交通微循环系统，隔上几组配对单向交通道路，又会有双向通行的城市干路（干路几乎都是南北方向），这一方面弥补了单向交通通达性的不足，另一方面可以为驾驶人提供多种选择，使其可以根据路况选择不同的路线，不至于因为部分路段拥堵而导致区域交通瘫痪，如图 3–15 所示。

曼哈顿模式属于大范围、长距离的区域性单向交通组织模式，该模式要求道路网络是规整的方格网，且路网密度较高。利用高密度的方格路网组织长距离、大范围的单向交通，不仅有利于减少绕行，而且易于识别。此外，密集的单向交通网络有利于分流主干路的交通压力，疏解区域交通拥堵。

2）伦敦模式

伦敦是最早实施单向交通的城市，与曼哈顿的单向交通模式不同，伦敦是以地块内部支路为主组织单向交通的。该模式往往是因为路网不规整，多为自由形态的布局，地块被干路划分为多个较大的街区，街区内部支路系统发达且连通性较好，因此其单向交通以内部支路为主，主要是解决内部微循环交通组织，改善交通秩序，提高效率，并能为路边停车创造条件，如图 3–16 所示。

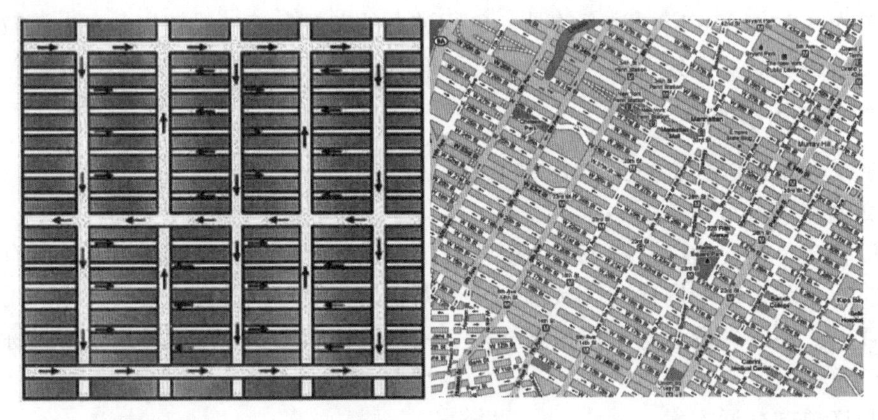

图 3–15　曼哈顿模式

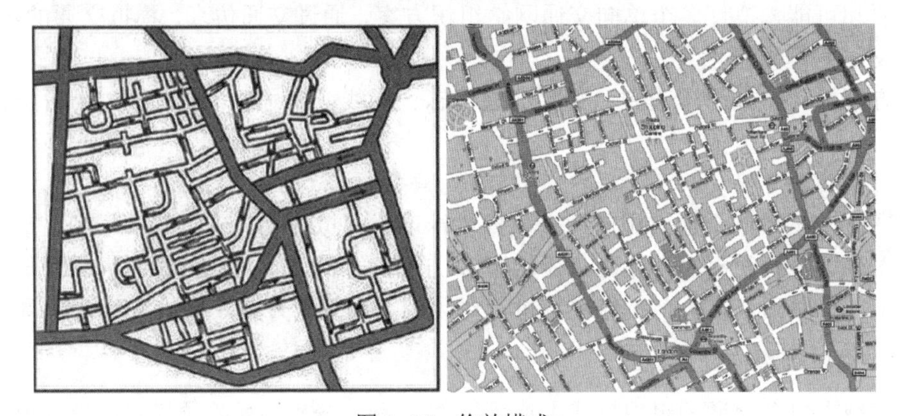

图 3–16　伦敦模式

3）新加坡模式

新加坡的单向交通采用的是干路与支路单行相结合的方式，该模式的路网布局介于曼哈顿模式与伦敦模式之间，干路系统较为发达，路网布局也相对规整，同样也具有高密度的支路系统，因而可以根据用地与交通流特点，利用部分干路和支路组织系统的单向交通。新加坡中心区路网密度达到 15 km/km^2，干路系统较发达且间距较小，存在大量平行支路与干路进行配对构成的单向交通微循环系统，如图 3–17 所示。

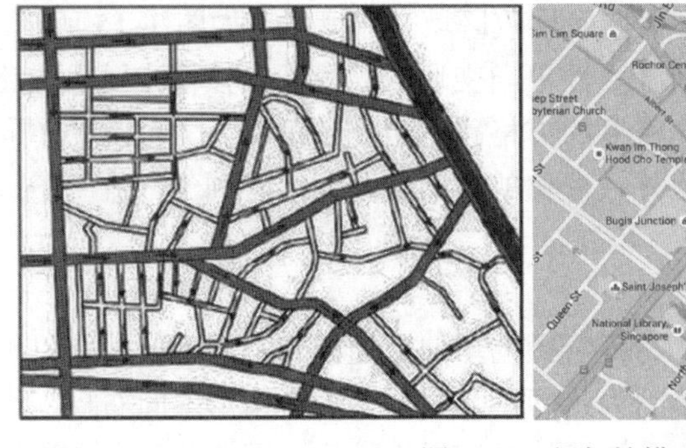

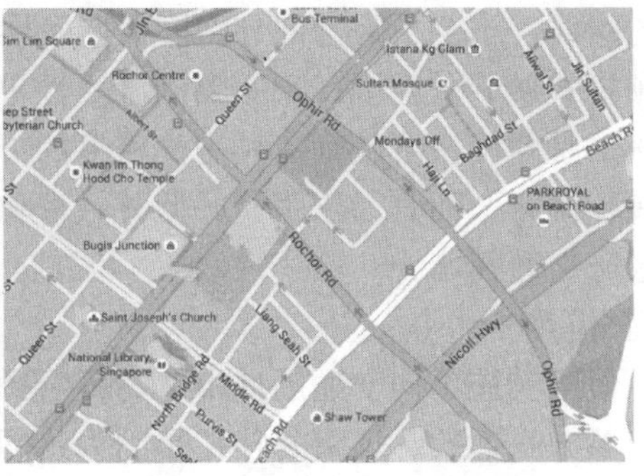

图 3–17　新加坡模式

此外，日本也是在城市道路网中普遍采用单向交通组织的国家，可以说是将单向交通组织利用到了极致，甚至在城市快速路上都组织了单向交通，如大阪市的城市快速路环线。日本单向交通组织的特点是配以精细化的交通设计，日本京都的单向交通组织和设计如图 3–18 所示。

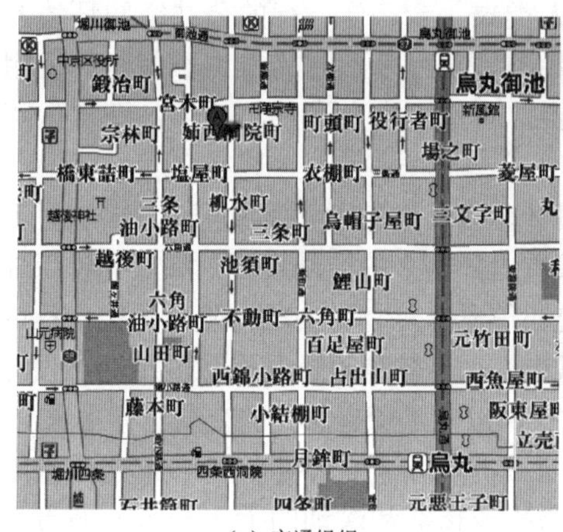

（a）交通组织

（b）精细化的交通设计

图 3–18　日本京都的单向交通组织和设计

3.7　城市交通无障碍设计

3.7.1　无障碍设计

无障碍设计（barrier-free design）理念起源于美国牧师马丁 • 路德 • 金的黑人民权运动。在第二次世界大战后，随着经济的发展、城市化的进程加快、人口结构的改变、科技的进步、制度与法律的完善等，无障碍设计理念逐渐发展完善。丹麦人卡 • 迈克逊于 1950 年提出了正常化原则的观念，主张身心障碍者应和一般人一样在社区过普通人的生活，使这些身心障碍者回归社会主流，达到社会整合的目的。

此后，1959 年，欧洲议会通过了“方便残疾人使用的公共建筑的设计与建设的决议”。1961 年，美国国家标准协会（American National Standards Institute，ANSI）制定了第一个无障碍设计标准。1970 年，英国颁布了《慢性病患者及残疾人保障法》。德国、加拿大、法国、波兰、荷兰等许多国家均制定了有关无障碍设计的规范。在 1974 年联合国召开的国际无障碍专家会议上正式对“无障碍设计”进行了定义。

我国虽然在无障碍设计方面起步较晚，但通过颁布一系列的规范、法律和标准，使无障碍设计得到了迅速的发展和完善。1988 年 9 月，建设部、民政部、中国残疾人联合会发布了《方便残疾人使用的城市道路和建筑物设计规范》，于 1989 年 4 月 1 日实施；1990 年 12 月，全国人大常委会颁布的《中华人民共和国残疾人保障法》规定国家和社会逐步实现方便残疾人的城市道路和建筑物设计规范，采取无障碍措施；2003 年 7 月 18 日，建设部发布《建筑无障碍设计》（03J926）；2012 年 3 月 30 日，住房和城乡建设部发布了《无障碍设计规范》（GB 50763—2012），以取代 2001 年 8 月 1 日起实施的《城市道路和建筑物无障碍设计规范》（JGJ 50—2001）；2021 年 9 月 8 日，住房和城乡建设部发布《建筑与市政工程无障碍通用规范》

（GB 55019—2021）。上述法律、法规和标准的制定与实施为我国发展无障碍设计，尤其是无障碍城市的建设提供了良好的保障。

经过多年的实践，无障碍设计的概念得到了不断充实和完善。目前，无障碍设计主要强调在科学技术高度发展的现代社会，一切有关人类衣、食、住、行的公共空间环境及各类建筑设施、设备的规划设计，都必须充分考虑各种类型和程度不同的行为不便者的使用需求，配备能够应答、满足这些需求的服务功能与装置，营造一个充满爱与关怀，切实保障人类安全、方便、舒适的现代生活环境。

自无障碍设计提出以来，城市交通无障碍设计作为其中的主要组成部分，一直受到了广泛关注。近年来，我国城市交通发展迅速，但是城市内部诸多的交通设施，如人行道、非机动车道、人行天桥和隧道、公交停靠站、地铁站、交通信号等，有时会成为阻碍居民出行的障碍，对行动不便的人造成的防碍尤其突出。因此，城市交通无障碍设计是指在城市交通设计中，对可能存在阻碍居民出行的交通设施进行无障碍设计，以满足所有居民的交通出行需求。

第 29 届北京夏季奥林匹克运动会的举办，尤其是残奥会的举办，为城市交通无障碍设计提供了很好的条件。其后的上海世界博览会、广州亚运会和深圳的大运会等，城市交通无障碍设计得到了推广应用。但是，由于基础和技术力量薄弱，加之占道经营、停车等现象严重，盲道很难起到其应有的作用。

3.7.2 无障碍设计的对象

城市交通无障碍设计面向的对象包括各种类型和程度不同的行为不便者。按照障碍类型可以划分为肢体障碍者、视力障碍者和语言障碍者。其中，肢体障碍者包括肢体残疾者、行动不便的老人、行走困难的病人、小孩及携带物体者。视力障碍者主要是盲人和弱视力者，还包括乘坐轮椅者和小孩，因为他/她们的视线高度较低，以及无法辨认一些标志的群体，如文盲等。语言障碍者主要是聋哑人群，还包括语言不通者，如不懂中文的外国人，难以用普通话交流的少数民族和说方言的人。

按照障碍者人群可以划分为不同程度生理伤残缺陷者、正常活动能力衰退者和暂时性障碍者。其中，不同程度生理伤残缺陷者包括肢体残疾者、盲人、聋哑人等；正常活动能力衰退者即老年人；暂时障碍者包括推婴儿车的母亲、伤病患者、携带重物者等。

不同类别的障碍人群对城市交通基础设施的无障碍需求不尽相同，例如，盲人需要在人行道上专门设置盲道以辅助出行，但是坐轮椅者则需要保证出行路面的平坦。然而，不同类别的障碍人群的需求也存在一定的共性，例如，行动不便的老人与坐轮椅者对于人行道路的需求相似。因此，应在充分考虑不同障碍人群的无障碍需求的基础上，进行城市交通无障碍设计。

无障碍设计涉及城市交通基础设施的所有环节，包括建筑物、道路、交叉口、车站、车辆、楼梯、电梯等，并且其中某一环节出现问题，将影响相关出行群体的交通出行安全，因此无障碍设计必须是系统、连续的。

3.7.3 无障碍设计的基本原则

无障碍设计可以借鉴通用设计的设计原则。通用设计是美国北卡罗来纳州立大学朗·麦斯（Ron Mace）教授提出的，指对于产品的设计和环境的考虑是尽最大可能面向所有使用者的一种创造设计活动。针对通用设计，麦斯教授提出了 7 个原则：① 公平地使用；② 可以灵活地使用；③ 简单而直观；④ 能感觉到的信息；⑤ 容错能力；⑥ 尽可能地减少体力上的付出；⑦ 提供足够的空间和尺寸，让使用者能够接近和使用。

此外，联合国亚洲及太平洋经济社会委员会《建立残疾人无障碍物质环境导则及事例》也针对残疾人无障碍设计提出了 5 点基本指导原则：① 可接近性；② 可到达性；③ 可用性；④ 安全性；⑤ 无障碍。

综上所述，城市交通无障碍设计的基本原则如下。

① 可接近性：障碍人群能够接近和操作，并且不受其身型、姿势或行动障碍的影响。

② 可达性：障碍人群能借助无障碍设施实现其出行目的。

③ 安全性：障碍人群在城市交通环境中能安全使用无障碍设施。

④ 全面性：应充分考虑障碍人群对城市交通无障碍设计的不同需求，并尽可能给其他人群提供方便。

⑤ 易操作性：能够在较短时间内被障碍人群所了解和使用。

3.7.4　无障碍设计的主要内容

依据《无障碍设计规范》（GB 50763—2012），可以将城市交通无障碍设计分为城市交通设施无障碍设计和城市广场无障碍设计。

城市交通设施无障碍设计的范围包括城市各级道路、步行街等主要商业区道路、旅游景点、城市景观带等周边道路、道路交叉口、停车场，以及各类车站和交通枢纽内部各种设施等。其设计内容主要包括人行道（盲道、坡道、缘石坡道等），人行横道（安全岛和过街音响等），人行天桥及地道（盲道、坡道、台阶、无障碍电梯、扶手等），各类车站和交通枢纽（盲道、盲文、语音提示等）及无障碍标识系统。

城市广场无障碍设计的范围包括公共活动广场和交通集散广场，具体范围根据《城市道路工程设计规范》（CJJ 37—2012）中城市广场篇的内容而定。其设计内容包括广场中公共停车场内的无障碍机动车停车位、盲道、坡道、台阶、无障碍电梯及无障碍标志等。

复习思考题

1. 概述交通设计的基本流程。
2. 简述城市交通资源配置设计的概念及其包含的主要内容。
3. 简述网络布局包含哪些类型及其示意图。
4. 简述城市交通网络设计的主要内容。
5. 简述城市交通微循环的定义及其评价指标。
6. 简述单向交通组织的定义及其设计流程。
7. 简述无障碍设计的定义、对象及原则。

第4章

城市道路交通空间设计

本章的城市道路交通空间设计是从空间资源优化的视角，讲述城市平面道路的交通设计，主要包括城市道路交通空间设计体系、城市道路功能定位与网络衔接设计、城市道路网络交通流优化组织设计、城市道路横断面交通设计、城市道路平面交叉口交通设计、城市道路慢行交通系统设计、城市道路沿线进出交通设计、城市道路环境和景观设计等。

4.1 概　　述

人的活动都是在某个空间内实现的，但又难以在同一个空间完成。人们住在家里，到工作单位上班，到商店购物，到学校上课，到医院看病，还有休闲、健身、出差、走亲访友等，这就产生了交通需求。

城市为人们提供了各种各样的生活场所，给了人们众多的选择和可能。这些众多的选择和可能又吸引更多的人向城市聚集，更多的人又需要更多的活动空间和场所。道路、轨道交通、河流、航道等交通设施连接这些分布各处的空间和场所，完成对人和物的输送，使其目的得以实现。交通是一个城市的命脉，是市民生活之必需，是民生。

交通设施是城市的主要财产之一。一个城市公共空间的约四分之三是道路和街道。在英国伦敦，道路和街道占其公共空间的 80%。城市道路不仅为出行服务，很多道路、街道本身也是出行的目的地。它们是建筑、店铺的门面，是人们活动和交流的载体。对它们的设计质量，不仅实现赋予它们的功能，而且对一个城市居民的生活质量、城市环境、城市结构和市容有举足轻重的影响。

一个城市的交通网络与这个城市的经济发展和人们生活的质量息息相关。它支撑城市的发展和重建；它凝聚社会的方方面面；它涉及安全和人们的健康；它影响自然和城市环境乃至社会公平。这个重要的城市资产同时也需要养护、投入来保证它不但能够满足现在的需求，还能发展以满足将来的需要。人们在对一个交通网络进行设计，对它的交通进行组织的同时，还要保证对它的维护，使它能够持续、有效地发挥作用。

随着城市空间的扩张、开发强度的增加，人和物在空间流动的需求也随之增长，而且这个需求无处不在。而提供交通设施的需要空间，不但受到自身和所使用的技术手段的限制，也同样受到空间的制约和社会环境的制约。当交通设施的提供受到制约时，人们对交通的需求也就随之受到限制。对交通的需求进行组织，对交通设施在空间上的合理、有效的布局和设计及对其公平、安全、有效的利用也就成为城市交通规划、设计、管理的必需。

除了空间限制，交通设施的提供还受到其他方面的制约，主要有以下各项。

① 当道路将其一端与另一端进行连接的同时，它也对道路两侧的连通性带来负面影响——对城市空间的分割。结果是在为长距离出行提供了方便的同时，为短距离出行带来不便。这使步行和自行车这样的短距离出行方式受到的伤害更大。

② 流动和速度还带来安全隐患。随着车速的增加，交通事故的危险性也随之增加。

③ 车辆产生的污气、噪声等影响健康，耗费医疗资源。

④ 当道路资源受限时，对它的管理、使用还可能对社会公平带来负面影响。

对交通系统进行设计时，仅仅考虑减少拥堵是远远不够的，还必须考虑到交通发展的其他目标，包括经济发展、城市重建、大气变化、减少事故、减轻空气污染、减少噪声，最大限度地减小交通对自然环境、自然景观、历史和文化遗产的影响，支持和鼓励可持续的、健康的出行方式。一个有效的交通网络设计的目标可以归结为以下几个方面。

① 为一个城市经济可持续发展提供活力。

② 最大限度地减小交通对环境的影响，减少碳排放和其他有害物的排放，减少大气污染，减小对生态的影响，抑制气候变化。

③ 在安全、运能、速度和环境方面寻求最佳的平衡。

④ 支持社会公平，有一个连通良好、有效的公共交通网络。公共交通不但是一个较为公平的交通方式，还是一个可持续发展的交通网络的核心。

⑤ 网络的层次结构能够准确地反映对交通的需求，使不同类型的交通需求能够引导相应的道路和网络。例如，长距离交通能够自然有效地使用骨干网络，货运交通能够自然有效地使用货运网络。

4.2　城市道路交通空间设计体系

对城市道路进行交通设计需要首先回答的问题是：它的目的是什么？是否为了以下各项？

- 增加通行能力，改进道路的连通性，提高出行的可靠性，缓解某些地点的交通压力；
- 满足对交通需求的增长；
- 为区域的开发提供条件；
- 为经济增长和城市改造服务；
- 减少事故，提高安全性；
- 改善城市环境，提升城市形象；
- 增加健康、对环境有利、可持续发展的交通出行方式。

当然，这些都是需要的。但在现实中，由于各种条件的限制，很难满足所有的需求和愿望，必须有所取舍，根据不同的需要和条件给不同的目标以相应的优先权和优先次序。

交通设计项目也有大有小，其影响亦是如此。大的交通设计项目需要对城市的总体有所把握，网络的层次结构和相应对交通的设计与不同区域的城市功能、强度和形态要有很好的结合。设计方案需要严格、全面的论证。一般而言，一个较大型的交通建设项目需要在经济、安全、环境、可达性和一体化程度等方面进行详细的定性和定量分析，也就是交通评估。

《城市道路工程设计规范》（CJJ 37—2012）要求城市道路工程设计应根据城市总体规划、城市综合交通规划和专项规划，考虑社会效益、环境效益与经济效益的协调统一，合理采用技术标准，遵循和体现以人为本、资源节约、环境友好的设计原则。

不同目的的设计，其所需知识和技能也会有所不同。如上节所述，交通型干道将分割城市，影响道路两侧城市的连通性；而连通型道路又把道路的一端和另一端连接起来。这些连通和非连通影响城市的格局和地域的功能。道路交通体系和城市的结构相辅相成，它的交通设计也离不开城市规划师和城市设计师的合作配合。对于一个以交通功能为主要目的的设计，需要的主要是交通工程方面的知识；而在繁华商务区的设计则要同时考虑通行和可达性的要求，交通设计就离不开城市设计的知识。

了解了交通设计的目的及交通和城市的关系后，接下来必须回答的一个问题是如何达到设定的目的。对一个城市的道路网络进行设计，关键是对它的网络层次要求有很好的把握。道路的等级体系是网络层次结构的一个反映。一个好的层次结构和道路等级体系能够体现它所在城市的结构，从而能够有效地迎合和满足由此而产生的不同的交通需求。以下将要介绍的很多具体不同的设计都是围绕这个层次结构而展开的。

一个具体的交通设计，最终体现的是道路在空间的拓扑结构和几何布局，道路宽度、坡度、弯度、净空、渠化、转向、标志和路边设施等。而这些相应的参数选择则取决于它们和出行实体，即人和车在运动中的相互关系及影响。

4.2.1 城市道路交通设计与城市设计

1. 城市道路交通设计

如上所述交通设计和城市设计是息息相关的。一个完善的城市需要使其中的各种功能包括居住、工作、教育、医疗、购物、运输等以具体的形式在空间展开，城市设计在规划的约束下将这些功能以有形的形式在空间上展现并联系起来，构成一个有效、宜人、充满特色和变化、可持续发展的城市社会。

城市道路交通设计是城市设计的一部分。和城市设计一样，它的核心考量是功能、特色和美感；它集科学（功能的满足）、创造性（特色/多样性）和艺术（美感）于一体。交通设计的好坏远远不止于各道路用户的通行、通达、安全和效率，设计结果对人的情绪和心理健康乃至社会凝合都有很强的影响。好的设计能帮助人们养成好的行为习惯，不好的设计则会给人的行为习惯带来不良影响。这在现代神经科学和心理学的研究中都能找到充分的证据。在交通出行方面，这些尤其反映在人们对秩序、在利益冲突时人和人之间的关系方面的认知和建构。自然景观愉悦人的感官；城市设施给人关怀；历史景观给人以历史文化的熏陶，帮助人认识自己和社会，增强社会归属感和参与感；良好的无障碍设计能表现对弱者的同情和对平等出行权的认知等。城市设计师也许比较偏重对景观、设施、遗产本身的塑造，而道路交通设计师则需要结合城市设计内容对其通达性进行设计，对各种需求进行平衡，帮助增强它们的价值，避免与之相悖，产生不和谐的感觉，如图 4–1 所示。

图 4–1 某古建筑邻近道路上的交通隔离栏

2. 城市道路交通设计的演化过程

20 世纪初，小汽车大众化开启了围绕小汽车、以服务小汽车为中心的城市设计。设计从以街区、广场、社区为中心转向了道路和以道路为支撑的城市功能的分割、拆解和组合。道路的建设是造成这个转换的基础。经过一个世纪的建设实践，以道路机动车通行为中心的设计虽然给城市和社会带来了极大的繁荣，但它的不可持续性也逐渐得到充分显现。道路为街区、社区服务的属性开始回归。完整街道（complete street）、新城市概念（new urbanism）、巴黎计划的 15 min 城市、巴萨罗纳超级社区（super block）、无车社区、无车城市等理念逐渐出现。人们对道路设计和城市设计的地位、作用的看法和运用得到新的升华。道路设计又成为这个新的转换的核心。英国皇家艺术学院智慧交通设计中心主席戴尔·哈罗（Dale Harrow）教授认为，将来的智慧交通不单单是设计或技术，它是技术、设计、人和文化的统一。从社会学的角度，道路作为人的创造和设计的果实，它自觉或不自觉地都会反映出所在社会的文化和价值观，如对各种道路用户的关系的处理，尤其是对老人、小孩和行动不便者服务的设计，对公交和小汽车关系的设计，对道路和历史遗产关系的设计等。因而，在新一波到来的城市、交通人性化设计中，对文化和价值观的思考、体现和塑造，占据越来越重要的地位。如图 4–2 所示，在资源有限的情况下，如何设计和选取设计方案，取决于对机动车、行人通行、花草树木的价值乃至审美价值的判断。

3. 城市道路交通设计的功能作用

道路是保证人和物流动的核心设施，它为公交、小汽车、步行、自行车等多种出行手段提供服务。如前所述，道路往往构成了一个城市四分之三或更多的公共空间。作为实现人和物流动的设施，道路同时具有连接和分割城市的属性，对城市的运作和社区的构建起举足轻重的作用。艾泼雅（Appleyard）和林涛早在 1972 年对城市道路和环境的经典研究，令人信服地展示了道路和车流对社区凝聚的负面作用。道路交通的设计是城市设计的一个核心。合理的道路交通设计能促成紧凑城市的形成，减少资源消耗，助力可持续发展。不当设计则会造成出行不便、交通事故、道路拥堵、城市分割、城市无序蔓延。

图 4–2　机动车道与人行道

城市道路，尤其是低等级道路，往往同时具有通行、通达的功能和社会活动功能（包括对临街商铺的服务）。交通设计同时需要城市设计的技能。或者从较高层面上而言，交通设计和城市设计是一体的，对交通进行设计需要把道路设计作为城市设计的一部分，避免为增加通行、通达效率而对街区、社区和城市的生活造成负面影响。城市设计师和交通设计师的技能关系如图 4–3 所示。

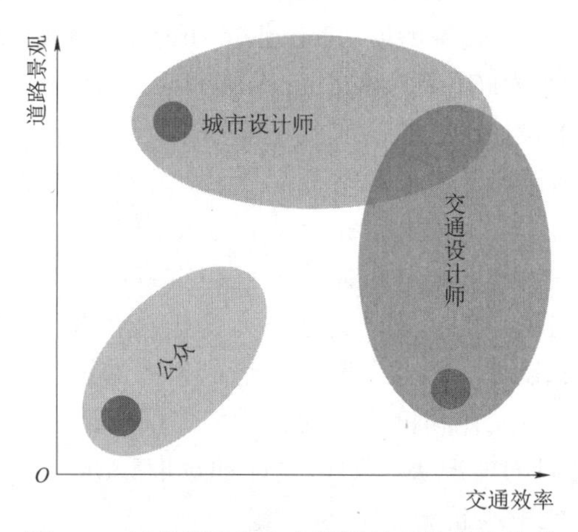

图 4–3　城市设计师和交通设计师的技能关系

从城市设计的角度看，道路设计的一个要素是把道路看作人的活动空间而不仅仅是通行空间，因而比较注重行人空间的空间设计，注重行人设施的设计，注重道路、街道沿街设施的相互关系并为之进行设计，如商店、小吃店、休闲设施等的功能和分布及相互之间的和谐，根据不同的活动空间的需求、行人需求和步行期望线，综合其他不同道路用户需求来合理设计道路断面和设施安排等。主要为通行服务的相对高级道路设计，更注重断面的变化。如图 4–4 所示，提供充分合理的行人过街设施有助于建立交通秩序，降低各道路用户对通行场景认知的难度，减少出行心理压力，提高通行效率，减少交通事故。而传统的交通工程师则侧重道路横断面的设计，偏重横断面的连续性。

图 4–4　行人过街的交通设计

交通设计的另一个要素是对局部、当地特点的尊重，针对设计区的特点找到与之和谐的设计。尊重当地特点自然就会带来多样性，使道路更具有活力和吸引力。传统的道路设计的思想是强调对机动车的服务，其典型表现是一般采用拓展道路、打通断头路、拆迁障碍物等手段。新的道路设计理念并不反对这些设计手段，而是以街区、社区服务，为人服务为目标来审视这些手段，采用不采用、如何采用这些手段取决于其是否有助于这些目标，有助于或是有悖于城市设计与交通设计目标的判断与实现，如图 4–5 所示。这就要求设计者掌握更丰富的设计手段，能够准确体察需求，有更丰富的想象力，更强的创造力，从而能进行有针对性的创造性的设计。如果说传统设计是基于对一个问题存在最优解而寻找最优解的理念，那么新的设计则认为一个问题可以有多种可行的解决办法，而对解决方法的选择则是基于对价值的判断。这就是人性化设计的根本所在。

图 4–5　充分尊重街道活动空间的需要，创造良好的活动空间

4. 城市层次结构与道路层次

城市设计大体上可以分为以下 3 个层次：

① 街区和建筑；

② 多功能的地方性社区，包括居住、商务、文化等人员活动集中区域；

③ 城市本身，包括服务于整个城市的大型设施，如中心商务区、大学、博物馆、机场等。

一个城市众多的功能和设施在一个相当大的空间里分布，使得出行有远有近，有长有短，有多有少。这些出行不仅需要移动空间，而且需要停车空间，因此在珍贵的城市空间上对出行空间的安排需要考虑多种交通方式的优化组合和衔接，包括公交、小汽车、慢行交通，以及停车空间等。这些考量反映在道路层面上就形成对道路的层次等级结构的设计。这个城市层次结构和道路层次结构的相互关联叠加就形成了道路交通设计的各种基本设计场景。在这些设计场景中对不同层级的道路进行规划和设计则是道路交通设计的基本内容。

从城市设计的角度，在城市层面对道路进行设计的第一要务是保证公共交通的吸引力，这主要包括对公交站点和通达这些站点的设计、道路公交优先设计。这也是面向公交的城市设计的核心。在为出行提供服务的同时，高等级道路布设的关键考虑是尽可能减小对城市功能完整性带来不良影响，在社区和街区不应有高等级道路。而低等级道路，服务社区、街区的道路则要通过精细的人性化设计，避免、减小、弥补道路对社区、街区城市功能完整性产生的负面影响，增强社区、街区的连通性。

近年来，我国对城市和交通建设也开始了新的思考和实践，其中以上海市规划和国土资源管理局、上海市交通委员会和上海市城市规划设计院于 2016 年 10 月共同出版的《上海市街道设计导则》为代表，这些尝试体现了对城市道路交通设计进行的新思考。

4.2.2 前瞻和目标

交通设计有几个不同的阶段。在设计开始前，交通设计师需要对所涉及的城市区域发展前景有一个全面的把握和构想。交通设计的目的可能有多个，如促进市中心的繁荣，改善城市环境包括出行环境，给人们更多可选择的出行方式，就要与城市的规划设计相一致，与城市相关的政策相一致。

过去人们对道路交通有些不切实际的追求。如一味追求道路畅通，高架、立交、下穿随处可见，其结果往往是城市的空间不断地被无序扩大，人们越来越不得不依靠小汽车出行。早在 1963 年，考林 • 布坎南（Colin Buchanan）在出版的《城市交通》（*Traffic in Towns*）报告中就指出，在大多数城市不加限制地使用小汽车的自由是不可能的，使用小汽车的自由，道路的投资和环境之间是存在冲突的，必须在它们之间选择平衡点。只有在一些小城市，并且在环境允许建设充足规模的道路网且低密度发展的情况下，才可能拥有对使用小汽车的不加限制的自由（注：这里并非要鼓励低密度发展）。他还指出，对使用小汽车进行控制的主要方法是停车控制和提供便宜、优良的公共交通。从长远来看，应实行道路用户收费。

人们认识到，无限制使用小汽车的自由是不可能的，这并不意味着交通工程师可以无所作为，而是对交通工程师提出了更高的要求。合理有效的交通设计能够提高环境质量，提高交通效率，减少交通事故，促进经济发展，促进社会公平，给出行者提供更多的选择机会。

4.2.3 设计评估过程

交通工程师在把握了交通设计项目所在城市或区域的发展愿景之后，接下来就是一系列的交通设计评估过程（见图 4–6）。很多小的交通设计项目虽然没有严格的评估过程，但是在每个交通设计师的大脑里都应有这个概念和过程。例如，每个交叉口的设计往往都会有多个不同的设计方案，交通设计师就需要对这些不同的方案予以衡量。

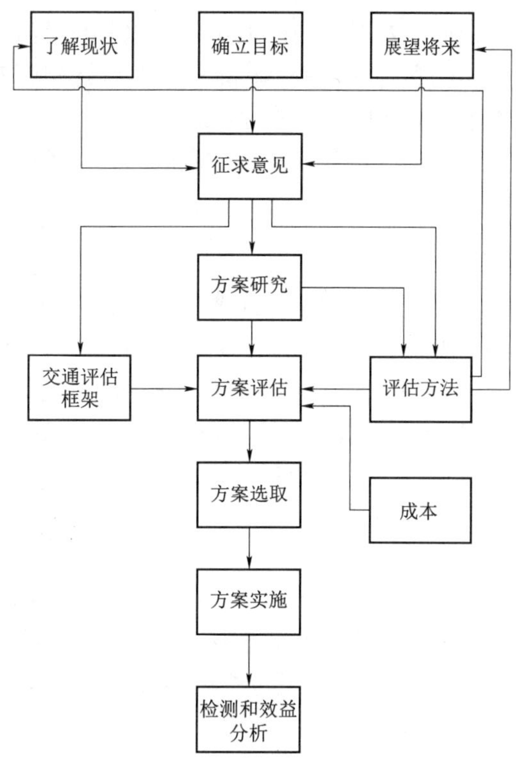

图 4–6 交通设计评估过程

1. 了解现状

首先要了解现状、交通政策和其他有关的政策，如道路用户优先权和等级、对环境的考量、设计规范和标准等。了解有哪些可能性，如停车管理、交通诱导及各种限制条件，如有没有需要保护的建筑和历史文化遗产。了解需求状况和道路服务水平，这些包括机动车、行人、非机动车和公交运营。了解进行交通设计和改进的原因：是不是因为道路现状运行效果不理想，或者遇到新的机会和问题，如要进行城市改造等。对这些问题要有充分的了解和认识。

2. 确立目标

确立交通设计的目标，包括安全目标、经济目标、可达性、环境、整体性等，以及对不同群体服务的考量，尤其是弱势群体的利益。

对经济的考量，不但包括出行时间的变化所带来的直接经济效益，还有燃油、安全及对不同道路用户和政府的经济效益影响；出行的可靠性和对社会效益的影响。例如，出行时间的减少带来的集聚效应及对公司和个人就业选择范围的扩大带来的效益。

交通设计的一个重要目标是减少交通事故、保障交通安全，而对交通事故减少效益的测算因国家和区域的不同而异。例如，英国交通部的研究认为，减少一起交通事故的经济效益约为 10.14 万英镑（2020 年价格，约合人民币 85 万元），减少一起死亡交通事故的经济效益更高达 212.1 万英镑。

对环境的考量不但包含汽车尾气排放和噪声，还要考虑对景观、城市构架、历史遗产、生态、水环境、健康和出行环境的影响等。

可达性使得本来由于交通问题难以使用的城市各种服务和设施，如公园、学校、医院、博物馆变得容易，使难以参与的各种活动变得可能。可达性还包括对交通服务和设施使用的便易程度，同时要考虑对城市空间造成分割的危害。

整体性包括交通各种方式之间连接和换乘及对政府其他政策的支持协调，如土地开发政策，支持残疾人的政策等。

3. 展望将来

交通设计不但要满足现在对交通的需求，还要能经得起时间的考验。交通设计付诸实现之后，通常会带来两个方面的变化：一是由于不同出行路径出行状况的改变引起的流量的变化，如一个交叉口的通行能力增强或延误减少后随之带来的可能是流量的增加；另一个是由于整体出行状况的改善，使得本来受到压制的出行释放出来，这可以从图 4–7 中看出。

社会的演变，财富的增长同样也会带来需求的变化。对将来的需求带来变化的因素还包括近远期土地和交通规划与建设规划及政策方面的要求，例如，对汽车尾气排放的政策和车辆通行限制等。

如果在交通设计中对这些需求变化不加以考虑，那将是短视的。对大型交通设计项目的评估除了要考察建成当年的效果，通常还需要考察的年限有 5 年后、10 年后、20 年后，甚至 30 年后等。

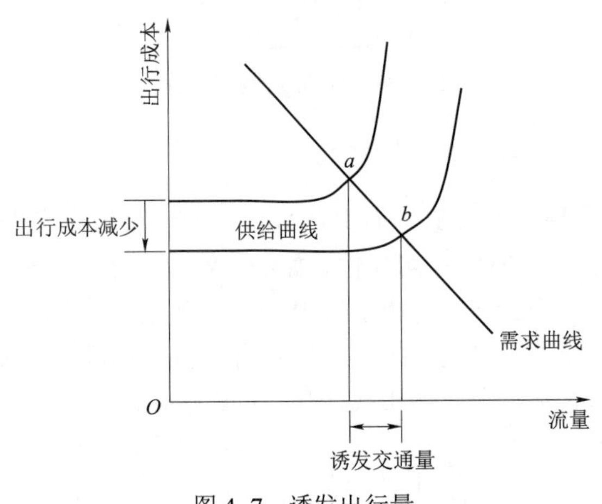

图 4–7 诱发出行量

4. 征求意见

征求意见是设计好方案的重要保障。在方案设计前，需要根据设计项目的大小和影响程度找到与方案有关的团体、机构、企业、个人等征求意见、看法和建议，并在整个设计过程中保持沟通。这些包括对问题的认识，希望达到的目标，对备选方案的设计实施有哪些可能的限制，有哪些可能的解决方案和办法，从而为进一步的方案研究打下好的基础。

5. 方案研究

对设计方案的研究取决于对需求的了解，要解决什么问题，由此制定目标，进而研究给出备选方案。虽然本章讨论的是道路的交通设计，而道路交通的问题经常会涉及其他交通方式。因此，在研究设计方案时，不应排除其他交通方式。在这个阶段应包括不同的方法、规模和交通方式。对不同的方案，需要从战略方向、经济效益、可操作性、财务和商业运作的可行性 5 个方面进行大致的评估，目的是发现、明确各个方案的优缺点，从而选择出那些值得进一步研究的方案。

方案研究的主要内容包括以下各项。

① 对现状的分析：有关的方针、政策，交通的需求状况和服务水平，有哪些机会和限制。

② 对将来的期望：有关的城市和交通规划，土地和其他政策，经济、人口发展趋势及对将来需求和服务水平的预测。

③ 通过对现在和将来交通运行服务的分析，了解问题的症结，评估需要对交通建设投入的力度。

④ 在城市发展政策的框架下，寻求交通建设、设计的目标，确定建设设计的范围。

⑤ 研究寻找不同的方法、不同的建设设计规模和交通方式的方案。

⑥ 通过对这些建设设计方案在战略方向、经济效益、可操作性、财务和商业运作的可行性 5 个方面进行大致的评估，放弃那些效果不明显，或者可行性不高和不易被接受的方案。

⑦ 进一步发展那些值得研究的设计方案。对那些战略明确、经济效益好、可操作性强、财务和商业运作可行性高的方案进行进一步评估。

6. 方案评估

如何评价一个设计方案的优劣？一个方案本身的影响是多方面的。方案是不是和国家与地方的各项政策相适应，如经济发展、环境保护、城市改造、交通安全、保护弱势群体促进社会公平，以及控制城市蔓延等。公众对方案的接受程度、会不会给建成后的运营维护留下沉重的财务负担等，都要认真考量。

方案的经济效益是评估的一个重要方面。方案产生的效益是不是值得投入？投入产出比是衡量一个方案经济价值的重要指标。效益通常用货币来表示。而交通设计的效益通常表现在出行时间上的节约、事故的减少等。这就需要把时间的价值转换成货币价值，如一个小时值多少钱，一起事故的代价相当于多少钱……需要注意的是，投入和建设是短期的，而效益是长期的。人们在决定对一个项目进行投资时，往往会选择那些见效快的方式。反映这个选择偏向的变量是净现率（discount rate）。如果一个建设方案在建设完成后第一年产生的效益是 B_1，第二年的效益是 B_2，…，则第 i 年的效益折换成当年的效益为 $B_i/(1+s)^i$，s 为净现率。方案的总效益就是建设完成后这些年折换后的效益的总和，即

$$\sum_{i=1}^{n}[B_i/(1+s)^i]$$

不同的国家有不同的净现率和对寿命周期的设定。作为参考，英国交通部使用的净现率是 3.5%，日本为 4%，中国为 5%。而对于寿命周期，英国交通部规定在交通建设的效益分析中采用 60 年，日本为 40 年，中国为 30 年。这个效益与投入之比就是效益成本比，日本政府要求该值在 1.5 及其以上才具备实施条件。

谁是交通建设的受益者也是在评估中需要考虑的一个重要方面。政府的投入需要考虑社会的公平。不论穷富，在公交和非机动出行方式面前人人机会均等，因此对公交的投入、非机动出行方式的投入通常是比较公平的投入。

方案所影响的各方面并不都是可以用数字来衡量的。例如，对历史遗产的影响。方案的

选取可能要用到多变量，或者多标准分析，给不同的方面以权重和排序，进而对方案进行取舍。需要强调的是，决定这些权重的并不是专家，必须要尊重那些受到影响的团体及决策者的意见。这也是在交通设计评估中要广泛征求意见的原因之一。

另外，建设方案有大有小，评估的内容和详细程度也随需要和项目的影响大小有所变化。例如，英国交通部要求对于投入大于 2 000 万英镑的交通建设项目必须使用多方式交通模型进行评估。对较小的项目可适当放宽。伦敦交通局还指定使用 TRANSYT、VISSIM 和 Paramics 软件进行评估。

方案评估会用到各种各样的软件工具，有宏观的、微观的、仿真的、网络的、局部的等。在规模不大的交通设计中，通常用到一些交叉口设计和局部网络优化的软件，包括英国交通研究所（Transport Research Laboratory，TRL）的 OSCADY、ARCADY、PICADY 和 TRANSYT，它们分别用于单点信号控制的交叉口、环岛和优先权控制交叉口的设计与局部网络的交通设计优化；美国的 Synchro 和澳大利亚的 SIDRA 都可以用来对单点交叉口和局部网络进行优化设计。

对道路进行设计的软件包括 MX、12D 和 AutoCAD；对网络进行分析设计的有 SATURN、Cube、TransCAD 和 OmniTrans 等；仿真软件包括 VISSIM、Paramics 和 TransModeller 等；对行人环境进行设计的有 LEGION 和 VisWalk 等。交通设计辅助软件系统有很多，这些仅仅是比较常用的软件。我国在交通分析、设计的软件开发方面比较落后，有效的使用也很少。这和我国城市和交通的高速发展极不相称，反映了我国目前道路规划和设计水平亟待提高。

7. 方案选取

方案选取的本质是把各备选方案评估的结果全面而客观地表现出来，包括成本和效益、所有的假设条件和前提及对资金的要求和安排。这些结果面对的是公众和决策者，因而要避免使用难懂的专业术语。在对有较大影响的交通设计项目进行决定之前应进行公众咨询。全面、客观并不是要大而全，而是对不同的对象要有针对性地进行抽样分析，以便理解。

8. 方案实施

一些大型的交通建设项目的实施可能要花比较长的时间，这个时候就要考虑哪些项目先实施，哪些后实施，以及实施过程中的财力、物力和人力的安排。这些大型的交通设计项目的实施可能会对日常的交通产生较大的影响。在建设中如何对项目进行管理，以最大限度地减轻对市民日常生活的干扰，也是实施方案中一个重要的课题。

9. 检测和效益分析

检测的目的是了解建设项目在多大程度上达到了设计目标，它取得的成果在多大程度上达到所期望的结果。这不仅包括交通运行的状况和安全的效果，还包括对环境的影响，这在建设完成后的早期尤其重要。若发现意外状况，可以尽早采取措施进行弥补。

需要强调的是，交通设施设计中的缺陷可能会造成意想不到的后果，包括安全问题。因此，交通设计工程师在设计过程中不应教条地遵守设计规范，而应从交通功能和人机特性等方面进行充分斟酌，力求避免亡羊补牢。

4.3　城市道路功能定位与网络衔接设计

一个城市的道路系统不是孤立存在的，它与城市的结构和功能密切相关。一个路网把一个城市的各部分连接起来，包括住宅区、商务区、城区和郊区等。一条道路在沿线的各地因当地环境的不同可能要满足对它不同的功能要求；道路用户和其出行方式、出行目的也会有变化。对路网的不同设计和变化会对周围道路的使用有不同的影响。这些在进行交通设计时都要给予充分考虑。

传统上，城市的道路多以流量和相应的设计标准来对它们进行划分，一般包括快速路、主干路、次干路、支路等。但是，仅靠这样的划分方法不能充分表现它们所服务的城市区域对它们在功能上的不同要求。城市道路沿线两侧大多是建筑和公共活动空间，尽管通行是它的主要功能，但同时还要满足其他的城市功能，尤其是作为城市公共活动空间的功能。因此，道路的功能不仅要用流量和相应的设计标准来划分，还要能够反映它们所服务的城市区域的性质和衍生出的功能要求，从而设计标准可以在允许范围内予以适当的变化，使其不但达到通行的功能，还要与沿线两侧和周边区域的城市功能相匹配。

4.3.1　道路功能

城市道路主要有以下 5 个方面的功能：通行、通达、公共活动空间、停车、公共设施（包括排水、管道、灯光照明、通风、防灾等）。

① 通行，尤其是机动车的通行是目前公众及决策者比较注意的主要功能。在不少人眼里甚至是唯一的功能，这需要改变。需要看到步行、自行车通行的需要，并对步行、自行车通行持欢迎态度，而不是把它们看作机动车通行的障碍。它们的出行不但只需较少的资源，而且是一种健康的出行方式，是对环境没有污染的出行方式。假如把步行和自行车出行置换为小汽车出行，即使是部分置换，其后果也是可想而知的。所以，在设计中要充分考虑到它们的需要，并给予优先考虑。

② 通达，是把人、车、货物送到建筑物和公共场所。这些地方不但有车，还有人和其他的活动。这就更需要考虑各种各样行人和自行车的需要，并提供安全保障。

③ 公共活动空间，是指道路街道承担的公共活动的功能。这需要充分考虑两侧建筑和活动空间的需要、街道景观、路边设施。处理好道路和建筑及活动空间的关系至关重要。这些在商业区的道路尤其明显。处理得好，会使这些区域充满活力，富有地方特质；处理得不好，则会乱作一团，使人厌烦。在道路承担公共活动功能的路段，交通设计师和城市设计师的合作非常必要。

④ 停车。很多道路都兼有停车的功能。特别是在居住区和一些商务区。在为道路停车进行设计时，不但要考虑机动车停车的需要，更要考虑自行车、非机动车停车需要，有时还要考虑货物装卸停车的需要。停车的设计和管理也是交通需求管理的一个重要手段。停车设计的好坏也会严重影响道路的通行能力、安全和道路周围的环境质量。

⑤ 公共设施。道路的地上、地下还承担排水、管道运输、照明等其他公共设施功能。好的排水设计不但有利于洪水的控制、循环水利用，还可以创造地下野生动物栖息场所，改善生态环境。如果对这些设施的安排设计考虑不周，则会对道路的其他功能造成不利影响，如

树木种植、绿化占用行人的空间等。

4.3.2 道路层次等级

将道路划分成等级并保持合理层级结构的目的是满足用户利用不同的交通方式出行、不同出行距离和出行量的需求及对道路空间的有效使用。制定道路等级的基本出发点如图 4–8（a）所示。圆点表示出行出发地和目的地；圆的大小表示出行量的大小；上方的线段表示的是从出发地到目的地的期望线；粗细表示出行需求量。因为不可能在每个出发地和目的地之间建设一条道路，出行只能通过一个道路网络来实现。图 4–8（b）表示一个道路交通网络。需要注意的是，交通需求量大的由高等级道路直接相连，交通需求量小的连接则不那么直接相连，而是通过次干路连接。为说明起见，图 4–8 表示了城乡道路网络，其原理也适用于城市道路网络层次设计。

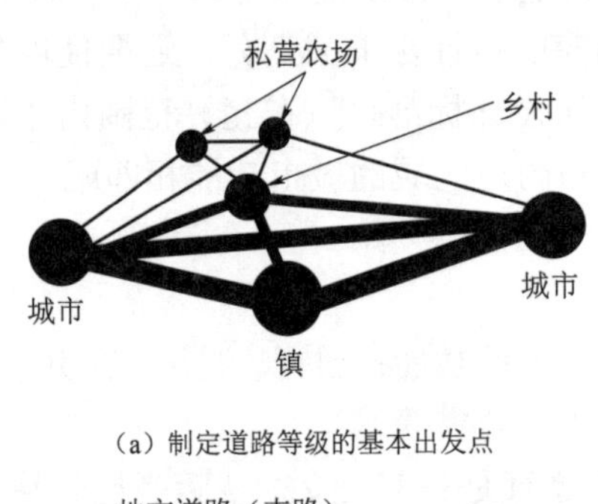

（a）制定道路等级的基本出发点

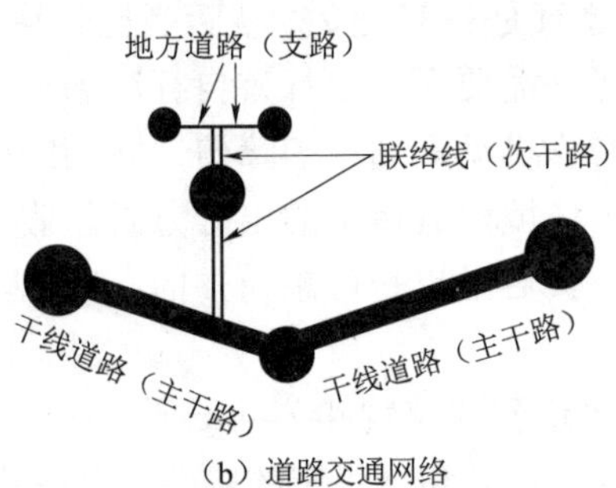

（b）道路交通网络

图 4–8 道路层次等级的规划设计过程

道路等级设计的一个关键就是要使机动车从一地到另一地的出行不要打扰路途中居民日常的生活和工作。到目的地，无论是建筑物或其他场所，通达的交通要与过境的机动车交通分开来，减少它们之间的冲突。广义地讲，城市道路、路线的设计是把相互冲突的功能尽可能地分配到不同的道路上，以减少道路功能的冲突，使道路的使用安全并有效率。

因此，需要明确每条道路承担的功能并应用相应的设计标准，以便更好地实现其需要承担的功能，并减少对其功能不匹配的使用。例如，商务区的道路可以通过减小道路宽度、设置路边停车、较多的行人穿越设施等使希望高速过境的交通另寻他路。

道路交通设计使用的手段包括：道路等级，车道宽度，横向、纵向布局，人行道、自行车道的使用，停车的设计和使用，标志、标识、标线、照明、街道家具、限速、限行等交通管理措施，以及路面材料和道路街道景观的布设等。

道路层次等级划分是道路交通设计的基础，如图 4–9 所示，同时道路交通设计能够增强或减弱道路等级的效果。

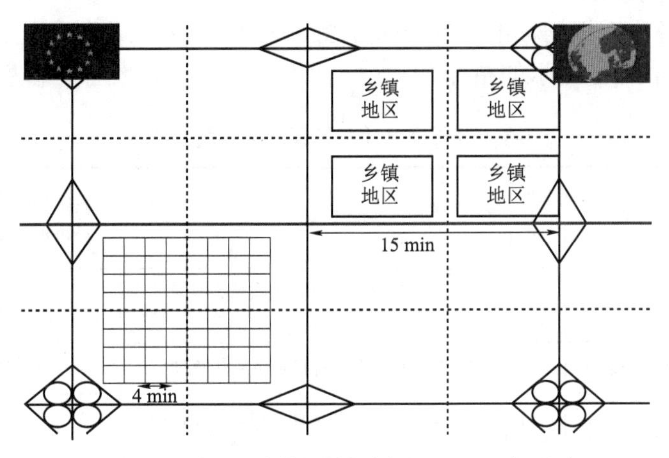

图 4–9　道路层次等级的规划设计——一般形式

简而言之，道路层次等级是对道路承担的功能和对它的使用要求的一种体现。它是为了使道路网有效运行和获得更好的城市环境，帮助决策者和管理者制定相应政策的交通管理、维修、安全、公交、货运策略的手段。

在考林 • 布坎南的经典报告《城市交通》中，对道路等级做了详细的论述并明确提出道路的两个基本功能：一是为通行服务的路，即强调通过性；二是为“达”服务的路，即强调可达性。这两种功能相互制约、不能调和。这种思路对以后几十年城市和城市道路发展建设的模式起到了关键的作用。道路功能与等级关系如图 4–10 所示。

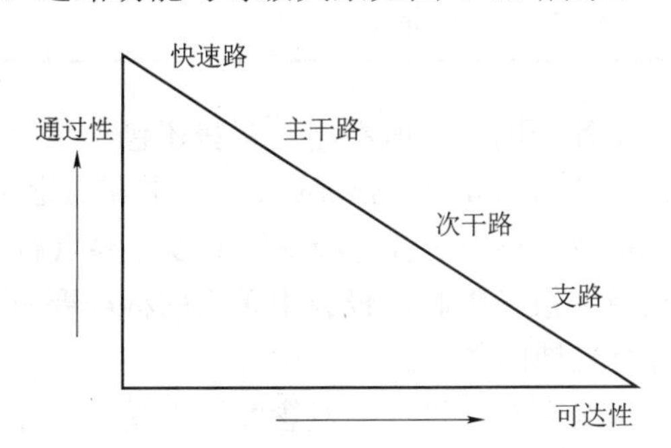

图 4–10　道路功能与等级关系示意图

《城市道路工程设计规范》（CJJ 37—2012）将城市道路按道路在路网中的地位、交通功能及对沿线的服务功能等分为快速路、主干路、次干路和支路 4 个等级，并做了以下说明。

① 快速路：应中央分隔、全部控制出入、控制出入口间距及形式，应实现交通连续通行，单向设置不应少于两条车道，并应设有配套的交通安全与管理设施。快速路两侧不应设置吸引大量车流、人流的公共建筑物的出入口。

② 主干路：应连接城市各主要分区，应以交通功能为主。主干路两侧不宜设置吸引大量车流、人流的公共建筑物的出入口。

③ 次干路：应与主干路结合组成干路网，应以集散交通的功能为主，兼有服务功能。

④ 支路：宜与次干路和居住区、工业区、交通设施等内部道路相连接，应以解决局部地区交通、以服务功能为主。

《城市综合交通体系规划标准》（GB/T 51328—2018）对大中城市道路功能等级划分与规划要求提出了如表 4–1 所示的指标。

表 4–1 城市道路功能等级划分与规划要求

大类	中类	小类	功能说明	设计速度/（km/h）	高峰小时服务交通量推荐［双向标准小汽车（pcu）］
干线道路	快速路	Ⅰ级快速路	为城市长距离机动车出行提供快速、高效的交通服务	80～100	3 000～12 000
		Ⅱ级快速路	为城市长距离机动车出行提供快速交通服务	60～80	2 400～9 600
干线道路	主干路	Ⅰ级主干路	为城市主要分区（组团）间的中、长距离联系交通服务	60	2 400～5 600
		Ⅱ级主干路	为城市主要分区（组团）间的中、长距离联系，以及分区（组团）内部主要交通联系服务	50～60	1 200～3 600
		Ⅲ级主干路	为城市主要分区（组团）间联系，以及分区（组团）内部中等距离交通联系提供辅助服务，为沿线用地服务较多	40～50	1 000～3 000
集散道路	次干路	次干路	为干线道路与支线道路的转换，以及城市内中、短距离的地方性活动组织服务	30～50	300～2 000
直线道路	支路	Ⅰ级支路	为短距离地方性活动组织服务	20～30	—
		Ⅱ级支路	为短距离地方性活动组织服务的街坊内道路、步行、非机动车专用路等	—	—

对道路层次等级的划分在各个国家有所不同。有些还包含步行道和自行车道。在英国的《城市交通环境》（*Transport in the Urban Environment*）一书和《道路桥梁设计手册》第五卷、第二部分，城市道路的通行能力一章中对各等级道路的设计要点做了很好的总结。

城市道路的交通设计也受到很多限制，设计中采用的标准要有一定的灵活性，使道路既能满足通行的需要，还能符合当地的条件。

通过行和达对道路进行等级划分，设计的概念实际上是对道路、建筑和城市结构之间关系的界定，因而对城市结构的发展影响重大。尽管布坎南建议当设计为通行服务的道路时，要考虑对城市环境进行分类，以减少通行道路对它们的影响，并予以保护。但他还是受到了一部分人的批评，认为按照其传统的道路等级进行设计的道路系统使得现代城市的道路系统缺乏人性，成了城市空间的主宰，并且功能失调。随着新都市主义的出现和当今面向城市街道的城市设计思潮的流行，道路等级的概念似乎对满足当代城市道路设计需求已经有些力不从心了。

4.3.3 道路的功能和层次

2007 年，英国交通部出版了《城市道路手册》（*Manual for Streets*），书中对传统的道路设计思想进行了反思，明确了道路的公众活动空间场所的重要功能，指出对居住区道路的设计必须给行人、自行车和公交的需要以优先考虑。此手册受到英国各界的广泛欢迎。在手册出版成功之后，英国道路和交通学会（Chartered Institution of Highways and Transportation）联合英国交通部和威尔士议会出版了《城市道路手册 2》。把道路作为公共活动空间的概念推广到除了高速公路之外所有道路的交通设计中。《城市道路手册 2》的要义是把道路的等级根据它所通过的沿途区域的城市性质和功能的不同加以区别对待，适当调整设计和维护标准。《城市道路手册 2》把城市空间分为以下 7 种功能区：

- 城市中心/商务中心（town and city centers）；
- 中心延伸区（urban and suburban areas）；
- 城市发展区（urban extensions）；
- 换乘和交通枢纽（interchanges）；
- 郊区村镇（village centers）；
- 郊区（rural areas）；
- 共享街道（urban and rural settlements）。

1. 城市中心/商务中心

城市中心/商务中心是城市的重要组成部分，简称市中心，集商务、文化、休闲等于一体。市中心还会有交通枢纽的作用，一般也是人流最多的地方。

市中心首先应该是人的活动空间。很多城市的市中心因为交通问题没有处理好而变得杂乱无章，缺乏吸引力。这大多有两个方面的原因：一是过分强调车辆的通达性，二是对中心城区的过分保护。市中心是各种活动集中的区域，对交通的要求也更高。如何满足对交通的需求，同时又能促进城市的繁荣、不伤害其地位是一个很大的挑战。对这个挑战的回应对城市发展具有举足轻重的作用。

市中心的交通系统应该首先考虑行人、优先公共交通和自行车交通，同时也要保障机动车的可达性。市中心可能有较多的步行街区，道路上有比较频繁的过街设施。市中心的特点是各种交通工具共存。如何协调各种交通工具，以保证通行和通达及城市公共活动场所功能的协调，并对公共活动场所功能有所侧重是交通设计的要点。

2. 中心延伸区

中心延伸区是那些毗邻城镇或市中心区域，以居住为其主要功能，面积较大，涵盖城市建成区，且与市中心区的关系紧密。常见的主要道路连通形式有城市快速路和主干路，有比较大量的交通流，同时担负通行、通达和城市活动空间的居住、购物、商务等各种各样功能。这些道路对城市的结构影响较大，且往往能体现一个城市历史或环境形成的一些特点。对这些道路的交通设计往往受到已有道路和建筑红线的限制，需要对道路的通行、通达和城市活动空间的功能进行合理的平衡。在商业较发达的路段，可能要给通达和活动空间的功能以侧重，而在其他区域路段可能给予较强的通行功能。

3. 城市发展区

顾名思义，城市发展区通常是较新发展的城市区域，常位于现有城市的边缘地带。相对建成区，它往往还在发展中，因此对道路的设计有较大的灵活空间。设计应最大限度地应用可持续发展的原则，充分考虑步行、自行车交通和公共交通的需求，提供绿色通道。目前经常看到的各城市发展区的交通和城市设计，虽然比较重视绿色景观，但在道路资源分配上往往偏重机动车的通行，城市和道路设计的尺度也往往不利于步行和自行车的使用。

发展区对原有建成区和市中心有较大的依赖性，因此要对城市发展区提供与建成区较好的连接。这个连接也应以优质的公交服务为中心，以避免把大量的机动车引入市中心，造成交通拥堵和停车困难，恶化公共环境。

对城市发展区的交通设计不但要对城市原有建成区提供较好的连接，也要对其周围提供良好的连通性，避免仅有一两个出口的封闭区域，如图 4–11 所示。今天的城市发展区就是明天的建成区，良好的连通性有助于商业街的形成，促成其他城市功能的发展。

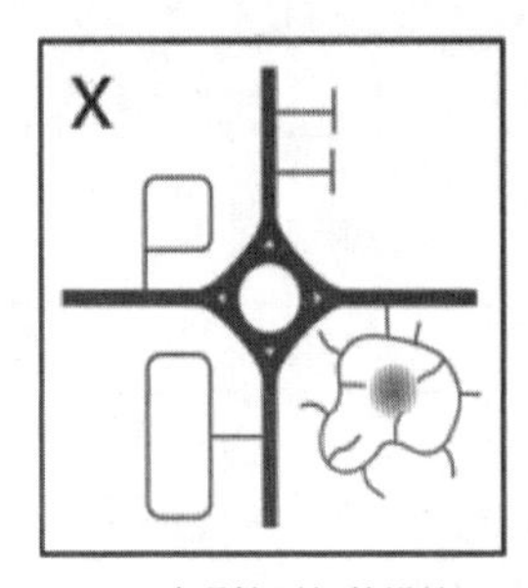

（a）连通性不好的设计

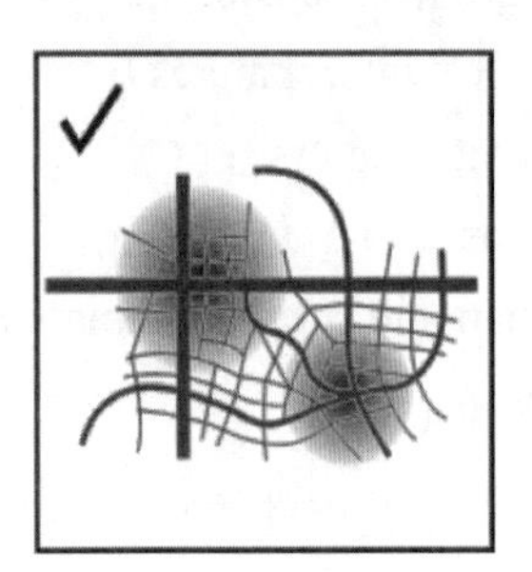

（b）连通性好的设计

图 4–11　道路的连通性

4. 换乘和交通枢纽

公共交通是一个城市交通的根本保障，也是交通可持续发展的核心。有关换乘枢纽的交通设计在本书的第 6 章介绍。换乘设计的核心是使公交从出门到进门的整个出行过程提供方便、快捷、安全和舒适的通行环境。在通往换乘枢纽及公交站点的道路上，应给步行和自行车出行以充分的考虑，在公交站点要提供需要的换乘、目的地信息，而提供自行车停放设施也是增强公交吸引力的重要手段。

5. 郊区村镇

郊区村镇往往是历史形成的，有其存在的原因。尽管它们的规模较小，但也会有商店、餐馆和其他公共活动空间场所和服务设施。在道路交通设计中，要充分考虑和平衡其通行、可达和公共活动场所的功能要求，尤其要处理好过境交通、内外出行和内内出行的关系，对交通安全的考量和对停车要求的考虑，适时适地地使用交通宁静化设计。

6. 郊区

郊区道路是城乡环境的一部分。郊区道路的选线和交通设计要充分尊重当地的历史和自然景色。路边的景观色彩设计应尽量使用当地材料、当地植物花卉，使道路和当地的自然景色融为一体，加强地方特色。

7. 共享街道

共享街道是机动化早期道路的特点，这在欧洲尤其明显。近年来它的特点又得到新的认识。合理的设计使用能够减低车速、增强安全、改善城市人文环境。

共享街道通常是一个平面，人、车共行。其特点是较少地使用交通标志、标线，通过氛围的营造给各种道路用户以明确的平等使用道路的权利，道路用户之间通过动作、视觉进行交流协商、和谐通行。同一个平面的设计给各种道路用户有同样使用该道路的平等权利人的心理暗示，使机动车能够自动减速驾驶，并使行人和非机动车能够充分使用道路的所有空间。

共享街道在步行街和人、车分行的道路之间的中间点。它避免为引进步行街而必须禁止机动车通行的需要，同时在夜间由于允许机动车的通达而延长和保持街道的活力。

2012 年，伦敦市长组织了一个道路工作组，研究应对伦敦道路建设管理中遇到的问题和挑战。该工作组运用《城市道路手册 2》中的概念，从通行和作为活动空间的重要性两个方面把伦敦的道路分成 9 种类型，如图 4–12 所示。基于这种分类建立了相关的设计和管理原则。如行人优先设计，如图 4–13 所示；出行时间的重要性设计，如图 4–14 所示。

图 4–12　道路和功能

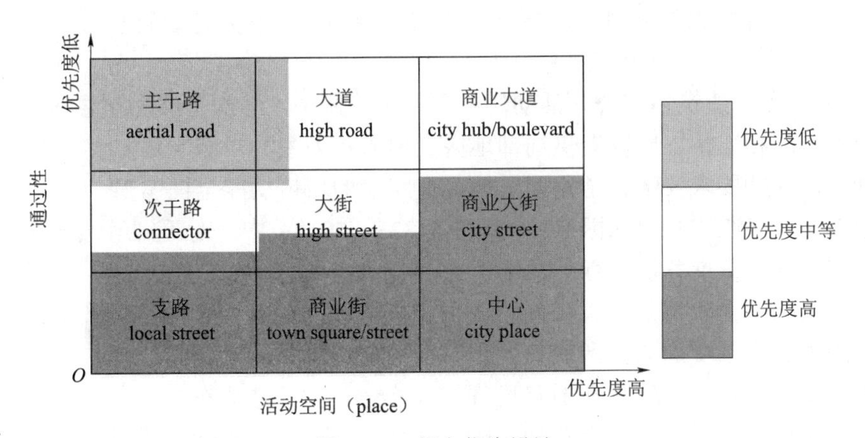

图 4–13　行人优先设计

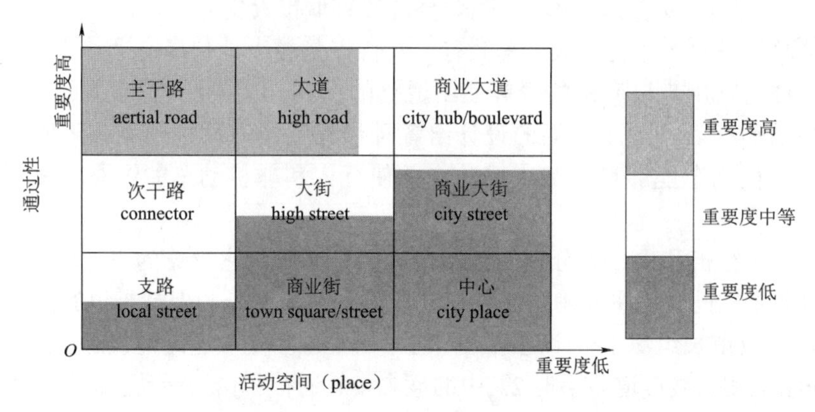

图 4–14 出行时间的重要性

4.3.4 网络衔接

城市道路网络的衔接需要从交通需求和道路功能出发来设计。以下主要是我国对不同层次道路设计的要求。

① 快速路：快速路主要为通过性交通服务。目的是为长距离出行提供大容量、高速度的服务。常见的快速路有连接不同城市的城际高速路，为避免直接穿越城市而提供的绕城道路，是大型的城市环路。快速路不适于提供建筑物的可达性服务。全部控制出入、控制出入口间距及形式，应实现交通连续通行，这样和快速路连接的道路都通过立交和上下匝道实现。

② 主干路：主干路是仅次于快速路的高等级道路，它连接城市各主要分区，有较大量的相对长距离的交通流。车速也较高。它的功能以交通功能为主。它和其他道路的连接要保证避免交通拥堵，保证安全。因此，要控制交叉口的数量，减少车辆交织。主干路两侧同样不宜设置吸引大量车流、人流的公共建筑物的出入口。

③ 次干路：次干路不应有大量车流，车速也要慢些。它们服务的对象主要是短距离的出行。它与主干路结合组成干路网，以集散交通的功能为主，兼为建筑物和公共活动场所提供通达服务。

④ 支路：支路为建筑物和公共活动场所提供可达服务，与次干路和居住区、工业区、交通设施等内部道路相连接，应以提供局部地区交通服务为主。

在设计中，这些要求要结合道路通过地区、路段的城市功能全面考量。

在《城市综合交通体系规划标准》（GB/T 51328—2018）中，对不同等级道路的设计车速和高峰小时服务交通量推荐值进行了规定。

道路等级的另一个表现是交叉口间距。决定交叉口间距的两个重要因素是最小停车距离和交织路段距离。英国交通研究所研究发现，交叉口间距是否满足最小停车距离的标准对交通安全并没有直接关系。车辆为在道路通行需要换道，由此造成车辆的交织。交叉口之间距离的长短能否对道路通行能力不造成大的影响并能安全地完成交织至关重要。《城市道路交叉口规划规范》（GB 50647—2011）对高速公路和快速路的出入口之间的距离做了规定，如表 4–2 所示。高速公路和快速路出入口之间的关系如图 4–15 所示。

表 4–2 高速公路和快速路出入口间距

主线设计速度/（km/h）	间距/m			
	出口—出口	出口—入口	入口—入口	入口—出口
100	760	260	760	1 270
80	610	210	610	1 020
60	460	160	460	760

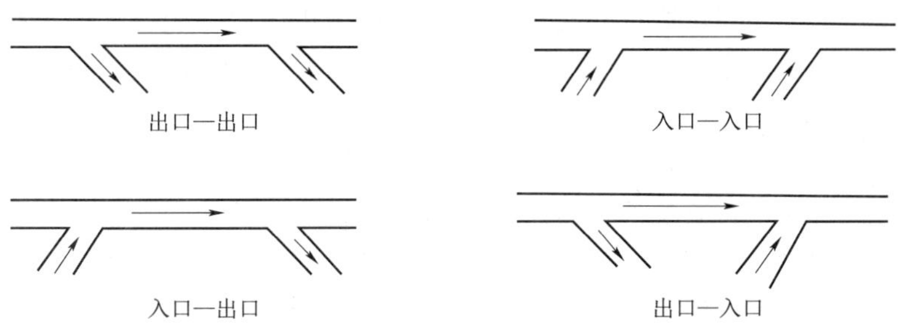

图 4–15 高速公路和快速路出入口之间的关系

道路网的衔接还表现在不同等级道路之间的连接上。原则上，一条道路应该只能和它同等级和相邻级的道路相连接。与高速公路和城市快速路的连接应使用立交的形式，其他的连接都应使用平面交叉的形式。

在《城市综合交通体系规划标准》（GB/T 51328—2018）中，对不同规模城市的干线道路网密度做了规定，如表 4–3所示。

表 4–3 不同规模城市的干线道路网络密度

城市规模 人口/万人	干线道路网络密度/（km/km²）
≥200	1.5～1.9
100～200	1.4～1.9
50～100	1.3～1.8
20～50	1.3～1.7
≤20	1.5～2.2

在实际设计中，应依照当地的情况通过交通模型进行具体的分析。

4.3.5 上下游交叉口交通协调设计

城市道路网络设计的关键是要保持同一等级道路路径的连续性，如保持在一个主干道的通行路径上的设计标准是连续和一致的。在设计中，不能为了减轻一个交叉口或路段的交通压力而在另一个路段或交叉口制造另一个瓶颈。这些对步行系统和非机动车系统的要求也同样适用。这就需要使用交通分析模型软件对供求双方和它们的关系进行分析。

交叉口是城市道路交通网络中的节点，它们的交通运行及其相互关系对道路交通网络的表现起关键的作用。需要检查的内容包括有没有超负荷的交叉口，上游出口的流量和下游路段及交叉口进口道的服务能力是否匹配，上游交叉口出口流量的变化对下游交叉口影响如何，这种影响可能是正面的也可能是负面的。例如，如果下游交叉口是优先权控制的交叉口，主路上流量的间隙可以帮助次路上的车流通行。这些都可以通过交通模型来测算。

在一个路径上，高度、宽度、转弯半径、管理办法是不是有不一致的地方？从通行能力和交通安全的角度出发，有没有一些交叉口需要关闭？方案的设计会不会把车辆吸引到不希望它们来的路径上，如居民区和商务区等。

对于间距较小的交叉口，通过对交通信号的协调来优化通行能力，减少延误是一个常见的交通管理和组织手段。这在4.6节城市道路平面交叉口交通设计中会有进一步论述。

4.3.6 道路交通安全设计

安全是现代道路交通带来的最需要避免的一个问题。交通的安全设计本身是道路交通的一个重要内容。交通设计的好坏，如行车速度的设计、视野的设计、优先权的设计、信号灯的设置等对交通事故的发生和严重程度都有重要影响。交通设计的安全审核（safety audit）也是交通工程的一个重要方面。

1. 交通事故的代价

世界卫生组织2020年的交通安全报告中的数据显示，每年道路交通事故造成135万人的死亡，外加上2 000万～5 000万人受伤。道路事故造成的死亡是小孩、年轻人早逝的主要原因。作为参照，英国交通部数据显示，2017年后半年和2018年上半年一年的伤亡是165 100人，相当于每天452人。而英国人口是7 700万，英国的道路安全性在世界上位居前列。

交通事故造成的损失不但是对个人的伤害，个人财产的损失，医疗的负担，而且也是家庭的灾难和社会的损失，包括失去的经济产出、事故造成的交通拥堵、需要动用的警力、安全救护措施、社会保险需要、需要处理的法律法庭事务的花销等。英国交通部认为一个道路死亡交通事故造成的社会经济损失相当于212.1万英镑（2020年的价格），所有事故的平均损失达10.14万英镑。如果采用英国用于评估改善生命和健康项目1.5%的折旧率标准（一般项目折旧率3.5%），并采用30年的设计年限，这意味着在交通安全改善项目评估中，一个项目每年能减少一个平均意义上的事故就值得投入244万英镑（如果采用5%折旧率，这个数目也高至161万英镑）。这些不仅仅是数字，它们反映了一个社会赋予生命的（经济）价值，愿意为减少道路交通事故付出的代价。

2. 哈顿矩阵

哈顿（Haddon）在1970年提出的哈顿矩阵是研究预防交通事故领域中一个常用的分析框架。这个框架按事故发生的前后时序为一个维度，以人、车、路为第二个维度来分析可能造成事故的各种因素，如表4–4所示。

从哈顿矩阵可以看出，道路交通安全涉及众多领域和环节。减少道路交通事故措施也因而涉及广泛，大体上可以分为以下几类：

① 交通工程；

② 宣传、教育和培训；

③ 提高车辆的安全性；

表 4–4　哈顿矩阵

过程	人员	车辆和设备	道路和环境	
			物理环境	社会环境
事故前（预防）	驾驶技能，如年轻人、老人，驾驶经验； 身体状况，如视觉、酒驾	车辆护理，如车闸、车灯	道路设计，如视野、行人设施、减速； 交通管理，如限速、信号设置	安全意识，如遵守规章意识、谦让
事故发生（防止伤害）	安全带使用； 儿童座椅； 身体状况，如孕妇	车辆安全设计，如抗碰撞能力； 安全保护设备，如安全气囊，自动刹车	防护设计，如防护栏、行人安全岛； 道路维护，如路障清理	执法，如不系安全带，闯红灯
事故后（挽救生命）	救护措施	灭火设施，车门开启保护	紧急事件响应，如报警、交通疏导	救助；心理咨询；生活保障

④ 提高交通立法和执法的强度。

值得注意的是，近年来移动通信、新的信息感知和采集手段的出现，物联网、智能交通的发展和运用给提高这些安全措施的效率、充分发挥其潜力带来了新的机会。

交通设计在道路安全的作用则主要表现在交通工程方面对道路和设施的设计，即事故前的物理环境的设计，设计结合哈顿矩阵按照具体的项目目标，根据当地情况来分析各种交通风险和严重程度来设计出安全的道路通行环境。

安全的道路设计首先应以人为本，充分考虑行人、自行车、机动车辆和其他道路使用者的需要和特点，设计出的道路及设施能使规章明确，有助于各种道路使用者的相互沟通，使人易于遵章守法。在这样的道路上各种用户和谐同行，不但可减少交通事故，同时也会提高交通效率。

道路交通设计对安全影响大的主要方面是对弱势群体的保护，尤其是对行人的保护，他们也正是交通事故中经常受到伤害的群体。保护手段也比较多，例如，设置人行专用道，提供充足方便的过街设施等。如图 4–16 所示，合理的空间设计保护行人过街，分散冲突点位置，减少每个冲突点的冲突交通流数量。

3. 交通制静

影响交通事故的一个主要因素是车辆的行驶速度。高速驾驶不但造成司机对环境认知度的降低，而且对复杂场景的应对能力变弱，更重要的是事故的破坏程度随车速的增加而非线性增加。英国皇家交通安全协会对英国交通事故的分析发现：在车速为 64 km/h 以下发生的行人死亡人数占比为 85%，发生在车速为 48 km/h 以下的死亡人数占比为 45%，而发生在车速为 32 km/h 以下的事故数仅占 5%。图 4–17 为帕萨南（Pasanen）行人死亡事故模型。

因此，对行车速度的设计是交通设计的一个重要方面。车速越低、越均匀，事故就会越少，破坏性就越小，对事故的处理也越容易。这在以下几节的各种设计中都会有体现。包括横向和纵向走线的变化，车道宽窄度的变化，空间场景的认知设计和标志标线的设置等，如图 4–18 所示。

图 4–16　合理的空间设计保护行人过街

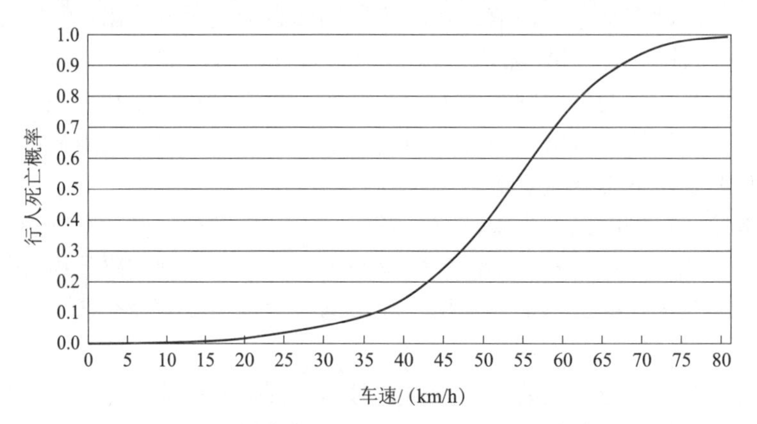

图 4–17　帕萨南（Pasanen）行人死亡事故模型

图 4–18　空间场景的认知设计和标志标线的设置

4. 环境的认知

道路交通设计需要考虑的另一个重要目标是减小出行者对出行环境的认知难度。在心理学中有一个重要认知结论：人的短期记忆容量大体上在5～9个事物之间，记忆保持的时间在15～30 s。一个驾车行驶中的司机能够认知的周围运动物体一般不超过4个，在低速行驶时最多达8个，车速越快感知的运动物体数目越少，最少可以少到只有1个。这在交通设计中的意义就是要通过对空间和时间（交通信号）的合理布局，以及对车速的设计，使得在每个时间和空间地点需要司机感知的运动物体数目不超出其感知能力，以避免产生认知压力、无法全面认识危险而造成事故，同时，交叉口的设计、渠化应使每个出行者都易解读、把握其出行场景和路线，以提高安全性和交通效率。图4–19为交通秩序相对混杂的一个交叉口。

图4–19　交通秩序相对混杂的一个交叉口

合理恰当地运用现代信息技术也能有效提高道路安全性。近年来，我国大量运用现代信息技术，通过智能交通手段加强执法力度，在提高交通安全性方面取得了相当可观的效益。

4.4　城市道路网络交通流优化组织设计

城市经济社会活动依赖于交通系统输送需要的物理元素，即人和物，相互冲突的交通需求需要合理的组织，低效的交通系统将制约城市经济社会发展和生活质量的提高。解决交通拥堵、增加机动车的通行能力是目前对网络交通进行优化考虑比较多的问题，但这不是唯一的问题，而且可能不是最重要的问题。对网络交通进行组织优化的目的可以有很多，一般可以归结为以下几个目标：

① 减少交通事故，提高交通安全；

② 给行人、自行车和其他非机动车以帮助；

③ 促进公交优先战略的实施；

④ 改进交通可达性；

⑤ 提高交通系统的运行效率。

在进行交通组织时，必须考虑交通的系统性，一个地方的问题可能来自他地，或者问题的解决方案可能在其他地方找到。道路拥堵的症结可能是由于对行人、停车、电动车的处理不当造成的。交通组织的系统性可以用图 4–20 来表示。

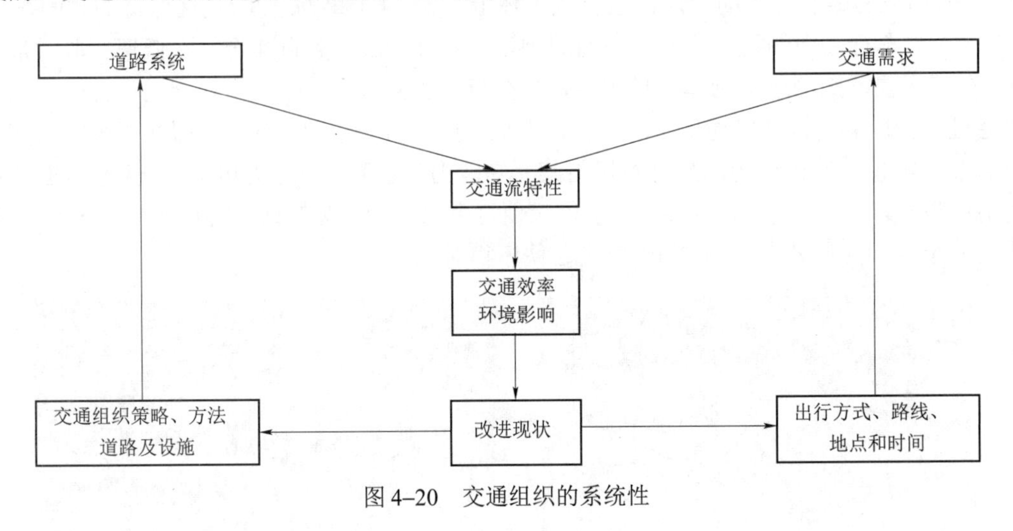

图 4–20　交通组织的系统性

在进行交通组织设计时，另外一个必须考虑的问题是可行性。这不仅是物理条件和成本的制约，还要考虑出行者的行为方式和可接受程度。

4.4.1　道路层次和等级

对网络交通流进行优化组织的一个重要手段、方法是使交通需求特征与道路等级层次相耦合。从宏观上讲，通过交通组织设计减少城市网络中道路系统不同功能之间的矛盾冲突，从而尽最大可能使相互不兼容的功能分离到不同的道路上，使网络作为一个整体能够为各种用途提供安全、便捷的出行服务。为此，常用的手段包括道路和车道的宽窄，横向、纵向布局，人行道和自行车道的引入，路面的使用包括停车、公交专用道、标志标线、照明和路边设施、限速、限行、路面材料和道路景观等。

在实际工作中，研究区域如果是新的开发区或较大范围的城市改造，进行形式和功能比较统一的道路网络组织设计，原则上比较容易。然而，在多数情况下，一个地区的土地使用状况和交通网络业已形成，那么需要首先了解路网的现状、道路等级结构和承担的功能之间的耦合程度，以及和区域内各地由于历史原因形成的土地使用状况的匹配程度。也许需要折中，也许需要对路网的结构和功能进行调整。例如，有些开发区还没有完全建成就需要对它的路网进行调整。不管怎样，网络的组织优化应有助于这个结构的形成和调整。

有时某些路段若有不易调和、相互冲突的功能，可以考虑让这些功能在不同的时间段完成。例如，可以考虑在白天限制货车通行；高峰时段使用公交专用道；可以在其他时间允许货车装卸货物，或者为停车服务。

4.4.2　道路和设施

路段、交叉口的空间结构布局及其上设施，包括机动车道、非机动车道、混用道、人行道、人行横道和过街设施、安全岛、公交专用道、公交车站、停车设施、路肩，以及商铺、建筑物、活动场地的通道，甚至道路分隔带、景观、绿化带、路边设施、信号灯、标志标线等，对这些元素进行合理使用和组合能够有效地优化组织交通流。

城市道路的通行能力通常受交叉口的制约，由交叉口的通行能力决定。道路路段的通行能力往往大于下游交叉口所能通过的流量。因此，有些交叉口之间的路段就可以用来提供其他需要的功能，如行人过街、景观设置、给机动车和非机动车提供停车设施、给商铺和行人提供更多的空间。一些小的支路可以考虑设计为共享形式。

交叉口是城市道路的关键节点，是决定道路通行能力的关键。交叉口排队的长短对驾车者选择什么样的路径有很大的影响。交叉口的交通设计、布局及信号控制的配时都能用来为交通流（包括机动车、行人和非机动车）有区别地提供不同程度的服务，给某些交通流使用该交叉口提供较好的服务，以诱导其使用相应的流向，而对另一些流向加以抑制。这些也可以用来给某些出行以优先，如行人和公交。在比较拥堵的时段，还可以将排队车辆引导至对环境影响较小的地方。不同的交叉口形式的使用还可以影响驾驶行为，特别是驾驶速度。例如，当环岛用在城乡接合部时，可以给司机从一个空间相对宽裕的近郊到活动密集的中心的心理转换，使其潜意识中降低期望的车速。从一个主干路到通向居住区的道路交叉口可以通过恰当的设计使车速降低到与环境相适应的速度。通过交叉口和道路的交通设计还可以禁止大货车的通行。

这些设计可以有多种组合，如引入非机动车道、公交专用道和单行道；减少车道数、宽度，扩展路肩；路中引入人行安全岛，减小车道宽度；减少交叉口的进出口数等。

4.4.3　智能交通

智能交通是利用现代的电子、信息、通信、控制手段，通过信息采集、分析处理、发布和控制应用来影响出行者的决策、行为，以及增强交通设施安全有效的使用，并为决策者和管理人员提供决策依据。常见的与道路交通组织关系比较密切的智能交通的应用包括以下几项：

① 自适应交通信号控制；
② 区域进出和匝道控制；
③ 紧急车辆、公共交通优先；
④ 交通诱导，包括停车导航、路线规划和导航；
⑤ 可变信息包括道路拥堵信息发布；
⑥ 事故、事件检测；
⑦ 闯红灯、专用车道监测和执法；
⑧ 停车管理。

道路上的交通状况具有因时、因地而异的时空特性。交通组织的手段也应随这种不同而改变。某个地方，可能对交叉口形式进行改变，另一个地方可能需要对信号配时进行改进，或者需要给行人更多的空间以防止溢出到道路上，或者对路边加护栏、防护桩以防止车辆随意离开路面进入商铺前停车，或者使用不同路面材料给予心理暗示诱导，或者为机动车和非机动车提供更好的停车场所，或者增加/减少道路标志等。这些需要交通工程师以敏锐的眼光洞察影响交通和谐顺畅流动的根源，找出适合当地要求的组织方案。

同时，每一个优化交通组织的机会，也是一个改善城市环境的机会。几乎每一个大型交通组织项目在为大多数道路用户带来好处的同时，也会对某些用户带来或多或少的负面影响。对一个区域、路段环境质量的改进所带来的生活质量的提高往往能够让人接受对通行、通达造成的不便，使方案得到认可。在改进环境的办法中，一个比较受欢迎的手段是采用高质量的材料提供高品质的路边设施，如兼顾休闲和景观的坐凳，如图 4–21 所示。

图 4–21 休闲广场

4.4.4 步骤

当确定对网络交通流进行优化组织设计后，就需要按照一些行之有效的办法来进行研究。这个办法的步骤大致有以下内容：

- 明确研究目标；
- 界定研究区域空间范围；
- 确定研究方法；
- 收集资料，采集数据，分析现状；
- 选用和开发交通模型；
- 方案设计和评估；
- 撰写研究报告。

（1）明确研究目标

研究目标往往不是单一的，但又难以同时满足所有的期望目标。为此需要对不同目标的重要性以恰当的优先次序和权重来反映当地的状况和需要。例如，为了安全和环境可能要损失些改进通行效率的力度。在高等级的道路上，可能要给通行以更多的考量。从这些目标和对优先次序的考虑确定交通组织的策略。

（2）界定研究区域空间范围

适当界定研究区域空间范围的边界也是一个相当重要的问题。它的界定取决于要解决的交通问题的性质，研究区域的大小，可能的解决方案，可能影响的范围，能够获取的数据在空间上的精细程度，对模型精度的要求。在综合这些因素的基础上确定的研究区域和边界应该越小越好。这个研究区域和边界也会因选用模型的不同而会有所不同。对于较大的区域模型，模型可能需要包含需求模型，而小一些的区域可能只需要分配模型。研究空间区域的选择和边界的界定与所能获取的数据关系很大。比较精细的数据，如精细到单个建筑，则研究区域的选择会比较灵活。如果数据比较粗放，则需要进一步分析。对于较小的研究区域，如果组织方案不会影响出行路径的选择，那么交通流模型也许能够满足需要，研究区域边界的界定只需要满足交通流模型的边界条件，如边界上的交通流没有明显的规律性波动，即呈现比较明显的随机性。总之，区域范围的界定通常要尽量避免把一个交通联系紧密的区域分开，如尽量避免把土地使用性质和强度相同的区域分开或把边界选在相邻很近的交叉口之间。

（3）确定研究方法

研究方法和所要解决的问题是分不开的。当问题和优先次序明确之后，就需要确定研究方法，包括以下几项：

① 数据调查获取方法；

② 模型选取和分析手段；

③ 方案研究和评估方法。

（4）收集资料，采集数据，分析现状

对于交通网络，要了解问题突出的那些节点，如拥堵点、大流量路段、事故高发路段和交叉口；在哪些区域交通对它的环境影响大，如学校、医院、商业街等。同时也需要了解这些问题有没有季节性，仅发生在高峰期还是整天都有。此外，还需要了解和收集对研究区域和问题有影响的规划与相关的政策。

需要特别注意的是，数据可靠性和误差，包括调查本身带来的误差，如人工或自动检测交通量的准确性和样本误差。

（5）选用和开发交通模型

城市交通网络性强，各部分相互关联。交通模型可以用定量的方法计算方案的效果，也是衡量一个方案优劣的主要手段。在发达国家，网络的优化组织和设计离不开模型。模型的使用也使得交通工程师能站在更高的层次上了解交通的问题，寻找合理的交通设计方案。针对不同的问题有不同的交通模型。交通模型主要有宏观模型、微观模型、仿真模型、交通流模型、经济模型、环境模型、网络模型、公交模型、行人模型和货运模型等。模型可以用现有的商用软件进行二次开发，也可以针对问题专门设计开发。这些在方案设计的初期就需要考虑，从而选取恰当的模型和模型工具。

（6）方案设计和评估

对一个路网的交通设计会有不同的方案，如何调和不同道路用户的需求，协调通行和通达的冲突，处理出行和环境的关系；如何考虑投入和产出的因素，维护和管理的要求，在不同的方案中会有不同的侧重。即使同一个方案，因各人和利益团体的出发点及侧重点不同又会有不同的看法。在设计初期需要广泛地听取意见，确定方案评估的框架体系。在交通设计过程中，也需要不断征求各方意见，从而形成各方都能接受的设计方案。

（7）撰写研究报告

将交通设计方案进行整理、总结和归纳，形成设计文件，为决策者提供决策支持，为专家评审提供翔实的资料，同时向公众咨询。研究报告内容要清晰简洁，数字图表要适当、易懂。

4.4.5　数据采集

数据采集是交通组织设计中关键的一环，也是需要投入大量人力资源的一环。这些数据包括道路的基础设施、运行状况和需求状况等。

交通状况具有季节性，每天也会有一定的波动。在数据采集时，需要充分考虑这些情况。同时也要避免安排在节假日（节假日交通设计除外）、假期或有大型活动期间。还要注意当时有没有交通事故、不测的事件等。

即使在正常交通状况下采集数据，获取的数据也会有人为或采集设备造成的误差。在数据分析时，往往需要对数据的可靠性进行分析，计算其置信区间。在用抽样的方法进行数据采集时，则要选取恰当的抽样率使抽样能够保证需要的精度。如通过问卷调查进行数据采集时，要避免一些比较敏感的问题，像个人收入，如果需要可把收入分为一些区间范围。常用的数据采集方法参见《城市交通调查》一书。

4.4.6 交通模型

交通组织设计方案的效果需要论证和评估。交通模型是对方案进行评估的有效工具。选取什么样的交通模型、什么形式、需要的人力物力、建模的时间要求等都是要考虑的重要因素。

选取什么样的交通模型，首先要考虑的是可能采用的交通组织设计方案会不会影响到出行方式的选择，例如，对较大型的交通设计项目，更便捷的道路交通出行可能会吸引公交乘客转向使用小汽车。如果是这样，那么转移量会有多大？或者对公交营运服务的改进会把多少小汽车的使用者吸引到公交上来？这些问题也同样适用于步行、自行车和电动车等的出行。这些问题将决定研究项目是不是要采用多方式综合交通模型。

交通设计项目也许是对道路交通节点的改造。改造方案可能会对行车路线的选择造成较大的影响。这时，交通模型就需要包含交通流分配模型。

虽然交通组织设计不是交通规划，但是交通组织和设计方案也必须经得起时间的推敲，要有前瞻性。如何对交通进行预测也是另一个需要回答的问题。对于影响比较小的交通设计项目，也许简单的线性模型就能满足需要。而对大型环路的交通设计就需要考虑不同区域交通需求的不同及不同交通方式之间的相互转换。因为不同区域的交通需求增长速度对环路的不同路段影响会有所不同。这时，就可能需要完整的四阶段交通需求预测模型。很多交通组织设计的目标是对局部地区的交通进行改进，甚至可能只是单个交叉口，交通流模型也就只需要交叉口模型。

较完整的交通模型及其分析过程如图 4–22 所示。

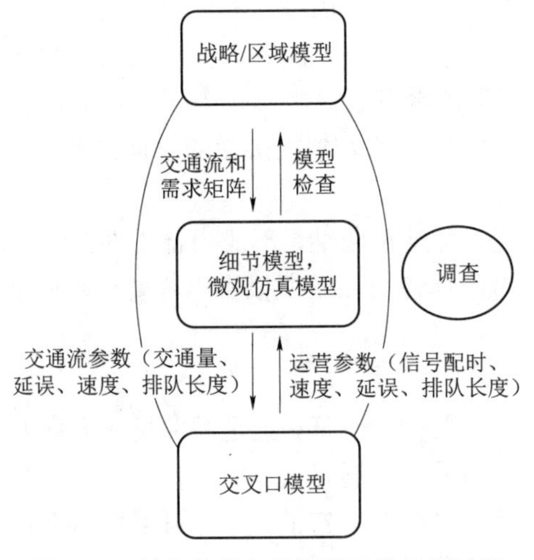

图 4–22 较完整的交通模型及其分析过程

一个城市应该有它的宏观战略模型或区域模型，如北京、上海很早就开发了宏观模型。也许这些模型对某个交叉口的结果不够准确，但在宏观上它应能够反映一个城市的交通流向和分布，对较大型的交通设计方案进行评估，并能对将来交通需求进行预测。开发这种模型常用的软件工具有 VISSIM、TransCAD、Cube、Emme 和 OmniTrans 等。此外，可能还会有些其他专用模型，如英国交通部的 TUBA 用户（经济）效益分析软件。

这种宏观模型可以作为交通设计项目开发模型的出发点，开发针对研究区域比较准确的中观模型（细节模型）。该中观模型也可以是微观仿真模型，它的特点是区域性并包含网络分配模型。开发这种模型常用的软件工具包括 SATURN、VISSIM 和 Paramics 等。上述宏观模型软件工具在某种程度上也能用来开发区域微观仿真模型和中观模型。

目前，微观模型还不能对交通信号进行优化，它们对交叉口的描述还不够准确和精细。这往往需要交叉口/交通流模型来完成。用来开发交通流模型的常用软件工具有英国交通研究所的 TRANSYT 网络信号优化模型、用于环岛的 ARCADY 模型、优先让行交叉口的 PICADY 模型、单点交叉口信号优化的 OSCADY 模型，以及 Synchro 和 SIDRA 等。

战略或区域模型一般在总体上把握交通流向、服务水平，对局部细节可能不够准确。在对某个地区的交通进行设计时，建立针对该地区的中观或仿真模型预测设计方案对交通路径选择的影响。战略模型不仅为建立微观仿真和中观模型提供支持，而且还能提供交通需求预测的数据，用来分析交通设计方案的可持续性。而交叉口模型，或者说交通流模型则为具体的优化设计提供支持和帮助，其结果可返回到微观模型来更精确地分析交通流的变化，其结果再返回到交叉口模型进行进一步的优化。

4.4.7 方案设计和评估

不同的道路设计方案会产生不同的社会经济效益，带来不同的建设成本。设计的过程也就是通过对道路和网络各个要素的确定以取得效益和成本的最优组合，最大限度地达到设计目的的评估过程。

道路设计方案的评估主要有以下 3 个方面：

- 道路运行效率；
- 经济效益分析；
- 环境影响。

1. 道路运行效率

道路运行效率评估的主要目的是发现设计方案的优缺点，如哪些交叉口可能会出现拥堵。有些在交通设计中不能解决的问题可以通过交通管理办法来弥补。

道路运行效率评估的内容繁多，它和当地的道路网络和交通特性有关，对具体的设计项目要具体考虑。一些共性的内容有安全、网络的平衡，行人和非机动车、交叉口之间的关系和相互影响，对通达的设计处理，交叉口的效率等，还有方案对土地开发政策的影响。

对交通安全的评估通常涉及使用一些历史的交通事故记录，研究交通事故和道路特点及交通运行之间的关系。英国交通研究所的交叉口模型分析软件 PICADY、ARCADY 和 OSCADY 都有计算相应形式的交叉口交通事故发生率功能，英国交通部的评估软件 COBALT/COBA 则能够对道路网络进行分析，估计出事故发生率和相应的（负）经济价值。通过这些软件或相应的分析能够对交通设计方案从交通安全效果方面进行评估。

此外，评估还会涉及的问题有道路网络的平衡，它主要指道路的使用是否均衡，一个拥堵点的解决会不会漂移到另一地点；不同的交叉口形式对路网的使用效果如何；行人和非机动车设施的提供是不是充分等，它们对机动车交通的影响如何？道路上设置信号控制的平面过街设施还是架设过街天桥？从上游交叉口流出的车流对下游交叉口有什么样的影响？使用交通信号协调控制能带来多大效益？会不会造成某些车辆如紧急车辆、货车不能通达一些场所？某些路段对某些车辆在某些时段是不是应该禁行等。回答这些问题是开发交通模型的一个重要原因。

2. 经济效益分析

对交通设计方案进行经济效益分析的核心是计算方案实施后每年带来的经济效益折算到基准年的金额（净现值）后，除去建设和运营费用的净现值（net present value）。影响经济效益的主要内容包括出行时间、事故率和车辆运营费用的变化。而影响这些内容的计算的关键变量就是交通量和出行的分布。

计算经济效益需要把出行要素（包括时间和交通事故等）换算为统一的标准。通常使用的标准是价值。具体地讲，就是时间价值和交通事故价值。时间价值与出行目的有关，如英国工作出行的时间价值为 28.68 英镑；非工作出行的时间价值是 5.71 英镑。交通事故死亡一人的价值是 163.2 万英镑。在衡量环境的影响时，需要单位排放量价值和其他因素的价值，如英国交通部规定减少 1 t 二氧化碳的价值相当于 53.55 英镑。

3. 环境影响

交通对环境的影响越来越受到公众的关注。噪声和尾气排放已成为公共的焦点问题。交通对环境的影响远远不止于噪声和汽车尾气排放，它还影响城市环境，包括对城市的分割，对行人的影响，对城市景观、历史文化遗产、生态和自然环境、水质和土壤的影响，以及建设对生活造成的不便等。对有些内容的衡量不容易转换成经济价值，对它们的影响可以结合定性和定量分析的办法来进行。

4.5 城市道路横断面交通设计

4.5.1 设计过程

道路横断面交通设计，首先需要考虑的是各种道路用户出行需求和保障出行的安全。道路用户包括行人、非机动车、小汽车、公交车辆、货车、紧急车辆等。同时还要考虑货车装卸、公交停靠、泊车和路边设施的需要。

除上述用户之外，其他需要考虑的内容包括几何参数对交通安全和驾驶舒适性的影响、设计车速、地质地形环境形成的物理约束、自然环境与生态环境约束和经济效益/投入产出的因素、设计标准和道路等级及设计方法等。

道路本身的几何设计取决于以下因素：道路宽度及断面组成、用户交通安全、驾驶行为、道路与车辆之间的受力分析、交叉口、车速和影响控制车速的因素、道路视距和交叉口视距三角形及排水系统等。

道路横断面交通设计流程如图 4–23 所示。

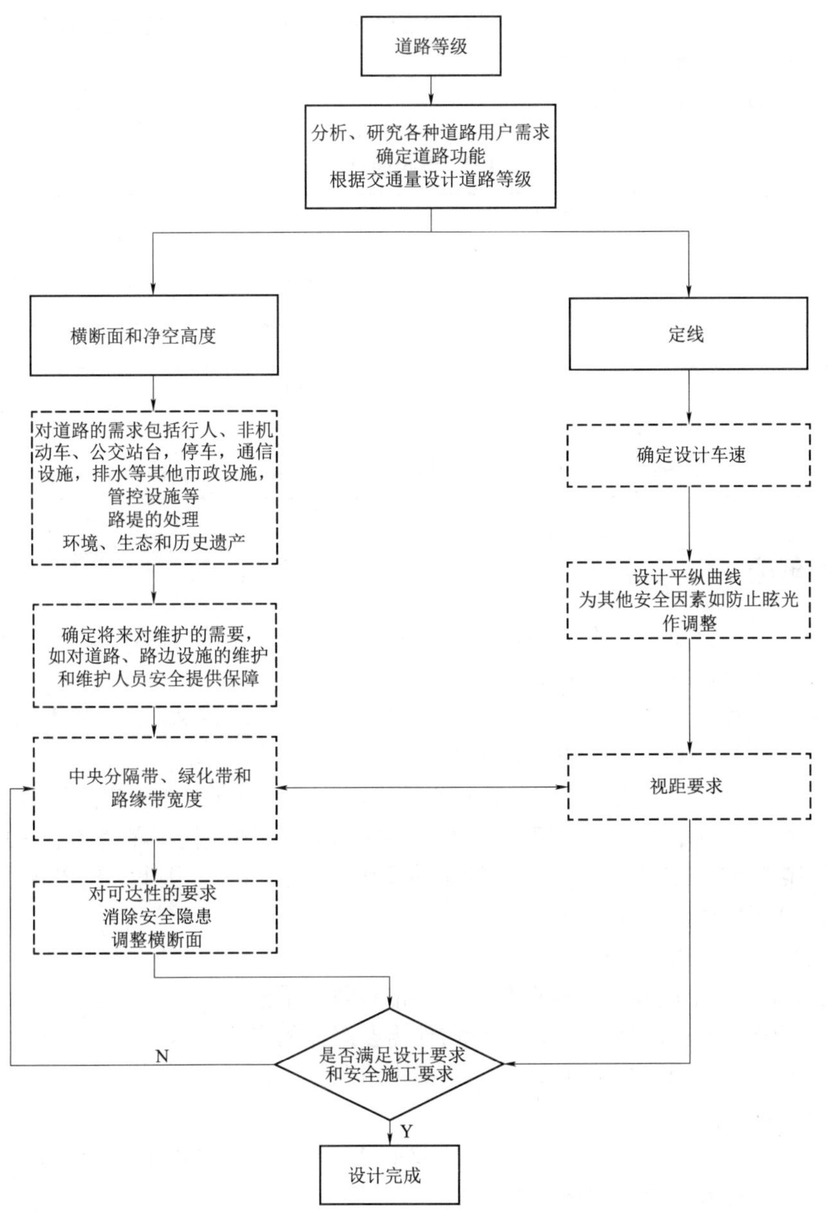

图 4–23　道路横断面交通设计流程

4.5.2　道路等级

道路等级是道路交通设计的先决条件，它由道路功能而定，是选择设计速度的基本因素，一般在规划阶段确定，不同等级道路的设计要求不同，主要体现在道路通行能力和设计车速。

4.5.3 道路通行能力

道路通行能力分为基准通行能力、实际通行能力和设计通行能力。由于不同车型的车辆在运行时需要不同的道路资源，为了统一标准，通行能力都以小客车为标准，不同车型的车辆通过换算系数换算为当量小客车交通量。

道路通行能力如表 4–5 所示。

表 4–5 道路通行能力

<table>
<tr><td rowspan="4">道路等级</td><td colspan="3">快速路</td><td colspan="4"></td></tr>
<tr><td colspan="2"></td><td colspan="3">主干路</td><td colspan="2"></td></tr>
<tr><td colspan="3"></td><td colspan="3">次干路</td><td></td></tr>
<tr><td colspan="4"></td><td colspan="3">支路</td></tr>
<tr><td>设计速度/（km/h）</td><td>100</td><td>80</td><td>60</td><td>50</td><td>40</td><td>30</td><td>20</td></tr>
<tr><td>基准通行能力/（pcu/h）</td><td>2 200</td><td>2 100</td><td>1 800</td><td>1 700</td><td>1 650</td><td>1 600</td><td>1 400</td></tr>
<tr><td>设计通行能力/（pcu/h）</td><td>2 000</td><td>1 750</td><td>1 400</td><td>1 350</td><td>1 300</td><td>1 300</td><td>1 100</td></tr>
</table>

4.5.4 设计车速

设计车速是道路交通设计的关键变量，道路等级确定，不同的道路等级规定有相应的横断面结构尺寸，如车道宽度、曲率和横向超高等的取值。

道路交通设计有很多工具可以使用，从 CAD 软件（如 AutoCAD）到专用道路设计软件，如英国的 MX、澳大利亚的 12D 和海迪软件等。

城市道路交通设计往往需要能够降低行车速度，以减少不同道路用户之间的冲突，提高安全性，减小噪声。在城市居民小区和行人较多的商业街，车速往往不希望高于 30 km/h。研究显示，为了取得约 30 km/h 的速度，控制设施的间距应低于 70 m。因此，路段直线段不应超过 70 m，以达到自然减速的目的。

这些速度控制设施可以是：

① 物理设施——平面和垂直变向是一个非常有效的手段；

② 改变优先权——如在交叉口或人行道使需要减速的车辆让行；

③ 道路的尺度——增加交叉口的频率，减小道路宽度；

④ 减小视野；

⑤ 心理错觉——让驾驶者感觉道路变窄或不易行驶的道路边缘的标示，局部减小车道宽度，设置障碍，如行人安全岛和路边停车等。

4.5.5 服务水平

服务水平是衡量交通流运行状态及交通服务质量的一项指标，通常根据交通量、速度负荷度和行程时间等指标确定。服务水平通过分级说明道路设施的运行质量。《城市道路工程设计规范》（CJJ 37—2012）将快速路服务水平分为 4 级，如表 4–6 所示。其中，一级服务水平表示交通流处于自由流状态；二级服务水平表示交通流处于稳定流中间范围；三级服务水平表示交通流处于稳定流下限；四级服务水平表示交通流处于不稳定流状态，不稳定流状态又分为饱和流和强制流，前者的交通流处于通行能力附近，后者的交通流处于走走停停状态。

表 4–6 快速路基本路段服务水平分级

设计速度/（km/h）	服务水平等级		密度/［pcu/（km·ln）］	平均速度/（km/h）	饱和度	最大服务交通量/［pcu/（km·ln）］
100	一级（自由流）		≤10	≥88	0.4	880
	二级（稳定流上段）		≤20	≥76	0.69	1 520
	三级（稳定流）		≤32	≥62	0.91	2 000
	四级	（饱和流）	≤42	≥53	≈1.00	2 200
		（强制流）	>42	<53	>1.00	—
80	一级（自由流）		≤10	≥72	0.34	720
	二级（稳定流上段）		≤20	≥64	0.61	1 280
	三级（稳定流）		≤32	≥55	0.83	1 750
	四级	（饱和流）	≥50	≥40	≈1.00	2 100
		（强制流）	<50	<40	>1.00	—
60	一级（自由流）		≤10	≥55	0.3	590
	二级（稳定流上段）		≤20	≥50	0.55	990
	三级（稳定流）		≤32	≥44	0.77	1 400
	四级	（饱和流）	≤57	≥30	≈1.00	1 800
		（强制流）	>57	<30	>1.00	—

城市道路交通设计既要保证服务质量，还要兼顾道路建设的成本与效益。在设计时采用的服务水平不必过高，但也不能以四级服务水平作为设计标准，否则将会有更多时段的交通流处于不稳定状态，并因此导致更多时段内发生经常性交通拥堵。《城市道路工程设计规范》（CJJ 37—2012）规定新建道路应采用三级服务水平。

4.5.6 停车视距

停车视距是驾驶人看到前方道路上的障碍物而停车所需要的最小距离。它由两部分组成：

① 反应时间内的行驶距离——驾驶人从看到障碍物到开始刹车之间车辆行驶的距离，驾驶人的反应时间因年龄、性别和疲劳状态等而异，一般在 0.4～0.7 s；

② 制动距离——驾驶人将以设计车速行驶的车辆制动到停车的距离。研究发现，减速时一个人可以正常接受的加速度为 0.25g（g 是重力加速度 9.81 m/s^2），即 2.45 m/s^2。

制动距离因车辆的类型、车况及路面状况而异。《城市道路工程设计规范》（CJJ 37—2012）给出了规范停车视距的具体值，如表 4–7 所示。

表 4–7 规范停车视距

设计速度/（km/h）	100	80	60	50	40	30	20
停车视距/m	160	110	70	60	40	30	20

英国对停车视距的规定较为严格，反应时间为 2 s，减速度为 2.45 m/s^2，这就要求在相同的设计车速下应该留有较长的停车视距，如表 4–8 所示。比较表 4–7 和表 4–8，可以看出，在

60 km/h 的设计速度下，英国的停车视距要比我国多 20 m。

表 4–8　英国的停车视距

设计速度/（km/h）	120	100	85	70	60	50
停车视距/m	295	215	160	120	90	70

4.5.7　机动车道

道路不但需要对多种车辆提供服务，包括小客车、大小货车、公共汽车等，还要为行人和非机动车提供服务。各种车辆具有的不同外形尺寸是决定车道宽度的基础。图 4–24 为一些典型车辆的尺寸。图 4–25 为行人通行时的尺寸。在进行道路交通设计时，需要明确各种需要服务的车辆和尺寸及行人、自行车、电动车和其他非机动车的使用要求。

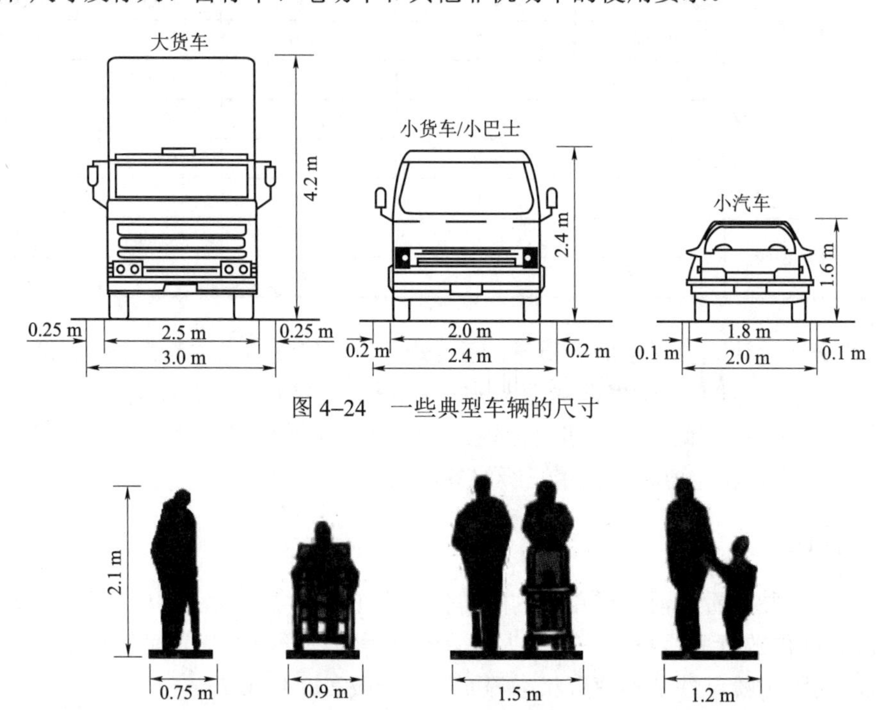

图 4–24　一些典型车辆的尺寸

图 4–25　行人通行时的尺寸

《城市道路工程设计规范》（CJJ 37—2012）对车型标准尺寸进行了规定，如表 4–9 所示。

表 4–9　机动车和非机动车设计车辆及其外廓尺寸　　单位：m

车辆类型	总　长	总　宽	总　高
小客车	6	1.8	2
大型车	12	2.5	4
铰接车	18	2.5	4
自行车	1.93	0.6	2.25
三轮车	3.4	1.25	2.25

决定车道宽度需要考虑以下因素：

① 不同车辆的交通量、构成和比例；

② 行人、自行车、电动车的通行需求；

③ 道路和人行道的分界，如路缘、路边设施、树木和绿化等；

④ 路边停车需要，沿路布置、使用频率和停车管理手段等；

⑤ 设计车速；

⑥ 有无弯道；

⑦ 有无可能设单行道的要求，或者在双向通行的某段需要双向车流交替通行使用一条车道。

图 4–26 表示常见车辆的大小和车道宽度的关系。英国一般采用的标准车道宽度为 3.65 m，但车辆若在这个宽度上超越自行车显得不够宽裕，因而对骑自行车的人并不理想。在很多情况下，特别是在建成区，窄的车道便于行人横穿，并且能够在并不减少太多通行能力的情况下降低车速。在多数交通混行的城市道路上，多于 3.0 m 宽的车道并非必要。在一个交通信号灯停车线前，如果重型货车和公交车辆的流量很小，则 2.0～2.5 m 宽的车道足以满足大部分车辆的通行要求，这样也会减少对道路宽度的要求。

《城市道路工程设计规范》（CJJ 37—2012）规定了一条机动车道的最小宽度，如表 4–10 所示。

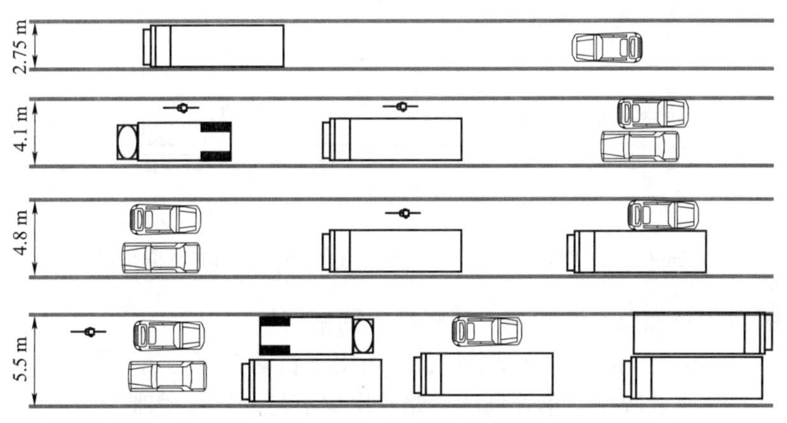

图 4–26　常见车辆的大小和车道宽度的关系

表 4–10　一条机动车车道的最小宽度

车型及车道类型	设计速度	
	＞60 km/h	≤60 km/h
大型车或混行车道/m	3.75	3.50
小客车专用车道/m	3.50	3.25

机动车道路面宽度应包括车行道宽度及两侧路缘带宽度，当单幅路及三幅路采用中间分隔物或双黄线分隔对向交通时，机动车道路面宽度还应包括分隔物或双黄线的宽度。一条非机动车道宽度应符合表 4–11 的规定。

表 4–11　一条非机动车道宽度

单位：m

车辆种类	自行车	三轮车
非机动车道宽度	1.0	2.0

与机动车道合并设置的非机动车道，车道数单向不应少于 2 条，宽度不应小于 2.5 m。非机动车专用道路面宽度应包括车道宽度及两侧路缘带宽度，单向不宜小于 3.5 m，双向不宜小于 4.5 m。

道路交通设计其他要考虑的方面还有道路横向坡度，有效的使用可以用来降低转弯半径，增加驾驶舒适性。

4.5.8　横断面

横断面是道路交通设计的基本内容之一。横断面应按道路等级、服务功能、交通特性来设计。《城市道路工程设计规范》(CJJ 37—2012）对此有比较详尽的论述。图 4–27 表示道路红线内无中间分隔带道路横断面的典型布置。中间的机动车道通过分隔带与非机动车分开，并附以人行道。

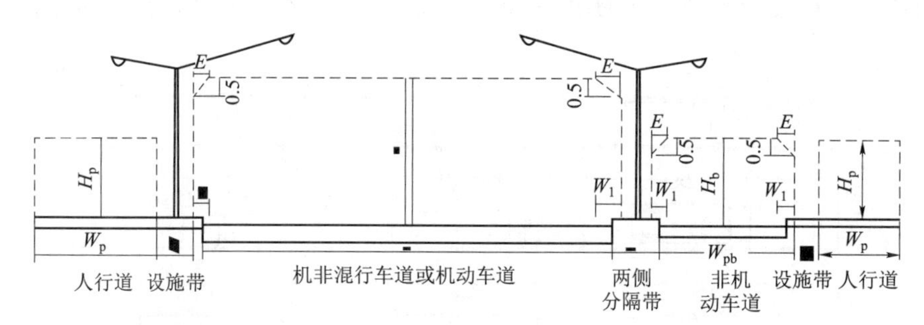

图 4–27　道路红线内无中间分隔带道路横断面的典型布置

横断面形式分为单幅路、两幅路、三幅路、四幅路等。

① 单幅路：机动车与非机动车混合行驶，适用于机动车交通量不大、非机动车较少、红线较窄的次干路和交通量较小、车速低的支路及用地不足、拆迁困难的老城区道路。集文化、旅游、商业功能为一体且红线宽度在 40 m 以上，具有游行、迎宾、集合等特殊功能的主干路，设计规范推荐采用单幅路断面，如图 4–28 所示。

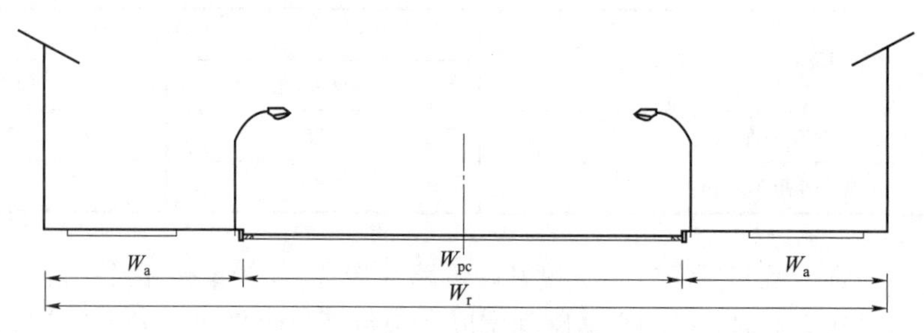

图 4–28　单幅路横断面

② 两幅路：机动车与非机动车混合行驶，适用于单向两条机动车道以上的道路。机动车交通量不大、非机动车较少的主干路和红线宽度较宽的次干路。通常，对绿化、照明、管线敷设均较有利。如中心商业区、经济开发区、风景区、高科技园区或别墅区道路、郊区道路、城市出入口道路。对于横向高差大、地形特殊的道路，可利用地形优势采用上、下行分离式断面。两幅路之间需设分隔带，可采用绿化带分隔，如图 4–29 所示。

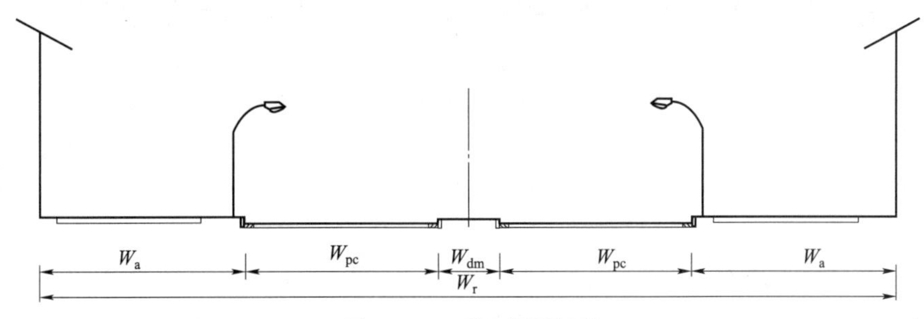

图 4–29　两幅路横断面

③ 三幅路：机动车（设置辅路时，为主路机动车）与非机动车分行，可以保障交通安全，提高机动车的行驶速度。机、非分行适用于机动车与非机动车交通量大、红线宽度大于或等于 40 m 的道路。主辅分行适用于两侧机动车进出需求量大，红线宽度大于或等于 50 m 的主干路。主、辅路或机、非之间需设分隔带，可采用绿化带分隔，如图 4–30 所示。

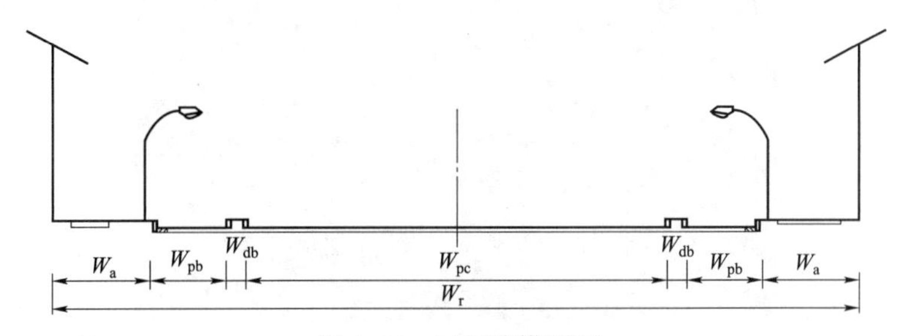

图 4–30　三幅路横断面

④ 四幅路：机动车（设置辅路时，为主路机动车）与非机动车分行，可保障交通安全，提高机动车的行驶速度。适用于机动车车速高、单向机动车车道 2 条以上、非机动车多的快速路与主干路；机动车及非机动车交通量较大的主干路。双向机动车道中间设有中央分隔带，机动车道与非机动车道或辅路间设有两侧带分隔，能保障行车安全。当有较高景观要求时，人行道、两侧带、中央分隔带的宽度可适当增加，如图 4–31 所示。

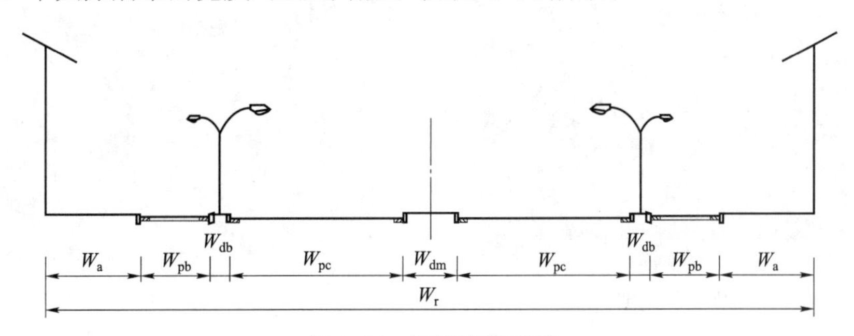

图 4–31　四幅路横断面

在车速大于 60 km/h、双向 4 车道及以上的道路，理想情况下应设置中央分隔带对双向车流予以隔离，以增强安全性。如果无法设置中央分隔带时，应该使用路面标志或不同颜色的路面来分离双向车流。

分隔带可以用来安装道路设施，如灯柱、龙门架支柱、路标等。如需安装，则需要留出一定的空间予以维护。如在速度较低的道路设置中央分隔带，应按一定的间隔预留出口以便维护或出现事故时为车辆提供临时出口。在平时这些出口应该设置可移动的障碍物，以防止车辆无秩序地掉头。分隔带的宽度通常是 1.0 m。如果需要对行人提供过路安全岛，若仅仅是行人，分隔带的宽度应不低于 1.2 m，以便滞留驻足；若有自行车或轮椅，则分隔带的宽度为 2.0 m。

路缘带置于人行道和机动车道之间，主要用来把人和车分离开来。它同时也提供一个绿化和安装路边设施的空间，如灯柱、行人栅栏、邮筒等。路缘带不一定要有，它的宽度也要根据需要来决定。

路缘石的高度有高有低。在公用空间道路的设计中常常为零，路缘带和道路在一个平面上。高点的路缘在公交站台可为乘客上车提供方便。

图 4–32 为横断面的设计案例。

图 4–32　横断面的设计案例

我国很多城市新开发区的主干路都使用这种形式。图 4–33 所示两条道路占用的空间大致相等，它们的通行能力也相当，横断面设计的不同使得图 4–33（a）中两边的居民区相对独立，而图 4–33（b）则是一个地区的商业中心。

（a）居民区相对独立的横断面设计

（b）一个地区的商业中心

图 4–33　不同形式的道路

日本道路设计标准（道路构造令）规定，所有双向 4 车道及以上的主干路均应按照四幅路断面设计，并设置中央绿化隔离带，以减少对向车辆干扰，提高交通安全和运行速度，增加城市绿化和景观。

道路横断面的设计还要考虑其他的内容，包括公交站点的设计和停车设计、自行车、非机动车停车及路边商铺的需要。

图 4–34 表示两种可能的路边停车设计方法。

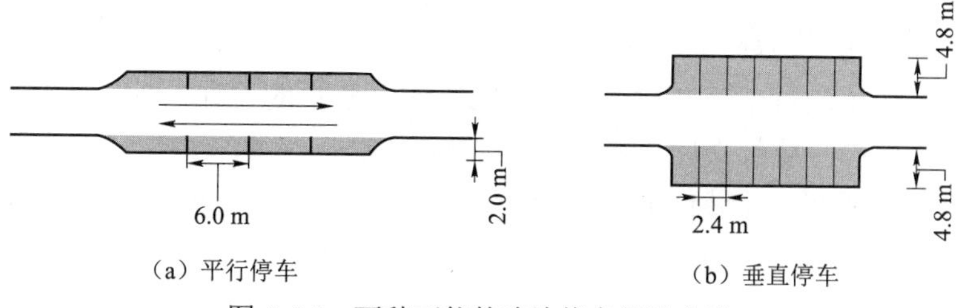

图 4–34　两种可能的路边停车设计方法

对城市公交和停车交通的设计将分别在本书第 5 章和第 7 章专门介绍。以下是在对道路横断面布置时需要注意的一些要点：

① 如果要为自行车提供超过公交车的机会，最小车道宽度应不低于 4.0 m，最好是 4.25 m；

② 当道路不适宜设置公交专用道时，可在交叉口之前设置公交先行区和优先信号，将非公交车辆挡在之后，给公交以优先，如图 4–35 所示；

③ 在公交车站提供自行车停车设施，有效地增强公交可达性。

图 4–35　公交先行区和优先信号

4.5.9　其他

1. 平曲线

平曲线参数与设计速度、弯道半径有关，以使弯道上行驶的车辆不会由于离心力的作用侧翻或滑移。传统的设计偏向大的转弯半径，但需要与征地和拆迁统筹考虑。

横断面坡度不宜太大，这主要是因为城市道路的交叉口距离较近或其他条件的限制。过大的横向坡度也使道路和两边建筑不易协调，一般不宜大于 5%。尽管较大的横向坡度可以降低对弯道半径的要求，但相比较而言，降低设计车速应是更好的选择。

2. 纵坡和坡长

城市道路的坡度最好不大于 6%。在行人较多的地方，坡度应该更小些，最好不要超过 5%。在山区城市，可能不得不接受大的道路纵线，但也不应超过 8%。这也是手动轮椅可以攀登的最大坡度。车速也是影响纵坡选择的因素之一。

影响最小坡长选择的两个主要因素是驾车舒适度和最小停车视距。需要注意的是，减小视距是降低车速的手段之一。在需要车辆减速的路段，可以适当减小视距。

3. 对放宽设计标准的考虑

现代的交通设计通过对车辆并非最优、但仍在许可范围的设计，不但可以设计出安全的道路，也会取得比较高的性能价格比，同时减小环境影响。

具体参数的选取可参照《城市道路工程设计规范》（CJJ 37—2012）。在英国，有《道路路段的设计》（*Highway Link Design*）。

4.6 城市道路平面交叉口交通设计

道路平面交叉口是道路交通网络中的关键节点，体现在以下几个方面。

① 在交通方面，大多延误都发生在交叉口或源于交叉口，大多数交通事故也发生在交叉口。正因为这些原因，交通工程师总希望交叉口越少越好。在进行交叉口交通设计时，尤其是在比较繁忙的道路上，交通工程师设计的主要目标是满足高峰时段交通的需求。然而，在城市空间的层面，交叉口则充满了生机。显然交叉口的可达性较高，它可由多个方向到达并能向多个方向分流。因此，交叉口周围是大型建筑选址的上佳位置。交叉口也是一个地区自然的路标。不管是用机动车还是步行和非机动车，它们都通过交叉口来寻找其目的地。在交叉口设置地标性的建筑或其他有特点的设施，如大众艺术品，就非常合适。这就要求在对交叉口进行交通设计时，要使其在交通方面的功能和公共空间的功能达到一个良好的平衡。

② 交叉口经常是多方式交通混合的地方，为非机动车交通（尤其是行人）提供方便是交叉口交通设计的重要内容之一。如果过多地强调其通行能力和交通安全，尤其是机动车的通行能力而看轻其城市空间的功能，则设计出的城市很难有吸引力。

③ 方便安全的过街设施是交通设计的另一个重要方面。过街天桥、地下通道对行人和自行车来说很不方便，尤其是地下通道容易使人缺乏安全感。过街天桥的引桥占地影响人的视觉，会对环境造成负面影响。例如，在道路的通行功能比较重要时，如果不得不提供过街天桥或地下通道（见图 4–36），其位置应选取在行人的期望线上，尽量短（可设置电梯或自动扶梯），有充分的宽度。

1. 交叉口间距

交叉口间距在很大程度上受最小停车距离的影响。最小间距应大于以正常车速的 85%速度行驶的车辆的制动距离。是否设置交叉口不仅要考虑最小停车距离，还要通盘考虑其他因素，包括道路的等级、通行通达的需要、土地开发区块大小的影响、与上下游交叉口的关系及对道路安全和延误的影响等。

图 4–36 地下通道

2. 视距三角形

视距三角形（*XY* 距离）是用来保障主路和次路相交交叉口的安全视野。如图 4–37 所示，*X* 距离是从次路停车线（或次路中线和主路路缘延长线相交点）向后测算的距离。*Y* 距离是从次路中线延伸与主路相交点车流反方向测算的距离。*Y* 距离是将要上主路的次路车辆能看到主路上的距离，也就是主路上的停车距离。在英国，在建成区建议采用的 *X* 值是 2.4 m，基本上是车前保险杠和驾驶人之间的距离。当采用大的距离，如 4.5 m 时，次路上可能会有两辆车同时利用主路同一车头间距进入主路。过大的 *X* 值容易造成次路的车辆抢道进入主路。在该三角区域中，主、次路的车辆应能无遮挡地相互看到对方。

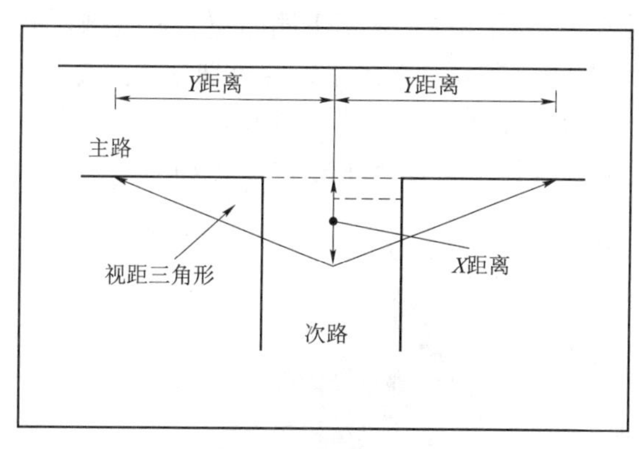

图 4–37 视距三角形

3. 交叉口形式

交叉口形式类型如图 4–38 所示，可分为以下 4 种：

① 优先权交叉口；

② 环形交叉口；

③ 信号控制交叉口；

④ 立体交叉口。

广义地讲，道路的不连续点也可以定义为交叉口。这些包括：

① 行人过街处；

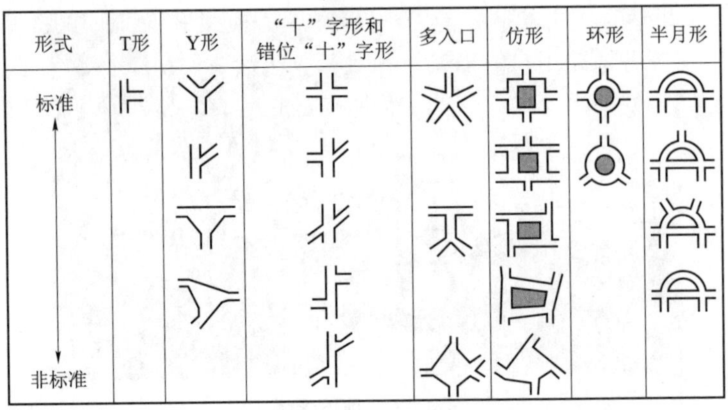

形式	T形	Y形	“十”字形和错位“十”字形	多入口	仿形	环形	半月形
标准 ↕ 非标准							

图 4–38　交叉口形式类型

② 道路变窄，拓宽点；

③ 道路合并和分出段；

④ 铁路平面交叉口。

在英国及欧洲，交叉口的形式很多，随历史、地势的影响而设，其形式灵活多变。这些没有被机动化所放弃，更没有用千篇一律的规整的“十”字交叉口来代替，有效地保护了城市的历史、形态和文化风貌。

不同的交叉口形式可以通过组合设计出更适合当地情况的交叉口。例如，信号控制和环形交叉口相结合。这尤其在交通量比较大时可能产生更好的效果。网络的交通组织策略也会对交叉口的形式选择产生影响。图 4–39 表示不同的交通量范围可能采用的交叉口形式。在图 4–39 中，交通量是日平均值。需要注意的是，这个划分范围没有考虑交叉口转向交通量的不同，尤其是左转交通量的大小，也没有考虑各交叉口形式中具体设计的差别。在具体设计时，需要按具体的需求和道路条件设计出适合当地情况的交叉口。

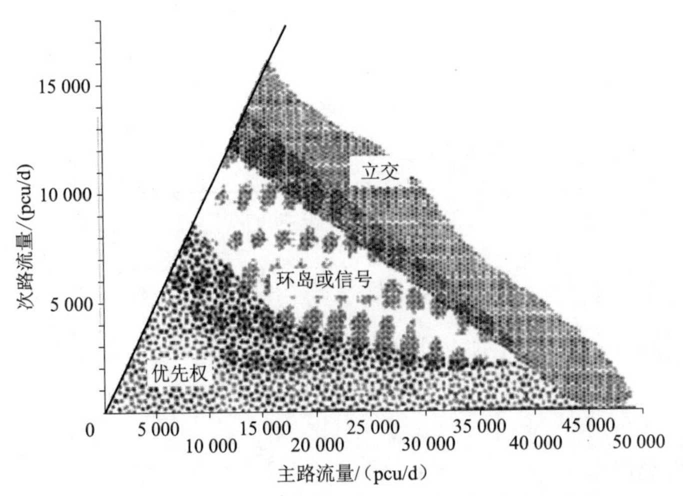

图 4–39　不同的交通量范围可能采用的交叉口形式

交叉口设计要考虑的主要问题有安全性、通行能力、延误、对油耗的影响、污染和噪声等。此外，还要考虑交通组织的要求，包括与周边建筑的关系及可能的单行道设置。设计的目的是减少、减轻事故，提供适合需求的通行能力，以减少过大通行能力造成的资源浪费和过小通行能力造成的延误，保障各道路用户的需要，通过减少车速变化和停车启动的次数来减少油耗，进而减小对环境的影响，减少交叉口交通的需求与周边建筑可达性需求的冲突。

据统计，有一半以上的交通事故发生在交叉口。因此，交叉口交通设计的一个重要原则就是尽量把有冲突的交通流分开。这不但包括机动车和机动车之间的冲突，更包括机动车和非机动车及行人的冲突。此外，还包括对车速和视野的设计。几何设计应有一致性和连续性，不要让驾驶人感到意外，尽量避免交叉口的形式变化过多。

通行能力和延误与交通拥堵紧密相关。延误由两个方面造成，一个是由几何设计和控制方法的使用造成的延误，叫作几何延误，如没有优先权需要停车造成的延误，转弯半径小对机动车的延误会比转弯半径大对机动车的延误要大；长周期的信号控制延误比短周期要大。另一个延误是由于交叉口拥堵造成的延误，叫作拥堵延误。当交通量接近通行能力时，拥堵延误开始直线上升。正常运行的交叉口延误应该以秒计算，个别延误多的交叉口也不应多于 2 min。但是，如果一条出行线路上有众多的交叉口，这些延误的总和可能是相当可观的。当路网延误较大时，则应考虑网络的组织优化的策略，包括公交优先，或采用某方向的禁行而延误或排队移到其他地点。

交叉口的几何设计和控制方案密不可分，而其前提是基于对需求的分析。交叉口的交通设计通常采用通用的软件来辅助完成。英国交通研究所有一系列的交叉口设计软件，如 PICADY、OSCADY 和 ARCADY，它们分别用来对让行通行的交叉口、信号控制交叉口和环形交叉口进行设计。

4. 过街设施

过街设施在我国当前交通设计中是一个容易被忽略的道路设计内容。为行人和自行车过街提供方便，不但能够减少事故，增加道路通行能力，还能增加道路街道周边的吸引力。过街设施应设置在行人的期望线或靠近期望线的位置，这样也能减少使用护栏，避免交通混乱。过街设施有很多形式，具体包括以下几项：

① 灯控过街设施；
② 人行横道线；
③ 抬高路面；
④ 行人岛和路沿外延；
⑤ 其他非正式的过街设施。

灯控过街设施可以和上下游交叉口的信号相协调，如绿波，以减少车辆延误。为减少行人延误，行人过街信号周期可以设置成上下游交叉口信号周期的一半再来协调。

人行横道线是用来给行人优先通行权的手段之一，我国《道路交通安全法》第四十七条规定：“机动车行经人行横道时，应当减速行驶；遇行人正在通过人行横道时，应当停车让行。机动车行经没有交通信号的道路时，遇行人横过道路，应当避让。”

抬高路面到路缘石高度可以降低车辆速度，给行人优先的暗示，帮助行人过街。路中的行人安全岛提供二次过街的机会，既可以减少行人过街的延误，还可以提高过街的安全性，如图 4–40 所示。在支路上，把道路变窄的设计可以减小过街距离，同时能够降低车辆的通过速度。图 4–41 为使用车辆减速拱、安全岛和降低路缘高度设计的行人过街设施。

图 4–40 二次过街设计

图 4–41 行人过街设施

5. 优先权控制交叉口

用优先权来管理和控制的交叉口是针对城市道路交通量较低的次要道路（支路）与主路衔接的一种形式。支路上的车辆等到主路车流有空隙时进入主路。这种形式不需要信号控制，维持费用低，占用空间较小。在设计中，应采用办法来使主次更加分明，在次路上增加车速控制设施，如减速卧拱（见图 4–42），或者抬高路面（见图 4–43），尤其是后者，由于抬高了路面，既对支路上的车辆有抑制作用，又给行人和非机动车通过提供了方便。

图 4–42 减速卧拱

图 4–43 抬高路面

需要注意的是，当主路交通量增加时，可插车间隙变小、变少，次路上的车辆不易进入，容易引发交通事故。

（1）优先权控制的交叉口基本类型

优先权控制的交叉口有以下 3 种基本类型：

- 三岔交叉口；
- 偏移交叉口（staggered junctions）；

- “十”字交叉口。

① 三岔交叉口。两个平面相交的道路大约以垂直的角度相交，如图 4–44 所示。

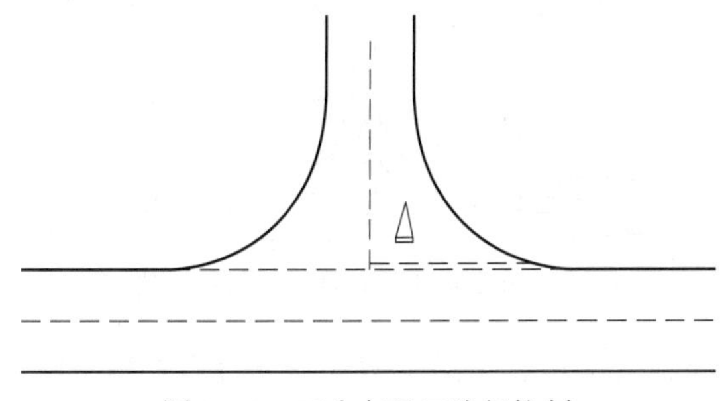

图 4–44 三岔交叉口让行控制

② 偏移交叉口。3 条道路相交平面，主路连续，另外两条次路与主路相向错位交会，如图 4–45 所示。

③“十”字交叉口。两条平面道路垂直平面相交，如图 4–46 所示。

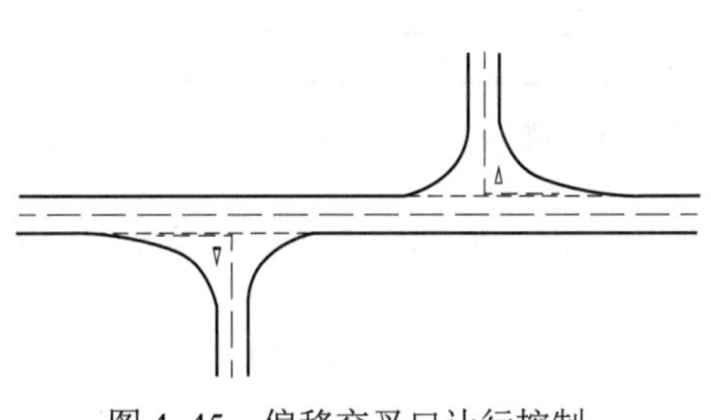

图 4–45 偏移交叉口让行控制

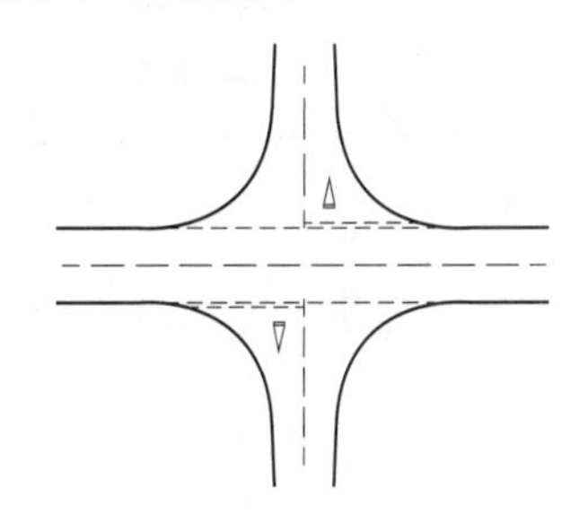

图 4–46 “十”字交叉口让行控制

（2）变化类型

根据主路的特点，还有以下 4 种变化：

- 让行控制交叉口；
- 有导流岛的让行控制交叉口；
- 加装局部分隔带的让行控制交叉口；
- 有分隔带的让行控制交叉口。

① 让行控制交叉口。在主路上没有物理或以标线形式标出的导流岛，在次路上也没有渠化，仅用让行标线表示，如图 4–47 所示。

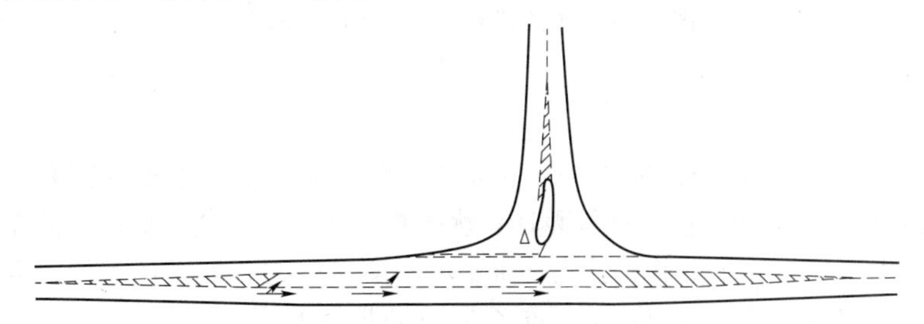

图 4–47 让行控制交叉口

② 有导流岛的让行控制交叉口。常是三岔交叉口或有偏移的交叉口，在主路上有标出的导流渠化岛以引导交通流。

③ 加装局部分隔带的让行控制交叉口。也常是三岔交叉口或有偏移的交叉口，在主路上设有物理分隔以诱导交通流，并在中心形成一个停车等待区域，如图 4–48 所示。

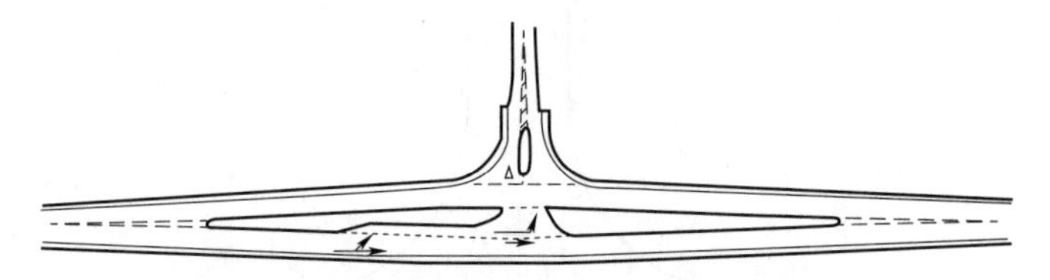

图 4–48 加装局部分隔带的让行控制交叉口

④ 有分隔带的让行控制交叉口。主路上双向交通设有物理分隔，以类似局部分隔带的让行控制设计诱导交通流，并在中心设计一个停车等待区域，如图 4–49 所示。

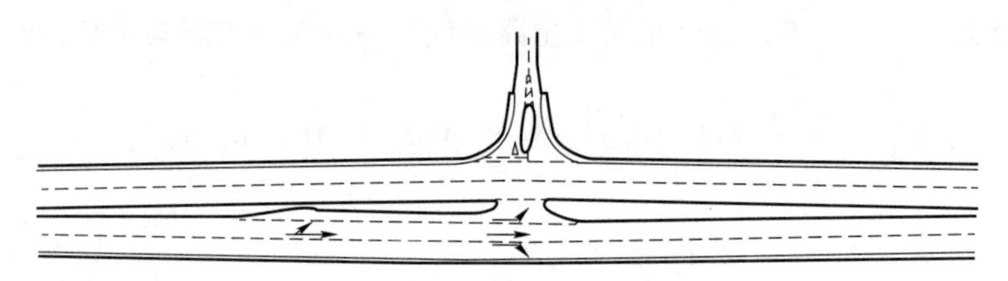

图 4–49 有分隔带的让行控制交叉口

对不同的交通量，英国道路和桥梁设计手册中给出了大致参考范围，如图 4–50 所示。

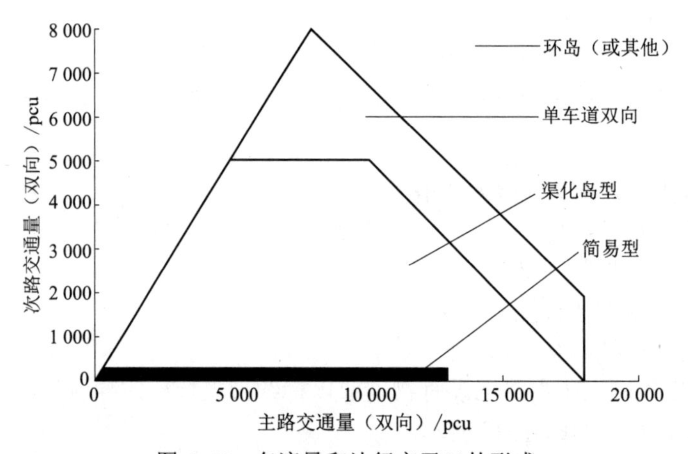

图 4–50 车流量和让行交叉口的形式

6. 环形交叉口

环形交叉口（环岛），是一个围绕中心环岛单行的交通系统，如图 4–51 所示。在环岛单行系统中的车辆相对于入口等待进入的车辆具有优先权，同在环岛中左侧行驶的车辆相对于右侧行驶的车辆具有优先权，以方便车辆驶出环岛。环形交叉口的有效运作不但需要驾驶人遵守规则，而且有赖于驾驶人对环岛中出现的行车空隙有效把握的程度。

环形交叉口的占地面积较大。在交通量不大的情况下，如夜间，驾驶人不停车经过环岛的机会较多，运行效率因而较高。此外，环形交叉口用来服务掉头车辆非常方便，适于在有连续的中央分隔带的道路上使用，以避免其他不太安全的掉头形式。在道路不太拥挤的情况下，环形交叉口带来的延误相比相应的信号控制的交叉口要小，也很适用于有较大左转车流的情况。但是它不能像信号控制的交叉口那样方便地用来为交通控制管理服务，对非机动车和行人的通过也不太方便。

图 4–51 环形交叉口

此外，环形交叉口次路上的车流和主路车流的优先次序一样，这样容易造成主路上车辆排队，使其等待时间相对次路车流要大。这种情况在高峰期会比较明显，因此在某些入口可能需要加装信号控制来调整。在环形交叉口安装信号控制还会增加非机动车的安全性。环形交叉口有降低车速的效果，很适合用在道路等级转换的交叉口，但在速度较高的道路终点使用容易造成事故。

环形交叉口的入口应不多于 4 个，4 个以上入口的环形交叉口一般规模较大，车速偏快，这样容易使司机分不清哪个出口。

环形交叉口形式有两种，一是标准环形交叉口（见图 4–52），二是微型环形交叉口（见图 4–53）。

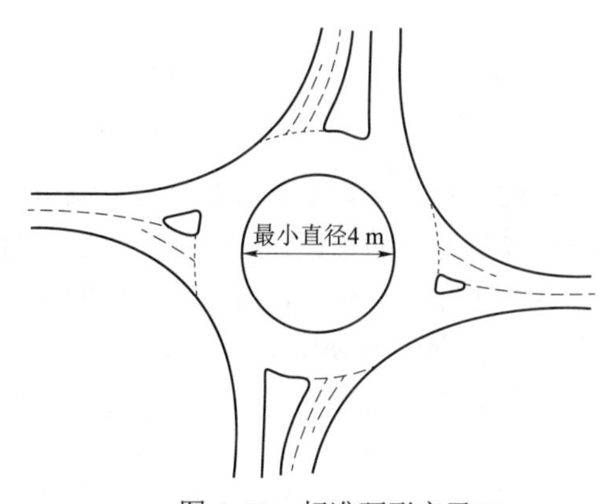

图 4–52 标准环形交叉口

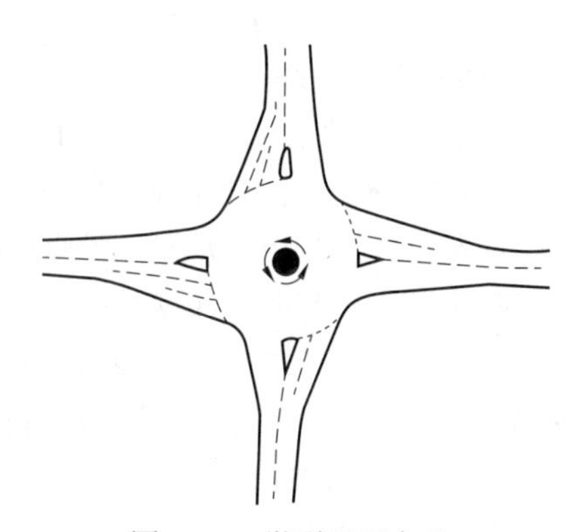

图 4–53 微型环形交叉口

标准环形交叉口的中心岛有路缘，直径不小于 4.0 m，通常入口有展宽。入口一般为 3～4 条车道。由于需要很大的尺寸，环形交叉口一般不适于建在单向 3 车道及以上的道路上。对于单向 3 车道及以上的大型环形交叉口，可以考虑设置信号控制，如图 4–54 所示。

微型环形交叉口环形道的中心是一个直径小于 4.0 m 的圆形凸起。进口的展宽道可有可无。在英国，微型环形交叉口仅用在车速约 45 km/h 的道路上。

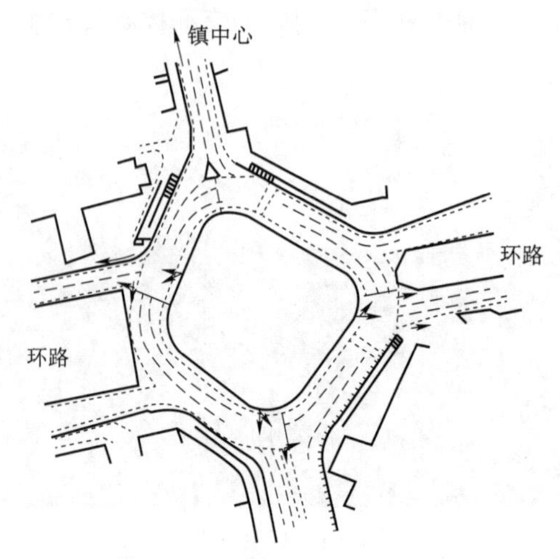

图 4–54 信号控制的环形交叉口

7. 信号控制交叉口

信号控制交叉口的车辆通行用信号灯为冲突车流分配通行时间。信号控制系统的发展使它不但能够对单点交叉口多种需求（包括公交、行人等）进行优化管理控制，而且还能在网络层面进行优化控制管理。常用的优化策略包括：

① 加强道路等级的功效；

② 公共交通优先通行；

③ 为行人、自行车过街提供方便；

④ 给某些车流提供最大的通行能力，而限制另一些车流的通行；

⑤ 对需求和排队进行管理；

⑥ 提高交通安全；

⑦ 在高峰时段发挥环形交叉口的通行潜力。

信号控制交叉口的使用非常广泛。它占地面积一般比环形交叉口小，可以应对大流量的交通，对行人和自行车相对友好。即使在信号交叉口没有提供专门的相位，由于行人可以在有冲突的机动车流亮红灯时或车辆清空时通过，行人过街相对方便。在英国，信号交叉口的安全性不如环形交叉口。此外，信号设备、灯头、杆件、机柜的安装容易使交叉口显得杂乱。

信号控制交叉口经常可以设置右转专用车道来增加交叉口通行能力。右转车道可以使用让行标志，也可以由信号灯控制。但需要注意的是，由于行人过街增加了一个障碍，会增加行人过街的困难程度。在欧洲，很多信号控制交叉口都设有自行车前置区，以方便自行车安全通行。

在高峰时段之外，信号交叉口的延误会比较大，因此应该尽量减少相位数、缩短信号周期以减少延误，或者高峰时段、平峰时段和夜间分别采用不同的信号配时方案。根据交通需求的变化进行自适应信号配时方案是一种先进的信号控制方式，具体内容参见《城市交通管理与控制》（袁振洲主编）。

有关立体交叉交通设计部分，参见第 9 章。

4.7 城市道路慢行交通系统设计

4.7.1 概述

步行是一项使人愉悦的活动，散步、漫步、甚至疾步都带着浪漫色彩。虽然有时赶工作步行上班或遇到刮风下雨时，会想到乘车的好处，但实际情况是，开车上班往往时间更长，有时还会因其他车辆加塞儿而生气，有时甚至遇上交通事故。可以说，能够步行上班的人是现代城市中的幸运者。若城市建设中对步行建设的投入能接近对道路建设的投入，如建设高质量、美观的遮挡、愉悦的景观、安全保障的设施，那么步行还是比较舒适惬意的。因为小汽车内狭小的空间和步行所具有的天空是不可相提并论的，而宽阔的空间往往是人们的喜爱。更何况步行有益健康，能够减少个人和社会医疗开支，也不排放汽车尾气，不像小汽车那样对其他出行者具潜在的对生命的威胁，更没有那些打扰路人、住家的嘀嘀声和噪声等外部效应。在一座现代城市中，如果有众多的行人，也就意味着这座城市是座幸福的城市。

步行也是生活的必需。每个旅程往往都始于步行并终结于步行。每位行者的旅途中都会有各种各样的环节，如换乘、购物，使他/她成为步行者。轮椅使用者、婴儿车的使用者和看护者也是行人，还有身体行走不便的人，尽管对他/她们的服务可能需要特殊的设计，以使他/她们的步行尽量舒适愉悦。

步行是每座城市交通系统不可或缺的组成部分。据英国的调查，在 1 英里出行范围内，有超过 80%的出行是步行。步行在更短距离的出行中所占比例会更大。甚至在超过 1 英里的出行距离中，步行出行仍占 10%。总而言之，在城市的所有交通出行中，大约有三分之一是由步行完成的。

对步行的投入也是公平的投入，老人、孩子、穷人、富人都需要使用。鼓励步行和骑自行车有很多好处，包括减少车辆使用带来的车辆废气排放、减少交通碰撞事故和改善个人健康条件、增加城市的活力等。一座优秀的城市总有一个卓越的慢行交通系统，行人活动的水平是一个城市生命力和商业发展的标志与象征。一个优秀的小区也往往伴随着良好的步行设施。

为步行和自行车提供服务，创造一个富有魅力、安全和四通八达的慢行交通系统是提升人们生活水平的关键，也是城市设计和交通设计的关键内容之一。

4.7.2 步行系统

人行道的多寡和质量是决定人们是否愿意步行的一个关键因素。设计、提供优良的人行道的作用包括以下几项。

① 增加步行的吸引力。研究表明，人行道如果不能给人们以舒适的感受和经历，对人们去到这个区域会有排斥作用。步行出行的动力不但受出行距离的影响，还受质量和感受的影响，不良的步行环境使人感觉哪怕待 1 min 也是多余，而良好的步行环境则能使人流连忘返。

② 把短距离出行吸引到步行上来，不但能减少小汽车出行，在公交拥挤的城市，也有利于改善公交服务，促进可持续、环境友好的出行，同时带来健康的收益。此外，定期步行出行不但有益个人的健康，还能由此带来更为广泛的经济和社会效益。

③ 在伦敦，全程步行出行的比例占全部出行量的24%。除此以外，其他的所有出行也都或多或少地含有步行，如从地铁或公交站到家或从家到地铁和公交站点。这些是建立在良好的步行环境基础之上的。

步行是最重要的短距离出行方式，尤其是在2 km内的出行。它取代小汽车出行的潜力最大。事实也证明，系统化、高品质的行人设施可以大幅提高步行出行的比例。

行人或自行车交通设计要求如下：

① 系统化设计，即从起点到终点完整的路径和路网，尤其是要对通向一些重要目的地的路径进行设计；

② 路径应力求最短，避免绕行，尤其是穿越交叉口的路径；

③ 路径要连续，需要穿越交通繁忙的道路时，应尽量提供平面穿越；

④ 路径要能给人良好的视野和方向感；

⑤ 在路径上，人们应该能够不受干扰，如停车和路边设施等，这些尤其对行动不便的人影响会更大；

⑥ 充分考虑安全，给人以安全感；

⑦ 与周围环境融合，美观、整洁能给人以愉悦感，并尽量减少噪声。

服务水平是衡量出行者所感受到的出行质量的指标之一，感受的重要标志是出行者在出行过程中可自由选择的自由度，包括速度和方向等。可选择的空间越大，感受会越好。根据服务设施的不同，可对道路交通设施的服务水平进行分级。服务水平分级是为了说明道路交通设施在不同交通负荷条件下的运行质量，不同的道路交通设施，其服务水平衡量指标是不同的，具体如下。

1. 行人交通服务水平

约翰·富林（John Fruin）在20世纪70年代对行人和行人交通设施的关系进行了开创性的研究，为行人交通设施的设计提供了基础。

行人交通设施的设计少不了对人体（平面）尺寸的界定。约翰·富林的研究发现，平均每100个人中形体最大的第五名男性的尺寸是宽度57.9 cm、厚度33 cm（95%的人的形体都小于这个尺寸）。

在他对行人的研究中，对步行道的服务水平进行了划分，如表4–12所示。

表4–12 步行道的服务水平

步行道的服务水平	A	B	C	D	E	F
人均占用面积/m^2	＞3.25	＞2.32～3.25	＞1.39～2.32	＞0.93～1.39	0.46～0.93	＜0.46

在表4–12中，A为自由行走，B为有个别冲突现象，C为速度开始会受到影响，D为大多数人行走速度受到影响，E为所有人行走速度受到影响，F为行走不由自主。

他发现，当每人占有的面积为3.25 m^2以上时，人的行走不受限制，规定为A级。最糟糕的状况是当人均面积小于0.46 m^2时，人的行走就会出现不由自主的现象，规定为F级。表4–13为行人服务水平的衡量标准。

表 4–13 行人服务水平的衡量标准

行人服务水平	A	B	C	D	E	F
单位面积内行人个数/（人/m²）	<0.31	0.31～<0.43	0.43～<0.72	0.72～<1.08	1.08～<2.17	≥2.17

图 4–55 表示行人的尺寸和服务水平的关系。值得注意的是，约翰 • 富林定义的男性尺寸可能较大。

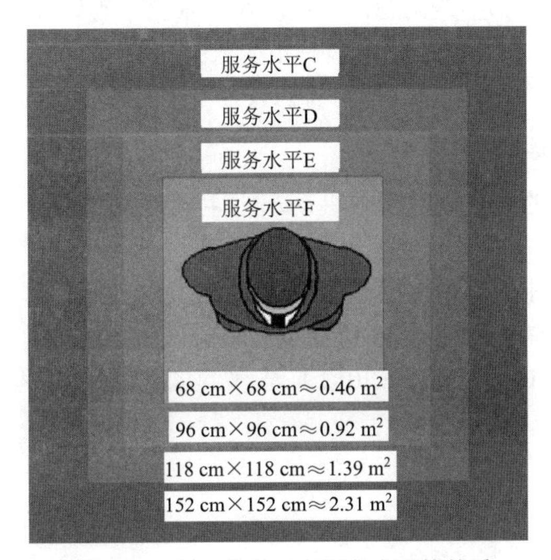

图 4–55 行人的尺寸和服务水平的关系

当然，道路上空手行走的人并不多，往往携带行李、包裹，还有手推车、轮椅等。

与机动车道交通设计相同，步行速度是行人交通设计的另外一个基本参量。亨德森（Henderson）研究发现，步行速度呈高斯分布，其平均速度是 1.34 m/s，标准差为 0.26 m/s。从上述富林的研究中发现，在人的密度达到 C 级服务水平时，行人的速度开始受到影响。权且用密度 0.43 人/m² 和速度 1.34 m/s 为参考，用流量=（速度×密度）的关系可以得到流量为 2 074 人/（h • m）。当然，通行能力还会大于该值。英国运动场地安全规范规定，在能保障安全的情况下，最大流量是 109 人/（min • m），或者是 6 540 人/（h • m）。

《城市道路工程设计规范》（CJJ 37—2012）规定人行道服务水平如表 4–14 所示。

表 4–14 人行道服务水平

	一级	二级	三级	四级
人均占用面积/m²	>2.0	1.2～2.0	0.5～1.2	<0.5
人均纵向间距/m	>2.5	1.8～2.5	1.4～1.8	<1.4
人均横向间距/m	>1.0	0.8～1.0	0.7～0.8	<0.7
步行速度/（m/s）	>1.1	1.0～1.1	0.8～1.0	<0.8
最大服务交通量/［人/（h • m）］	1 580	2 500	2 940	3 600

2. 坡度

人行道应尽量平缓，若必须设计坡度，也应该尽量不大于 5%。8%为其上限值，当达到该值时，不但大多数轮椅使用者无法通过，而且还有翻车的危险。如果在某些地方不得不设计大于 8%坡度的人行道，就需要考虑设置栏杆、把手等辅助设施。

瑞典在《共享道路》手册中，对人行道的坡度有很好的描述，具体如下：

① 坡度 1%对谁都不是问题；

② 坡度 2%对大多数人都不是问题，该坡度对排水也很有好处；

③ 坡度 2.5%对很多人也不是问题，但有不少人开始会感到吃力，开始会有问题；

④ 坡度＞2.5%对很多使用人力驱动轮椅的人几乎是不可能的。

3. 人行道和人行道网络

目前，在大多数城市的交通设计中，机动车占主导地位，人行和非机动车交通只是作为机动车设计的附属，在很大程度上会被忽略。建设和维护一个完整、有效、安全、连续、舒适、明亮的人行道网络，能够顺利通达主要的目的地，包括居住区、商业区、城市广场、交通枢纽等，这应是一座城市交通战略的重要部分。行人系统应设置无障碍设施，符合现行标准《无障碍设计规范》（GB 50763—2012）与《建筑与市政工程无障碍通用规范》（GB 55019—2021）的规定。

4. 通行能力

在设计人行道宽度时，应充分考虑人行交通量，人行道的通行能力应能满足需求。我国在设计人行道时采用的设计标准——《城市道路工程设计规范》（CJJ 37—2012），规定了人行道的通行能力，如表 4–15 所示。

表 4–15 人行道通行能力 单位：人/（h·m）

人行道类型	基准通行能力	设计通行能力
人行道	2 400	1 800～2 100
人行横道	2 700	2 000～2 400
人行天桥	2 400	1 800～2 000
人行地道	2 400	1 440～1 640
车站码头的人行天桥、人行地道	1 850	1 400

注：人行横道通行能力按绿灯时间计算。

5. 人行道宽度和高度

在设计人行道宽度时，既要充分考虑人行交通量，同时也要考虑行人特性。作为参考，正常人行走需要 70 cm 宽度；但是如果拄拐杖行走，至少要 75 cm；带着导行棍或导盲犬的盲人则需要 1.1 m 宽度；需要搀扶的人则要 1.2 m。宽度 2.0 m 的人行道可以满足两个轮椅并排行走。表 4–16 为《城市道路工程设计规范》（CJJ 37—2012）对人行道宽度的规定。

表 4–16　人行道宽度　　单位：m

	一般值	最小值
各级道路	3.0	2.0
商业或公共场所集中路段	5.0	4.0
火车站、码头附近路段	5.0	4.0
长途汽车站	4.0	3.0

为了让行人畅通无阻，道路的净空高度也很重要，特别是对有视障的人员。有绿化的人行道尤其需要注意，净空高度应有 2.3 m。

值得注意的是如何应用这些标准。这些标准不但与人行道宽度有关，还与人数有关。这就需要对行人进行调查和需求预测，根据道路的情况确定期望的和可以达到的标准，并在有困难时寻找到相应的解决办法，在空间资源不能同时满足各种道路用户的情况下，应给行人以优先考虑。

另外，需要注意的是人行道总宽度和有效宽度。有些人行道设计够宽，但是经常看到人行道上被电线杆、书报摊、垃圾箱、停车等所占用，这种现象要尽量避免。

人行道的设计要尽量和行人的期望相一致。在交叉口，小的转角对行人比较有利；大转角则对车辆较为有利。如图 4–56 所示，在小转角的交叉口，行人的路线和期望线是条直线。而图 4–57 所示的设计需要行人绕行。对于图 4–56 的设计，转弯车辆需要较多减速，因此行人不需要看很远的距离来寻找通过机会，即行人视野不用太广，如图 4–58 所示。这样容易使行人建立优先通行权。而对于图 4–57 所示的设计，车辆不需要太多的减速，而由于车速较快，行人必须要看得更远（视野要宽广，见图 4–59）以求安全通过，这样容易造成车辆优先。但是小的转角对大型车辆转弯不利，就需要考虑道路要够宽，使大型车辆能够适用整个路面来转弯，转角路缘要有一定的强度承受可能的车辆越上路缘的压力。

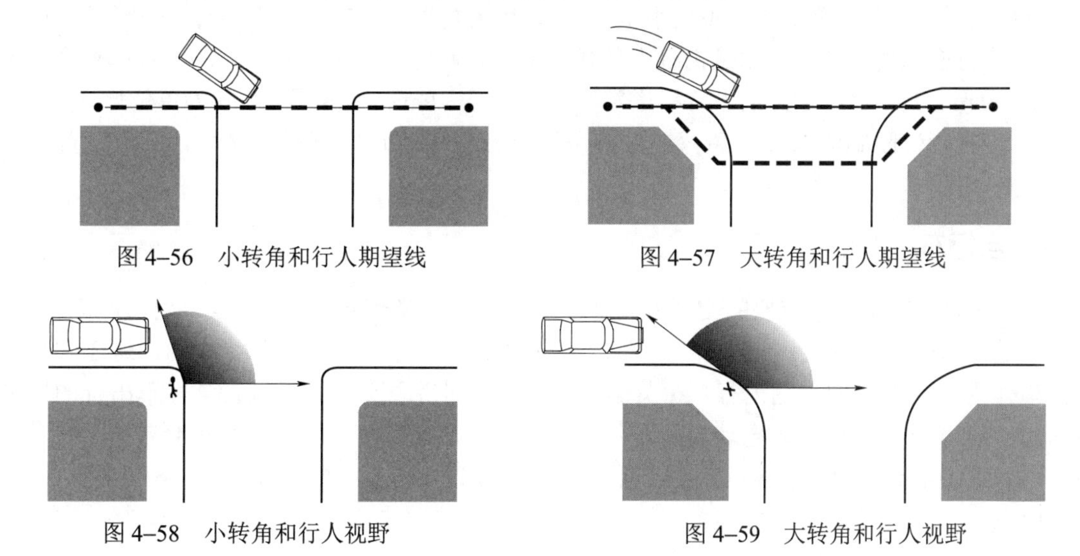

图 4–56　小转角和行人期望线

图 4–57　大转角和行人期望线

图 4–58　小转角和行人视野

图 4–59　大转角和行人视野

机动车道和人行道通过高差进行分离，可以给行人提供交通安全保护和有利于排水等。在学校周围、商业区、旅游区等行人较多的地方的支路交叉口入口，可以进行抬高路面设计，使行人能够在一个平面通过，如图 4–60 所示。

在穿越较宽的道路时，要考虑在人行过街横道上设置行人过街安全岛，《城市道路工程设计规范》（CJJ 37—2012）规定，当机动车道总宽度大于 16 m 时，行人过街安全岛的宽度不应小于 2.0 m，困难情况下不应小于 1.5 m。

图 4–60　路面抬高的交叉口

有信号控制的过街设施，信号的设置要考虑行人等待的忍受力，一般不宜超过 90 s，清空时间要符合行人安全过街所需的时间。

《城市道路工程设计规范》（CJJ 37—2012）对人行过街设施的布设、人行天桥和人行地道的设置、步行街的设计等都有明确的要求。其中人行横道的设置要求如下：

① 交叉口处应设置人行横道，路段内人行横道应布设在人流集中、通视良好的地点，并应设醒目标志，人行横道间距宜为 250～300 m；

② 当人行横道的长度大于 16 m 时，应在分隔带或道路中心线附近的人行横道处设置行人二次过街安全岛，安全岛的宽度不应小于 2.0 m，困难情况下不应小于 1.5 m；

③ 人行横道的宽度应根据过街行人数量及信号控制方案确定，主干路的人行横道宽度不宜小于 5.0 m，其他等级道路的人行横道宽度不宜小于 3.0 m，宜采用 1.0 m 为单位增减；

④ 对视距受限制的路段和急弯陡坡等危险路段及车行道宽度渐变路段，不应设置人行横道。

4.7.3 自行车道系统

自行车是城市交通中重要的交通方式之一，也是益于健康可持续的方式。对短距离出行，自行车是机动车的有力竞争交通方式。在荷兰有 31%的出行是用自行车完成的，这还不含用自行车作为辅助方式的交通出行。在英国，像牛津、剑桥之类的大学城，自行车出行的比例也高出一般城市。在城市，电动自行车还可以进行比较长距离的出行，但也会带来一些其他的问题。英国全国交通出行调查表明，自行车出行的平均距离为 5.9 km。图 4–61 为行人和自行车道。

1. 自行车交通基本参数和服务水平

在道路和自行车道的设计与停车设计中，自行车的尺寸具有关键作用。典型的自行车长约

1.93 m、宽约 0.65 m。但是，自行车有很多类型，在设计中需要给予考量。《城市道路工程设计规范》（CJJ 37—2012）规定，非机动车设计车辆采用的尺寸如表 4–17 所示。

图 4–61　行人和自行车道

表 4–17　非机动车设计车辆采用的尺寸

单位：m

车辆类型	总长	总宽	总高
自行车	1.93	0.6	2.25
三轮车	3.4	1.25	2.25

作为通勤出行，自行车速度通常在 20～30 km/h。在平坦的路面上，自行车的平均速度约为 20 km/h，交叉口、转弯、坡度、视野及与行人和其他车辆的混行程度都会对速度造成影响。

对自行车道的良好设计取决于以下几个因素：

① 自行车在运动中需要的空间；

② 有障碍物时需要的净空；

③ 与其他车辆需要保持的距离。

自行车的骑行很难保持在一条直线上，速度比较低时摆幅比较大，随着速度的增加摆幅变小，通常在 0.2～0.8 m，如图 4–62 所示。

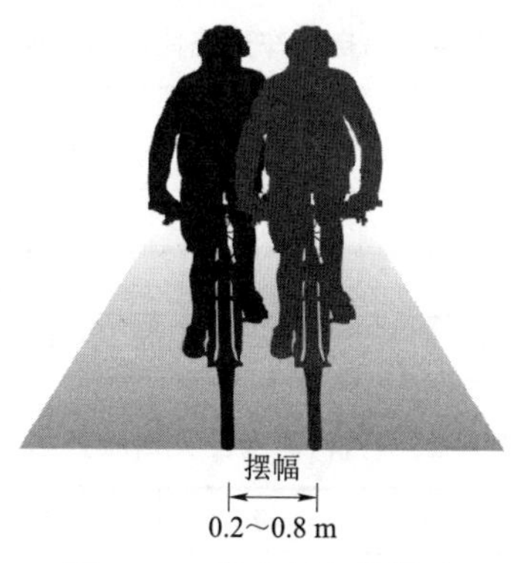

图 4–62　骑自行车的摆动

自行车的骑行需要与静态障碍物保持一定的距离，这些障碍物包括路缘石、灯柱、垃圾箱和其他路边设施及侧墙、栏杆等。英国交通部对从车轮到这些路障的距离的建议如表 4–18 所示。

表 4–18　自行车和障碍物距离

障碍物	车轮到路障物的距离/m
路缘石（低于 50 mm）	0.25
路缘石（高于或等于 50 mm）	0.50
灯柱、垃圾箱等其他路边设施	0.75
侧墙、栏杆等	1.00

当自行车之间超车和机动车超越自行车时，它们之间需要有一定的安全距离，该安全距离随着车速的增加而加大。英国交通部建议，自行车和自行车之间采用 0.5 m，如图 4–63 所示；机动车与自行车之间，采用当车速 30 km/h 时为 1 m，当车速 50 km/h 时为 1.5 m，如图 4–64 所示。

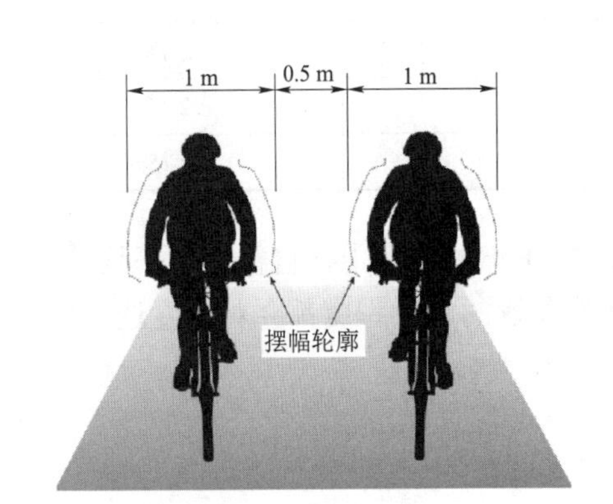

图 4–63　自行车之间的净空

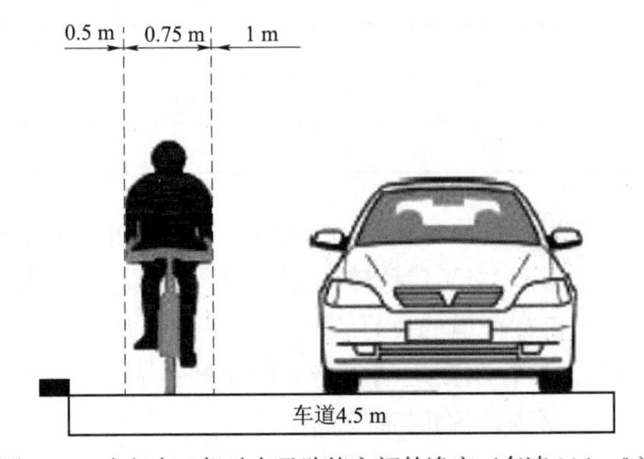

图 4–64　自行车、机动车及路缘之间的净空（车速 30 km/h）

要使自行车取得舒适的骑行环境，自行车道的设计要能够达到一定的服务水平。《城市道路工程设计规范》（CJJ 37—2012）对不同服务水平进行了分级，如表 4–19 和表 4–20 所示。

表 4–19　自行车道路段服务水平

服务水平	一级（自由骑行）	二级（稳定骑行）	三级（骑行受限）	四级（间断骑行）
骑行速度/（km/h）	＞20	20～15	15～10	10～5
占用道路面积/m²	＞7	7～5	5～3	<3
负荷度	＜0.4	0.55～0.70	0.70～0.85	＞0.85

表 4–20　自行车道交叉口服务水平

服务水平	一级	二级	三级	四级
停车延误时间/s	<40	40～60	60～90	＞90
通过交叉口骑行速度/（km/h）	＞13	13～9	9～6	6～4

续表

服务水平	一级	二级	三级	四级
负荷度	<0.7	0.7～0.8	0.8～0.9	>0.9
交叉口停车率/%	<30	30～40	40～50	>50
占用道路面积/m²	8～6	6～4	4～2	<2

2. 坡度

由于自行车的动力由骑行者提供，因此其爬坡能力有限，并且骑行者一般都会尽量避免爬坡。在进行自行车设计时，应尽量避免爬坡。自行车道的坡度应不超过 3%，在短于 100 m 的距离内，坡度可以增加到 5%。在特殊条件下，不超过 30 m 距离的坡度可增加到 7%。需要说明的是，这些是一些总的原则，并非一成不变。图 4–65 是在地下通道口处为自行车进出所做的设计。

3. 自行车道和自行车道路网络

设计一个自行车道路网络（见图 4–66）与设计步行道路网络相同，需要遵循 5 项基本原则，分别是连通、可达、安全、舒适和愉悦。

图 4–65　在地下通道口处为自行车进出所做的设计

图 4–66　自行车道路网络

① 连通：自行车道路网络应能够与一座城市所有的主要目的地提供连通服务，并且连通应尽量直，不需要绕路；骑行路线和主要目的地要有明确的路标；路线上应少有障碍物，包括路边设施和停车；尽量减少在交叉口的延误；车道的设计要充分考虑对维护、养护的需要。

② 可达：骑车出发地要提供对主要目的地的直接通道，包括公交站点和一些机动车不易到达的地方，如公园和禁止机动车通行的区域。线路要有连续性、连贯、标准一致，甚至包括车道材料和彩铺。

③ 安全：自行车道路网络的安全性，包括避免事故和避免犯罪。避免事故需要保证交通基础设施的安全使用。在机、非混行条件下，要尽量减少机动车流量和降低机动车车速。在设计中，尽量减少自行车和行人的冲突，提供良好的照明，开放的空间设计及监控设备的设置等都有助于减少犯罪现象。

④ 舒适：交通基础设施的设计要符合设计标准，包括车道宽度、坡度和路面质量。使用下沉的路缘设计，以避免台阶对行人和非机动车造成阻碍。

⑤ 愉悦：自行车道路网络的设计和维护应尽量减少噪声，无垃圾，美观，与周边环境融为一体。路线上的商店、可供休息的场所、遮荫绿化设施和其他高质量的公共空间等都会对骑行自行车和步行产生吸引力。

在机动车速度较低的道路上，30 km/h 以下，可以设计自行车与机动车安全混行。在机动车流量不大，且大型车辆较少的情况下，机动车速度在 30～50 km/h 时，自行车还能与机动车安全混行。当机动车速达到 50～60 km/h 时，就需要考虑机、非分离设计了。而当机动车速达 60 km/h 以上时，必须进行机、非分离设计。

4. 有效宽度

一辆自行车单独骑行需要 1 m 宽度，而超越另一辆自行车时则需要 0.5 m 的侧向净空距离，即 2.5 m 有效宽度。当有效宽度为 2.0 m 时也能超车，但需要谨慎。双向行驶的自行车道应有更大的侧向净空距离，理想的最小宽度为 3.0 m。《城市道路工程设计规范》（CJJ 37—2012）要求：

① 非机动车专用道路面宽度应包括车道宽度及两侧路缘带宽度，单向不宜小于 3.5 m，双向不宜小于 4.5 m；

② 与机动车道合并设置的非机动车道，车道数单向不应少于 2 条，宽度不应小于 2.5 m。

5. 通行能力

《城市道路工程设计规范》（CJJ 37—2012）规定：

① 不受平面交叉口影响的一条自行车道的路段设计通行能力，当有机、非分隔设施时，应取 1 600～1 800 veh /h；当无分隔时，应取 1 400～1 600 veh /h；

② 受平面交叉口影响的一条自行车道的路段设计通行能力，当有机、非分隔设施时，应取 1 000～1 200 veh/h；当无分隔时，应取 800～1 000 veh/h；

③ 信号交叉口进口道一条自行车道的设计通行能力可取为 800～1 000 veh /h。

机、非混行道路通常为等级较低道路。这些道路交叉口的交通设计与行人道类似，由于自行车速一般要低于机动车，大的转角对自行车不利，也不安全。相反，小的转角迫使机动车减速，这样可以降低机动车的强势，如图 4–67 和图 4–68 所示。

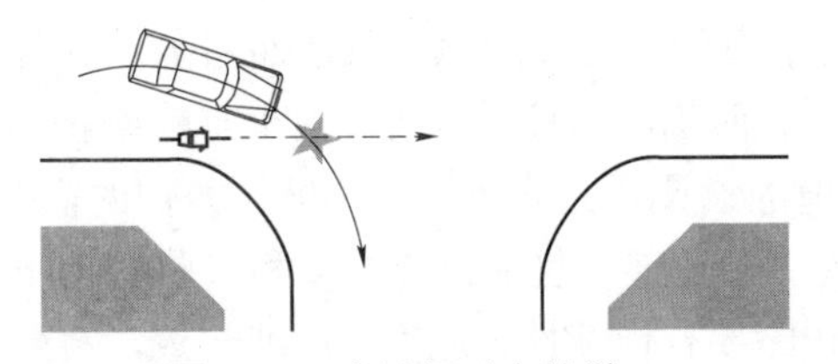

图 4–67　高速机动车抢道

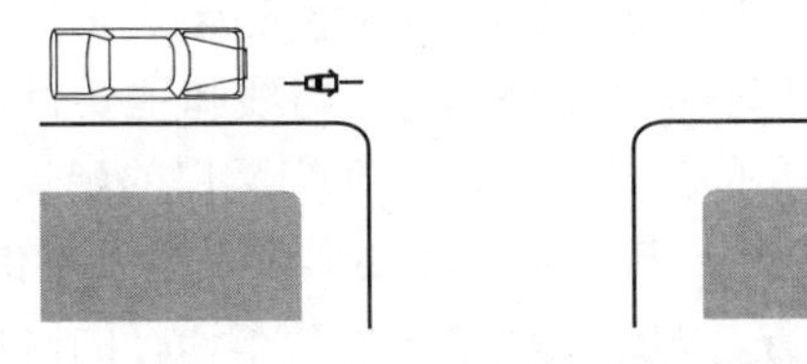

图 4–68　自行车和机动车速度相当

与步行出行相同，骑自行车出行有很多好处，有益于减少机动车带来的尾气排放，减少交通事故和拥堵及有益于健康。

在城市占大多数的低等级道路上，当设计自行车道时，首先应该考虑的是能不能减少机动车交通量，降低机动车车速，以帮助混行的自行车建立优势。减小机动车道的宽度是交通宁静化比较简单有效的手段之一。在发达国家，经常给自行车道涂铺以不同的颜色，帮助建立自行车的优先权。

自行车道交通设计还需要考虑自行车停车设计问题，图 4–69 为某个路边的平面自行车停车场，图 4–70 为某个火车站的立体自行车停车场。

图 4–69　某个路边的平面自行车停车场

图 4–70　某个火车站的立体自行车停车场

4.8　城市道路沿线进出交通设计

城市道路沿线进出交通设计主要是指在道路沿线进行土地开发时如何对道路进行设计，使土地开发区和道路网络系统进行有效衔接。该衔接要求既要保持城市道路网络的层次结构，保证道路网络能够继续安全有效地发挥作用，同时能对土地开发区的交通需求提供安全、有效和可持续的服务。

土地利用的变化常常带来交通需求的变化，从而产生对交通网络的调整需求，而受影响最大的可能是邻近土地使用和局部交通网络。交通设计需要对土地利用变化进行交通网络设计调整并进行评估，以发现潜在的交通问题，并给出解决办法。

土地利用与城市道路网络系统的衔接是满足土地利用变化带来的交通需求的主要部分。对因土地开发建设项目产生的交通需求变化及如何满足这个变化的方法，交通设计方案需要包括公共交通和慢行交通系统，从综合交通的视角进行系统考虑，以使用更多的手段获得更大的效益。

在城市主干路上，为了保持它们设计的服务水平不受新的交通需求的影响（包括保证交通流平均速度还能够达到设计要求），开发区道路应首先寻找地方道路与其连接，尽量避免与主干路直接连接。在不得已的情况下，也应保证新建或改建交叉口的交通运营能够达到设计标准，包括交叉口的布局、视距和交叉口间距等。

4.8.1　对土地开发的控制和管理

从交通服务出发，对土地开发的控制和管理的基础来自以下 4 个方面：

① 交通影响的分析；

② 交通设计的规范；

③ 交通安全分析；

④ 环境影响分析。

城市主干路网络的主要任务是为长距离出行提供安全快捷的服务。这就要求应严格限制支路与其连接，限制交叉口数量。英国于 1936 年通过的土地开发法案就认识到，要使城市主干路网能够起到应有的功能，就必须限制其交叉口的数量。这对于一个土地开发项目而言，就是要充分考虑其交通需求对道路网络运行和安全性的影响。当需要在主干路上增加新交叉口或改、扩建既有交叉口时尤其重要。控制与城市主干路网的连接是政府负责道路建设部门的主要任务之一。

土地利用变化，尤其新开发区对连接主干路的影响包括以下几项：

① 主干路交通量的增加；

② 交通流速度的降低；

③ 交通事故数量的增加。

4.8.2 道路衔接设计

与 4.3 节网络衔接设计不同的是，本节主要讲述如何将新的衔接道路引入到道路网络中，该道路的交通量通常较小，因而其设计也相对简单。同样，城市道路沿线的连接也要首先了解道路各用户，充分考虑他们对交通出行的需求，包括非机动车、行人、自行车、货车、公共交通。

道路的承受力是决定土地开发建设是否可行的一个关键因素。当周边道路无法承受这个土地开发计划且又找不出一个可行的能够满足周边道路网络的正常运行时，就要考虑这个开发计划是否合适，是否要换一种开发方式，是否要改变土地使用的类型。

在为土地开发建设设计和道路网络连接时，应尽量避免与城市主要道路的直接连接，而尽量使用地方道路。同时应利用这个土地开发建设寻找机会减少和城市主要道路连接的交叉口数目，以改善城市主路网的服务水平，提高安全性。一个常用的办法是把一些为通达服务的道路连接起来，然后连接到主路上。从图 4–71 中可以看到居民区先用次路连接起来，车流在一个小环形交叉口汇集，然后再和一个有分隔带的主路通过一个较大型的环形交叉口连接。当然这个具体的形式是不是合适，还要根据当地具体的情况进行评估确定。

在为通达交通和路网的连接进行设计时，如果年平均的每天的车流量小于 500 辆时，简单的 T 形交叉口通常能够满足设计要求，如图 4–72 所示。需要注意的是左转车辆安全，尤其是当每天的车流量大于 500 辆时，就需要考虑拓展出左转专用道，如图 4–73 所示。

当需要和主路进行连接时，应尽量避免能够使次路直接穿越主路，如“十”字交叉，而严重影响主路的通行。图 4–74 显示的错位交叉口形式可能是比较好的选择。但在选择位移交叉口时，要充分考虑左转车辆带来的安全问题。当安全隐患大时，就要考虑禁止左转，或者在左转的车道上设置安全岛，如图 4–75 所示。

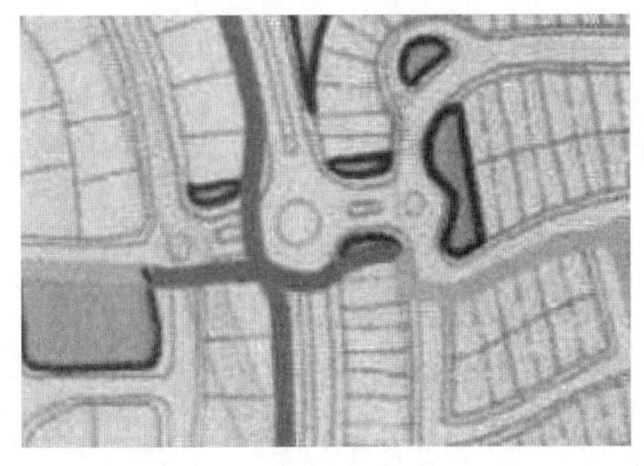

图 4–71 次路和主路的连接

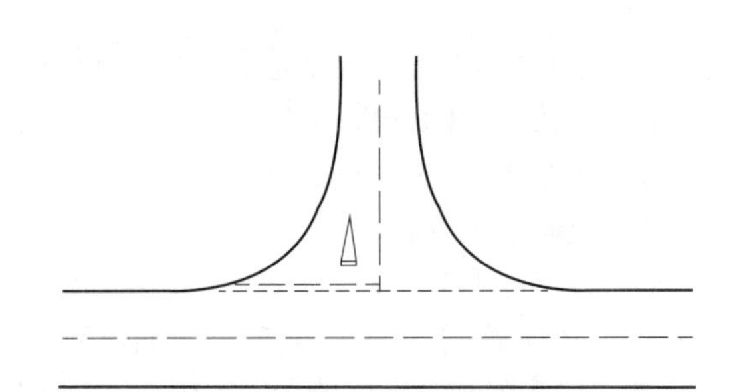

图 4–72 简单 T 形交叉口

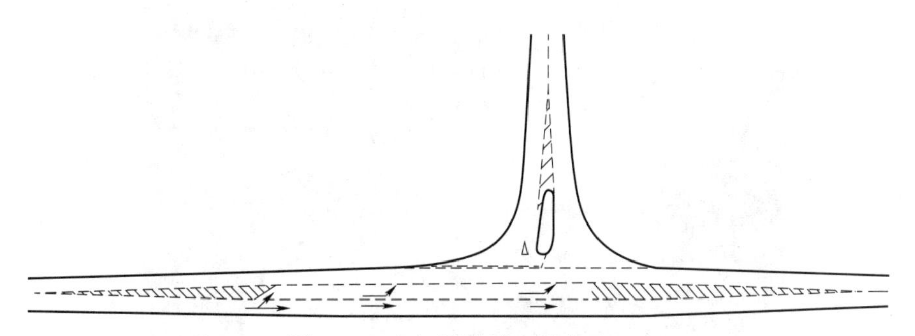

图 4–73　有拓展道的 T 形交叉口

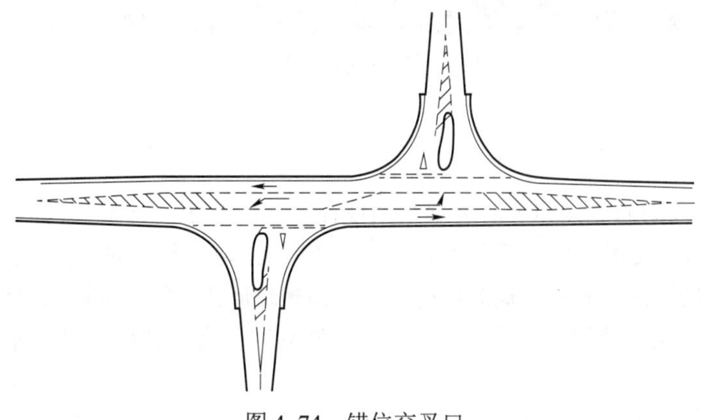

图 4–74　错位交叉口

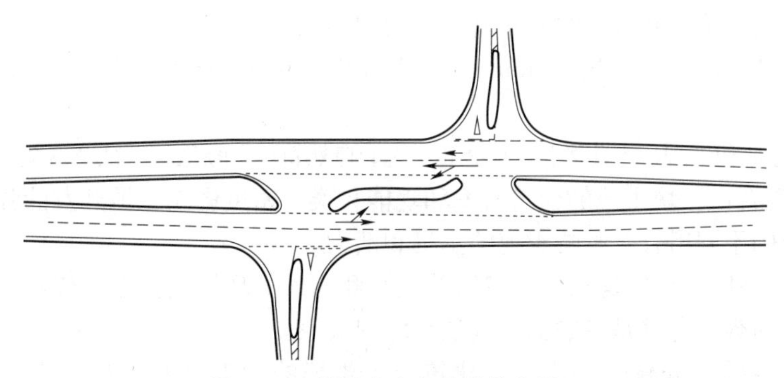

图 4–75　设置安全岛的错位交叉口

4.9　城市道路环境和景观设计

如前所述，道路交通设计是城市设计的一部分。城市道路不仅是为行人、非机动车和驾驶机动车出行服务的设施，还是一个公共活动的空间。交通流量大、混合程度高，交通与环境景观的协调显得极其重要。城市道路交通设计的一个重要原则，就是使道路能够自然地融于城市和周围环境中，尽量减少对环境的影响。因此，环境景观设计也是道路交通设计的重要内容之一。同时，又与城市设计密切相关，如图 4–76 所示。

图 4–76　一条景观投入较大的道路

4.9.1　城市设计

城市设计是为人们的活动和生活进行空间设计的一门艺术。它不仅包括这些空间的视觉效果，也包括空间的合理使用及与生活和活动有关的各方面。城市设计是一门学问，研究如何对人、空间、建筑和街道的形态、人和车辆的移动、自然和建筑形体之间建立联系并保证城市具有吸引力。城市的设计首先是对建筑和活动空间的设计，然后通过道路满足人和物对空间移动的需要。

城市形态包括以下几个方面的内容。

① 布局——城市结构（urban structure）：在一个区域内，空间和路线相互连接的框架结构，或者更广泛地说是建筑、开放的空间和路线之间的相互关系。

② 布局——城市粒度（urban grain）：居住街区（street block）、地块（plot）及其建筑空间分布形成的格局。

③ 景观：特征和外观，包括形状、形态、生态、自然特征、颜色和特征及这些元素组合的方式。

④ 密度和混合：一块土地的建筑密度和功能种类。密度影响土地开发的强度。土地开发强度和功能种类的不同组合会影响土地的生机和活力。

⑤ 尺度——高度：尺度是指一个建筑的大小和它所处环境的关系，或者是一个建筑各部分的尺寸大小和内容，尤其是指它们和人的尺寸的关系。

⑥ 尺度——集聚（massing）：一个建筑或建筑群的大小、形状及与其他建筑和空间的关系。

⑦ 外观——细节：一个建筑或结构外观，包括工艺、建筑技术、装饰、样式和照明。

⑧ 外观——材质：纹理、颜色、图案及材料的耐久性及其使用方式。

道路环境和景观设计，不但要考虑道路对建筑群的连续性在视觉和形态的分割，还要考虑道路和交通对一些重要视野的影响。图 4–77 为某文化遗产大门口，把机动车道路引到了门口，乱停车与该文化遗产景观产生了明显的不协调感。

道路环境和景观设计要考虑的其他因素包括对受保护建筑和区域视觉上的影响，对通达开放的公共空间（如绿地）可能造成的不便，以及灯光的影响等。

城市道路环境和景观设计的核心是对道路周边环境的认识，道路环境的设计需要尊重所在地的功能和特点，包括各种用户对道路的需求和使用。

图 4–77　某文化遗产大门口

总之，道路环境的设计要能够帮助和加强城市设计目标的实现，包括以下几项：

① 突出地方特点；

② 取得空间连续性和封闭性统一，使公共空间和私有空间有明显的界定；

③ 愉悦的公共环境；

④ 方便可达；

⑤ 空间结构清晰，一目了然；

⑥ 空间易于调整和变更；

⑦ 具有多样性，能够提供多样化、多种类的服务。

4.9.2　空间尺度

公共空间不但有宽度的界定，还有高度的界定。建筑的高度及树木的高度应与公共空间（道路）的宽度相统一，路边的建筑高度应与路宽成比例，该比例取决于道路类型和所在区域的功能。

图 4–78 为一些不同功能道路的宽度。在生活居住区，典型的建筑红线宽度是 12～18 m。图 4–79 为不同建筑高度和道路宽度（建筑红线）之比，建筑高度和道路宽度（建筑红线）之比如表 4–21 所示。

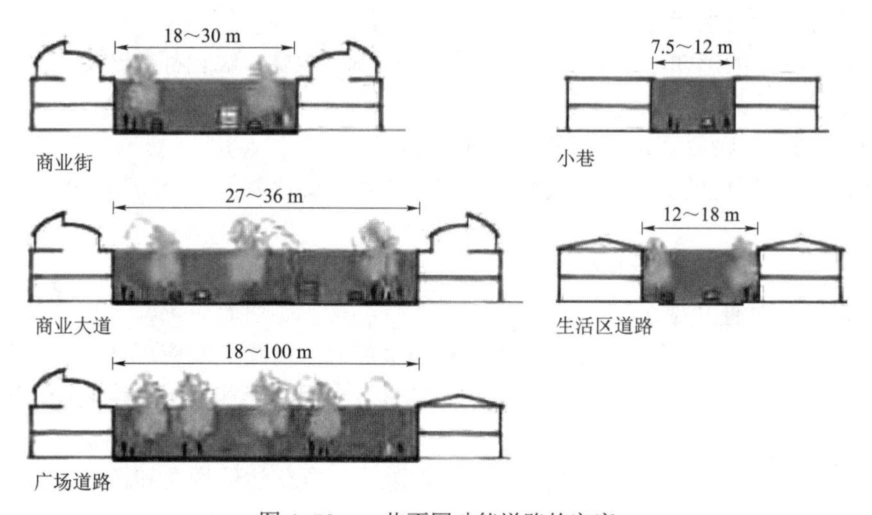

图 4–78　一些不同功能道路的宽度

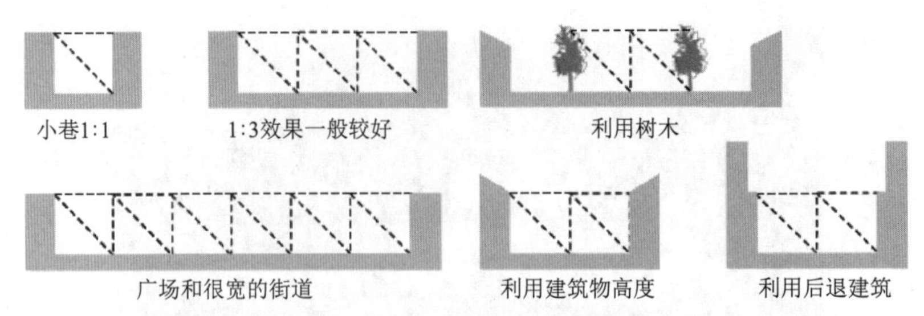

图 4–79　不同建筑高度和道路宽度（建筑红线）之比

表 4–21　建筑高度和道路宽度（建筑红线）之比

	最大	最小
小巷	1:1.5	1:1
常见道路	1:3	1:1.5
广场道路	1:6	1:4

城市高层建筑有其优点，可以显示一个地域的重要，增加多样性，或者增加面积和容量。但也会带来一些不利因素，显得张扬，对周围的建筑有压迫感，需要过多的停车位等。宽的人行道，朝向路面的高层建筑适当后退，或者种植树木可以减小其副作用。

建筑物之间距离对道路的运作和环境质量起关键作用。用距离和高度之比可以取得希望达到的道路环境效果。路边建筑的正面和背面还应区别对待，其基本原则是，正面属于大众，背面属于个体。这样易于保持公共空间的连续性，增强吸引力。

道路长度对空间的质量也有重要的影响。直长的道路和两边标志性建筑能使视野变得深远并容易帮助人们定位，但是容易使人驾车超速。

4.9.3　景观

据英国道路桥梁设计手册描述，景观是一个国家重要的资源。该手册还指出，英国历史上经过漫长的地质变化、自然力量作用和人为活动而积累的变化众多的景观，为人们带来了杰出的自然和文化遗产。这些遗产给人们的美感，对形成地方特色的贡献得到了广泛的认知和赞美。尽管景观随着历史会发生变化，但依然是人们未来的宝贵资源。

景观不仅是视觉的感知，还可以对人的听觉、味觉、嗅觉、触觉都会产生一定的作用。景观的内容包括以下几方面。

① 植物、植被、动物、地理和自然地理的特征。

② 独特性，与环境的关系。区域的原始性和宁静的交通就像一个安静空旷的城区一样，具有吸引力。

③ 人文价值，在历史和文化方面的意义。

协调道路与景观的主要方法有以下几个。

① 选择不同的道路走线，包括平面走线和垂直走线。道路走线应尽量减小对现有景观的损害，如河流、水塘、树木等，并保持自然的整体性，利用地形和下沉道路设计来减小对周边居民的影响。

② 植树、筑堤、造丘、水资源利用特别是雨水，设置路边的沟渠和栅栏，以及动物保护设施等。

③ 道路和设施的设计，包括道路等级、路面材料、标志标识和路边设施的布设。

对道路景观的设计需要由交通设计师和景观设计师一同完成，其过程大致分为以下 3 步。

① 道路沿线踏勘调查，调查需要保护和再造的景观，对沿途景观的特点、质量和脆弱程度给予描述。具体内容包括：

- 地形图；
- 天际线；
- 需要保护的景观；
- 有特点的景观；
- 有潜在价值的景观；
- 有特色的植物、植被；
- 具有历史、文化意义，或者对当地比较重要的地点和区域；
- 现有的居住区及其相互联系；
- 其他有价值的景观；
- 景观和区域的特殊限制；
- 需要整治和再造的景观与地域；
- 有开阔视野的地点、区域及视野的方向，道路可能会对视野造成负面影响的地方。

② 景观现状分析，确定受影响的景观和因素，以便为选线提供依据。具体内容包括以下几方面。

● 分析道路沿途景观。包括地形、地貌、历史和文化的意义、植物、植被、生物、生态，对景观不同方面的特点重要性予以罗列，同时找出正面和负面的影响。

● 景观分类。把大致类似的景观并为一类并评估其特点、质量，如非常有吸引力的成片树林，同时对不同类型景观的相互作用加以分析描述。

● 方案设计。包括高架或下沉段对景观的影响。对一些重要视角，可以通过视觉包络线和照片叠加来表现景观的变化。图 4–80 为把方案叠加到原图（见图 4–81）后的效果。

图 4–80 叠加后图像

图 4–81 原始图像

③ 方案优化。对景观进行进一步评估，包括道路沿线的视觉包络线，分析评估道路对包络线区域建筑的视觉影响程度，如夜间路灯、车灯对居民的影响等。

4.9.4 路边设施

路边设施（街道设施），是为人或车服务的设施，包括板凳、雕塑、自行车停车位、分隔栏、垃圾筒、路标和路灯等，其设置与维护对道路环境和景观有重要的影响。严格地讲，树木不能算是路边设施，但它们是道路设计中的一个重要元素，因此对道路植树和路边设施布置与维护是一个需要认真考虑的问题。

路边设施需要有一定的数量，过多会显得凌乱，对人的活动造成障碍；过少起不到应有的作用。路边设施的布设遵循的原则如下：

① 道路环境和景观设计应始于没有任何设施，只有当对一个设施有明确需要时才考虑布设；

② 保证行人和非机动车骑行人的舒适性、安全性；

③ 道路交通设计应简单明了，以减少不必要的标志；

④ 尽管路边设施，如座椅、自行车停车等，能够增加道路的吸引力，引人驻留，但应避免过度设置，以免造成凌乱和不便；

⑤ 应避免对行人造成障碍；

⑥ 应有良好的设计，能和道路环境相融合，对具有历史意义的元素应予保留。

除上述原则之外，需要考虑的其他因素如下：

① 尽量减少建设和维护费用；

② 改善道路两边的形象，促进经济发展，有利于突出具有历史意义的建筑和结构；

③ 标志要分主次，重要的标志要容易辨识，以有助于改善人的行为。

良好的照明能够增强交通安全，有助于保护路边建筑和设施，使人们选择步行、自行车和公交出行，减少犯罪和破坏性行为。在设计照明时，要注意以下几方面：

① 照明是道路交通设计的一部分，应和道路统一设计，考虑路边树木对照明的影响；

② 灯光应与道路的功能和周边环境相适应；

③ 不但要给机动车提供照明，也要给行人、非机动车道提供照明；

④ 灯光的高度应与道路宽度相适应；

⑤ 灯光的强度随时间和地点可以有所不同；

⑥ 灯柱的设置应不影响步行，在有行人的地方要避免产生照明死角，以增强行人安全性；

⑦ 灯光设计要尽量减少对能源的消耗。

图 4–82 为路边设施设置示例。

图 4–82 路边设施设置示例

4.9.5　绿化

树木、灌木、花草（以下简称树木）能给人和社会带来诸多益处，如净化改善空气、调控环境温度、改造景观、降噪、创造舒适的环境和良好的视觉等，具体而言，主要有：

① 吸收大气中的二氧化碳、尘埃及其他有害气体，改善大气质量；

② 通过对温度、湿度的调节，减少建筑对能源的消耗；

③ 通过吸存雨水，减少水污染；

④ 树木能吸收噪声，减少噪声，在夏天通过树荫能降低环境温度，通过蒸发降温增加空气中的湿度；

⑤ 给兽类、昆虫、鸟类等提供栖息地。

树木还能够帮助提升周边建筑的商业价值，增加当地的吸引力，可以用来控制视线距离，进而控制车速。

毋庸置疑，道路及两侧的树木、花卉等共同构成令人愉悦的景观，对提高步行和自行车出行具有很好的促进作用。树木也可能会产生一些副作用，设置不当会影响视野，影响交通安全，养护成本高。这些在交通设计中需要统筹考虑。

复习思考题

1. 叙述道路等级在交通设计中的作用。

2. 叙述交通设计的步骤。

3. 说明交通设计和城市设计的关系。

4. 影响选择车道宽度的因素有哪些?

5. 图 4–83 是一个交叉口的两个设计图。主干路上有 BRT 公交专用道。相比左图，右图主要增加了行人和非机动车的驻足滞留区并做了其他与之相适应的调整。通过观察，分别说明两种设计对机动车、行人和非机动车的影响，比较两种设计的优缺点。

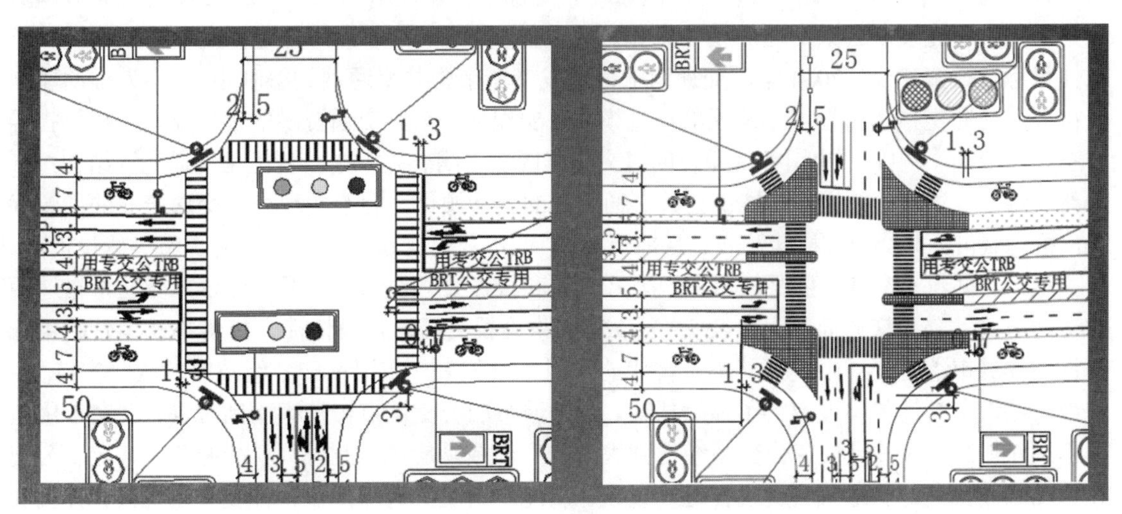

图 4–83　一个交叉口的两个设计图

第5章

城市公共交通设计

城市公共交通是大城市交通出行的主要交通工具，是公交都市发展的基础。本章主要讲述城市公共交通线网设计、城市公交停靠站设计、城市公交专用道设计、城市轨道交通站衔接设计等。

5.1 概　　述

截至2021年底，中国常住人口城镇化率已达64.72%，人口的高度集中及迅速增长已经给城市交通发展带来严峻的挑战。国内外实践经验表明，大力发展城市公共交通对于应对及解决城市交通拥堵问题、促进城市可持续发展具有重要的意义。早在2004年，建设部、发展改革委、科技部等在《关于优先发展城市公共交通的意见》中就提出了优先发展城市公共交通的主要任务和目标。2011年，交通运输部发布《关于开展国家公交都市建设示范工程有关事项的通知》，提出“十二五”期间组织开展国家“公交都市”建设示范工程。2012年，发布《国务院关于城市优先发展公共交通的指导意见》，为进一步实施城市公共交通优先发展战略提出了总体目标及政策建议。2014年，交通运输部印发《城市公共交通规划编制指南》，为推动建立城市公共交通支撑和引导城市发展的规划模式，实现城市公共交通资源的优化配置，提供指导方法。2019年，中共中央国务院印发的《交通强国建设纲要》中指出要优化交通能源结构，推进新能源、清洁能源的应用。城市公共交通工具的新能源化，利于实现公共交通产业的能源优化，推动城市公共交通可持续发展。目前近50个城市获得交通运输部“公交都市”建设批准。

城市公共汽车交通（主要包括常规公共交通和快速公共交通，以下城市公共交通特指这两种交通方式，公共交通简称为“公交”）以其线路设置灵活、建设快捷、投资小及运营费用低等特点在城市综合交通中发挥着不可替代的作用。近年来，在国家和各级政府的政策支持下，城市公共汽车交通的发展取得了显著成效，各大城市的公交站点覆盖率不断提高，公交专用道里程逐年增加，尤其是快速公交系统得到大力推广和成功应用。此外，新能源公交、定制公交和自动驾驶公交等新形式公交也在逐步发展。新能源公交具有噪声小，行驶平稳性高，并且实现零排放的优势。定制公交是公共交通的服务升级，通过大数据应用及智能算法等技术的实现，结合线上预约、拼车同行、智能调度等创新手段来为公众提供更加便捷、舒适、优质、快速的服务。不同于新能源公交在汽车技术上的改进，定制公交在路线规划上实现节能减排。全国已有北京、沈阳、天津、成都、济南、哈尔滨、福州、厦门、徐州、淮安等多个城市陆续开通了定制公交服务。自动驾驶公交，采用 5G 信号覆盖、车路协同、人工智能等先进技术，结合智慧站台、智慧场站等一体化管控系统，以车载智能调度监控一体机为主体，通过接入视频监控、自动报站器、LED 路牌等车载设备，实现车辆状态监控、视频监控、计划排班、实施调度等管理功能，大幅提高公交运营管理效率，为公交公司创造更高的效益。尽管如此，目前我国的城市公共汽车交通系统仍然存在出行分担率低、缺乏吸引力等问题。

究其原因，主要是由于在公共汽车交通的长期建设和发展过程中缺乏系统性、综合性的公共汽车交通设计，从而导致了公交车辆运行状态不稳定、准点率低、乘车不方便、舒适性差等问题，严重制约城市公共汽车交通系统服务水平和吸引力的提高，使其在城市道路交通系统中的竞争力不足，因而急需建立一套完整的公共汽车交通设计体系，充分发挥公交设施的功能，保障公交系统高效运行，提供舒适、便捷和安全的公交出行环境，进而提高公交吸引力和公交系统的运输效能。

在城市公共汽车交通系统中，公交线网是开展客运服务的基础，公交停靠站是联系公交乘客和运输服务的纽带，公交专用道是公交车辆优先通行权的重要保障，公交站点与轨道交通站点的合理衔接是发挥各自运输优势、提高公交系统运输能力的重要手段。因此，完整的城市公共汽车交通设计体系应当以公交线网设计为基础，同时涉及公交系统主要基础设施即公交停靠站、公交专用道的设计及与其他交通方式的衔接设计。本章将对公共汽车交通设计体系的各项内容及其设计过程进行详细介绍。

5.2 城市公交线网设计

城市公交线网依托城市道路布设固定的线路和停车站点，从而组成客运交通网络，是决定公交系统综合性能的重要因素，线网布设的合理与否直接影响公共汽车交通的服务水平与吸引力。定制公交线路网设计不同于常规公交的线网设计，它是通过网上平台收集乘客的出行地点、终到地点、出行时间等信息，以乘客的出行需求为导向提供出行服务，因此定制公交的线路网设计在借鉴常规公交线网设计方法的基础上，需要依据实际情况进行灵活调整。快速公交线网设计是在已有常规公交线网的基础上进行的，其线网设计与常规公交线网设计过程基本一致，因此常用的线网设计方法等内容同时适用于常规公交及快速公交。本节首先介绍国内外常用的公交线网设计方法，然后基于线网设计的影响因素分析其设计目标和约束条件，最后提出针对不同目标的公交线网优化技术。

5.2.1 线网设计方法

城市公交线网设计的主要内容是确定公交线网的规模、结构及走向，合理的公交线网设计必须以公交乘客出行 OD 矩阵为依据，以方便居民出行为目的，同时兼顾公交企业的效益。目前，国外在公交线网设计方面已开展广泛而深入的研究，基于公交线网设计的一般过程形成了多种线网设计方法，比较成熟的方法包括规划手册法、系统分析法、市场分析法、交互式辅助系统分析法及数学寻优法等 5 类，国内常用的线网设计方法主要有“逐条布设，优化成网”法和基于分层的线网设计方法。

其中，规划手册法利用设计者已有的专业知识和技术经验编制公交线网方案，缺乏客观、科学的依据，因而其适用于规模较小的城市公交线网设计；系统分析法是在规划手册法初步设计的公交线网基础上建立综合评价模型，对各方案线路的运输效果进行分析评价，能够客观地反映公交客流需求。

市场分析法是在分析 OD 调查资料、公交现状成本和效益等资料的基础上设定优化目标，然后重新设计公交线网方案并预测未来的成本和效益，然而方案的产生和出行量的预测、分布等需要人工进行处理，并且方案在设计过程中需要反复调整线网直到评价效果满意为止，因此该方法仅适用于线路较少且简单的公交线网设计。

以上几种公交线网设计方法均具有一定的局限性，下面主要介绍适用性较广的交互式辅助系统分析法、数学寻优法、“逐条布设，优化成网”法和基于分层的线网设计方法。

1. 交互式辅助系统分析法

随着计算机技术、地理信息系统和数据库管理系统的发展与应用，公交线网设计可以借助计算机的运算功能，直接与用户进行交互式的公交线网设计与优化。基于计算机的交互式辅助系统分析法，在模型的建立和求解时使用了大量的先进算法，并将其集成软件包，如 Emme、TransCAD、VISSUM 等软件，这些软件可以快速、大量地处理出行 OD 信息及路网信息，辅助生成设计方案并对各方案进行模拟分析，更重要的是可以针对设计方案输出直观的多样化图形，方便设计者直接进行设计方案的修改，最终生成最优的线网设计方案，这可以有效提高公交线网的设计效率。

2. 数学寻优法

数学寻优法是将公交线网结构与客流需求之间的供需关系简化，通过建立数学模型确定最佳的公交线网方案，一般采用启发式算法生成公交线网，然后运用领域搜索法、遗传算法或改进的遗传算法等进行线网优化。该方法对于结构较简单的棋盘式、环放式路网中的公交线网设计具有较好的实现效果。

3. “逐条布设，优化成网”法

“逐条布设，优化成网”法根据某一个或几个指标，在可行路线中逐条找出最优的公交线路，进而叠加生成完整的公交线网。该方法是以乘客换乘次数最少、直达乘客运送量最大为主要目标，通过分析备选线路的起、终站位置及客流分布，确定线路的最佳配对及各线路的最佳走向，同时满足其他目标与约束条件。该方法的设计流程如图 5–1 所示。

4. 基于分层的线网设计方法

基于分层的线网设计方法是“逐条布设，优化成网”法的进一步优化，该方法在公交线路客流特征和公交出行服务水平调查分析的基础上，根据客运需求将公交线网分成 3～4 个层次分别进行布设。第一层是公交主干线，主要提供长距离运输，实现跨区域客流在空间上的快速流动，具有速度快、发车频率高、服务好的特点；第二层是公交次干线，可以满足相邻组团之间或市中心和片区中心的中距离出行；第三层是公交支线，填补公交空白区，满足居民的短距离出行，此外，还可以根据实际情况布设衔接轨道交通的公交接运线路，以增强轨道交通的服务能力。基于分层的线网设计方法流程如图 5–2 所示。

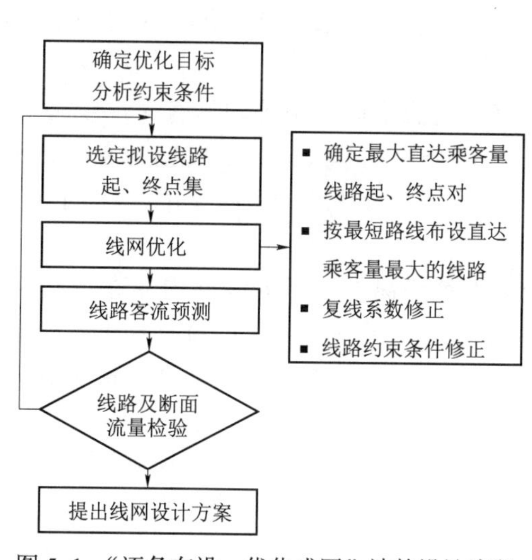

图 5–1　“逐条布设，优化成网”法的设计流程

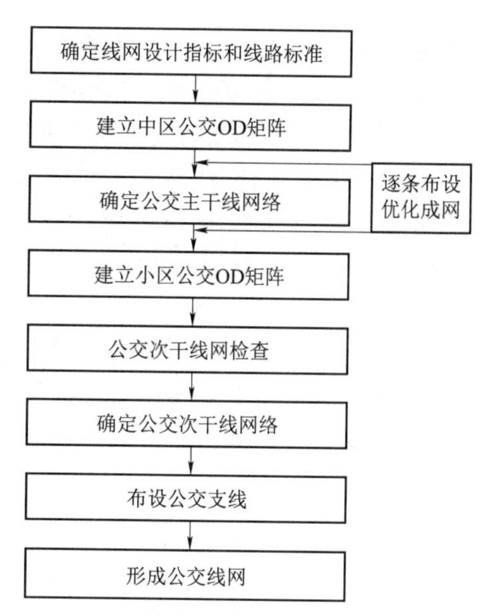

图 5–2　基于分层的线网设计方法流程

从以上分析可以看出，不同的公交线网设计方法有其适用性及优缺点。此外，从城市公交线网设计的实践来看，不同的设计期限也要求运用不同的设计方法。因此，公交线网设计是一个循序渐进、不断修改完善的过程，在实际应用中需要根据城市的发展规模及公交线网设计期限选取相应的设计方法。

5.2.2　线网设计目标及约束条件

公交线网设计受多方面因素的影响，包括城市客运交通需求、道路条件、场站条件、车辆条件、效率因素及政策因素等。同时，公交线网设计应以方便居民出行为目的，兼顾公交企业的效益，体现布局方案的合理性和实施的可操作性。因此，公交线网设计是多目标问题，同时受多种约束条件限制。

1. 线网设计目标

城市公交线网对居民生活有很大的影响，因此，从乘客角度出发，线网布设要尽量节省乘客出行时间和费用，线形应减少迂回曲折，从而使乘客便捷地到达目的地；同时从企业角度考虑，线网布设要合理配置资源、减少线路过多重复。因此，公交线网设计是多目标问题，其设计目标主要包括以下几个方面。

① 保证适当的公交线网密度和服务面积率，即良好的可达性，减少公交盲区，最大限度地满足公交乘客的出行需求。

② 尽可能缩小出行距离，最大限度地减少换乘次数，提高线网运行效率，使城市居民的公交出行总时耗最小。

③ 在满足公民出行公平的前提下，考虑公交运营部门的具体情况，使运营收益尽可能大。

2. 线网设计约束条件

通过分析公交线网设计目标可以看出，合理的公交线网设计要保证适当的线网密度及线网服务面积率，提高线网可达性，为更多乘客提供服务，同时通过缩短出行距离、减少换乘次数使全体乘客的总出行时间最短，达到线网效率最大化。因此，公交线网设计受换乘次数、线网密度、车辆、场站、服务面积率等条件的约束，此外，还包括线长、非直线性、复线条数、线路站距、换乘距离、车辆满载率等约束。

① 线长约束。公交线路长度与城市规模、城市居民的平均乘距等因素有关，线路长度过长会增加系统运营费用，过短会增加换乘次数。市区公共汽车线路的长度宜为 8～12 km。对中小城市，线路设计长度的下限可适当放宽；对特大城市及明显的带状城市，其上限可适当放宽。

② 非直线性约束。公交线路的实际长度与空间直线距离之比即为线路的非直线系数。线路非直线系数是公交线网布局设计中的一项重要指标，用于评价线路的绕行程度，其值越小，说明线路直达效果越好，因而非直线系数越小越好，单条公交线路的非直线系数不应大于 1.4。

③ 复线条数约束。复线条数是指一条道路上公交线路的条数，复线条数约束是对公交线路布设的均匀性、站点停靠能力的总体检验指标，线网重复系数以 1.25～2.5 为宜，一个站点停靠的公交线路一般不应超过 8 条。

④ 换乘次数约束。换乘次数增加将对公交乘客出行造成不便，同时增长其公交出行时间，因而为提高公交乘客的直达率，换乘次数越少越好。单个乘客换乘次数应小于 3 次，整个城市的平均换乘次数应小于 1.5 次，中小城市应小于 1.3 次。对于定制公交，由于具有“快速直达”的特点，换乘车站次数约束要尽可能小，甚至可以设定该参数为 0。

⑤ 线路站距约束。公交站距的长短受到道路网类型及间距、交通管制措施等的影响。公交线路的站距过长会导致乘客步行到站或离站到达目的地的时间增加，同时站距过短也会导致车速下降，从而延长公交出行时间，浪费车辆动力。常规公共汽（电）车市区站距宜为 300～500 m，郊区站距宜为 500～1 000 m，可根据客流需求适当调整；快速公共汽车站距宜为 500～1 200 m。

⑥ 线网密度约束。城市公交线网密度是指每平方千米用地面积上公交线路所经过的道路中心线长度，其大小反映了居民接近公交线路的程度。城市中心区的公交线网密度应达到 3～4 km/km^2，城市边缘地区应达到 2～2.5 km/km^2。

⑦ 车辆约束。车辆约束内容包括：车辆的物理特征、载客能力及车辆总数。公共汽（电）车万人保有量，超大城市、特大城市不应少于 15 标台，大城市不应少于 12 标台，中小城市不应少于 8 标台。

⑧ 场站约束。场站用地总面积按照每标台 150～200 m^2 控制。场站的位置尽量位于线路的起始点附近，减少线路的空驶里程。

⑨ 服务面积率约束。公交车站的服务面积即以站点为中心的合理步行区域范围，与公交站点分布及道路网结构相关。当以 300 m 的车站服务半径计算时，城市公交线网的服务面积率不得小于城市用地面积的 50%；当以 500 m 的车站服务半径计算时，城市公交线网的服务面积率不得小于 90%。2016 年 2 月发布的《中共中央　国务院关于进一步加强城市规划建设管理工作的若干意见》中明确要求实现中心城区公交站点 500 m 内全覆盖。

⑩ 换乘距离约束。换乘距离越小，越有利于减少乘客的时间成本。城市公共交通不同方式、不同线路之间的换乘距离不宜大于 200 m，换乘时间宜控制在 10 min 以内。在路段中的同向换乘距离不宜大于 100 m；在平交路口换乘距离不宜大于 200 m；在立交桥区换乘距离不宜大于

300 m；在轨道交通车站、长途汽车站、火车站、客运码头及住宅区的主要出入口 150 m 范围内，应设置公共汽（电）车站点。机场主要出入口 200 m 范围内，宜设置公共汽（电）车站点。

⑪ 车辆满载率约束。对于常规公交，车辆满载率越高，资源利用越充分，运营效益越有保证，但为保证乘客舒适度，需要控制在合适的范围。对于定制公交，定制公交的开通需要满足开通人数的限制。当在一个时间周期中，如果定制同一类型公交的人数达到最低开通人数时，则该定制公交开通；反之，取消开通。为了避免资源过度浪费，定制公交线路上的出行需求量需满足设定的约束。

5.2.3　线网优化设计

城市公交运营线路固定，其线网布设的优劣是衡量公交发展程度、运营能力及服务质量的重要指标。因此，公交线网优化对提高乘客出行效率、降低运营投入及完善资源分配具有十分重要的意义。下面将分别介绍基于不同目标的公交线网优化技术。

1. 基于交通效率的公交线网优化

公交效率为一定的公交投入与该投入所产生的对居民公交需求满足程度之间的对比关系，运输效率越高，在相同的公交投入下居民对公交需求的满足程度越高。公交的投入主要包括线网建设费用、车辆费用及能源消耗；公交的需求主要指乘客的总出行时间。基于交通效率的公交线网优化即以上述多种费用及总出行时间的最小化为目标。此外，对于定制公交而言，由于“一人一座，快速直达”的特点，乘客直达率也是重要的优化目标。乘客直达率往往以最大化为目标实现基于交通效率的公交线网优化。

（1）公交线网建设费用

设公交线网中的路段集合为 A，则公交线网建设费用可以表示为

$$F=\sum_{a\in A}\frac{q_a^p}{q_a}l_a f_a(C_a) \tag{5-1}$$

式中：

F——公交线网建设费用，元；

q_a^p——公交线网中路段 a 的公交流量，pcu/h；

q_a——公交线网中路段 a 的交通流总量，pcu/h；

l_a——公交线网中路段 a 的长度，km；

C_a——公交线网中路段 a 的通行能力，pcu/h；

$f_a(C_a)$——路段 a 建设费用函数。

（2）公交车辆费用

设全部公交车辆集合为 E，则公交车辆费用可以表示为

$$V=\sum_{e\in E}(\mathrm{PCH}_e+\mathrm{MT}_e) \tag{5-2}$$

式中：

V——公交车辆总费用，元；

PCH_e——公交车辆 e 的购置费用，元；

MT_e——公交车辆 e 的维修费用，元。

（3）公交能源消耗

公交的能源消耗量可以表示为

$$ERC=\sum_{a\in A}\sum_{b\in B}l_a q_{ab}^p \tau_b(v_{ab}) \tag{5-3}$$

式中：

ERC——公交的能源消耗量，MJ/（pcu·km）；

q_{ab}^p——公交线网路段 a 上第 b 种公交车型的交通流量，pcu；

$\tau_b(v_{ab})$——公交线网路段 a 上第 b 种公交车型在 v_{ab} 速度的行驶工况下的能源消耗因子，g/（pcu·km）。

（4）乘客总出行时间

设公交车型集合为 B，则公交乘客的总出行时间可以表示为

$$T=\sum_{a\in A}\sum_{b\in B}P_b q_{ab}^p t_{ab}^p \tag{5-4}$$

式中：

T——公交乘客的总出行时间，h；

P_b——第 b 种公交车型的平均载客人数；

t_{ab}^p——公交线网路段 a 上第 b 种公交车型的通行时间，h。

（5）公交网络总费用

将公交线网建设费用、公交车辆费用、公交能源消耗和乘客总出行时间 4 方面的总费用最小作为本模型的目标函数，即

$$\min E=F+V+\delta T+\sum_{g\in G}u_g \mathrm{PL}_g+\omega \mathrm{ERC} \tag{5-5}$$

$$\text{s.t.}\begin{cases}F\leqslant F_{\max}\\ V\leqslant V_{\max}\\ \mathrm{PL}_g\leqslant \mathrm{PL}_{g\max}\\ \mathrm{ERC}\leqslant \mathrm{ERC}_{\max}\end{cases}$$

式中：

E——公交网络总费用，元；

δ——个人出行的时间费用，元；

u_g——第 g 种污染物的经济转化系数；

ω——能源消耗的经济转化系数；

$F_{\max}$——建设费用的最大值，元；

$V_{\max}$——车辆费用的最大值，元；

PL_g——第 g 种污染物的排放量；

$\mathrm{PL}_{g\max}$——第 g 种污染物的排放限值，g/（pcu·km）；

$\mathrm{ERC}_{\max}$——能源消耗的限值，MJ/（pcu·km）。

（6）乘客直达率最大（定制公交）

定制公交具有“一人一座，快速直达”的特点。相比于其他传统线路的换乘不便利性而导致的公共交通出行吸引力降低，定制公交提供快速直达的服务。定制公交乘客直达率最大将更

直观反映定制公交线网的服务质量。

$$\max \partial = \frac{\sum_{i=1}^{n}\sum_{j=1}^{n} X_{ij} Q_{ij}}{\sum_{i=1}^{n}\sum_{j=1}^{n} Q_{ij}} \tag{5-6}$$

式中：

∂——乘客直达率；

n——站点的总个数，个；

X_{ij}——站点 i 和站点 j 有线路需求时为 1，反之为 0；

Q_{ij}——站点 i 到站点 j 的乘客人数，人次。

2. 基于站距的公交线网优化

站距是公交线网设计中的关键变量，决定了乘客的步行时间、总出行时间及运营企业的运营成本，同时影响公交车辆的平均速度。以公交站距为着眼点，从乘客、运营企业、政府 3 方面考虑，可以得到乘客出行时间最短、运营企业成本效益最高、社会福利最大的多目标优化模型。

（1）乘客出行时间最短

公交乘客完整的出行时间链包括从起点步行至车站的时间、候车时间、在车时间、换乘时间及到达目标车站后步行至终点的时间 5 部分。对于乘客而言，当发车频率固定时，总出行时间越短越好，因此乘客出行时间最短的目标函数可表示为

$$\min T_{\mathrm{c}} = \min\{w_{\mathrm{a}}T_{\mathrm{a}} + w_{\mathrm{w}}T_{\mathrm{w}} + T_{\mathrm{i}} + w_{\mathrm{t}}T_{\mathrm{t}} + w_{\mathrm{e}}T_{\mathrm{e}}\} \tag{5-7}$$

式中：

T_{c}——总的加权出行时间，h；

T_{a}——从起点步行至车站的时间，h；

T_{w}——候车时间，h；

T_{i}——在车时间，h；

T_{t}——换乘时间，h；

T_{e}——到达目标车站后步行至终点的时间，h。

此外，w_{a}、w_{w}、w_{t}、w_{e} 分别为相关因素的时间权重。

（2）运营企业成本效益最高

企业运营成本 C_0 取决于所有车辆的总运行时间，该运行时间又依赖于线路的发车频率、站距、单位面积的线路条数、每辆车的运行时间及线路的双向运营情况。令单位时间每辆车的运营成本为 c_0，则有

$$C_0 = 2c_0F \cdot (1/D_{\mathrm{l}}) \cdot (1/D_{\mathrm{s}})T_{\mathrm{i}} \tag{5-8}$$

式中：

D_{l}——一条线路上相邻两站之间的距离，km；

D_{s}——两条线路的间隔距离，km。

运营企业的总收入是由乘客的票款和政府的补贴决定的，可表示为

$$R_0 = r_{\mathrm{i}}P + R_{\mathrm{s}} \tag{5-9}$$

式中：

R_0——运营企业的总收入，元；

r_i——单个乘客的票款收入，元；

P——乘坐公交的乘客数；

R_s——政府对公交企业的补贴，元。

因此对于运营企业来说，成本效益最大即企业总收入与运营成本的比值最大，其目标函数可表示为

$$\max\frac{R}{C_0}=\max\left\{\frac{r_i P+R_s}{2c_0 F\cdot(1/D_l)\cdot(1/D_s)T_i}\right\} \tag{5-10}$$

（3）社会福利最大

令 c_t 为乘客的时间价值，T_{cm} 表示乘客乘坐公交的时间临界值，也就是说，如果超过了这个值，乘客就会放弃公交方式转而采用其他的交通方式出行，那么乘客乘坐公交的盈余可表示为

$$S_c=0.5P(T_{cm}-T_c)c_t \tag{5-11}$$

政府要达到使公交的社会福利最大的目标，就应该使乘客的盈余与运营企业的利润之和最大，即

$$\max S=\max\{S_c+R_0-C_0\} \tag{5-12}$$

3. 基于出行时耗和运营投入的公交线网优化

（1）公交乘客总出行时间

公交乘客总出行时间最小是公交线网优化最显著的目标，合理的公交线网能大量节约乘客出行时间，减少乘客出行疲劳，从而创造更多的社会财富。此目标也隐含了线路走向符合乘客的主流方向，尽可能组织直达运输、力求按最短路线布设线路、线路上的客流均匀分布等原则。公交乘客总出行时间可表示为

$$T_z=\sum_{i,j=1}^{n}Q_{ij}T_{ij} \tag{5-13}$$

式中：

T_z——乘客公交总出行时间，h；

n——交通小区的数目；

Q_{ij}——从交通区 i 到交通区 j 的公交乘客量；

T_{ij}——从交通区 i 到交通区 j 的公交出行总时间（包括公交出行完整的时间链），h。

（2）公交运营投入

公交部门一方面是为社会服务，另一方面也要求企业有一定的经济效益，即给定公交出行总量下的运输成本最低。车公里成本是一个相对稳定的值，因此将车公里作为公交运营投入的指标，计算公式可表示为

$$C_y=\sum_{k=1}^{m}M_k L_k \tag{5-14}$$

式中：

C_y——公交运营投入，元；

m——布设公交线路条数，条；

M_k——第 k 条线路的发车数，pcu/h；

L_k——第 k 条线路的长度，km。

将乘客公交总出行时间最小与公交运营投入最小相结合建立公交线网优化模型，即

$$\min Z = \min\left(a_1\sum_{i,j=1}^{n}V_{ij}T_{ij} + a_2\sum_{k=1}^{m}M_k L_k\right) \tag{5-15}$$

式中：

V_{ij}——从交通区 i 到交通区 j 的公交出行速度；

a_1，a_2——换算系数。

5.3　城市公交停靠站设计

停靠站作为公交线网中的节点，是公交车辆停靠及乘客候车、换乘、上下车的重要场所，其设计的合理与否直接影响公交服务水平的优劣和线网运作的效能。定制公交停靠站的设计需依托常规公交和快速公交，因此本节主要介绍常规公交停靠站及快速公交停靠站的设计，并从停靠站位置选择、停靠站类型选择及停靠站规模设计 3 个方面展开。

5.3.1　停靠站位置选择

1. 常规公交停靠站选址

常规公交停靠站的位置主要由沿线居住区、购物中心、体育馆、主要办公建筑及学校等出行产生和吸引点的出行需求所决定。根据站点设置位置的不同，常规公交停靠站可以分为交叉口停靠站和路段停靠站两类。无论哪类停靠站，在进行停靠站具体位置选择时均应充分考虑客流需求、可达性、停靠站附近的交通状况及信号控制等因素，其位置选择的原则如下。

① 常规公交停靠站应结合服务半径和客流需求均匀分布，且数量不宜过多。

② 交叉口是客流的集散地，停靠站可建于交叉口附近，与交叉口的过街设施进行一体化设计。

③ 停靠站应与沿线的其他交通方式合理衔接，以方便换乘。

④ 尽量缩短乘客步行至车站的距离，并且在两条或两条以上公交线路的交叉点上，停靠站应设置在使换乘乘客步行距离最短的地方。

⑤ 停靠站的位置必须使常规公交车辆与其他车辆或行人之间的干扰或冲突最小，因此在选择站台位置时，必须考虑附近的交通状况及两侧侧向进出口分布，尤其是要考虑常规公交车辆与转弯车辆所发生的冲突、公交车辆重新并入车流的能力等。

⑥ 当划设公交专用道的公交线路在交叉口必须进行转向操作时，停靠站宜设置在转向后道路的出口道上。

⑦ 当路段上所有交叉口都采用联控信号时，常规公交停靠站在交叉口进口道与出口道交

替设置，可以有效减少公交车辆运行产生的延误。

基于以上常规公交停靠站选址原则，综合考虑公交换乘和乘客过街的便利性，公交停靠站应尽量设在交叉口附近，然而此时公交车辆进出站易受到交叉口排队长度的制约，同时交叉口车辆的通行也受进出停靠站的公交车影响，因此常规公交停靠站与交叉口的距离应满足一定条件，从而保障车辆停靠不对交叉口运行产生不良影响，同时交叉口排队也不应影响公交车辆的正常停靠。

当常规公交停靠站设置在交叉口上游时，停靠站离开停车线的距离应满足以下条件：在道路展宽增加车道的情况下，公交停靠站应设在展宽车道分岔点之后至少 15～20 m 处，并在展宽车道长度之上增加一个公交站台长度，且做一体化处理；当无展宽时，公交停靠站位置应在外侧车道最大排队长度之后 15～20 m 处，站台长度基于实际停靠需求确定；对于新建交叉口且设非港湾公交停靠站情况，主干路上停靠站距停车线至少 100 m，次干路上停靠站距停车线至少 70 m，支路上停靠站距停车线至少 50 m。

当常规公交停靠站设置在交叉口下游时，停靠站离开出口道横道线的距离按以下原则：出于安全考虑，无信号控制交叉口下游的公交停靠站必须在视距三角形之外；为减少公交车对其他车辆的影响，当下游外侧展宽增加车道时，公交停靠站应设在外侧车道分岔点向前至少 15～20 m 处，并做一体化设计；对于新建交叉口且设非港湾公交停靠站情况，主干路、次干路和支路上停靠站位置离开上游横道线的距离至少分别为 80 m、50 m 和 30 m。

综上所述，常规公交停靠站位置选择标准如表 5–1 所示。

表 5–1 常规公交停靠站位置选择标准

标准		选择方案			
		交叉口下游	交叉口上游	路段中	
				远离人行横道	靠近人行横道
安全	乘客的活动安全	√		√	
	公共汽车行驶安全	√		√	
	其他交通活动		√		√
车辆营运	方便行人活动		√		
	方便公共汽车转弯	√	√	√	√
	公共汽车与其他机动车冲突小	√			
对交通流的影响	公交车红灯右转对交通影响小	√		√	√
对毗邻土地使用与发展的影响	商业活动	√	√	√	√
	土地利用	√	√	√	√

2. 快速公交停靠站选址

为了保证乘客的车外步行时间最少，快速公交停靠站也应该设置在商业区、居住区等人口活动频繁的客流发生或吸引点附近，但是与常规公交所不同的是，快速公交车辆拥有专有路权，对其他交通流的干扰和影响很小，并且快速公交走廊上的客流发生、吸引点往往不只一个，因而需要选择合适的停靠站位置，使得快速公交站点覆盖范围内乘客的总到站、离站步行时间最少。

快速公交停靠站也可分为交叉口停靠站和路段停靠站两类。快速公交在路段的设站条件优于交叉口，减少了交叉口停靠站所导致的车辆和行人的视距问题，然而路段停靠站也容易导致行人直接穿越街道，阻碍交通流正常运行。快速公交停靠站设置在交叉口附近，可以充分利用已有的行人过街通道，提高行人和乘客的安全性。快速公交停靠站在交叉口的选址仍然要以满足乘客出行时间最短为目标，主要体现在快速公交车均延误最小及快速公交车站与交叉口之间的间距最小两个方面。在交叉口客流集散点分布和周围用地条件差别不大的情况下，快速公交停靠站点在交叉口处的选址建议如下。

① 在快速公交车流量较少、站点饱和度较低时，应在交叉口下游设置快速公交停靠站，此时车均延误最小。

② 在快速公交车流量较多，站点饱和度较高时，应在交叉口上游设置快速公交停靠站。

③ 站点饱和度在临界点时，优先比较车站和交叉口互不影响的间距，取间距最小的设站位置，若间距相同，优先将快速公交停靠站设在交叉口上游，利于今后流量增长的情况。

④ 在红灯时长比例较大时，可考虑在交叉口上游设置快速公交停靠站。

5.3.2 停靠站类型选择

1. 常规公交停靠站类型选择

常规公交停靠站类型按其几何形状可以分为港湾式常规公交停靠站和非港湾式常规公交停靠站两类，如图 5–3 所示。非港湾式常规公交停靠站不仅对社会车辆的通行能力有较大影响，而且也不利于公交车辆安全停靠和顺利驶离；港湾式常规公交停靠站则可以减少对左侧交通的干扰，尤其对较窄的道路或负荷度较高的道路作用更加明显。

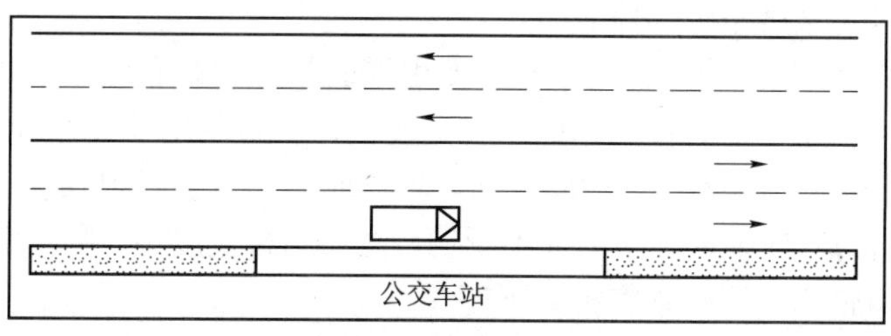

（a）非港湾式常规公交停靠站

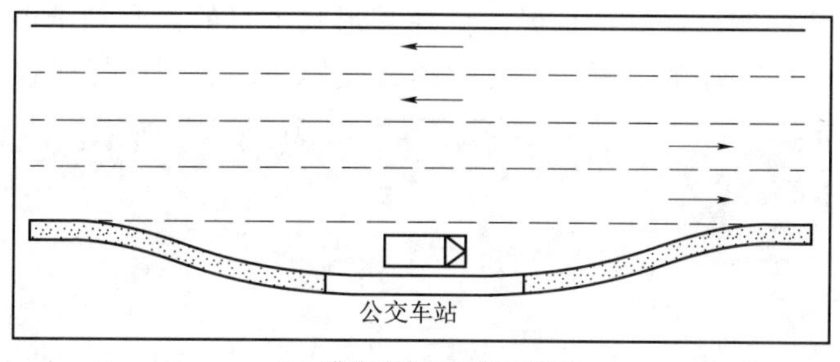

（b）港湾式常规公交停靠站

图 5–3 常规公交停靠站类型

在快速路和主干路及郊区的双车道公路上，常规公交站点不应占用车行道，因而应采用港湾式常规公交停靠站。另外，当主干路两侧路网较密时，可以考虑将常规公交站点设置在相邻支路上或附近的大型交通集散点内，一方面可以方便乘客，另一方面可以减少常规公交停靠站进出及乘客穿越对主干路交通的影响。以下是设置港湾式常规公交停靠站的基本条件。

① 机、非混行且只有一条机动车道的道路，非机动车流量较大（大于 1 000 veh/h），人行道宽度不小于 7.0 m。

② 机、非混行的道路，高峰期间机动车、非机动车交通负荷度皆大于 0.6，且人行道宽度不小于 7.0 m，可考虑设外凸式港湾停靠站，即非机动车交通流在驶近公交停靠站时上人行道行驶。

③ 机动车道外侧流量较大（不小于该车道通行能力一半），且外侧机动车道宽度与人行道宽度之和不小于 8.25 m。

④ 在分隔带上设置的公交停靠站，最外侧机动车道宽度与分隔带宽度之和不小于 7.0 m。

非港湾式常规公交停靠站相对于港湾式常规公交停靠站具有节约用地的特点。在设计非港湾式常规公交停靠站时，公交进口与出口之间的距离不宜太短，否则可以让公交车利用路口进出主线交通。考虑自行车需要在人行道上行驶，因此应将分隔带外侧的非机动车道尽量设置为双车道，一条供非机动车通行，另一条供公交车、出租车及社会车辆临时停靠。如果保持分隔带外侧为机、非混行，则应在进出口附近做缓坡无障碍设计，以便于自行车在停靠站附近进入人行道行驶。

2. 快速公交停靠站类型选择

根据在道路断面设置位置的不同，可将快速公交停靠站分为路侧式停靠站和路中式停靠站。路侧式停靠站与常规公交的站台基本一致，所不同的是为配合快速公交车辆的构造，其设计有所不同。路中式停靠站可以有效地减少右进、右出车辆与公交车之间的冲突，并有助于公交专用路线的整合，同时可作为两个方向的车站，这种方式比分别修建单向车站的成本低，因此大多数快速公交系统采用路中式停靠站。

对于路中式停靠站，按照快速公交车站与专用道的相互关系还可分为岛式停靠站和侧式停靠站两类，如图 5–4 所示。岛式停靠站的站台宽度大，站台利用率高，对潮汐客流尤为明显，且站务管理集中，所需工作人员少，然而双向车辆同时到达也会导致乘客上下车交错混乱。与之相反，侧式停靠站的双向乘客上下车互不影响，然而站台宽度小，利用率低且需要更多的工作人员和设备，成本较高，同时乘客折返不便。

可以看出，岛式停靠站与侧式停靠站各有优缺点，因而在站台选型过程中需要综合考虑其影响因素，结合城市自身特点灵活选择其形式，目的是有利于保证快速公交的运营速度和可靠性，方便乘客乘车，表 5–2 是快速公交停靠站类型选择建议。

（a）北京市快速公交岛式停靠站

图 5–4 快速公交停靠站类型

（b）广州市快速公交侧式停靠站

图 5–4 快速公交停靠站类型（续）

表 5–2 快速公交停靠站类型选择建议

停靠站类型	选址建议
岛式停靠站	潮汐客流比较明显的客流走廊； 四幅路和双幅路的道路横断面
侧式停靠站	配置右开门车辆； 三幅路和单幅路的道路横断面

5.3.3 停靠站规模设计

公交停靠站规模通常用线路容量衡量，即在满足一定进站排队概率且不影响社会交通的情况下，公交站台所能停靠的最大线路数量。该容量与车道数及道路横断面布置情况，停靠站位置、形式与规模，社会车流量，公交发车与到达频率、停靠时间，停靠站通行能力等密切相关。另外，道路路段负荷度越小，其公交停靠站可容纳的线路数越多，考虑到乘客在站台上不应长距离前后移动，故公交停靠站同时靠站的车辆数不宜超过 5 辆，据此结合不同线路公交车的到站频率及公交停靠站的服务能力即可确定停靠站的线路容量。若超过此线路容量，则需将现有停靠站做横向分流或设置路外小型公共汽车枢纽。

1. 常规公交停靠站规模设计

① 常规公交停靠站候车站台的高度宜取 15～20 cm，站台的宽度应取 2.0 m，改建及综合治理交叉口，当条件受限制时，最小宽度不应小于 1.5 m。

② 一辆常规公交车辆停车长度以 15～20 m 为准，多辆公交车停靠的站台长度可按下式确定

$$L_b = n(l_b + 2.5) \tag{5-16}$$

式中：

L_b——公交停靠站站台长度，m；

n——公交停靠站同时停靠的公交车辆数，辆；

l_b——公交车辆长度，m。

③ 对于新建道路，常规公交停靠站车道宽度为 3.0 m；当改建或治理性道路受条件限制时，公交停靠站车道宽度最窄不得小于 2.75 m；相邻通行车道宽度不应小于 3.25 m。

④ 当人行道宽度确有多余时，可考虑压缩人行道设置常规公交停靠站，必要时可在停靠站局部范围内拓宽道路红线。

2. 快速公交停靠站规模设计

快速公交停靠站的规模是影响其运营的关键设施，它既要满足快速公交车辆上下客及等候的空间需求，又要满足乘客进出站、购票及候车的需求，同时还受快速公交运营模式和售票方式的影响。下面分别介绍快速公交停靠站站台长度及宽度设计方法。

（1）站台长度设计

快速公交线路客运能力受到车站停车容量的限制，而车站停车容量又受每辆车在车站的服务时间、车辆进站与离站的延误时间和站台停车位等因素的影响。每辆车在停靠站停留总时间可以按下式计算

$$D = aA + bB + C \tag{5-17}$$

式中：

D——每辆车在停靠站停留总时间，s；

a，b——每个乘客上、下车的平均时间，据调查，北京市快速公交系统的 a、b 均为 0.83 s，杭州市快速公交系统的 a、b 均为 0.9 s，设计建议取值为 0.9 s；

A，B——上、下车乘客总数；

C——快速公交车辆通过车站的时间，s。

其中，快速公交车辆通过车站的时间是指除上、下车以外，由其他原因引起的车辆在车站的平均延误。例如，在离站时，快速公交车辆等候交通流间隙的时间或当停靠站靠近灯控路口时车辆等候绿灯的时间，一般取值为 45～60 s。由此可计算一个停车位所能通过的最大车辆数为

$$N_{\max} = \frac{3\,600}{tD} \tag{5-18}$$

式中：

t——反映车辆到站规律程度的系数，对于路面公交系统停靠站，t 约为 2.0，同时考虑平面信号交叉口对快速公交系统的影响，t 取 1.3。

当停靠站结合售、检、验票系统一起布置时，站台长度应增加布置售、检、验票设备所需要的长度及乘客买票时所需要的集散空间长度。

（2）站台宽度设计

站台宽度应同时满足候客量、结构构造需求和进出口检验票通道需求，并取其中的较大值。站台宽度可参照下列公式计算

$$B_d = b + n \cdot z \tag{5-19}$$

其中：$b = \dfrac{Q_{上} \cdot \rho}{L} + b_a$ 或 $b = \dfrac{Q_{上下} \cdot \rho}{L} + M$

式中：

b——侧站台宽度，取值为以上两式计算结果中的较大者，m；

n——横向柱数；

z——横向柱宽，m；

$Q_{上}$——远期高峰小时车辆到达间隔时段站台上等候上车人数，人次；

$Q_{上下}$——远期高峰小时车辆到达间隔时段站台上等候上车人数与车辆到达时下客人数的总和，人次；

ρ——站台上人流密度，0.35～0.75 m^2/人；

L——站台计算长度，m；

M——站台边缘至屏蔽门（或防护栏）立柱内侧的距离［当无屏蔽门（或防护栏）时，$M=0$］，m；

b_a——站台安全防护宽度，取 0.25 m，当采用屏蔽门时，以 M 替代 b_a 值，岛式站台应取两倍的 b_a 值。

5.4 城市公交专用道设计

城市公交专用道是指在特定道路或公路上，用交通标志、标线或硬质分离的方法划出一条或多条车道（或整条道路）作为公共汽车专用通道，在全天或一天中的特定时段内，仅供公共汽车行驶而不允许其他车辆通行的车道。实施公交专用道的实质是对城市道路系统资源的重新配置，通过为公共汽车提供足够的道路使用权和优先通行权，提高公共汽车的运行效率和服务质量，从而缓解城市交通压力。

公交专用道可分为常规公交专用道和快速公交专用道。快速公交系统应设置专用路或专用道，而常规公交设置专用道应满足相应的道路设施条件及交通条件。本节主要介绍常规公交专用道设计及快速公交专用道设计。

5.4.1 常规公交专用道设计

1. 常规公交专用道设置原则

设置常规公交专用道系统可以在有限的城市道路空间中给常规公交车辆提供优先通行的权利，在吸引个体交通转移到公交的同时，也能有效缓解道路交通的拥挤状况，但实施公交优先通行需要重新分配道路空间资源，将在短期内牺牲其他车辆的通行权利。因此，公交专用道的设置必须遵循公平、效益及可行性原则，从而保证其科学、合理性。

① 设置常规公交专用道需要满足公平性原则，即应综合考虑公交车和社会车辆的交通量、客流量及其各自的外部性（交通拥堵、尾气排放和交通安全等）等因素。

② 设置常规公交专用道还需要满足效益原则，即设置公交专用道后要有正效益。如果道路负荷度较高，其他车辆对公交车干扰严重并导致公交车速度过低，则需设置公交专用道，以保证公交车辆基本的运送速度，但要考虑专用道上公交车的数量和客运量，避免道路资源的浪费。

③ 常规公交专用道设置需要满足基本的道路设施条件，包括机动车道数、非机动车道形式、车道隔离方式、停靠站形式与位置、路段两端交叉口的状况、路段两侧开口数等。

2. 常规公交专用道设置条件

通过分析以上常规公交专用道的设置原则可以看出，常规公交专用道的设置应当满足一定的道路设施条件及交通条件。经验表明，常规公交专用道的设置应满足以下道路设施条件。

① 道路类型与车道数。单车道道路与双向两车道的道路一般为城市支路，只有少量公交线路，通常不需要设置公交专用道；双向四车道道路在公交车辆较多时，可将两条车道设置为公交专用道，另外两条可作为其他车辆单向通行的车道，或设置间断的公交专用车道；双向六车道及六车道以上的道路一般为干道，道路条件充分满足将其中一条车道设置为公交专用道。

② 车道宽度。一般公交专用车道的宽度应不大于 3.75 m，不小于 3.25 m，交叉口处专用车道宽度应不小于 3.0 m。表 5–3 为公交专用道横断面设计要求推荐值。

表 5–3　公交专用道横断面设计要求推荐值

道路设计速度/（km/h）	道路宽度/m			
	一条专用道	内侧隔离带	外侧隔离带	总宽度
100	4.00	0.40	0.75	10.30
80	3.75	0.40	0.50	9.30
60	3.25	0.40	0.30	7.90
40	3.00	0.40	0.20	7.20

③ 路段长度。为保证设置常规公交专用道前后公交车行驶状况有明显改善，设置公交专用道的路段要有足够的长度。以公交专用道上预期公交车速度 20 km/h、公交车在专用道上行驶时间不少于 15 min 计算，设置公交专用道的路段应大于 5 km。对于道路瓶颈段或特别拥堵的路段，如设置常规公交专用道能明显减少公交车的行程时间，则不受路段长度的限制。

④ 为保证常规公交专用道的设置效果，实现公平效益原则，常规公交专用道的设置除满足以上道路设施条件外，还应当符合相应的交通条件。影响公交专用道的交通因素主要有公交车流量、公交车平均载客量、公交车客流量、分车种车流量、分车种平均载客量、总的客流量、公交车行程速度及道路负荷度。由于我国城市公交客流密度较大、道路空间资源有限，对公交专用道设置的客流量、公交车流量等基本指标的要求较高。

- 公交车流量及载客量。当高峰小时公交车流量不小于 90～100 pcu 或平均公交车流量大于 50 pcu/h，公交车载客量不小于 2 000 人/h（按 40 人/pcu、50 pcu/h 计算）时可设置公交专用道。
- 道路交通负荷度。当路段负荷度在 0.8 以上，公交车的行程速度低于 15 km/h 时应设置公交专用道，且设置公交专用道以后不应导致其他车道的负荷度过大。

3. 常规公交专用道设计方法

常规公交专用道的设计可分为 4 个阶段，设计流程如图 5–5 所示。

第一阶段：确定常规公交专用道的设计目标，包括公交专用道服务水平与运行效率、道路上其他车辆可以容忍的负荷度等。

第二阶段：选择需要设置常规公交专用道的道路及路段。根据客流需求、路网条件、城市交通政策等初步确定公交专用道设计网络。

第三阶段：工程可行性分析，包括道路、交通条件的综合分析，道路改善与交通设计方案及建设成本与效益评价。常规公交专用道设计方案还包括重新计算路段其他车道和公交专用车道的运行指标，如果不满足目标要求，则需要重新设计方案。

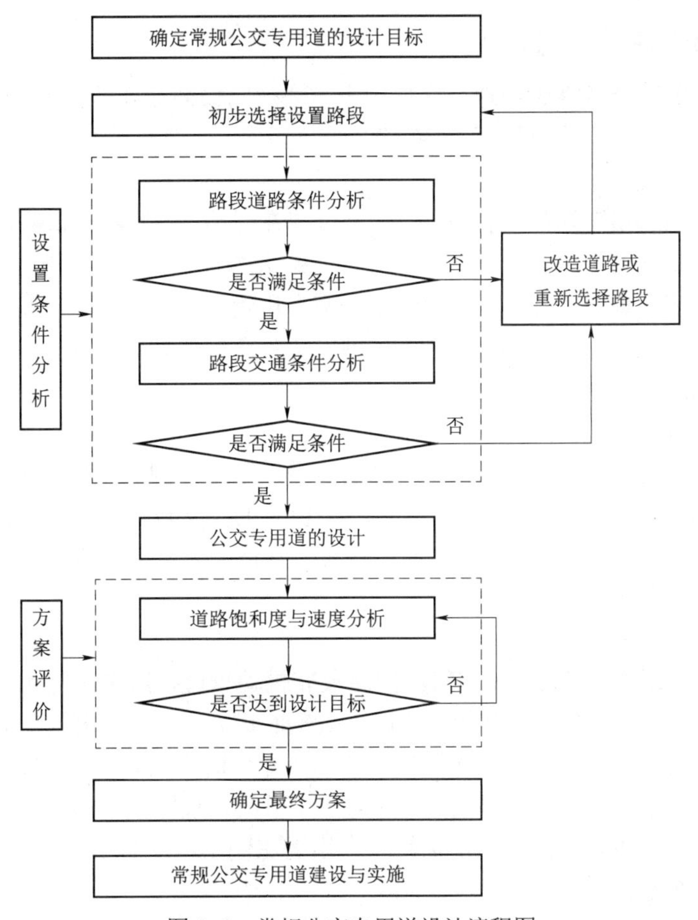

图 5–5 常规公交专用道设计流程图

第四阶段：常规公交专用道设计包括专用道的车道布设、专用道在交叉口进出口的设计、特殊路段处理、公交站点布设、交通标志标线设计、交通信号优化及其他配套设施设计。

5.4.2 快速公交专用道设计

专用路权是快速公交系统的基本要素之一，是保证快速公交运营速度和可靠性的重要设施。在进行快速公交设计时，专用车道的设置位置和形式、车道宽度设计等都是需要考虑的重要因素，本节将对这些内容进行介绍。

根据与社会交通的隔离情况，快速公交专用道可以分为专用车道和专用道路两类。快速公交专用车道是指快速公交在路段上享有专用路权，但在通过交叉口和部分过街设施时仍然采用平面交叉的形式，通常会采用必要的公交优先通行设施以减少通过这些冲突点的运营延误。快速公交专用车道一般利用城市现有道路改造设置，实施比较容易，建设成本较低，同时也能满足快速公交快速、准点运营的要求。目前，国内除厦门以外，其他的快速公交系统都采取了这种专用道形式。快速公交专用道路是指快速公交享有绝对的专用路权，通常是专为快速公交建设的封闭道路，完全不受其他交通方式的干扰，但对于城区里实施的快速公交，这种模式需要新辟路权，建设成本高，实施难度大。

1. 快速公交专用车道的设置形式

根据道路本身的改造条件、快速公交专用车道在道路横断面中的位置及车辆的行驶特性，常见的快速公交专用车道形式有以下 6 种。

（1）路中式专用道

它是快速公交系统最普遍的设置形式，通常设置在道路中央，根据道路横断面形式不同又分为有中央分隔带和没有中央分隔带两种情况，其最大的优点是车辆行驶不受外界因素干扰。对于未设中央分隔带的道路，可以将双向快速公交专用道集中在一起，对其进行物理隔离，这样既可以保证快速公交专用车道的专用性，又可以使公交车辆利用对向车道进行超车。然而设置该种公交专用道所必须解决的问题是乘客过街。

（2）路侧式专用道

通常设置在道路的两侧，利用最外侧的机动车道或道路外侧的慢行车道。其优点在于乘客进出站台和上下车很方便，道路改造少，可以使用现有的公交设施，是目前我国运用较多的一种公交专用道的形式，但同时快速公交车辆也容易受到路侧非机动车辆和行人等横向因素的干扰，因而其运行效果并不理想。

（3）次路侧式专用道

它是路侧式专用道的改进形式，一般利用路段非机动车道在原来路侧式专用道的右侧再开设一条辅助机动车道，供沿街车辆和相交小路上车辆右进右出，同时出租车上下客和一些不允许使用快速公交专用道的常规公交行驶使用。该类型专用道优点为：具有较高的适应性，克服了路侧式专用道的缺点，但也有明显缺陷，即对于未设置物理隔离措施的专用道，辅助车道上左转的车流比较大，在进入交叉口之前需转入专用道左侧车道，与 BRT 车流相互交织，从而严重影响专用道上车辆的行驶。

（4）单侧双向式专用道

该类型公交专用道将车道集中布设于道路一侧，其他车辆则行驶于另一侧。其明显优点是路段车道安排灵活，车辆可以利用对向车道超车；而且当公交线路为环状时，若将环内侧设为公交专用道，将有效简化公交车辆在交叉口运营的复杂程度，免受其他社会车辆对公交运行的干扰。然而由于其在交叉口处的交通信号协调组织较复杂，所以它只适用于单线式快速公交线路，尤其适用于环形线路。

（5）单侧单向式专用道

它是指设置在道路某一侧并且只沿一个方向行驶的专用道，一般出现在单行道路上。在这种情况下，公交线路双向分两条道路行驶，并要求这两条道路相互平行并且间距不大，因而其对道路网的密度要求较高，与单行线的设置标准相类似，一般适用于道路狭窄、路网密集的老城区。

（6）逆向式专用道

它是指 BRT 车辆行驶方向与其他车辆行驶方向相反的专用道，多用于单行道路上。其优点是 BRT 车道不易被其他车辆占用，当布设在单行道上时，反向乘客乘车方便；缺点是不符合我国规定的行车习惯，与对向左转车流有冲突。

2. 快速公交专用道路的设置形式

与轨道交通系统的路权设置相似，快速公交专用道路分为设置在地面上的快速公交专用道路、设置在高架或隧道中的快速公交专用道路。

（1）设置在地面上的快速公交专用道路

设置在地面上的快速公交专用道路是最普遍的快速公交专用路设置形式，在欧洲、北美和澳大利亚等西方国家，快速公交专用道路常被用作 CBD 地区与外围低密度区域的连接通道，快速公交专用道路可以单独建设（通常紧邻铁路和高速公路），也可以通过改造通勤高速公路实施。这些通勤走廊沿线具有比较充裕的用地条件，具备将专用道路设置在地面上的良好条件，因而建设成本也较低。为了提高专用路权的利用效率，北美一些城市设置了合乘车辆道路，供合乘车辆和快速公交车辆共同通行。

（2）设置在高架或隧道中的快速公交专用道路

在城区道路条件有限、不具备设置快速公交专用道路条件的情况下，可以建设高架或地下的快速公交专用道路。虽然这两种形式的快速公交专用道路形式投资较大，但能达到城市轨道交通系统的服务水平，因而对出行者的吸引力较大。我国厦门市便采用高架形式的快速公交专用道路，同时还考虑到将来升级为轨道交通系统的需要，如图 5–6 所示。受海湾和洲际公路的地形限制，美国西雅图市建成了世界上第一条投入营运的全封闭式地下快速公交系统。为降低实施难度和建设成本，也可仅在快速公交专用道系统的某些瓶颈路段采用高架或地下的公交专用道路形式。

图 5–6　厦门市高架快速公交专用道路

通过以上对各种类型快速公交专用道的分析可以看出，每种类型的专用道都有其自身的优缺点和适用范围，具体采用哪种类型的专用道，必须根据具体情况，结合城市的土地发展规划、对公交的需求和道路交通条件，因地制宜地确定。

3. 快速公交专用车道的宽度设计

快速公交车辆的宽度约为 2.55 m，正常行驶限速为 50～60 km/h，按照《快速公共汽车交通系统设计规范》（CJJ 136—2010）的相关规定，快速公交系统的专用车道宽度不应小于 3.5 m，路中式专用道的总宽度不应小于 8.0 m，路侧式单车道专用车道的总宽度不应小于 4.5 m。除车道本身的宽度外，如专用道两侧还要设置隔离栅，每道隔离栅还需要 0.5 m 的宽度。对于专用道两侧设有物理隔离设施的专用道，相对较宽的车道也能有效缓解行驶时隔离物给司机造成的视觉压迫感。

在设置车站的路段要新建站台，道路断面资源最为紧张。由于快速公交车辆在进站时车速较低，必须尽量靠近站台停靠，因此可以将专用道压缩至 3.0～3.25 m，但不应小于 3.0 m。

5.5 城市轨道交通站衔接设计

城市轨道交通实现的是“线到线”的服务，具有运量大、速度快、安全准点等特点，可承担大型城市中运距长、强度大、高度集中的客流。而公共汽车交通提供的是“门到门”的服务，其线路设置灵活，适合中短途客运，不但可以独立接运公交客流，而且可以使轨道交通客流得到吸引与疏散。因此，公共汽车交通与轨道交通的良好衔接设计是发挥各自运营优势和特点的前提，而车站是实现二者有效换乘的重要交通设施。本节首先分析公共汽车交通与轨道交通换乘站衔接设计的原则及内涵，然后依次介绍换乘站选址及布局设计。

5.5.1 站点衔接设计机理分析

1. 设计原则

公共汽车交通与轨道交通站点的有效衔接能够充分发挥各自的运营优势，有利于构建高效的公交系统，进而提高公交的竞争力。为了提高衔接效率，基于轨道交通站衔接的公交换乘站设计应当力求衔接过程的连续性、客运设备的适应性、换乘客流的畅通性及设计布局的系统性。

（1）衔接过程的连续性

乘客完成不同交通方式间的换乘应当是一个完整、连续的过程，这是组织交通衔接最基本的要求和条件，因而基于轨道交通站衔接的公交换乘站布局设计应尽量为乘客换乘提供便利的换乘路线，保证换乘过程的连续性，从而减少换乘延误。

（2）客运设备的适应性

公共汽车交通与轨道交通站点之间有效衔接的前提是客运设备（包括两种交通方式的车辆数、行人通道、乘降设备、停车设施等）的运输能力相互协调、匹配，从而避免换乘乘客的滞留。

（3）换乘客流的畅通性

基于轨道交通站衔接的公交换乘站布局设计应尽量保证乘客在换乘过程中的紧凑性和畅通性，使乘客均匀分布在换乘过程中的每个环节上，而不在某一个环节滞留、集聚。

（4）设计布局的系统性

公共汽车交通与轨道交通换乘站点呈现“点”的特征，同时具有“线”的关联性，也是城市公交网络的组成部分，是城市公交大系统的重要子系统，因而基于轨道交通站衔接的公交换乘站设计也应该体现系统性思想，运用系统性思维考虑换乘站点合理选址、站点布局设计。

2. 注意事项

通过分析公共汽车交通与轨道交通站点有效衔接设计的原则，在进行基于轨道交通站衔接的公交换乘站布局设计时应注意以下几点。

① 当公共汽车交通车辆从主干路进出换乘站或换乘枢纽时，应尽可能提供公交优先的专用道或专用标志。

② 公共汽车交通停靠站和站台的数量应考虑轨道交通线路条数、轨道交通发车间隔、换乘乘客数量等因素，并应为将来线路发展留有余地。

③ 基于轨道交通站衔接的公交换乘站的设置应紧邻轨道交通站点，并且换乘枢纽布局应紧凑，从而使换乘乘客的步行距离尽可能短。

④ 为保证乘客顺利换乘，应使公共汽车交通车站尽可能靠近轨道交通站点出入口，并尽

量减少横穿街道。位于“十”字路口的轨道交通站点若在 4 个方向均有出入口，应在出入口显著位置设置通往不同公交车站的指示标志。

⑤ 当公共汽车交通乘客在广场会集时，尽量采用地下步行通道或地下步行广场与轨道交通站衔接，从而避免与地面交通相互干扰，同时应有利于客流沿站台均匀分布并符合客流量需求。

⑥ 当换乘站点公交内部换乘量较大时，应采用环形公交站区，并设置中央岛式换乘站台，集中内部换乘量大的公交线路。

5.5.2　轨道交通衔接的换乘枢纽设计

1. 换乘枢纽布局

与城市轨道交通衔接的换乘枢纽站是城市交通线网构架中的重要节点，其布局的合理性对于城市交通的整体功能和运行效率影响较大。国内外城市轨道交通换乘接驳站布局示意图如图 5–7 所示。其中国外在进行轨道交通接驳换乘站设计时考虑了不同出行方式的接驳，如图 5–7（a）所示；图 5–7（b）为北京市商圈及重点地区轨道交通接驳站布局示意图，该类型换乘枢纽主要位于城市重点地区中心，换乘需求通常较大。同时在设计上也充分考虑了公交接驳、出租车、自行车等不同模式之间的衔接问题。

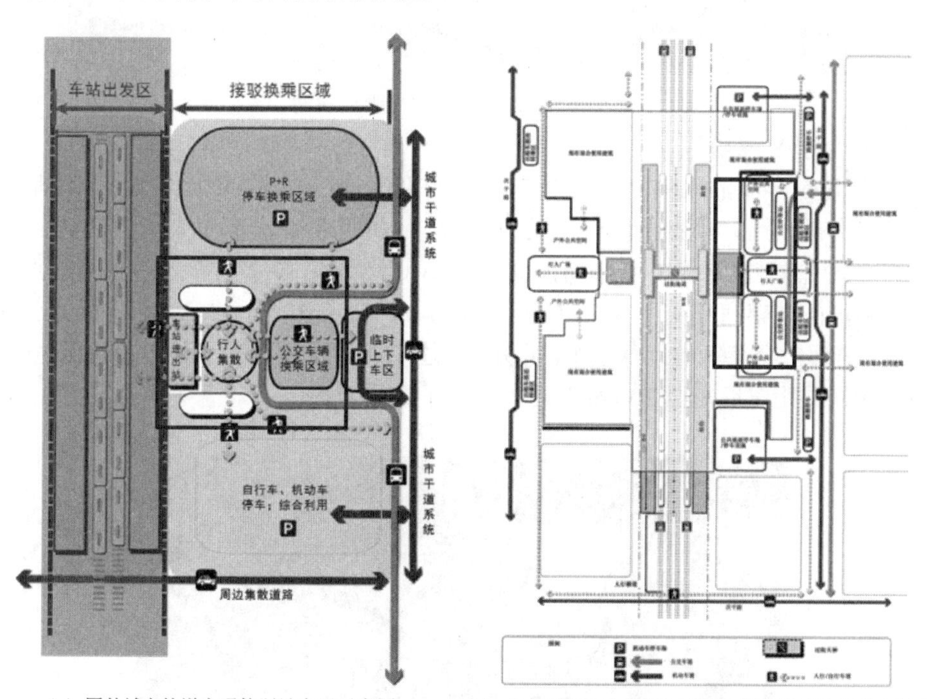

（a）国外城市轨道交通接驳站布局示意图　（b）北京市商圈及重点地区轨道交通接驳站布局示意图

图 5–7　国内外城市轨道交通换乘接驳站布局示意图

2. 换乘枢纽内设施设置

与城市轨道交通衔接的换乘枢纽内基础设施设置应考虑以下 3 个因素。

（1） 方便乘客换乘

换乘枢纽车站内提供乘客使用的设施空间，根据乘客的移动方式可分为平面移动空间和垂直移动设施两大类。其中，平面移动空间包括通道、大厅及站台等；垂直移动设施包括楼梯、自动扶梯及斜坡等。图 5–8 为北京市宣武门换乘接驳站，能够看出轨道交通设置的 11 个轨道交通出入口距现有公交站点距离均小于 150 m，换乘距离短，换乘条件较好。

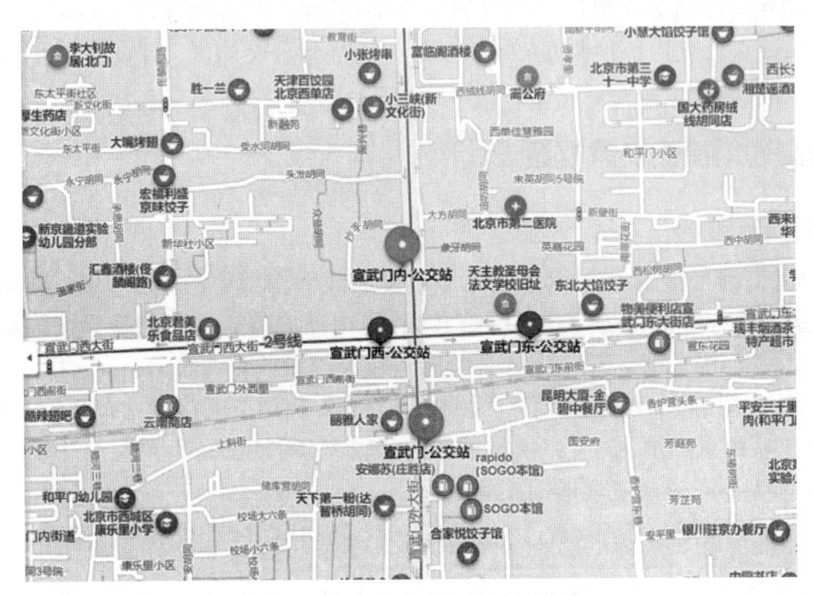

图 5–8 北京市宣武门换乘接驳站

（2）布置合理换乘场地

换乘枢纽既是客流的聚集点，也是车流的汇聚地，应根据换乘客流量和地理位置合理布置相适应的停车场地、场内道路、办公场所、后勤服务区、工作人员生活区、绿化场地等。例如，上海市轨道交通 3 号线漕溪路换乘枢纽，如图 5–9 所示，该换乘节点充分利用内环高架路和沪闵高架路立交下方的空地，设置了如图 5–10 所示的多站台并列式公交换乘枢纽，方便枢纽内部公交车辆的运营组织。此外，上述布局形式还提高了城市公共用地的利用率，并将轨道交通换乘距离缩短至 200 m 以内，增加了换乘效率。

图 5–9 上海市轨道交通 3 号线漕溪路换乘枢纽

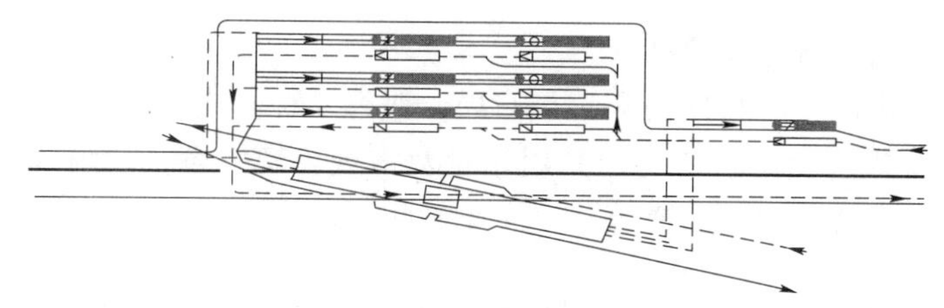

图 5–10 多站台并列式公交换乘布局

（3）设置信息诱导系统

信息诱导设施分为动态信息诱导标识和静态信息诱导标识。根据其功能又可以分为线路及车站识别标识、方向性标识、信息图、说明性标识、警告性标志等。采用信息诱导系统的目的主要是确保乘客由进站、乘车、下车、离站整个过程均能顺利且安全地完成。例如，引入如图 5–11 所示的智能电子导引系统，以帮助换乘乘客正确选择换乘路线。

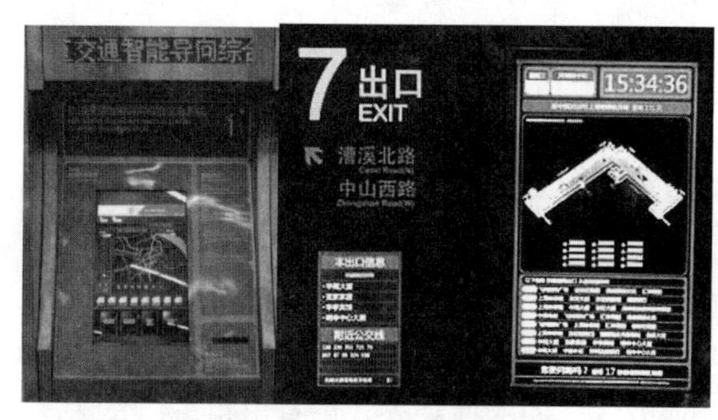

图 5–11 智能电子导引系统

5.5.3 基于轨道交通衔接的常规公交站点设计

1. 常规公交换乘站点设计步骤

一个典型的公交换乘站包括站台、车辆周转区、路侧区域（包括公交运营者，乘客、行人的人行道及辅助设施）3 部分，各个部分所需区域是分别决定的。详细设计步骤如下。

① 确认公交换乘站内的线路数及其频率，确定公交的线路交通组织。

② 确定容纳的各种设施。

③ 选择车站设施标准，如线形、锯齿形，单、双泊车位。

④ 确定各车站设施的服务水平与各站台的尺寸。

⑤ 确定最合适的布局结构。

⑥ 看场地要求能否容纳设施。

⑦ 确定车站衍生的步行需求及步行设施的合理规模。

⑧ 细节设计，如站台、行人岛、排队区、周转道路和步行设施等。

⑨ 确定标志、标线及信息服务设施位置，全面分析并考虑其他相关因素。

2. 常规公交站点布局模式

国外针对地面公交站点的典型设站形式，为在轨道交通接驳站出入口近端路侧设置锯齿状公交站台，如图 5–12 所示。这种形式的地面公交站点主要设置于接驳换乘量低、用地比较紧张、不设置公交首末站的轨道接驳站。

国内基于轨道交通衔接的常规公交站点布局一般有 4 种模式：交通枢纽综合体、常规公交多站台换乘形式、常规公交与轨道交通共用站台及常规公交停靠在轨道线路附近的城市道路旁，通过人行设施、天桥、地下通道等与轨道车站相连。

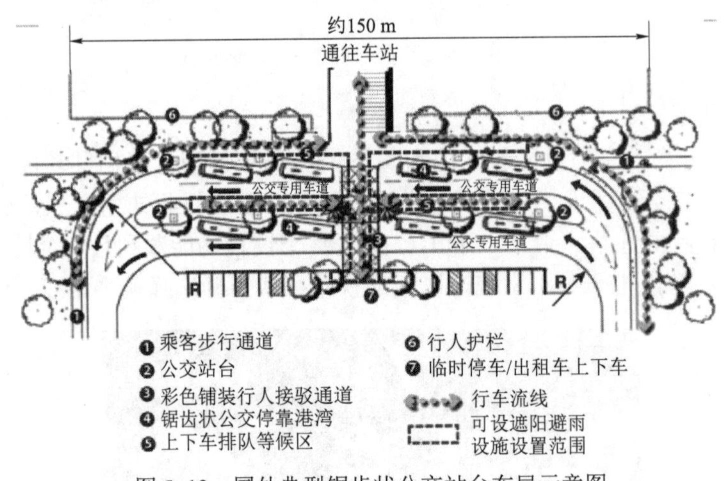

图 5–12　国外典型锯齿状公交站台布局示意图

（1）交通枢纽综合体

交通枢纽综合体是各大城市大型综合交通枢纽的发展趋势，在这种枢纽综合体中，除了轨道交通与常规公交两种交通方式之间的换乘外，还有出租车、长途汽车、社会车辆等的换乘。北京西站、上海南站及许多大城市的大型交通枢纽均属于这种集轨道交通线路、常规公交车站及对外交通于一体的枢纽综合体。为实现乘客的快速分流，在交通枢纽综合体中的轨道车站与公交车站普遍采用立体化衔接布局，也可采用平面布局形式。

轨道交通与常规公交的立体化衔接布局需要构造多层换乘大厅或换乘通道，以方便、快速地完成大量客流的换乘行为，其中常规公交站点的设计可以根据常规公交的进出站形式、方向或线路的不同在枢纽内进行布置排列。当综合枢纽站的轨道交通站台与常规公交平面衔接时，一般需要在综合枢纽站附近集中开发一块用地，作为各条公交线路始发和客流集散的公交站场，如图 5–13 所示。此时换乘客流量大且较集中，客流组织复杂，同时出入站的常规公交车辆较多，一般采用多站台的公交站场设计方式。

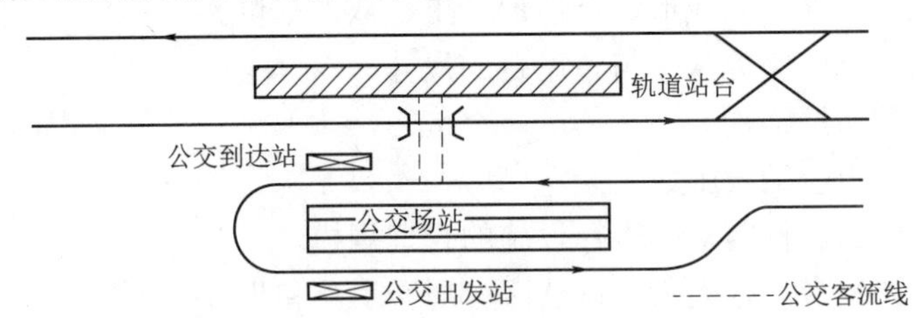

图 5–13　综合枢纽站轨道交通与常规公交平面换乘设计方案

（2）常规公交多站台换乘形式

在交通繁忙的轨道交通枢纽，与之衔接的常规公交线路较多，若采用沿线道路停靠法，会因停靠空间不足而造成交通拥挤。此时可在轨道交通枢纽附近单独开发并建立公交场站，采用多站台换乘的方式。为避免乘客进出站对车流的干扰，同时保证换乘轨道交通的常规公交乘客就近换车，可将常规公交的进站停靠站台设计在通道入口前，且每个常规公交站台需要建立通道与轨道交通站台相连，其布局形式与综合枢纽站轨道交通和常规公交平面换乘设计方案类似。

（3）常规公交与轨道交通共用站台

① 常规公交与轨道交通共用一个站台。这种情况下常规公交的到达与出发站点及轨道交通列车出发站台距离较近，能够保证其中一个方向的换乘条件较好，步行距离较短，适合于轨道交通与常规公交换乘客流方向不均衡系数较大的情况。

② 常规公交与轨道交通共用两个侧式站台。此时，常规公交到达站与轨道交通出发站同处一侧站台，常规公交出发站与轨道交通到达站同处另一侧站台，如图 5–14 所示。该模式下两个换乘方向的换乘条件均较好，换乘步行距离较短，方便常规公交线路的组织及其他交通流的集散，但同时也受城市空间紧缺、土地规划不规范等因素的限制。

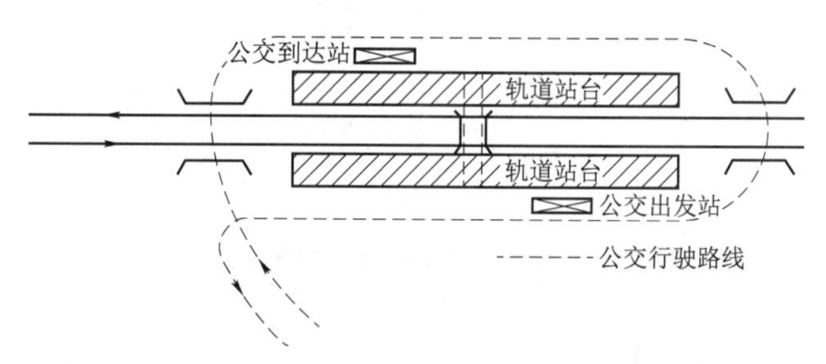

图 5–14 常规公交与轨道交通共用两个侧式站台设计方案

（4）常规公交停靠在轨道线路附近的城市道路旁

常规公交停靠在轨道交通线路附近的城市道路旁，通过人行设施、天桥、地下通道等与轨道交通车站相连，也可实现轨道交通与常规公交的换乘。该模式往往适合于轨道交通线路与道路平行的情况，但容易出现常规公交车辆进出车站与其他道路交通相互干扰的现象。在我国常规公交停靠在轨道交通线路附近城市道路旁的模式比较常见，上海轨道交通明珠线和北京轨道交通 1 号线均采用这种模式，然而随着出行量的增大，这种相互干扰现象将越来越明显，甚至容易引发交通事故。

5.5.4 基于轨道交通衔接的快速公交站点设计

城市轨道交通和快速公交共同构成了城市大运量快速客运系统，但两者在客运能力、建设投资、运送速度等方面各有优势。基于轨道交通衔接的快速公交站点设计的主要目的是通过科学的规划换乘站点，缩短乘客的换乘距离和出行时间，充分发挥城市大运量快速客运交通体系的综合运行效率和整体效益。与基于轨道交通衔接的常规公交站点设计相同，轨道交通与快速公交换乘站点的布局设计也包括平面和立面两种模式。

1. 换乘站点的平面布局设计

由于快速公交与城市轨道交通的客流量非常大，而且主要客流为换乘客流，因此轨道交通与快速公交换乘站平面布局模式的重点应以满足换乘功能和方便乘客换乘为目标。城市轨道交通和快速公交位于同一平面，则更需要注意空间资源的整合，包括车站内换乘方式的设计、换乘广场内人行系统的设计、换乘设施的布局设计及周边道路流线的调整等。基于轨道交通衔接的快速公交站点设计应尽量缩短换乘乘客的步行距离，减少不同方向交通流之间的相互干扰，并在此基础上进行站场设施的设计布局工作。快速公交与轨道交通平面换乘布局示意图如图 5–15 所示。

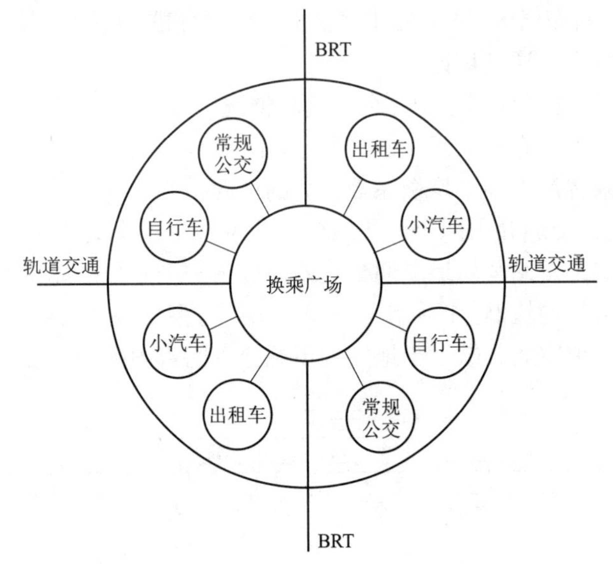

图 5–15　快速公交与轨道交通平面换乘布局示意图

2. 换乘站点的立面布局设计

城市轨道交通与快速公交的换乘站点空间布局越来越呈现立体化形式。快速公交与轨道交通换乘的立面布局模式具体可分为两种，如图 5–16 所示。

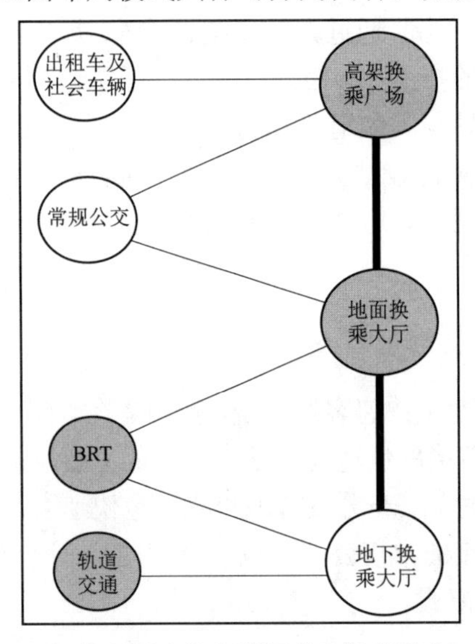

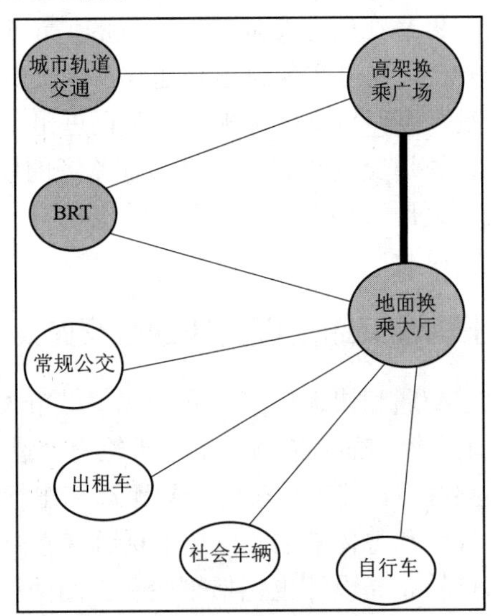

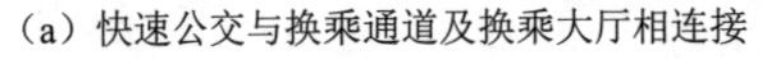
（a）快速公交与换乘通道及换乘大厅相连接　　（b）将快速公交布置在高架上

图 5–16　快速公交与轨道交通换乘的立面布局示意图

快速公交与换乘通道及换乘大厅相连接，这种模式可以避免客流的绕道而行，从而减少乘客的换乘时间和步行距离；将快速公交布置在高架上，乘客通过专用道离开站点区而进入城市道路，这种模式可以避免与其他社会车流冲突。

由于轨道交通与快速公交换乘站点布局形式趋于立体化，因此在规划设计时要更加注意时间效益的优化设计。当轨道交通位于高架桥上时，快速公交只有选择近距离、疏散客流功能较好的方式，才能更有效地疏散轨道交通的积聚客流，也就是使时间效益最大化，从而缩短乘客在换乘站内的滞留时间。

5.5.5　城市轨道交通衔接的换乘优化设计案例

三元桥站是北京市地铁 10 号线与机场专线的换乘车站，位于朝阳区三元桥东北侧，京密路与首都机场高速公路之间绿化带内，地铁站有 A、B、C_1、C_2、C_3、D 共 6 个出口，如图 5–17 所示，而附近的公交站点分布情况如图 5–18 所示。

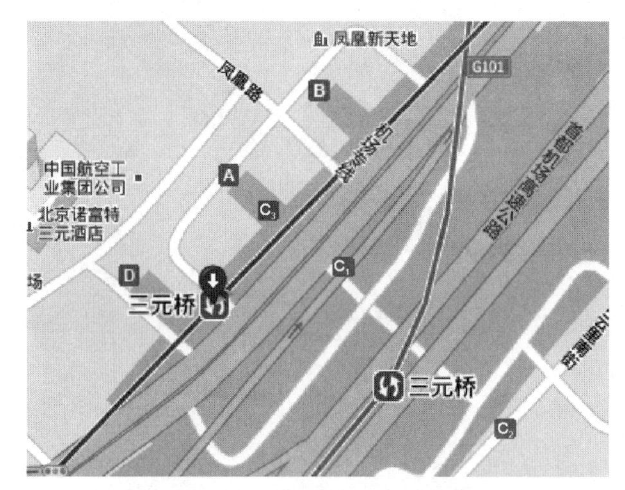

图 5–17　三元桥地铁站出口分布图

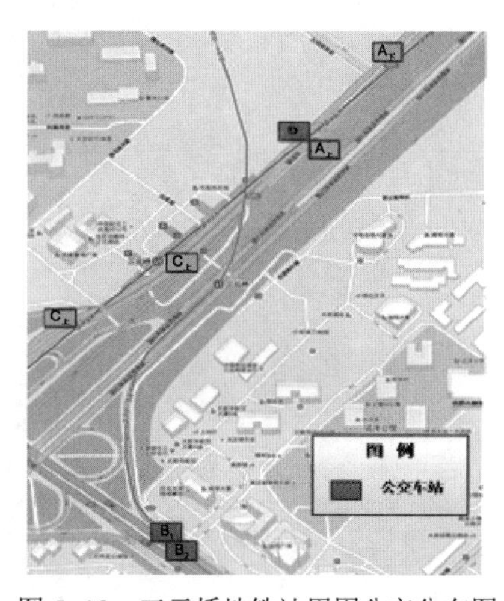

图 5–18　三元桥地铁站周围公交分布图

1. 优化设计前存在的问题

三元桥站在优化设计前，地铁与公交换乘存在的问题主要有以下几点。

① 站名重复设置，三元桥公交站有 3 个位置；上下行公交线路不一致（852 路和 536 路公交车在三元桥附近没有设置双向车站）；三元桥东和三元桥站上下行站点距离过远，超过 200 m。

② 公交三元桥东站（$A_下$）下行方向车站设置较为简易，只设置了公交车站牌，未设站亭。无任何遮阳避雨设施，候车环境较差。

③ 三元桥下行（$A_下$）车站设于中央分隔带上，行人通道过窄。

④ 除 C_2 口外，其他出口处并未设置配套的公交车站方位指示牌，若初次在此地换乘的乘客，在步行出地铁站后，寻找公交车站比较盲目，造成换乘不便。而且 C_2 口的指示牌被破坏、涂抹严重，很不美观。

⑤ C_2 出口处通往公交车站 B_1 与 B_2 的通道无路灯，晚上乘客换乘不安全。

⑥ 公交车站 B_2 位于主路与辅路之间，乘客换乘需要穿越辅路，由于辅路车流量较大，行人过街无配套信号灯，使得行人过街存在安全隐患。

2. 公交站点优化设计

（1）公交车站优化

与三元桥地铁站接驳的公交站需要优化的内容有两项：一是公交车站位置的优化；二是

公交车站规模的优化。在优化公交车站之前，需要对轨道交通换乘公交车的流线进行研究，图 5–19 为三元桥地铁站与周围各个公交车站接驳的流线走向。

① 公交车站位置的优化：$A_{下}$（三元桥东站）公交车站与 $A_{上}$公交车站两个上下行公交站相隔较远，不在视线范围内，因此对其做以下优化：考虑到 D 公交车站（地铁三元桥站）只有 536 路和 847 路公交，因此对 $A_{下}$公交车站与 D 公交车站进行合并，并以 D 公交车站作为合并后的公交车站，记为 $A_{下}$公交车站，公交车站取名为三元桥东站。优化后的公交站分布情况如图 5–20 所示。

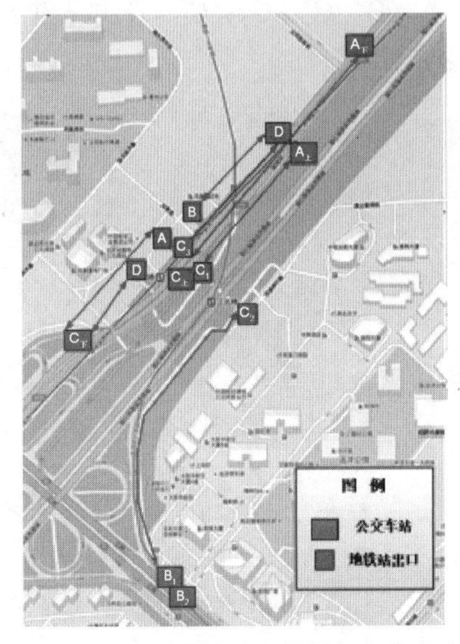

图 5–19 三元桥地铁站与周围各个公交车站接驳的流线走向

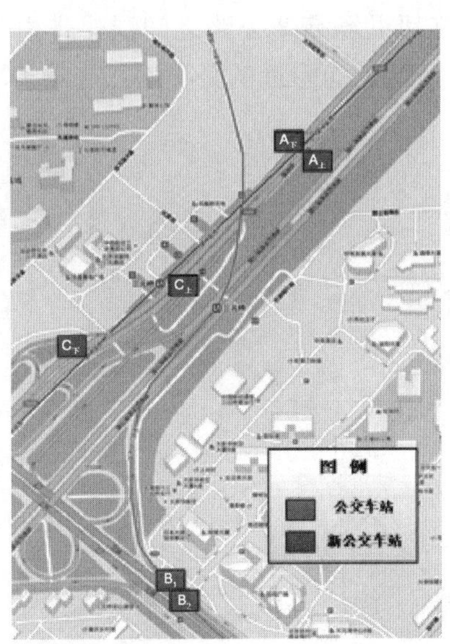

图 5–20 优化后的公交站分布情况

② 公交车站规模的优化：由于 $C_{下}$公交车站站台规模较小，对乘客等车与上下车造成不便，考虑将站台旁边的绿地进行改造，变成公交站台的一部分，使其在原来的基础上站台宽度加宽 1 m，具体情况如图 5–21 所示。

图 5–21 $C_{下}$公交车站站台优化方案

（2）优化公交站站名

根据优化设计前调查，与三元桥地铁站接驳的公交站命名重复，且位置、服务线路不同，具体情况如表 5–4 所示，对三元桥地铁站接驳的公交站名称做调整，最终命名情况如表 5–5 所示［注：经过公交车站台布局优化后，仅存 B 口地铁三元桥站（西行）、三元桥东站（东行）；D 口三元桥站（东行）3 个公交站。］。

表 5–4 调整前三元桥地铁站接驳的公交站名称

公交车站编号	$A_{上}$	$A_{下}$	B_1	B_2	$C_{上}$	$C_{下}$	D
公交车站名称	三元桥东站	三元桥东站	三元桥站（主路）	三元桥站（辅路）	三元桥站	三元桥站	地铁三元桥站

表 5–5 调整后的三元桥地铁站接驳的公交站名称

公交车站编号	B 口（西）	B 口（东）	D口
公交车站名称	地铁三元桥站	三元桥东站	三元桥站

（3）规划公交车站遮阳避雨设施

公交车站的遮阳避雨设施能为乘客提供一个舒适的等车环境，是接驳换乘服务水平的一个重要评价标准。根据优化设计前调研，三元桥站周围接驳的公交车站仅 $A_{下}$公交车站无遮阳避雨设施，因此对 $A_{下}$公交车站进行遮阳避雨设施规划。

复习思考题

1. 目前国内外常用的公交线网设计方法有哪些？
2. 常规公交停靠站位置选择的基本原则是什么？
3. 常规公交专用道的设计流程分为哪几个阶段，各阶段的主要内容是什么？
4. 常规公交与轨道交通换乘枢纽内基础设施设置应考虑哪些因素？
5. 相较于常规公交，定制公交在线网设计方面有哪些特点？

第6章

城市交通枢纽交通设计

交通枢纽是城市网络交通中的主要节点和客货流集散及换乘中转中心。本章主要讲述城市交通枢纽的功能、作用、分类和构成；城市交通枢纽交通设计的基本概念、所需资料、需求分析、交通设计要素、设计目标和原则及设计流程；枢纽内乘客行为分析、步行环境和乘客行为特征；城市交通枢纽的空间布局设计、内部区域划分、交通方式衔接与换乘设计、行人组织设计及导向标识设计；交通设计方案评价及交通设计案例等。

6.1 概　　述

交通枢纽是多种交通方式或几条交通干线交汇，并能办理客货运输作业或换乘换装作业的各种技术设备与建筑设施的综合体。一般由运输场站、港口、机场、各种交通运输线路，以及服务客货运输作业的装卸、联运、票务、换乘等辅助设施组成。交通枢纽的定义有狭义和广义之分。狭义的交通枢纽强调具体枢纽场站的设施形态与具体功能，包括场站布局形态、运输集散功能及设备设施综合体等，如北京南枢纽站、上海虹桥枢纽站；广义的交通枢纽强调枢纽在国家及区域经济社会与交通建设中的功能定位及经济作用，包括国际枢纽、国家级综合交通枢纽、国家枢纽城市等。城市交通枢纽是城市多方式综合交通运输系统的重要组成部分，属于公益性交通基础设施。鉴于城市物流技术与物流园区的快速发展，城市货运系统已逐步形成具有自身特色的物流运输系统，因此本章的内容组织方面主要以城市客运交通枢纽为主，若未做特别说明时，城市交通枢纽则泛指为城市客运交通枢纽。

城市交通枢纽是城市多方式交通运输网络的节点，是交通运输经营者与乘客进行运输交易活动的场所，是为乘客与运输经营者提供站务服务的场所，是培育和发展客运运输市场的载体；城市交通枢纽是办理客运业务及保管、保养、维修车辆的场所，是交通客运运输中的重要环节，起着组织、协调、指挥、监督运输工作的重要作用；城市交通枢纽是城市交通运输系统的基本组成成分，是乘客候车及办理售票、打包托运、寄存及各种旅行手续的场所，是城市居民多种交通方式出行的重要节点与集散场所。

由于城市自身宏观发展战略、用地发展形态、地区经济发展、区域交通环境、交通发展水平、城市路网结构及自然条件、历史文化等诸多相关因素的影响，使得城市交通枢纽的规划布局、微观选址、交通设计等系列方案的形成具有自身的城市特色。其中，交通枢纽交通设计与城市内外交通的有效衔接、交通方式与线路间的合理换乘、居民出行的顺畅与便利性等密切相关，直接影响整个城市交通系统的运行效率。

枢纽交通设计通过运用交通工程学、城市规划理论、城市设计原理、交通行为学及交通心理学等理论和方法，从整个城市交通系统出发，以城市交通规划、设计、建设和管理的外部环境为条件，综合考虑交通枢纽的功能、结构及衔接的不同交通方式等因素，通过交通优化设计实现交通枢纽的系统最佳化，使城市交通枢纽满足现状和未来的交通需求。

6.2　城市交通枢纽的基本内容

6.2.1　城市交通枢纽的功能

交通枢纽作为连接城市多方式交通网络的基础节点和衔接各种交通客运方式的纽带，是城市交通网络中不同交通方式、不同分布方向、不同交通线路客流的集散、转换点，在城市交通中的功能主要体现在以下两个方面。

1. 交通网络“点”上的交通衔接功能

交通枢纽规划选址研究源于降低整个交通网络的运输成本问题。当交通网络中存在交通流从多起点向多讫点运输的情况时，由于建设的客观条件或建设费用等不可能在任意起讫点对之间建立直接线路，因此选择一些网络节点作为枢纽节点，起到汇集交通流、换乘交通流、分散交通流的作用，实现运输经济的规模效应，从而降低整个运输网络的运输成本和建设成本。

衔接功能是指交通枢纽从城市交通网络的整体上作为一个衔接点，根据城市居民的出行需要，把不同出行方式、不同出行线路、不同出行方向的交通出行与运输活动连接成一个有机整体。具体而言，一是交通网络中非枢纽节点应与枢纽节点相连，通过枢纽间的连接实现网络节点的互通，从而实现交通网络的完全连通；二是枢纽节点的建立可以实现枢纽节点间运输经济的规模效应，从而降低整个交通网络的运输成本；三是枢纽节点可以实现城市内外交通的衔接，有效改善城市内外交通由于运输组织方式差异造成的“内外交通”衔接不畅问题。

2. 交通网络“面”上的客流集散功能

交通枢纽的客流集散功能主要是针对交通网络的运输客流而言的，枢纽节点基于枢纽场站系统及其连接的交通线路，利用自身对客流的汇集作用为枢纽节点间的“干线”运输网络提供客流，同时，基于枢纽节点与非枢纽节点间的“支线”运输网络实现汇集与分散客流的功能。具体而言，一是枢纽与其服务区域内的居民出行起点相连，实现客流从非枢纽节点到枢纽节点的汇集，即由“面”到“点”的汇集客流功能；二是枢纽节点与枢纽节点相连，实现客流从枢纽节点到枢纽节点间的规模化运输，即由“点”到“点”的规模化运输客流功能；三是枢纽与其服务区域内的居民出行讫点相连，实现客流从枢纽节点到非枢纽节点的分散，即实现由“点”到“面”的分散客流功能。

6.2.2 城市交通枢纽的作用

城市交通枢纽的基本任务是按照城市居民出行规律与基本经济规律，从一切为居民出行服务的原则出发，满足城市居民日益增长的出行需要，为城市经济发展、城乡交流和促进整个经济社会效益的提高提供交通服务，保证安全、快速、便捷、环保、经济地完成乘客运输与客流集散任务。城市交通枢纽在城市交通运输系统中的作用主要包括以下几方面。

1. 城市居民出行服务的整合作用

交通枢纽集乘客运输组织与管理、乘客中转换乘、多交通方式协同运输、综合服务与城市客运市场管理于一体，把无形的乘客运输市场变为有形的市场，把客运主体、乘客和客运管理部门的利益有效地结合起来，促进城市客运交通健康而有序地发展。

2. 运输经济规模效应的作用

城市交通客运系统通过交通枢纽站场将交通网络中的多方式交通线路有效地结合起来，在枢纽站场集散乘客功能的基础上，完成交通线路间运输乘客的任务。交通枢纽站场建立了乘客流从面向点汇集、点对点运输、从点向面分散的运输机制，实现乘客从分散小规模到集中大规模运输的转变，在经济规模效应的作用下，降低整个交通客运网络的运行费用。

3. 协调不同交通网络和方式的作用

在城市客运交通网络中，连接枢纽站场的各种交通线路在方向、等级、输送能力、交通方式等方面都有很大差异。交通枢纽站场对不同交通线路客流的组合和转换，可有效缓冲与化解不同特征客流间的差异与冲突，使客流在流向、流量、交通方式、组织方式上取得最佳效果，从而实现不同交通网络（城市内部交通网络与外部交通网络）、不同交通方式（铁路、航空、海运、公路）之间的有机整合和高效协调，有效解决城市公共交通、小汽车交通与公路、铁路、航空、水路客运因组织方式差异所带来的运输过程中连贯性脱节的问题。

4. 客运生产组织与管理

客运生产组织与管理包括发售客票、办理行包托取、候车服务、问询、小件寄存、广播通信、检验车票等为组织乘客上、下交通工具而提供的各种服务与管理工作；为参营的交通工具安排运营班次、制定发车时刻、提供维修服务与管理；为司乘人员提供食宿服务等。

5. 客流组织与管理

交通枢纽通过生产组织与管理，收集客流信息和客流变化规律资料，根据客流量、流向、类别等，合理安排运输线路，开辟新的班线与班次，以良好的服务为城市居民的出行服务。

6. 交通工具运行组织与管理

交通工具运行组织与管理包括办理参营交通工具到发手续，组织交通工具按班次时刻表准点正班发车，利用通信手段掌握营运线路的通阻情况，向司乘人员提供线路通阻信息，发现问题及时与有关方面联系，并采取必要的措施，会同有关部门处理运营事故，组织救援，疏散旅客等。

7. 参与管理客运市场

有形客运市场的建立，使交通枢纽管理者认真贯彻执行各种交通方式的乘客运输规则，建立健全岗位责任制，实行营运工作标准化，在提高乘客运输质量的基础上，自觉维护客运秩序并协助运管部门加强客运市场的统一管理工作。

6.2.3 交通枢纽的分类

交通枢纽具有不同的分类标准，从运输方式、服务对象、客运功能、地理位置、作业类型、运输组合方式、服务市场范围、用户数量、交通干线与站场空间分布形态、换乘关系、换乘类型等不同角度，可以将交通枢纽划分为不同的类型。在城市综合交通中，基于交通方式的不同，可以分为轨道交通枢纽和地面公交枢纽，如表 6–1 所示。

表 6–1 交通枢纽分类

分类标准	交通枢纽分类
运输方式	铁路枢纽、公路枢纽、航空枢纽、水运枢纽、轨道交通枢纽、地面公交枢纽
服务对象	客运枢纽、货运枢纽、客货运枢纽
客运功能	城市对外交通枢纽、城市中心公共交通枢纽、城市边缘换乘交通枢纽
地理位置	陆路枢纽、滨海枢纽、通航江河枢纽
作业类型	中转枢纽、地方性枢纽、混合型枢纽
运输组合方式	单一方式交通枢纽、综合交通枢纽
服务市场范围	国际性枢纽、全国性枢纽、区域性枢纽、地方性枢纽
用户数量	单用户枢纽、多用户枢纽
交通干线与站场空间分布形态	终端式枢纽、伸长式枢纽、辐射式枢纽
场站的布置形式	立体式枢纽、平面式枢纽
换乘关系	停车换乘枢纽、临停换乘枢纽、供车换乘枢纽
换乘类型	线路换乘型枢纽、方式换乘型枢纽、复合换乘型枢纽

1. 按交通枢纽的运输方式分类

基于交通运输工具与基础设施的不同，交通运输方式主要分为铁路、公路、航空、水运、轨道交通、地面公交枢纽六大类运输方式。因此，按照交通枢纽的运输方式分类，交通枢纽包括铁路枢纽、公路枢纽、航空枢纽、水运枢纽、轨道交通枢纽等。以铁路枢纽为例，铁路枢纽是两条及以上的铁路线路交汇而形成的交通枢纽设施设备的综合体。

2. 按交通枢纽的服务对象分类

交通枢纽的服务对象包括乘客流、货物流、客货流。因此，按照交通枢纽的服务对象分类，交通枢纽包括客运枢纽、货运枢纽、客货运枢纽等。客运枢纽是以客运作业为主的枢纽，货运枢纽是以货运作业为主的枢纽，客货运枢纽是客货运作业相当的枢纽。

3. 按交通枢纽的城市客运功能分类

由于城市客运交通枢纽在城市发展与经济社会活动中的重要性，一般将城市客运交通枢纽单独进行分类，形成具有城市客运交通枢纽自身特色的分类。按交通枢纽的城市客运功能分类，交通枢纽包括城市对外交通枢纽、城市中心公共交通枢纽、城市边缘换乘交通枢纽。

① 城市对外交通枢纽。城市对外交通枢纽的主要客运功能是衔接城市内外交通方式，为乘客远距离市外出行提供方便、快捷的换乘服务。城市对外交通枢纽，一般是集多种交通方式和多种服务于一身的多功能大型综合性客运枢纽，是由多种交通方式相互衔接而形成的大型客流集散与换乘中心，是多种对外交通与市内交通的衔接点，主要包括火车站、汽车站、港口、飞机场等。

② 城市中心公共交通枢纽。城市中心公共交通枢纽的主要客运功能是为城市居民的市内公共交通出行提供方便、快捷的换乘服务。城市中心公共交通枢纽是在城市内部轨道交通线路、地面常规公交线路等交叉处形成的大型公交换乘枢纽站，其交通方式主要包括轨道交通、地面常规公交、步行交通、自行车交通等。此类客运枢纽的客流特征是以市民或乘客的娱乐、休闲、购物、通勤、业务等为主，且以城市居民为主；枢纽换乘客流量大，尤其在上下班高峰期间。

③ 城市边缘换乘交通枢纽。城市边缘换乘交通枢纽的主要客运功能是为截留主城区外围城镇、郊区、远郊区等进入主城区的小汽车交通流，使其换乘城市轨道交通与公共交通进入主城区。随着城市空间的向外拓展及私人小汽车的快速发展，此类交通枢纽在城市规划中显得越来越重要。城市边缘换乘交通枢纽，一般是在城市轨道交通、常规公交等线路与进出城市主要道路的交汇处、公共交通首末站形成的大型换乘交通枢纽站，其交通方式主要包括轨道交通、常规公交等公共交通，小汽车交通等。此类客运枢纽的客流特征是以进入主城区上班、娱乐、休闲、购物等居住在郊区的居民或外围的城镇人口为主。

4. 按交通枢纽的地理位置分类

按照交通枢纽的地理位置分类，交通枢纽包括陆路枢纽、滨海枢纽、通航江河枢纽。陆路枢纽，如西安枢纽、郑州枢纽、北京枢纽等；滨海枢纽，如上海枢纽、大连枢纽、宁波枢纽等；通航江河枢纽，如上海枢纽、武汉枢纽、重庆枢纽、宜宾枢纽等。

5. 按交通枢纽的作业类型分类

按交通枢纽的作业类型分类，交通枢纽包括中转枢纽、地方性枢纽和混合型枢纽。中转枢纽以办理直通或中转客货运业务为主，地方运量甚少或所占比重较小，如郑州枢纽等；地方性枢纽以办理地方作业为主，中转运量较少，如广州枢纽等；混合型枢纽不仅具有大量的地方作业，同时办理相当数量直通客货运作业，如成都枢纽等。

6. 按交通枢纽的运输组合方式分类

按交通枢纽的运输组合方式分类，交通枢纽包括单一方式交通枢纽与综合交通枢纽。单一方式交通枢纽，主要运输方式单一，如铁路、公路、航空、水运等；综合交通枢纽，由两种或两种以上的主要交通运输方式组成，如铁路－公路枢纽、水路－公路枢纽、水路－铁路－公路枢纽等。

铁路－公路枢纽，由铁路与公路等陆路交通干线交汇而成，主要分布于内陆地区；水路－公路枢纽，由河运或海运与公路运输等运输方式组成的枢纽，一般水路运输占主要作用，公路运输为其集散旅客、货物，如我国的沿海、沿江一些城市的枢纽。

水路－铁路－公路枢纽，包括海运－河运－铁路－公路枢纽（位于通航干线河流入海口处）、海运－铁路－公路枢纽、河运－铁路－公路枢纽等。前两种多以海运起主要作用，并拥有庞大的水路联运设施，如我国的上海。

7. 按交通枢纽服务市场范围分类

按交通枢纽服务市场范围分类，交通枢纽包括国际性枢纽、全国性枢纽、区域性枢纽与地方性枢纽。国际性枢纽通常为进出国外地区与市场的客货运输提供直接服务，并提供进出口客货运输所需的特殊服务，如准备相关文件、海关通关等；全国性枢纽为全国范围的客货运输服务；区域性枢纽通常为一定的地理区域范围内的客货运输提供服务；地方性枢纽主要为地方性市场提供服务，货运的地方性通常指使用短程载货汽车往返枢纽车站的时间小于载货汽车一天的工作时间（美国法律规定每名驾驶人一天的最长工作时间为 10 h）。国际性、全国性、区域性枢纽通常要求 24 h 的全天候服务，而地方性枢纽通常只需要常规的商业工作时间服务；同时，一些国际性、全国性、区域性枢纽提供客货运输的中转服务。

8. 按交通枢纽用户数量分类

按交通枢纽用户数量分类，交通枢纽包括单用户枢纽和多用户枢纽。只为特定的海运船舶、铁路或航空经营人使用的枢纽，称为单用户枢纽；能为多个用户提供服务的枢纽，称为多用户枢纽。此外，按交通枢纽的所有权分类，交通枢纽还有公有与私有的区别。一般而言，公共枢纽的用户（多数为租用交通枢纽场站设施）比私有枢纽的用户更具有变动性与不稳定性。

9. 按交通干线与站场空间分布形态分类

按交通干线与站场空间分布形态分类，交通枢纽包括终端式枢纽、伸长式枢纽、辐射式枢纽等。终端式枢纽，分布于路上干线的尽端或陆地边缘处；伸长式枢纽，交通干线从枢纽两端引入呈延长式布局；辐射式枢纽，各种运输干线可以从各个方向引入枢纽场站。

10. 按交通枢纽场站的布置形式分类

按交通枢纽场站的布置形式分类，交通枢纽分为立体式枢纽与平面式枢纽。立体式枢纽，场站内各种交通设施在同一水平面上投影完全重叠或少部分不重叠；枢纽站场分地下、地面、地上多层，设有商业、问询等综合服务；多种客运方式在一座建筑的室内或周边，实现换乘距离最短的衔接方式。平面式枢纽，场站内部各种交通方式设施在同一水平面上换乘衔接，客流集散和换乘、交通工具的进出及转换均在同一平面完成；乘客通过地面步行道、人行天桥、地道或商业街来实现各种交通方式或交通线路之间的换乘。

此外，按交通枢纽的规模等级分类，可划分为特大型交通枢纽、大型交通枢纽、中型交通枢纽，或者一级枢纽、二级枢纽等；按交通枢纽使用时间特性分类，可划分为待拆除枢纽、正在使用枢纽、规划待建枢纽；在城市交通枢纽中，按枢纽内部各种交通方式间的换乘关系，可划分为停车换乘枢纽、临停换乘枢纽、供车换乘枢纽（为乘客方便换乘提供配套服务，如提供汽车、自行车等租赁服务）；按照客流的换乘类型，可划分为线路换乘型枢纽、方式换乘型枢纽、复合换乘型枢纽。

6.2.4 城市交通枢纽的构成

从交通枢纽设施设备与运营管理的角度，交通枢纽构成主要包括交通运输子系统、人流组织子系统、设施设备子系统、信息服务子系统、延伸服务子系统、技术管理子系统等，如表 6–2 所示。

表 6–2 交通枢纽的基本构成

分类	定　义	与交通设计相关的内容
交通运输子系统	交通枢纽内满足乘客出行需求的各种交通运输系统，不同交通方式或线路间的交通衔接与客流换乘系统	交通枢纽布局设计、交通衔接设计、客流换乘模式设计、交通流线优化与组织设计
人流组织子系统	交通枢纽内行人流的组织管理、应急疏散、流线设计等，包括客流与工作人员	行人流线优化与组织设计、客流导向信息服务设计
设施设备子系统	维持交通枢纽正常运营的设备，包括交通运输设备、换乘设备及消防、电力、给排水等其他设备	设备空间布局对行人流移动效率与疏散安全的影响
信息服务子系统	为乘客的出行和换乘提供各种信息服务，以提高出行与换乘效率	客流导向信息服务设计
延伸服务子系统	除交通出行服务以外的相关延伸服务，包括便利店、咖啡吧、休闲广场、书报栏等商业设施和社会服务设施，满足人们购物、休闲、交通等需求	行人流线优化与组织设计、客流导向信息服务设计
技术管理子系统	维持交通枢纽正常运营的各种作业技术、方法、规章、制度等，隶属于交通枢纽的运营管理层面	交通枢纽的客流需求分析

从交通枢纽乘客运输与集散的角度，交通枢纽为有效接驳城市内外交通、全面协调多种交通方式，主要通过交通运输子系统，实现客流运输、客流集散、与交通衔接的功能。交通运输子系统主要包括城市外部交通系统、城市内部交通系统及交通枢纽客流换乘系统等，如表 6–3 所示。

表 6–3 交通枢纽的交通运输子系统

分类	功能与内容	交通方式	与交通设计相关的内容
城市外部交通系统	满足旅客城市间的远距离出行需求	铁路、公路、水运、航空	各交通方式中站、港、场的设施规模计算与布局设计
城市内部交通系统	满足居民城市内的短距离出行需求，以及实现交通枢纽客流的集散功能	城市道路交通系统：地面公共交通、出租车、小汽车、自行车与步行	各交通系统中站、场的设施规模计算、布局设计、交通流线设计等
		城市轨道交通系统：地铁、轻轨、市郊铁路	
交通枢纽客流换乘系统	实现不同交通方式或线路间的交通衔接与客流换乘，包括客流换乘基础设施与客流换乘指引标志等	步行、摆渡车、摆渡轻轨、传送带	各交通方式或线路间的运能匹配、交通衔接设计、行人流组织设计、客流导向信息服务设计等

1. 城市外部交通系统

城市外部交通系统主要服务居民城市间的远距离出行，包括铁路、公路、水运、航空四大交通运输方式。各交通运输方式场站的基础设施与组成具有自身各自的特点。

（1）铁路运输方式

铁路客运站设施一般包括站房、站场及站前广场。

站房是铁路客运站的主体，包括旅客服务设施、技术服务与运营管理设施、职工生活设施等。旅客服务设施包括候车部分（候车厅）、营业部分（售票厅、行包房、小件寄存处、问询处、服务处等）及交通通道部分（走廊、过厅等）3部分组成。

站场是办理铁路客运技术作业的场所，包括线路（到发线、机车走行线、车辆停留线）、站台、雨棚、跨线设备（天桥、地道）等。

站前广场是铁路站与城市交通的连接纽带，是客流与车流的集散区域，也是旅客活动与休息的场所，包括旅客活动地带、停车场、旅客服务设施、绿化带等。

（2）公路运输方式

公路客运站设施一般包括站前广场、站房、停车场、发车区、落客区、辅助设施等。

站前广场与铁路运输方式类似，是连接城市交通的纽带；站房主要包括旅客服务、技术服务、运营管理服务等设施；停车场用于停放运营的长途客运车辆；发车区用于旅客乘车与行包装车，以及客运车辆发车；落客区用于到达车辆旅客下车，以及行包卸车；辅助设施包括用于车辆的安全检验、尾气测试、清洁、清洗等设施。

（3）水运运输方式

水运港口主要包括水域和陆域两部分。港口水域是指与船舶进出港、停靠及港口作业相关的水上区域，其主要设施一般包括航道、港池、锚地、船舶调头水域和码头前水域，防护建筑及导航、助航标志设施等。

港口陆域是指从事与港口功能相关服务的路上区域，其主要设施包括各种生产设施，如码头、仓库、堆场、铁路、公路、港区道路、装卸机械和运输机械等；各类生产辅助设施及信息控制系统，如给排水系统、供电照明系统、通信导航系统等；为生产提供直接服务的场所与设施，如办公室、候工室、机械库、工具库及维修车间、燃料供应站、港口设施维修基地等；以及与生产服务相关的服务与生活设施。

（4）航空运输方式

航空机场主要由飞行区与航站区组成。

飞行区是机场内用于飞机起飞、着陆和滑行的飞机运行区域，通常还包括用于飞机起降的空域，包括跑道、滑行道、净空区、停机坪、航站导航设施、航空地面灯光系统、空港跑道系统的标志灯具等。停机坪是指在机场上划定的一块供飞机上下旅客、装卸货物和邮件、加油、停放和维修之用的场地，包括航站楼空侧的站坪、维修机坪、隔离机坪、等候机位机坪、等待起飞机坪等。

航站区是飞行区与机场其他部分的交接部，主要包括航站楼与地面运输区域。

航站楼是航站区的主体建筑，一侧为机坪，另一侧为地面运输系统。旅客、行李及货邮在航站楼内办理各种手续，并进行必要的检查及实现运输方式的转换。航站楼基本设施包括公共大厅、安全检查设施、政府联检机构、候机大厅、行李处理设施、登机桥和旅客信息服务设施等。

地面运输区域是车辆和旅客活动的区域，其功能是采用小汽车、出租车、机场大巴、轨道交通等交通方式将机场和附近城市连接起来，具体包括空港进出道路、空港停车场、空港内部道路等。

2. 城市内部交通系统

城市内部交通系统主要服务居民的城市内部出行，通过与交通枢纽的衔接实现客流的集散功能，一般包括城市道路交通系统与城市轨道交通系统。

（1）城市道路交通系统

城市道路交通系统的出行方式一般包括地面常规公共交通（简称常规公交）、快速公交BRT、出租车、私人小汽车、非机动车与步行等。

常规公交具有适应性广，线路设置、车站设置、行车组织灵活的特点，一般包括公共汽车、公交线路和线网、公交站点、公交站场及运营管理系统等。

BRT 利用改进型的大容量公交车辆运营在公交专用道路空间上，是一种具有轨道交通特性与常规公交灵活、便利、快速特性的交通方式，一般包括专用车道、车辆、车站与信息管理系统等。

出租车与私人小汽车交通借助其自身的方便性与灵活性，利用城市道路网络，实现交通枢纽客流的集散功能，交通枢纽一般要配建较大的出租车上下客区，以及社会车辆停车场。

在城市对外交通枢纽中，由于旅客携带行李及旅途劳累，采用步行与自行车的集散客流所占比例非常小；而在城市中心公共交通枢纽中，由于居民出行距离短、无须携带大件行李及提倡绿色出行，采用步行与自行车的集散客流所占比例非常大。

（2）城市轨道交通系统

城市轨道交通系统作为现代化城市交通方式，与常规地面公共交通系统相比，具有方便、快捷、舒适、安全、准时、运量大、能耗小、污染轻、占地少等优点，主要包括地铁、轻轨、市郊铁路等。

车站是轨道交通客流的集散地，是供乘客乘降、换乘和候车的场所。一般由通道及出入口、站厅层、楼梯（自动扶梯）、站台层、设备用房、管理用房、生活用房等组成。

通道及出入口用于连接地面与车站区域。通道的地面部分就是车站的出入口，其主要作用是供乘客出入、换乘其他交通方式或在轨道交通之间进行换乘。某些通道及出入口还兼有行人过街的作用。依据出入口处的地面建筑，出入口可分为独立建设与附属其他建筑建设。

站厅层是乘坐列车的中转层，其主要作用是集疏客流，为乘客提供售、检票等服务。在站厅层的两端一般设有设备用房、管理用房及生活用房。站厅层一般分为凭票可入区与自由进出区。凭票可入区是指乘客经检票机进入的候车区域和到达乘客在检票出站前的区域；自由进出区是车站内除凭票可入区以外的其他行人可入区域。楼梯与自动扶梯主要设置在地铁站的不同楼层之间，如进出口处主要用于连接地面与车站大厅；大厅凭票可入区的楼梯与自动扶梯主要用于连接站厅层与站台层。

站台层是乘客上下列车的功能层，其主要作用是供列车停靠、乘客候车及上下列车；在站台层两端也设有设备用房与管理用房，一般不设生活用房。

设备用房，其主要作用是安置各类设备，是进行日常维修及保养设备的场所，主要分为环境控制机房、事故风机房、通信机械室、信号机械室、通信测试室、环控电控室、消防泵房等。管理用房是车站工作人员的办公用房。生活用房是车站工作人员的日常生活用房。

3. 交通枢纽客流换乘系统

交通枢纽客流换乘系统主要服务客流在不同交通方式或路线间的出行换乘，主要包括客流换乘基础设施、客流换乘的导向标识等。

客流换乘基础设施是用于实现不同交通方式或线路间的交通衔接，满足客流在不同交通方式或线路间换乘需求的基础设施，包括换乘站台、换乘通道、换乘大厅、换乘广场；客流换乘的导向标识，是指导和引导乘客通过枢纽内部的空间移动以实现其出行换乘的标识。

6.3　城市交通枢纽交通设计的基本内容

6.3.1　枢纽交通设计基本概念

枢纽交通设计是在枢纽布局规划与微观选址完成后，以枢纽边界红线范围内交通“资源”（包括时间、空间、运输方式、运能、投资水平等）为约束条件，对枢纽的各组成部分进行交通优化设计，以实现枢纽内交通衔接与客流换乘的安全、高效与顺畅。

枢纽交通设计依据从宏观、中观到微观逐步细分与细化的设计程序，从各种交通运输方式的用地规模与空间布局、各运输方式间的交通衔接与客流换乘、交通流线的优化与组织、客流导向信息服务等逐一进行分析设计。枢纽交通设计以运能匹配、交通衔接和客流换乘为主体，以全面协调与衔接枢纽内部各种交通运输方式，明确乘客如何在各类交通工具之间交互，以及明确各种交通运输方式如何为乘客提供服务。枢纽交通设计丰富了交通设计的内容，同时也为交通设计的系统化提供了新的思路与方法。

6.3.2　枢纽交通设计基础资料

为实现交通枢纽自身的功能定位，枢纽交通设计需要以城市的经济社会发展规划、土地利用布局规划等上位规划为背景，以枢纽周边土地利用、综合交通网络的现状和规划为条件，以枢纽内部各种交通方式的运行特征、空间需求为制约，合理协调枢纽内部的不同交通方式的功能区划分与资源配置，以及枢纽与周边综合交通网络的交通衔接。枢纽交通设计前需要获取和解读的基础资料主要包括城市的发展规划、枢纽的功能定位、枢纽的周边发展环境、枢纽的自身建设特征。

1. 城市的发展规划

为体现交通枢纽对城市发展的支撑与带动作用，交通枢纽规划建设的功能定位与城市的发展规划密切相关。而且枢纽的建设运营在对城市或城市局部地区发展产生积极推动作用的同时，由于不同交通方式自身运行与空间需求的特征，会对城市发展产生不利的影响，例如，铁路对城市空间的分割、航空机场对周边居民的噪声、公路客运站进出车辆对道路路网的交通压力等。因此，为实现交通枢纽的功能定位，减少其带来的不利影响，在枢纽交通设计之前需要解读与交通枢纽建设运营相关的上位规划，以深入理解掌握交通枢纽的功能定位。这些规划包括城市国民经济与社会规划、城市总体规划、城市交通综合规划、城市交通枢纽专项规划等。

2. 枢纽的功能定位

枢纽交通设计应根据城市总体规划、城市交通综合规划、城市交通枢纽专项规划等相关规划要求，明确交通枢纽的功能定位。基于交通枢纽的功能定位，明确交通枢纽的区位特征、规划类型、建设等级、占地规模、设计能力、交通方式、流量流向、服务范围、综合开发、公共服务、配套功能等，从而为枢纽交通设计提供纲领性指导。

3. 枢纽的周边发展环境

枢纽的周边发展环境主要包括周边土地利用发展环境与综合交通网络发展环境。枢纽规划建设与城市发展及周边土地利用开发息息相关，互为反馈，集中体现在交通枢纽与周边土地利用及交通网络的互动作用上，因此枢纽交通设计应根据城市控制性详细规划、城市建设性详细规划、周边相关交通的专项规划等相关规划要求，获取交通枢纽周边的土地利用开发与综合交通网络发展情况；同时，要明确枢纽建设与周边土地的开发计划，以及在一并开发建设过程中相关开发主体应承担的相应建设任务。具体包括周边土地利用现状与开发计划、枢纽建设融资模式与计划、周边区域土地开发规模与性质；周边道路网络、停车设施、常规公交网络、轨道交通网络、公交停靠站点、步行交通状况，以及周边区域交通管理方式等。

4. 枢纽的自身建设特征

交通枢纽内包含多种交通运输方式，在载运工具、线路设施、客流吸引、运能运量、空间需求、管理体制、运营模式等方面都有其自身的特点，以及在旅客运输与客流集散方面都有其各自的分工。例如，在城市对外交通枢纽中，铁路、航空、水运等运输方式都有其专属的线路设施与作业模式，枢纽场站的空间布局与需求受铁路线走向、机场飞行区布局、港口水域特点等的影响；在以铁路为主要运输模式的综合枢纽中，铁路为主要的交通方式，主要负责旅客的远距离出行运输，地铁、常规公交、小汽车、出租车为辅助的交通方式，主要负责出发与到达客流的集散功能；在包含地铁与常规公交的城市内部交通枢纽中，地铁为主要的交通方式，主要负责城市居民的快速出行，常规公交、自行车、步行为辅助的交通方式，主要负责地铁客流的集散功能。

因此，枢纽交通设计需要明确枢纽空间红线范围内所包含的交通方式类型，在详细分析不同交通方式自身特征的基础上，明确各交通方式的任务分工、客流特征、空间需求等。交通方式的任务分工，主要明确交通枢纽中旅客运输与客流集散的交通方式，以及所承担的主要与辅助的运输角色；交通方式的客流特征，主要明确各交通方式的客流量与换乘量，交通枢纽的常态客流与突发客流特征，客流的敏感性与聚集性特征，以及乘客的个体属性与集散特征等；各交通方式的空间需求，主要明确各种交通方式对专属作业区用地与公共作业区用地的要求等。

6.3.3 枢纽交通设计需求分析

枢纽交通设计需求分析，基于交通枢纽的功能定位与建设特征，面向交通枢纽的服务主体与客体，明确枢纽交通设计的内容，以实现交通枢纽在城市交通中的交通衔接与客流集散功能。

1. 交通枢纽的服务主体

交通枢纽的服务主体，即枢纽交通服务的提供者是枢纽内的不同交通运输方式或交通系统。因此，一般基于交通枢纽客流运输、换乘与集散的过程，应明确不同交通方式的客流运输分工。

枢纽内不同交通运输系统主要分为客流运输系统、客流集散系统、客流换乘系统等。在城市对外交通枢纽中，铁路、公路、航空等城市外部交通系统为客流运输系统；地面公交、地铁、出租车等城市内部交通系统为客流集散系统；枢纽内部的步行通道、滚梯、楼梯等为客流换乘系统。在城市内部交通枢纽中，地铁、轻轨等大容量公交系统为客流运输系统；地面公交、步行、自行车交通等为客流集散系统；枢纽内部的步行通道、滚梯、楼梯等为客流换乘系统。

基于枢纽客流类型，枢纽内交通可分为城市外部交通方式与城市内部交通方式。城市外部交通方式主要承担旅客城市间的远距离出行运输功能，城市内部交通方式主要承担枢纽客流的集散运输功能。基于客流运输的地位，可将不同交通方式划分为主导交通方式与辅助交通方式。在枢纽客流运输系统中，一般辐射范围广、客流运量大的交通方式为主导交通方式；在枢纽客流集散系统中，一般客流集散效率高、设施运能大的交通方式为主导交通方式。例如，当高铁与公路同时作为枢纽的客流运输系统时，一般高铁为主导交通方式，公路为辅助交通方式；当地铁与常规公交同时作为枢纽的客流集散系统时，地铁为主导交通方式，常规公交为辅助交通方式。

2. 交通枢纽的服务客体

交通枢纽的服务客体，即枢纽的服务对象是枢纽内部的出行与换乘客流。因此，一般以客流进入枢纽、在枢纽中移动、离开枢纽的移动链为对象进行交通设计的需求分析。枢纽内部的客流移动链，如图 6–1 所示。

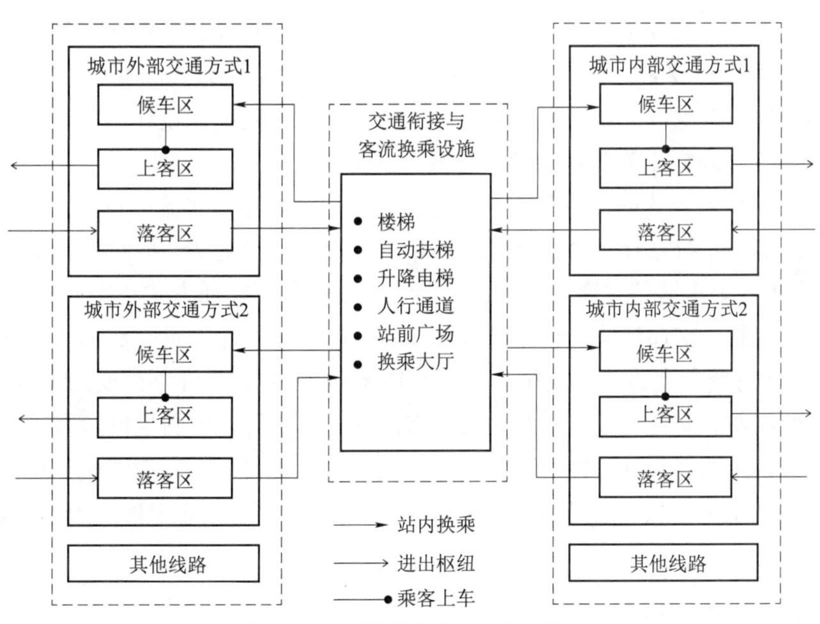

图 6–1　枢纽内部的客流移动链

根据客流在枢纽中的移动链分析，交通枢纽要为客流移动链中的各种行为提供活动空间。在枢纽交通设计时，可从宏观、中观和微观 3 个层面分析满足客流的出行与集散需求。

（1）宏观层面的总体布局设计

基于枢纽交通设计的总体客运需求和不同交通方式的客流分担率，分析不同交通方式的服务能力与设计规模，专属作业区与公共作业区的空间需求，交通线路与运营特征对空间布局的约束，以及周边土地开发和综合交通网络对枢纽内空间布局的影响等，以实现不同交通方式间的运能匹配与优化布局，具体包括不同交通方式的运输客运量、空间用地、运营特征，以及枢纽与周边土地利用和交通网络的协调性等。

（2）中观层面的交通衔接设计

基于枢纽内部的总体空间布局和不同交通方式间换乘客流需求，分析不同交通方式间的交通衔接与客流换乘模式，枢纽内部机动车流与客流的组织优化及其相关的制约和影响因素，具体包括不同交通方式间的换乘客流量、交通衔接与客流换乘模式，以及枢纽内部的交通流线组织等。

（3）微观层面的交通设施细化设计

基于枢纽不同交通方式的设计规模、枢纽内部的交通衔接与客流换乘模式，以及交通流线优化组织，从枢纽内客流出行与换乘的安全性、便捷性、舒适性、应急性等角度，分析不同交通方式的交通设施与出行服务，换乘设施与导向标识，应急安全设施与疏散指示标识等。

6.3.4 枢纽交通设计要素

基于枢纽交通设计要素的划分层次，枢纽交通设计可划分为枢纽总体布局设计、枢纽交通衔接设计、枢纽交通设施细化设计 3 个层面。枢纽总体布局设计包括空间布局、区域划分、衔接布局等宏观层面设计要素；枢纽交通衔接设计包括不同交通方式间交通衔接与客流换乘模式，交通流线优化与组织等中观层面设计要素；枢纽交通设施细化设计包括交通运输设施、客流换乘设施、客流导向标识等微观层面设计要素。

基于枢纽不同交通方式的任务分工，枢纽交通设计可划分为客流运输系统设计、客流集散系统设计、客流换乘系统设计 3 个主体。以城市对外交通枢纽为例，枢纽客流运输系统设计针对铁路、公路、航空、水运等交通运输系统的特点，设计不同交通方式的空间布局、占地规模、交通设施、客流组织、交通流线、客流导向标识等，以满足客流的远距离出行需求；枢纽客流集散系统设计，针对城市道路交通系统与轨道交通系统的特点，设计不同交通方式的空间布局、交通设施、运营组织、交通流线、控制方案、客流导向标识等，以满足枢纽客流的汇集与分散需求；枢纽客流换乘系统设计，针对枢纽内部的客流换乘特征、交通流线组织优化方案，设计不同交通方式间的交通衔接与客流换乘模式，换乘设施的空间布局、建设规模，以及换乘客流的导向标识等。

6.3.5 枢纽交通设计目标与原则

1. 设计目标

枢纽交通设计的目的是集约化利用土地资源、方便客流的出行与换乘、增加枢纽的交通服务能力。枢纽规划建设和运营管理的相关利益主体主要包括出行换乘客流、运营管理部门、周边土地利用、周边交通系统等，如图 6–2 所示。

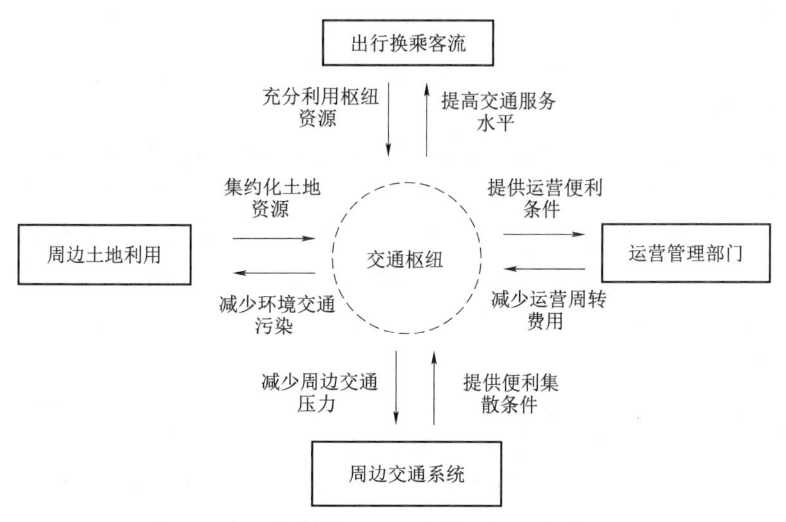

图 6–2　枢纽规划建设和运营管理的相关利益主体

枢纽交通设计应在实现枢纽自身功能定位的基础上，努力权衡四方的权益与基本要求。基于四者的相互联系与制约，从以下几个方面提出枢纽交通设计的目标。

① 需求性：交通枢纽满足经济社会发展、客运需求、客流换乘、自身发展等需求的程度。具体包括枢纽站场建设规模、运输设施设计能力、换乘设施设计能力、枢纽站场发展余地等。

② 协调性：交通枢纽与城市总体规划、周边土地利用、周边交通网络、其他客运枢纽站场等的协调程度，以及枢纽内部不同交通运输方式间的协调程度。具体包括枢纽客流集散方向与城市总体规划的协调性、枢纽设施设计能力与周边交通网络承载能力的协调性、进出枢纽交通流线与周边土地利用的协调性、枢纽设施设计与其功能定位的协调性、枢纽内部不同交通方式间运能的匹配程度等。

③ 便利性：交通枢纽在运行中客流和车辆进出枢纽站场的便利性，以及客流换乘的便捷性、舒适性等。具体包括运输车辆的出入条件，客流进出枢纽的便利性，客流换乘线路的清晰与简捷性，不同交通方式间的换乘距离与便利程度，客流导向标识的醒目性、可识别性、合理性、持续性、系统性等，残障人士、儿童、老人出行的便利性等。

④ 安全性：交通枢纽在运行中客流出行与换乘的安全性。具体包括人流与机动车流的冲突性、客流紧急疏散的便利程度、紧急求援便利程度等。

⑤ 运作性：交通枢纽在建成运行中，枢纽站场内部管理的难易程度及枢纽站场内部车辆和旅客组织的便利性，具体包括枢纽站场运营管理的难易性、枢纽内部组织的便利性、不同交通方式间运行的独立性等。

⑥ 经济性：交通枢纽在建设和建成运营的过程中投资和支出的经济成本与费用。主要包括建设费、运营费等。

⑦ 社会性：交通枢纽在建设和建成运营中的社会效益及对周围环境的影响。具体包括环境污染、社会效益，对周边经济、土地开发的影响，对周边交通网络的影响等。

⑧ 技术性：交通枢纽在建设过程中对特别需求技术的可实现性。

2. 设计原则

鉴于以上设计目标，提出枢纽交通设计的原则如下。

（1）人性化原则

基于“人本位”理念，枢纽交通设计应尽量满足旅客出行心理与行为习惯，以提高客流出行换乘的舒适性、可靠性、方便性和安全性等。舒适性体现为恶劣天气下的保护、候车环境的气温调节等；可靠性体现为换乘通道的照明、出行信息服务的准确等；方便性体现为换乘路线便捷、步行距离短、人行步道坡度适宜及满足特殊人群的无障碍物通道与乘降设施等；安全性体现在应急疏散通道、紧急求援通道、应急照明、疏散标志、防拥挤踩踏设施等。

在交通设计过程中，提高枢纽内的综合环境（照明、通风、导向标识等），最小化出行者在枢纽内走行距离或时间（设置传输带、扶梯以缩短走行时间），提供足够的候车空间和及时的出行信息，保证残障人士和携带大行李乘客的出行便利，设置相应的应急疏散通道与安全出口，以及防拥挤踩踏设施等。

（2）一体化原则

基于“多式衔接、立体开发、功能融合、节约集约”的理念，在保障交通枢纽运输功能和运营安全的前提下，对枢纽站场及毗邻地区特定范围内的土地实施综合开发利用。枢纽交通设计不仅要为乘客提供舒适的候车与便捷的换乘服务，还需要为乘客提供周到的商业服务，为乘客的出行提供方便的吃、穿、用等配套服务设施，形成一个融合交通功能、商业功能于一体的综合建筑体。以“一体化”为主线，促进枢纽站场及相关设施用地布局协调、交通设施无缝衔接、地上地下空间充分利用，实现对外交通与城市道路、公共交通等不同交通方式的一体化。

在交通设计过程中，注意综合利用地下空间，使轨道交通车站和其他换乘设施集中布设于同一站域内；强化一体化设计，枢纽出口通道可与地下商业街结合；当涉及土地连带开发时，应确保交通与土地开发间的最佳协调；提供必要的附属设施与配套设施（餐厅、书报亭、银行）等。

（3）无缝化原则

基于“空间布局最优化”的理念，枢纽交通设计通过整合枢纽的站场设施、场内道路设施、行人步行设施、各种附属配套设施等，尽可能增加枢纽单位面积的利用率，实现不同交通方式的无缝衔接，从空间布局上缩短乘客的步行距离。不同交通方式间的无缝衔接包括城市对外交通间、城市内部交通间、城市内外交通间的无缝衔接。基于设施间协调的原则实现换乘设施、城市对外运输设施、城市内部交通设施间的空间布局最优化。

在交通设计过程中，缩短城市轨道交通等不同公共交通方式之间的换乘空间距离，采用较短的步行距离，实用的楼梯、自动扶梯和电梯等使乘客快速便捷地到达站台；枢纽站场与其出口应宽敞并具有通透性，无隐蔽和遮挡；在枢纽站场内部设置进站区与出站区，以有效加强交通枢纽与周边交通网络的衔接；配置停车位以满足小汽车、摩托车和自行车的泊车需要等。

（4）便捷化原则

基于“时间效益最大化”理念，枢纽交通设计使乘客短时间内完成进站、买票、候车、检票、上车、换乘等活动行为，节省乘客的整体出行时间，达到时间效益最大化，进而提高乘客的移动效率。基于不同交通方式的无缝衔接，以实现客流零距离换乘，最大限度地缩短乘客在枢纽内换乘时间，减少乘客因换乘时间过长带来的心理及身体不适。

在交通设计过程中，强化客流换乘的便捷性，满足客流的换乘需求，为不同交通方式或线路间客流创造良好的换乘条件，尽量做到客流的同站台或同方向换乘；集散客流与枢纽入口和出口的最佳衔接，实现客流便捷进出枢纽；枢纽站场入口直观明显，可方便进站人群到达车站；在专属作业区与公共作业区、凭票可入区与自由进出区间设置便利的行人通过设施，以方便携带大件行李旅客的通行。

（5）有序化原则

基于“安全与效率”的理念，枢纽交通设计通过“并行化”“分层化”“管道化”等方式将复杂客流组织在一个立体或平面空间中，实现分离上车客流与下车客流、进站客流与出站客流、城市外部交通客流与城市内部交通客流，以避免客流的混行造成拥堵，并预防行人拥堵踩踏。对枢纽内部集散与换乘客流采用“分流”“管控”“疏导”的设计原则，让不同性质的流线在时间和空间上各行其道，实现客流有序化移动，以提高枢纽内客流的集散与换乘能力。

在交通设计过程中，充分重视各种交通工具的运输特性，合理利用枢纽空间，适当分离不同交通方式的空间，减少不同交通方式间运营时的相互干扰；以行人流交通组织和系统设计为纲领进行交通组织设计，实现人车分流、机非分流、进出分流、动静分流等，减少交通流间的相互交叉干扰，以保证行人安全与机动车的运行效率；确保行人流交通组织设计简洁并建立完善的客流导向系统，一目了然的导向标识可使行人快速实现其移动目的。

（6）协调化原则

基于“协调与平衡”的理念，枢纽交通设计应与枢纽站场及周边土地利用、交通网络相协调，以实现枢纽交通衔接与客流集散的两个基本功能。在适应和满足城市功能布局、交通网络、城市景观等方面要求的前提下，枢纽站场应与周边经济社会发展环境融为一体，系统整合内部交通方式与周边交通网络功能，以带动城市内外交通的协调发展。枢纽站场作为城市的标志性建筑，其建筑风格和形式应与当地文化、具体的地形地貌相协调，以显示当地的文化底蕴或时代气息。

在交通设计过程中，实现交通枢纽运能与周边交通网络运能相匹配，枢纽内部不同交通方式间运能相匹配，换乘设施容量与客流换乘需求相匹配，枢纽客流分散能力与汇集能力相匹配；枢纽集散客流对主干道干扰小，其自身相互干扰小，能够在快速便捷的情况下融入周边交通网络中；枢纽站场出入口设置与周边交通网络相协调，能有效分散交通量，减少集散客流对周边网络的交通压力，以减少枢纽对周边交通系统的影响。

（7）低碳化原则

基于“绿色交通，公交优先”的理念，枢纽交通设计应将轨道交通、常规地面交通等公共交通作为枢纽客流集散的主导交通方式。在城市对外交通枢纽内有效缩短铁路、公路、航空等运输交通方式与城市公共交通间的换乘距离及时间，从而提高公共交通集散客流的分担率。在城市中心公共交通枢纽内，建立健全轨道交通与地面公交、自行车、步行的衔接设施，以全面提高城市公共交通出行的分担率。

在交通设计过程中，基于公共交通的运量有层次地实现公交优先策略，提高公共交通集散客流的分担率；实现各类公共交通方式的空间明晰、功能明确，减少公交车辆的迂回距离，调高其运转效率；靠近枢纽站场的主要出入口，优先设置大容量的公共交通，以便枢纽客流的快速集散。

6.3.6 枢纽交通设计流程

枢纽交通设计流程如下。

（1）基础资料的收集与解读

收集、解读与枢纽交通设计相关的基础资料，在综合研究交通枢纽区域交通特性与周边土地利用环境的基础上，对相关规划中的结论进行适当的调整并细化，从而明确枢纽的功能定位，枢纽交通设计的空间范围、衔接的交通方式种类及交通枢纽所在区域周边的土地性质等。

（2）需求分析

基于交通枢纽的功能定位、服务主体与客体，分析枢纽交通设计需求，明确枢纽内不同交通方式的任务分工、出行与换乘客流的主要特征，并针对具体的实际情况提出枢纽交通设计的针对性目标与原则。

（3）空间资源的总体布局设计

枢纽空间资源的总体布局设计包括枢纽空间布局设计、枢纽空间区域划分设计、枢纽交通衔接布局设计。枢纽空间区域划分与枢纽交通衔接布局设计，是在枢纽空间布局设计的基础上，对枢纽空间布局的细化与优化。

（4）交通衔接与客流换乘模式设计

枢纽交通衔接与客流换乘模式设计，主要针对枢纽内不同交通方式或线路间的空间衔接与客流换乘模式进行设计。

（5）交通流线优化与组织设计

枢纽交通流线优化与组织设计，主要针对枢纽内不同交通方式或不同类型的交通流线进行优化与组织设计。

（6）交通设施与导向标识的细化设计

枢纽交通设施与导向标识的细化设计，主要包括不同交通方式基础设施设计、客流换乘设施设计、客流导向标识设计等。

（7）交通设计方案的评价、深化

对初步方案进行评价与深化，通过对实施效果、环境效益、经济能力等因素的综合评价分析，在对社会公众、交通管理者、交通运营者及相关技术专家意见反馈的条件下，进行方案的深化工作，直至确定出可实施的交通设计方案。

在枢纽交通设计过程中，枢纽空间资源的总体布局设计、枢纽交通衔接与客流换乘模式设计二者属于枢纽空间资源整合设计；枢纽交通流线优化与组织设计，属于枢纽时间效益优化设计。枢纽空间资源整合设计是枢纽时间效益优化设计的物理基础，而枢纽时间效益优化设计是枢纽空间资源整合设计的客流表现；枢纽交通设施与导向标识的细化设计，是对枢纽空间资源整合设计与时间效益优化设计的细化实施操作设计。枢纽交通设计流程如图 6–3 所示。

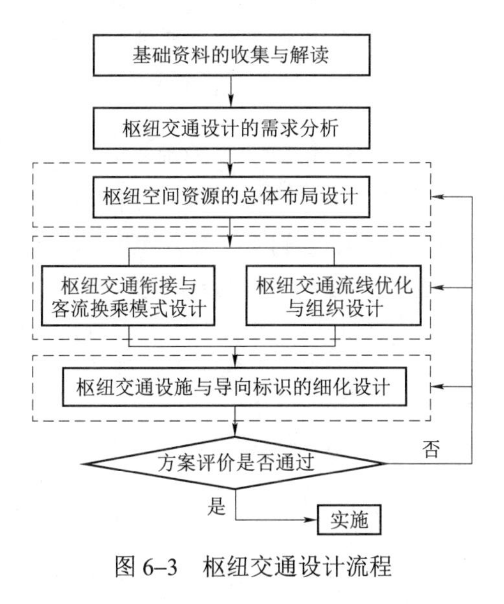

图 6–3　枢纽交通设计流程

6.4　城市交通枢纽内乘客行为分析

乘客是交通枢纽内出行换乘活动的主体，也是组成客流的基本元素。乘客在交通枢纽设施空间内的微观与宏观行为，与客流的移动效率和安全密切相关。乘客的交通行为特征是步行设施空间设置与客流组织的理论基础，步行设施是乘客交通行为与客流组织的物理基础。因此，研究交通枢纽内乘客的交通行为有助于形成合理的步行设施空间布局和高效的客流组织方案，从而提高枢纽内客流的移动效率。

6.4.1　乘客步行的基本行为特征

1. 微观行为特征

微观行为是不同行为个体在交通行为活动中所体现的行为特征。以单个乘客或行人为研究对象，从行人微观角度对行为参数进行分析，有助于反映和描述行人出行换乘行为与其自身个体特征之间的关系。乘客微观行为特征参数主要包括步幅、步频、步速、期望步速、加减速度、空间需求和路径选择等。

（1）步幅

步幅是指行人行走时每跨出一步的长度。步幅的分布区间，因性别、年龄不同而稍有差别。男性行人步幅在 0.5～0.8 m 的占 95%，女性行人步幅在 0.5～0.8 m 的占 94%。步幅不仅因性别、年龄而异，而且受人行道面铺装平整程度的影响。路面良好，步行自由度大，步幅整齐；路面不良，步行受到拘束，步幅凌乱。步幅大小与步速快慢几乎无关，但是和行人的运动空间有关。

（2）步频

步频是行人移动时的步数频率，步数为步行者在单位时间内两脚着地的次数，一般以每分钟移动的次数为计量单位，常用单位是步/min。一般人的步频为 80～150 步/min，常用值为 120 步/min。行人的步频主要受到行人的出行目的、天气情况、携带行李、步行设施和周围行人速度等因素的影响。

（3）步速

步速即步行速度，是行人步幅与步频的乘积。影响行人步速行为的因素很多，包括行人个体因素（人种、年龄、性别、行动能力、健康程度等），出行因素（出行目的、路线熟悉程度、行李携带情况、出行长度等），行人交通设施因素（设施类型、坡度、安全出口等），环境因素（周围环境、天气条件）等。儿童的步速随机性较大，老年人步速较慢，成年人正常的步速在 1.0～1.3 m/s。一般情况下，男性比女性步速快；工作、事务性出行，步速较快，生活性出行步速较慢；心情闲暇时步速正常，心情紧张、烦恼时步速较快；行人携带行李越多，步速越慢；行人周围环境密度越大，步速越慢。

行人运动具有很大的灵活性，不时进行加速或减速，步速几乎不固定。步速的分布范围较宽，为 0.5～2.16 m/s，但集中在 1.0～1.3 m/s 的行人步速占全部行人步速的 60.7%。

（4）期望步速

期望步速，也叫理想步速，是指在理想状态下，当不存在外界干扰时，行人期望保持的正常理想速度，属于个人最大舒适度和最小能量消耗之间的一个均衡值，与年龄、性别、时间、出行目的等有关。期望步速，不是在一般行人流中测到的个体行人的最大移动速度，而是在理想状况下行人期望保持的一个最佳速度。

（5）加减速度

当行人受到设施、周边行人及站内信息等周围环境的影响，不能按照平稳的速度行进时，会激发加减速度行为，以调整行走状态来适应周边环境。在拥挤环境下，行人的加减速度行为较为频繁，且变化时间极短，严重影响行人步行的舒适性。行人平均起动时间一般在 3 s 左右，即加速度在 4.47 m/s^2 左右。

（6）空间需求

个体空间需求是指行人在步行设施中对活动空间的要求，分为静态空间需求和动态空间需求。静态空间需求主要是指行人在静止等待的状态下所占据的空间范围，身体前胸后背方向的厚度和两肩的宽度是行人步行设施空间设计中所必需的行人静态空间需求。

动态空间需求分为步幅区域、放置两脚区域、感应区域、行人视觉区域及避让反应区域等。感应区不像步幅那样容易测得，在很大程度上受人的知觉、心理和安全等因素的影响。行人在正常行走时，通常会在前方预留一个可见区域，以保证有足够的反应时间，以便采取避让行为等。

（7）路径选择

路径选择是指行人在移动过程中，为到达目的地对移动路线作出的选择。行人在移动过程中是潜意识地通过观察自己前方区域内的交通状况作出自己的行为选择，行人观察区域不是圆形范围，而是前方相对比较长而侧面相对较短的椭圆形范围。行人周边的交通条件常常会影响观察区域范围的大小，从而影响行人的路径选择行为。研究表明，行人在路径选择时更愿意选择最快到达的路线，在行走时趋于与障碍物和其他行人保持一定的间距。行人在移动过程中，会根据不同的交通条件采取追随前方行人、避免碰撞、侧身通过、停止等待等行为。

2. 宏观群体特征

行人流的宏观群体特征，主要是指大量行人在某一区域和时间段内表现出来的群体行为特征，包括行人流三要素、行人流自组织现象及行人流拥堵激波与踩踏现象等。

（1）行人流三要素

行人流的三要素包括流量、速度和密度。

行人流量是统计一定时间内通过行人交通设施某一断面的行人数量，以每 15 min 或每分钟作为统计单位。行人流的平均速度是指在行人流中所有个体行人的平均速度，单位为 m/s 或 m/min。行人流的平均速度在低密度的情况下主要受行人个体因素、出行因素等内在因素的影响，在高密度的情况下主要受行人所在的行人交通流的类型等外在交通因素的影响。行人流的密度是指在行人移动区域内单位面积上的行人平均数量，单位为人/m^2。行人空间也被用来表示行人在某一移动区域内的拥堵程度，行人空间是指在某一移动区域内每个行人占据的平均面积，单位为 m^2/人。

行人密度越大，说明行人的拥挤程度越高，行人自由移动的空间越小，行人之间的相互干扰就越大，以自由流速度移动的可能性就越小；同时行人之间的冲突妥协机会也将增强，为了行人流整体的利益，行人之间会产生自组织现象。行人流在低密度的情况下，行人可以按照自己的意愿，以自由的速度移动；在高密度的情况下，特别是在紧急恐慌的疏散情况下极易发生拥堵踩踏事件。

行人流的密度、速度、流量之间的基本关系与机动车流的参数之间的基本关系相类似。行人流速度随着密度的增加，行人占据的空间越来越小，因此行人的移动性越来越差，所以行人的平均速度越来越小。在行人密度较低的情况下，行人拥有较高的移动空间，行人可以拥有较大的自由度，容易达到最大速度，因此随着行人数量的不断增加，流量也在逐渐增加。同时，行人平均空间逐渐减小，行人之间的干扰越来越大，因此行人的速度和流量都逐渐减小，最后速度和流量都降为零，变为完全拥堵状态。

（2）行人流自组织现象

行人流自组织现象是指行人流内部的个体行人之间在无外界力量的指导下由于自身因素和作用自发组织和生成的行人流宏观现象。主要包括对向行人流的自动分离形成无形通道现象、在交通设施瓶颈处对向行人交替通过现象、交叉口行人流产生斑纹现象等自组织现象。

行人是具有移动目的地的自驱动个体，是高级智慧的智能体，具有超强的灵活性和适应性。行人在移动过程中，不仅受自身出行目的、身体状态、焦急程度等因素的影响，同时，还受行人交通设施、交通环境、交通流的类型等外界因素的影响。并且多数情况下，行人是在多个个体的群体中移动形成行人流。在行人流中，个体为到达自己的行为目的地，在选择最佳路径的同时，彼此之间将会争夺有限的交通资源，在行人个体之间发生位置冲突和路线冲突，行人之间的冲突将会导致行人速度和行人流量的降低，失去理智恐慌的位置冲突将会导致行人的踩踏事件。为提高行人流的移动效率，避免踩踏等恶性交通事件的发生，行人在争夺交通资源的基础上合理地处理位置冲突，在竞争与妥协的基础上协调合作，以满足行人流移动的群体效率，因此，行人流常常会伴随自组织现象。

在交通枢纽步行设施内，常常能观察到对向行人流自动分开，形成无形通道的现象，在无形通道内行人的移动方向相同。移动方向相反的行人自动分离，分别形成自己的移动通道，减少和避免了与对向行人之间的必要冲突，使对向行人流演变为移动效率较高的单向行人流，提高了整个对向行人流的移动效率。这种自动分离和无形通道的形成不是建立在个体行人之间有意识的或交流的基础上，而是建立在行人无意识的自发基础上。

在对向行人流的自组织现象中，无形通道的个数与交通设施的宽度和长度、行人流内在和外界的干扰有关。无形通道的形成过程也与时间相关，在对向行人流相遇的通道内，开始将会形成比较窄小的无形通道，随着时间的推移，这些窄小的通道将会逐渐融合为比较宽大的通道，以减少通道之间的行人干扰。在高密度的情况下，大的行人扰动或恐慌的人群由于迫切超越前方行人将会破坏有序的无形通道，造成移动方向相反的行人拥堵在一起而停止不前。

在交通设施瓶颈处的对向行人流往往会产生不同方向的行人流交替占用瓶颈位置通过瓶颈的自组织现象。在行人流处于恐慌的情况下，在瓶颈处也会发生交通拥堵的死锁现象。

在交叉的行人流公共区，往往会生成行人自组织的斑纹现象。斑纹现象也是一种冲突行人自发分离的现象，但与对向行人流的无形通道相比，斑纹是由同类行人组成的密度带并向交叉流移动的方向移动。斑纹交织在一起，行人在斑纹内向侧前方移动，从而使两类行人以连续流的形式交织在一起向前移动，行人没有停止等待等行为，提高了整个行人流的移动效率。

（3）行人流拥堵激波与踩踏现象

在交通枢纽步行设施内，行人流高密度区域内往往会产生行人流拥堵激波现象，拥堵流的恐慌疏散会诱发拥堵踩踏现象。

在行人流密度较小的情况下，行人之间干扰很小，行人占据的空间和自由度比较大，行人能以自由流向前移动，单个行人的不稳定因素不会传递到整个行人流中的其他行人，此时行人流不具备连续介质的特性，属于离散个体的随机组合。当在行人流密度较高的情况下，特别是在行人之间发生拥堵时，此时行人之间的干扰增大，占据空间缩小，行人的移动在很大程度上取决于周围的交通状况，行人流中的干扰和波动都将会以波的形式扩散到整个行人流，并往往伴随激波的产生。

根据行人的密集程度，在恐慌状态下的行人紧急疏散可分为 3 种状态：低密度的行人自由疏散状态、高密度的行人密集拥挤状态、行人拥挤踩踏状态。在低密度的行人自由疏散状态中，由于行人密度较低，形不成密集的拥堵区域，行人之间没有产生相互接触的拥挤力；在高密度的行人密集拥挤状态中，由于行人处于停滞的拥堵状态，行人之间相互接触且推搡严重，从而产生拥挤力，拥挤力的传递和累积容易导致拥挤死伤事件；当密集拥挤状态中发生行人倒地致伤等事件后，疏散行人进入拥挤踩踏状态，诱发更大的行人死伤。

6.4.2 交通枢纽设施的步行环境特征

交通枢纽设施的步行环境具有自身的特殊性，影响乘客的出行换乘步行行为。交通枢纽设施的步行环境特征主要包括以下几方面。

1. 活动内容多样性

在交通枢纽内，乘客除步行、等待等基本行为外，还有购票、检票、安检、乘降和购物等其他活动，这些活动易影响其他行人的行为，带来一系列如排队、拥挤等现象。

2. 客流的不稳定性

交通枢纽内的客流与不同交通方式的到发时间密切相关，具有一定的不稳定性。行人步行行为与其移动目的、交通工具到发等密切相关。随着交通工具的到达和离去，行人行为在时间上表现为突变性，在客流上表现为不稳定性。当行人急欲乘车离开时，大多数进站行人会以最快的速度到达站台。同时，在宏观上枢纽站场内行人流量具有一定的激变性，随着列车在一定时间间隔的到达，站场内的客流呈现出急剧升高的特征，这种状态持续一段时间后，站内流量逐渐减少，随着后一辆列车的到达，这种现象又会重现。

3. 客流的不均衡性

交通枢纽内行人交通流在时间和空间上的分布都具有明显的不均衡性，增加了行人流组织与管理的难度。同时，大量密集的行人客流步行移动时已不同于正常情况下个体行人的交通行为，呈现出非线性动态特征。在非恐慌拥堵的情况下，密集行人很容易在空间需求上形成人与人之间的冲突，每个行人会在维持自己速度大小与方向的同时，在避免与他人冲撞间寻求平衡点，形成行人的自组织现象；在恐慌拥堵的情况下，密集行人流很容易打破自组织现象，从而诱发拥堵踩踏现象。

4. 步行设施封闭性

交通枢纽的步行设施一般为相对封闭的交通空间，如地下换乘通道、地铁站台等。行人在封闭的步行空间内行走时不易受外界因素干扰、方向性差、行走压力较大，因此其行走速度相对开放空间较快。调查显示，中国乘客在封闭交通枢纽中以换乘为目的的平均行走速度为1.49 m/s，快于在商场购物行人步速 1.16 m/s 和在休闲区人行道步速 1.1 m/s，亦高于平均速度1.34 m/s。在快速行进过程中，行人之间更加容易发生拥挤、摩擦和接触等相互作用。

5. 步行设施多样性

交通枢纽内行人步行设施多样，不同步行设施内行人行为特征不同。步行设施可分为延滞性设施（闸机、安检区、检票口）与非延滞性设施（通道、站台），自动设施（滚梯、升降梯）与非自动设施（通道、楼梯），广场类设施（站前广场、站台）与通道类设施（通道、楼梯）等。

6. 步行设施互通性

交通枢纽内所有步行设施相互连通。客流在从进站开始接受服务到出站后服务终止的整个过程中，需要步行经过一系列互通设施，而且选择性相对较少，所能容忍的步行距离或时间也相对较长。行人具有明显的分类特征或移动目的，如进站、出站和换乘等，易受到枢纽导向标识如广播、指示牌等影响。对于目的相同的一类行人，需要经过的步行设施无论从类型上还是顺序上都基本类似，容易出现从众行为。

6.4.3　枢纽步行设施的乘客行为特征

基于交通枢纽内步行设施的类型，客流行为特征主要包括队列型、通道型与广场型 3 类。

1. 队列型

在交通枢纽站场内，当客流的到达率大于设施的服务能力时，一般会产生队列型客流。行人队列包括有序队列与无序队列两种类型。有序队列一般发生在服务窗口、有围栏引导或有工作人员维持秩序的特定区域；无序队列一般出现在无围栏控制或非人为控制区域。

（1）有序队列

有序队列是指行人需要通过某一步行设施或在接受某一服务时，由于行人的到达率大于设施的服务能力，行人呈现为“直线型”有序排队。有序排队一般出现在售票区、安检区、候车站台等区域。行人在进入排队区域后，首先确定目标地点及相关路径；如果存在初始排队，则选择最短队列进行排队；若无初始队列，则按最短路径选择最近的窗口或设施；而且在排队过程中，根据其他队列的长度或移动速度，会动态地重新选择自认为排队时间最短的队列，并出现更换队列的现象；当行人数量较多，队列呈现严格的有序形式，队列移动速度相差不大，当插队、不规则队列等不被接受时，更换队列现象则很少发生。

（2）无序队列

无序队列是由于行人急于通过步行设施或无规则引导排队，拥堵行人呈“水滴状”或“扇形状”的无规则队列。无序队列一般出现在步行通道、滚梯端、安全出口等步行设施的瓶颈处。当高密度行人通过步行设施瓶颈时，行人以跟随行进为主，并随时调整自身的位置，未能形成有序队列，以积极占据前方可用空间，尽快通过瓶颈区域为步行最优目标。在紧急恐慌的疏散过程中，无序队列的恐慌拥挤往往会诱发行人踩踏事件。

在以行人有序队列为主的排队区域，排队秩序不是很严格的情况下也会出现无序队列，且有序队列与无序队列之间存在动态转移的过程。无序队列的产生与行人的实际等待时间和心理等待时间密切相关，当低密度行人的实际等待时间小于心理等待时间时，行人在心理上一般能接受无序排队行为；当高密度行人的实际等待时间大于心理等待时间时，行人往往会打破有序排队状态，进入无序排队状态。

2. 通道型

通道型客流是指行人在步行通道、楼梯等通道型步行设施内形成的单向或对向行人交通流。当通道平面运送距离过长时，往往采用步行道和自动步道组合的方式供行人选择，以减少行人在通道内的步行体能消耗。由于通道型客流具有明确的移动目标、急于离开封闭空间的心理趋势及行人间的从众心理，行人步行速度一般要快于漫步状态的速度。

（1）单向客流

当行人密度较低时，行人一般倾向于在通道中心线 0.6 m 左右的步行范围内行走，在有条件自由选择行走空间的情况下，对时间敏感的乘客一般会加快步伐，超越前方行人，其行走路径流向呈现出左右选择的折线状况；而对时间不敏感的乘客则会跟随前方行人，一般不会主动加速超越，以保证总的走行距离最短。当行人密度较高时，单向客流进入拥挤行人流状态。

（2）对向客流

在双向通道内，行人具有靠右侧行走，以及右侧避让对向行人的特性。为了避免与对向行人发生碰撞，行人具有跟随行走的特性，产生了自动渠化的自组织现象。相向移动的行人间存在侧身交换位置的现象，以避免拥堵对向行人流产生“死锁”的停滞现象。当步行通道内无中央隔离设施时，行人流量较大的方向会侵占对向行人空间，使整个通道的行人密度趋于均衡。

3. 广场型

广场型客流是指在站场前广场、大厅、站台等开阔广场型步行设施内形成的多向交织行人流。交通枢纽内行人一般具有以较短时间实现其出行与换乘的心理，因此进出枢纽场站、大厅的行人一般选择最短路径移动，以完成进站、出站、换乘等目的，除去建筑等障碍物或人为流线控制的影响外，行人一般会选择直线或趋于直线的路径到达目的区域。由于广场、大厅等步行设施的开放性，行人步行目的、起讫点各不相同，在对步行时间较为敏感的情况下，不同移动方向的行人会在大厅内形成较为复杂的交织行人流，导致客流混乱、交织点多等不良状况。由于广场、大厅等步行设施内存在影响行人移动的空间障碍物，以及步行距离相对较长等特点，在有明确指示标志、标示的情况下，行人往往会产生很强的从众心理，跟随人流的流向而选择自身的行走路线。

6.5　城市交通枢纽交通设施设计的方法

6.5.1　空间资源的总体布局设计

城市交通枢纽空间资源的总体布局设计是从宏观层面，概念化、整体化地确定枢纽内不同交通方式的空间布置方式；是对不同交通方式的专属作业区、公共作业区、行政生活区等空间布局进行空间划分；并针对不同的交通方式，划分到达客流的到达区、落客区、离站区，离站客流的候车区、上客区、发车区等；以及不同交通方式间的交通衔接与客流换乘空间等的大致布局，是交通枢纽后续交通方式衔接与客流换乘模式设计，以及后续详细设计的基础。

通过枢纽空间资源的总体布局设计，需要明晰交通枢纽水平与垂直方向的物理边界，以及交通枢纽内不同交通方式与周边交通网络的衔接位置；明确交通枢纽内不同交通方式的专属作业区空间，以及枢纽的公共作业区空间；明确交通枢纽内不同交通方式间的物理边界，以及不同交通方式间的交通衔接区域；明确枢纽内交通线路设施布局区域等。总体布局设计主要包括交通枢纽空间布局设计、交通枢纽空间区域划分设计、交通枢纽衔接布局设计。

1. 交通枢纽空间布局设计

根据枢纽内不同交通方式站场的相对位置，交通枢纽空间布局模式可分为平面式空间布局模式、立体式空间布局模式和混合式空间布局模式 3 种。具体选择应考虑客流需求、服务标准、用地空间限制、对环境的影响、所能产生的社会效益及造价等进行优化。

1）平面式空间布局模式

综合交通枢纽的平面式空间布局模式，是指枢纽内各种交通方式站场在同一水平面上的投影基本不相重叠的布置模式，如图 6–4（a）所示。该模式占地面积较大，人流和车流间的相互干扰严重，国内早期的交通枢纽，或者交通方式比较简单的枢纽一般多采用此种形式。该模式的优点在于不同交通方式站场各自独立设计，可分期施工，功能互不干扰；该模式的缺点是：占地面积较大，客流换乘距离较长。根据枢纽内各种交通方式站场的分散程度，平面式空间布局模式又可分为平面分散式、平面集中式和平面毗邻式 3 种类型。

（1）平面分散式

平面分散式是指各种交通方式站场在一个较大的范围内分散设置的布局模式。客流换乘需要跨越道路的天桥或地下通道来实现。该模式的优点是站场独立，各交通方式的客流互不干扰，且各交通方式站场可独立施工，施工难度小；该模式的缺点是换乘距离过长。

（2）平面集中式

平面集中式是指各种交通方式站场在一个较小的范围内集中布设与衔接的布局模式。该模式各交通方式站场相邻布置，中间没有其他城市建筑物或道路相隔离，客流通常通过站前广场实现换乘，无须跨越道路的天桥或地下通道，换乘较为方便，而且建设投资小，工程技术要求不高，在一些中小型交通枢纽可采用此种模式。

（3）平面毗邻式

平面毗邻式是指各种交通方式的站场在一个较小范围内毗邻布设与衔接的布局模式。该模式各交通方式客流活动建筑主体毗邻布置，整个枢纽的建筑主体融为一体，各交通方式通过步行通道、滚梯、楼梯等步行设施与换乘大厅相连，客流通常通过换乘大厅实现换乘，换乘较为方便。

2）立体式空间布局模式

综合交通枢纽的立体式空间布局模式，是指枢纽内各种交通方式站场在同一水平面上的投影完全重叠的布置模式，如图 6–4（b）所示。在立体式空间布局模式中，各种交通方式的站场立体地布置在同一建筑物内的不同层面，并通过换乘集散大厅和自动扶梯、楼梯等实现不同交通方式间的相互衔接。该布局模式需要打破不同交通方式运营管理中独立使用空间建筑设施

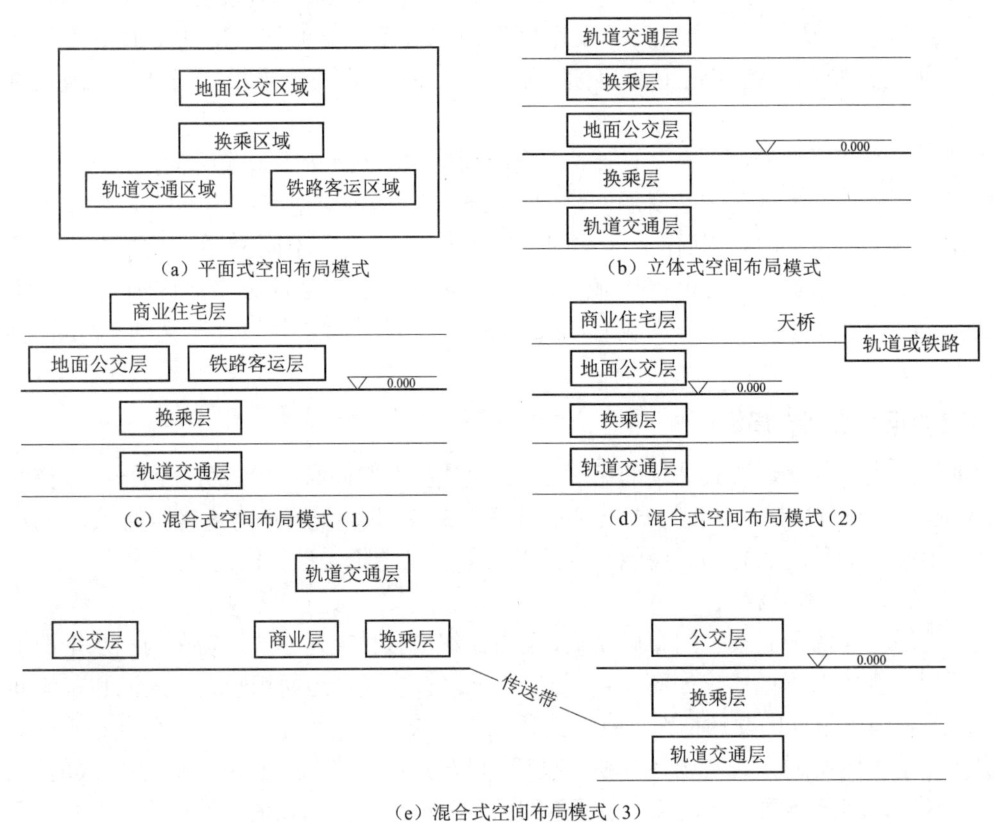

图 6–4 枢纽空间布局模式

的观念，需要不同交通方式间协调合作共享枢纽的建筑设施，并在同一个监管体系下运营管理枢纽。该模式的优点是减少乘客的走行距离，改善换乘环境，属于交通方式无缝衔接与客流换乘零距离的发展理念；该模式的缺点是：在建设过程中上下部结构相互制约，施工难度大，工程造价较高，要求枢纽在规划设计阶段就需统筹考虑各交通方式的布局，适合新建的特大型综合客运枢纽。

3）混合式空间布局模式

综合交通枢纽的混合式空间布局模式，是指枢纽内各种交通方式站场空间布局包括平面式与立体式的混合组合模式，如图 6–4（c）～图 6–4（e）所示。该模式的优点是基于枢纽周边的具体用地与交通环境条件因地制宜地建设开发。

交通枢纽不同空间布局模式的优缺点如表 6–4 所示。

表 6–4　交通枢纽不同空间布局模式的优缺点

布局模式	优　点	缺　点
平面式空间布局模式	场站独立，选址灵活	占地较大，客流间干扰较大，换乘距离较长
立体式空间布局模式	用地紧凑，客流换乘距离短，体现无缝衔接与零换乘理念	工程造价高，施工难度大，受枢纽整体规模的限制
混合式空间布局模式	节约土地，节省费用，因地制宜，降低工程难度	换乘舒适性仍需进一步提高

在实际的枢纽交通设计过程中，需要根据枢纽中不同交通方式的空间特征、线路走向、运营特点、客运需求，枢纽自身的功能定位与空间规模，以及周边的土地利用与综合交通环境等，设计确定交通枢纽的空间布局模式，并明确不同交通方式在交通枢纽内的空间位置。

2. 交通枢纽空间区域划分设计

交通枢纽空间区域划分是在交通枢纽空间布局设计的基础上，划分枢纽内空间区域，明确不同区域内的功能任务。枢纽空间区域划分是空间布局设计的进一步细分与细化，是对枢纽空间的每一层进行平面布局设计，是不同交通方式基础设施与主要设备设计的基础。在此阶段需要明确，交通枢纽空间的作业区与非作业区，不同交通方式的专属作业区与公共作业区，枢纽作业区内的客流可达区与客流禁行区，以及客流可达区的凭票进入区与自由可达区等。

1）交通枢纽空间区域分类

（1）交通枢纽空间的作业区与非作业区

基于是否用于枢纽功能作业，将交通枢纽空间区域划分为枢纽作业区与枢纽非作业区。枢纽内用于或辅助枢纽实现客流运输、换乘、集散等基本功能的区域为枢纽作业区，如站前广场、发车区、候车区、站台区、交通设施设备区等；而且其他区域为枢纽非作业区，包括绿化区、商业住宅区、预留用地区等。虽然枢纽非作业区不参与枢纽基本功能的作业，但需要预留一定比例或数量的枢纽非作业空间，以满足枢纽的环境绿化、商业配套、土地开发、资金筹集、发展预留等需求。

（2）不同交通方式的专属作业区与公共作业区

基于不同交通方式的交通线路、交通工具、运营管理、作业特色、空间需求等，将枢纽作业区分为专属作业区与公共作业区。专属作业区是针对不同交通方式自身的特点，归某一具体交通方式独立排他使用的区域，具有专属使用的特点，如铁路运输到发客流的站台、航空运输的飞行区、水运运输的港口水域、公路运输的上客区等。公共作业区，是指枢纽内不同交通方式在集散运输作业过程中可公共使用的区域，该区域为多种交通方式的运输作业与客流出行换乘提供空间支撑服务，具有公共分享使用的特点，如枢纽的站前广场、多种方式共享的候车大厅、客流换乘通道等。

（3）枢纽作业区内的客流可达区与客流禁行区

基于客流出行与换乘过程中作业区能否被进出与到达的性质，将枢纽作业区分为客流可达区与客流禁行区。客流可达区是指客流为实现自身出行目的在枢纽内通过步行、电梯、驾车等手段可到达与进出的区域，如枢纽广场、枢纽停车场、候车大厅等。客流禁行区是指禁止客流进出与到达的区域，仅供枢纽管理人员、技术人员等出入的区域，如工作人员生活区、枢纽设施设备、枢纽管理区域等。基于乘客进出客流可达区的主要交通工具和目的，客流可达区又可划分为步行可达区与车流可达区。

（4）客流可达区的凭票进入区与自由可达区

基于客流出行与换乘过程中客流可达区是否凭票进入的性质，将客流可达区分为凭票进入区与自由可达区。凭票进入区是指需要凭借枢纽或某一交通方式定制车票才能进入的区域，如枢纽候车厅、铁路运输的站台、轨道交通站台等。自由可达区是指不需要凭借任何手续可自由到达的区域，如枢纽站前广场、售票厅等。在凭票进入区与自由可达区之间一般设置检票或安检设备，并配备专门人员维持秩序。

枢纽内部的凭票进入区与付费可达区不同。凭票进入区一般是属于某交通方式的专属候车或上车区域，仅供持有该交通方式车票的乘客使用。而付费可达区是指只要交付一定费用就可以出入的区域，与是否拥有车票无关，如收费停车场、付费候车娱乐区等。

2）交通枢纽空间区域划分

（1）交通方式的运输地位分析

基于交通客流的类型，将枢纽内交通方式划分为城市外部交通与内部交通两大类，并分别进行不同交通方式的运输地位分析。在每一类别内按交通重要度将不同的交通方式进行排序，明确城市外部交通的主导交通方式与辅助交通方式，以及城市内部交通的主导交通方式与外部交通方式。

（2）空间规模计算依据

基于枢纽交通设计的需求分析，计算枢纽内不同交通方式的设计能力，从而确定不同区域的空间规模。行人出行与换乘需求是综合交通枢纽站场设施设计的基础，无论哪种交通方式，一般将建成投产使用后的第 10 年作为枢纽站场的设计年度。基于设计年度的平均日客流发送量是枢纽站场的设计生产能力，也是确定计算枢纽站场建设规模的重要依据。而旅客最高聚集人数和车站高峰小时客流量是枢纽站场内相关交通设施设备设计的主要依据。

（3）空间划分优先满足原则

基于城市外部与内部交通协调匹配的原则，优先满足主导交通方式的空间用地，优先满足主导交通方式间的无缝衔接，以实现枢纽内绝大部分客流的零距离换乘与便捷的出行。

（4）空间区域划分顺序

首先，基于不同交通方式站场规模的计算依据，计算确定不同交通方式专属作业区的空间规模与位置；其次，基于枢纽公共作业区服务的交通需求量，计算确定枢纽公共作业区的空间规模与位置；最后，基于不同交通方式的设计生产能力、旅客最高聚集人数及车站高峰小时客流量等，计算确定枢纽作业区的客流可达区与禁行区、凭票进入区与自由可达区的空间规模与位置。

不同区域的空间规模与区域的形状、性质、布局、位置及承担的运输或换乘需求、类型等密切相关。此外，不同的运营管理水平、客流设计服务水平等对区域的空间规模有很大的影响。一般不同交通方式的专属作业区用地规模仅仅与自身的交通运输特征、设施服务设计能力、区域空间特征密切相关；而公共作业区由于服务于多种交通方式，在其用地规模计算时要注意不同交通方式间相互影响和设施服务的规模效应。

3. 交通枢纽衔接布局设计

交通枢纽衔接布局设计，是指在空间布局设计与空间区域划分设计的基础上，基于枢纽周边的土地利用与综合交通情况，明确枢纽内不同交通方式、交通线路间的衔接区域，是对枢纽公共作业区区域设计的进一步细分与细化，是交通方式衔接与客流换乘模式设计的基础。

基于交通运行的灵活程度，枢纽内交通方式主要包括两类：一为铁路、城市轨道、航空、水运等受轨道、跑道、航道等基础设施限制的非自由类交通方式，由于其在运行过程中受自身轨道、跑道、航道等基础设施的制约比较大，以及在运量、速度或成本方面占主要优势，因此，在交通衔接布局设计中该类交通方式一般占主导地位；二为公路客运、常规公交、出租车、私家小汽车、非机动车、步行等城市道路自由类交通方式，由于其不受轨道、跑道、航道等基础设施的制约，其运行过程灵活性较强，因此，在枢纽交通衔接布局设计中该类交通方式一般占从属地位。交通枢纽衔接布局设计不仅需要考虑两种交通方式间衔接的灵活性与便捷性，而且还需在各交通方式单独考虑的基础上寻求枢纽交通衔接的整体最优方案。

1）枢纽交通衔接

在交通枢纽站场内，每一种交通方式（除步行外）拥有两条主要交通流线：交通工具移动流线与乘客移动流线。依据交通流线的途经空间，可分为不同的专属作业功能区，如图 6–5 所示。

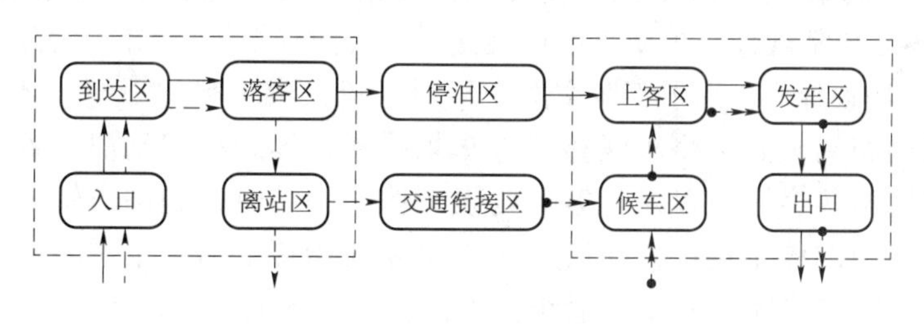

图 6–5　枢纽交通流线与作业区划分

基于交通工具移动流线，每一种交通方式一般都拥有其交通工具进出枢纽的专属入口与出口、专属停泊区域和站场内交通线路设施（道路、轨道、航道、跑道）等，逻辑上需要从其入口至出口的专属线路沿线依次设置客流到达、落客、上客、发车等专属作业功能区。在实际的规划与运行过程中，以上作业功能区可以根据具体情况进行合并，从而在同一区域内完成不同的功能。

乘客移动流线包括客流到达流线与客流离开流线。当客流运量较大，且需要在枢纽站场内部候车并凭票乘车或离站时，需要配备与落客区相通的离站专属区，以及与上客区相通的候车专属区。客流到达流线依次途经作业区为客流到达区、落客区、离站区等；客流离开流线依次途经作业区为候车区、上客区、发车区等。

枢纽交通衔接就是将不同交通方式或线路间的客流落客区（或离站区）与上客区（或候车区）相互衔接，实现客流在不同交通方式或线路间的换乘。枢纽衔接布局应以乘客的走行距离最短为原则，确保主导交通方式间客流的换乘方便，努力实现交通的无缝衔接与零距离换乘。

2）交通衔接模式

交通衔接模式主要包括无缝衔接、通道衔接、区域衔接及混合衔接等。

（1）无缝衔接

无缝衔接为行人通过水平或垂直移动，步行非常短的距离就可实现交通工具间换乘的衔接模式。主要包括不同交通方式、不同线路间的客流落客区与上客区为同一专属作业区域，可实现同站台换乘的衔接模式；客流落客区与上客区虽非为同一专属作业区域，但可通过短步行通道或小步行区域进行衔接来实现客流换乘的衔接模式。

（2）通道衔接

通道衔接为采用较长的单向或双向的步行通道，将不同交通方式或线路间的客流落客区（或离站区）与上客区（或候车区）相互衔接，实现交通工具间换乘的衔接模式。

（3）区域衔接

区域衔接为不同交通方式或线路间的客流落客区（或离站区）与上客区（或候车区）分布在一个较大换乘区域内，乘客需要在换乘区域内步行一定的距离才能实现交通工具间换乘的衔接模式。

（4）混合衔接

混合衔接为采用较长的单向或双向的步行通道及较大的换乘区域，将不同交通方式或线路间的客流落客区（或离站区）与上客区（或候车区）相互衔接，实现交通工具间换乘的衔接模式。

此外，公路客运与常规公交等城市道路类交通方式拥有相对独立的上客区、落客区和停泊区。在交通衔接布局设计中，为了克服空间布局对客流换乘带来的不便，客流接驳与运输可以采用站场分离的布局模式，将车辆整体停车场设置在客运枢纽站房以外区域，枢纽内仅提供客流的到达区与落客区，以及上客区与发车区。到站时，到站车辆在枢纽内落客，随后空驶进入枢纽周边的停车场；发车时，由调度系统指挥发出空车进入枢纽内的上客区载客离开。站场分离模式的优点为便于枢纽内不同交通方式的衔接设计，缺点是增加了周边路网的交通压力。

3）枢纽站前广场布局设计

由于客流到达的不稳定性，包含铁路或公路运输方式的城市对外综合交通枢纽一般都配建站前广场。站前广场是枢纽站场与周边道路交通系统衔接的主要场所，具有行人与车辆集散的功能，以及景观、环境、综合开发等多种功能。站前广场主要包括行人集散系统、行人休憩场所、客流换乘设施与场所（公交站、停车场）、与周边道路交通衔接设施（行人和机动车交通）、综合服务设施、枢纽管理设施及绿化与景观设施等。

站前广场布局设计，是在满足枢纽基本交通功能的基础上，在站前广场上构建合理的行人集散交通系统、客流换乘系统、与周边道路交通衔接系统，形成各类交通换乘、综合服务及绿化景观等设施的合理协调布局。

基于站前广场上设施的布局形态，站前广场的空间布局可分为站外分散型布局与站内紧凑型布局两类。站外分散型布局模式，是完全把站前广场提供给旅客，而承担客流集散任务的各种城市交通方式都被排除在广场之外；站内紧凑型布局，是保证聚集客流在高峰时刻的最大暂停面积之后，基于地上、地下立体开发的形式，将承担客流集散任务的各种城市交通方式吸纳到站前广场内，通过紧凑的功能布局实现交通、景观、地标等综合功能。比较而言，站外分散型布局模式属于封闭型运营管理模式，便于各种交通方式的独立运营与管理，但各种交通方式间联系不紧密，客流换乘时间和距离长，不便于客流换乘与出行；站内紧凑型布局模式，属于开放联运型运营管理模式，在节约用地、立体开发的基础上，缩短客流的换乘时间和距离。

基于站前广场的布局位置，站前广场的空间布局可分为单侧布局与双侧布局两类。单侧布局模式是站前广场仅布置在枢纽站的单侧方向；而双侧布局模式则是布置在枢纽站的双侧。当枢纽站场的集散交通量不大，枢纽运行的交通线路设施对城市用地发展分割作用不明显时，可以采用站前广场单侧布局模式，站前广场的布局面向客流集散的主要方向；当枢纽站场集散交通量较大，枢纽运行的交通线路设施对城市用地发展分割作用较明显时，如市中心包含高铁的综合交通枢纽，可以采用站前广场双侧布局模式，在铁路两侧布局站前广场，并配备连接通道设施等。

4）枢纽站换乘大厅布局设计

在交通枢纽站场用地比较紧张，采用立体式空间布局模式时，可以在交通枢纽主体建筑结构内建设衔接多种交通方式的换乘大厅，将不同换乘目的和方向的客流汇集到同一个大厅内进行换乘。基于不同交通方式的空间布局，以及换乘客流的流量与流向，换乘大厅可以布局在地下层、地面层或地上层。由于换乘大厅是客流换乘的必经之地，因此可以在不影响客流换乘的基础上，在换乘大厅配建报刊、餐饮等配套服务设施。

5）枢纽交通线路设施与出入口布局设计

枢纽交通线路设施，是指枢纽内不同交通方式为实现旅客运输、客流集散及客流换乘等基本功能，其交通工具或行人在枢纽内部移动的线路设施。基于交通运输方式分类，枢纽内交通线路设施主要分为轨道类（铁路、地铁、轻轨）、道路类（公路、地面公交、小汽车、非机动车等）、步道类（行人）、航道类（水运）、跑道类（航空）；基于线路设施使用作业类型分类，枢纽交通线路设施可分为客流使用的运输集散作业类线路、工作人员与安全应急使用的日常生活道路与应急消防道路。

交通枢纽的出入口，是枢纽内交通线路与周边交通网络的衔接点，主要连接站场内交通线路与站场外交通网络。站前广场是枢纽站场与周边道路交通系统衔接的主要场所，因此，交通线路设施与枢纽出入口布局设计，一般同站前广场布局设计一起完成。而道路与步道类线路设施及其出入口布局设计是枢纽交通衔接布局设计的主要内容。

在道路与步道类线路设施及其出入口布局设计过程中，应尽量避免与交通枢纽无关的过路机动车流、非机动车流和行人流穿越站前广场，减少周边途经交通流对枢纽站场集散客流的影响。在枢纽衔接布局设计中，可采用地下地上双层广场、地下和高架道路、过街通道与天桥等衔接设施，从空间上分离枢纽站场的集散交通流与周边途经交通流。

（1）交通线路设施布局设计分类

① 轨道类线路设施：由于铁路、地铁、轻轨等轨道类交通方式的枢纽线路设施本身就属于整个轨道交通网络的一部分，线路的枢纽出入口界限不明确，被包含在该类交通方式的专属作业区内。轨道类线路设施与出入口布局在线路走向布局规划阶段已经完成，枢纽交通设计过程中主要依据线路的走向来布局该交通方式的专属作业用地，并有效衔接其他类交通方式。

② 航道与跑道类线路设施：由于水运与航空运输的自身特点，航道与跑道分别在港口水域和机场飞行区内，线路及其出入口都被包含在该类交通方式的专属作业区内，在港口水域与机场飞行区的设计过程中已完成了线路及其出入口的设计。在枢纽交通设计过程中，主要通过港口陆域区与机场航站区设计，实现与其他类交通方式的衔接。

③ 道路类线路设施：道路类线路设施主要服务于公路运输系统、除轨道交通外的城市内部交通系统，以及枢纽内部工作人员的日常生活道路。针对公路运输系统与城市道路系统（小汽车、公交车、非机动车），基于交通流线依次通过的线路入口，客流的到达区、落客区，车辆停泊区，以及客流上客区、发车区，线路出口等作业功能区，布局运输与集散类交通方式的内部道路系统。针对日常生活道路与应急消防道路系统，基于线路出口布局、专属设施布局、服务设施布局等，设计布局日常服务与应急消防的内部道路系统。

④ 步道类线路设施：主要用于枢纽内客流的换乘与集散，应急疏散，以及综合服务等。步道类线路设施布局设计主要依据枢纽行人客流入口、不同交通方式的落客区（或离站区）与上客区（或候车区）、枢纽行人客流出口、应急疏散通道与出口设施布局、不同交通方式间的交通衔接模式，以及辅助服务设施布局等，设计布局步道类线路设施。

（2）枢纽出入口布局设计

枢纽出入口的形式，依据其功能主要分为单功能型与双功能型。单功能型出入口是指专用的仅供进入的入口或出离的出口；双功能型出入口是指兼具出和入两种功能的出入口。依据出入的交通流类型主要分为机动车出入口、非机动车出入口和行人出入口。机动车出入口与非机动车出入口属于道路类线路出入口；行人出入口属于步道类线路出入口。

枢纽出入口布局设计主要包括道路类线路出入口布局设计与步道类线路出入口布局设计。

① 道路类线路出入口布局设计。道路类线路出入口布局主要包括机动车出入口与非机动车出入口。出入口类型的选择一般基于进出的交通流量、与其衔接的城市道路的交通流量等。为减少枢纽出入交通对与其衔接道路交通的影响，基于“右进右出”的理念布局和组织出入交通流。

枢纽内基于道路集散的交通流主要是通过城市快速路、主干路、次干路或生活支路进出城市或区域道路网，因此，出入口与城市道路的衔接，不仅影响与其衔接道路交通的畅通与安全，而且会对枢纽内部自身的交通产生干扰，从而影响枢纽周边交通网络或枢纽内部交通运行。为减少枢纽出入交通对周边交通网络的影响，特别是对城市快速路、主干路等通过性干线交通的影响，出入口一般选择与城市次干路或生活支路衔接，并远离交叉口，以减少对交叉交通的影响；同时，出入口应避免直接面对医疗、教育、消防等性质的公共建筑，以避免交通量之间的相互干扰。

道路类线路出入口数量的设置，与枢纽内道路交通线路的布局、进出交通量、出入口类型等密切相关。为避免内部道路交通流组织混乱，在满足道路交通量基本通行需求的条件下，以不引起车辆在出入口附近排队为原则设置出入口数量。

② 步道类出入口布局设计。枢纽行人交通流主要通过站前广场与外部行人交通系统相衔接，行人步道类出入口的位置选择与站前广场客流的聚集分布、枢纽内行人步道线路系统、枢纽周边的行人交通网、周边商业开发等密切相关，以快速集散客流、提供便捷服务为主要原则。步道类出入口的类型选择，根据通过出入口主要客流的聚集或分散属性确定。步道类出入口宽度的设置，以不引起出入口附近行人流排队为原则进行设置。

6.5.2 交通衔接与客流换乘模式设计

根据枢纽内不同交通方式的客流运输类型，以及枢纽客流运输与集散的基本功能，换乘客流主要分为两大类：向城市内部交通换乘与向城市外部交通换乘。向城市内部交通换乘，是指城市外部交通长距离出行客流或城市内部交通出行客流到达枢纽站场后，转乘城市内部交通工具的换乘，具有“迫切离开”“快速分散”的特点，属于“及时换乘”；向城市外部交通换乘，是指到达枢纽客流转乘城市外部交通工具的换乘，具有“定时运输”“等待候车”的特点，属于“非及时换乘”。

枢纽交通衔接与客流换乘模式设计，属于枢纽交通设计的中观层面设计，主要完成不同交通方式或线路间的交通衔接与客流换乘模式设计，目的在于通过合理的交通换乘设施布局设计规范客流的换乘流线，以缩短乘客的换乘距离与时间，减少不同交通客流间的相互干扰，以方便乘客换乘与出行。枢纽交通衔接与客流换乘模式设计，分别是从空间衔接与客流换乘的角度去解决不同交通方式或线路间的交通互通与客流转换问题。交通衔接模式是客流换乘的物理基础，而客流换乘模式是交通衔接模式的表现形式。在枢纽交通衔接与客流换乘模式设计过程中，一般遵循“交通无缝衔接”与“客流零距离换乘”的设计理念。

1. 轨道交通枢纽交通衔接设计

1）轨道交通与轨道交通的客流换乘

我国城市轨道交通网络的规划建设一般采用分离式路网，轨道交通枢纽内客流间的换乘模式与轨道交通的站台布局、相交的线路条数、车站埋设的深浅、线路走向、地面环境、换乘客流等密切相关。客流换乘模式可分为站台换乘、节点换乘、站厅换乘、通道换乘、混合换乘和站外换乘等多种基本形式。与不同的换乘模式相对应，轨道交通站位布局也可以分为并列式、行列式、“十”字形、T 形、L 形、H 形和混合型 7 种形式。

（1） 站台换乘

站台换乘，是乘客在同一站台即可实现转线换乘，乘客只要通过站台、连接站台的天桥或地下通道就可以换乘另一条线路的列车，包括站台同平面换乘和站台上下平行换乘。站台换乘对两线换乘的乘客来说是最佳的选择方案，尤其是对换乘客流量很大的情况。

（2） 节点换乘

节点换乘，是将两条轨道线路隧道重叠部分的结构做成整体节点，并采用楼梯或自动扶梯将两座车站的上下站台连通，客流通过一次上下楼梯或自动扶梯，在站台与站台之间直接换乘。节点换乘方式依两线车站交叉位置的不同，有“十”字形、T 形和 L 形 3 种布置形式。

（3） 站厅换乘

站厅换乘，是设置两条线或多条线的公用站厅，或将不同线路的站厅互相连通形成统一的换乘大厅。乘客下车后无论出站还是换乘都必须经过站厅，再根据导向标志出站或进入另一站台进行乘车。由于下车客流只朝一个方向移动，减少了站台上人流的交织，乘客行进速度快，在站台上的滞留时间较短，可避免站台拥挤，同时又可减少楼梯等升降设备的数量，增加站台有效使用面积，有利于控制站台宽度规模。站厅换乘方式是一种较为普遍的换乘方式。

站厅换乘与站台换乘、节点换乘相比，客流换乘线路通常需要先上（或下）再下（或上），换乘总高度大，换乘距离长。若站台和站厅之间采用自动扶梯连接，可以改善换乘条件。由于所有乘客都必须经过站厅集散和换乘，因此站厅内客流导向标识的设置非常重要，是保证乘客有序流动和换乘的必需设备。

（4）通道换乘

通道换乘，是通过专用的通道及楼梯或自动扶梯将两座结构完全分开的车站连接起来，供乘客换乘。如果两轨道线路的车站靠得很近，但又无法建造成同一车站，那么可以采用通道换乘的形式。通道可以连接两个车站的站台或站厅的凭票进入区，也可以连接两个车站站厅的非凭票进入区。根据车站站位的不同，分为T形、L形和H形3种布置形式。

通道换乘，对乘客来说一般不是一种理想的换乘方式，其换乘条件取决于通道的长度及行人通过能力。但通道布置较为灵活，对轨道线路的走向夹角与车站位置有较大的适应性，预留工程少，并可根据换乘客流量的大小决定通道的宽度与客流移动方向。通道换乘一般为两线或多线换乘，具有换乘间接、步行距离长、换乘能力有限，但布置灵活的特点。

（5）混合换乘

混合换乘，是站台换乘、节点换乘、站厅换乘及通道换乘中两种或两种以上方式的组合。此类换乘一般为两线或多线换乘，其特点是保证所有方向的客流换乘得以实现。在进行实际的换乘枢纽交通设计时，若单独采用某种换乘方式不能奏效时，可采用上述两种或多种换乘方式的组合，形成混合换乘布局模式，以达到改善换乘条件、方便乘客使用和降低工程造价的目的。上海轨道规划路网中的多线换乘枢纽大都采用混合换乘方式，如徐家汇站、人民广场站、东方路站等。

（6）站外换乘

站外换乘，是乘客在车站凭票进入区以外进行换乘，实际上是没有专用换乘设施的换乘方式。一般在下列情况下可能会出现：

① 高架线与地下线之间的换乘，因为条件所迫，不能采用凭票进入区内的换乘方式；

② 两线交叉处无车站或两车站相距较远；

③ 规划不周，已建线路未预留换乘接口，增建换乘设施又十分困难等。

站外换乘，增加了换乘客流的进出站手续和步行距离，以及与站外其他客流的交织，增加了客流换乘的不便性。对交通枢纽自身而言，站外换乘是一种系统性缺陷的反映，在线网规划与枢纽交通设计中应尽量避免。

2）轨道交通与常规地面公交的客流换乘

轨道交通与常规地面公交的客流换乘模式，主要包括路边停靠换乘、公交站台集中布局换乘、合用站台换乘、同侧站台换乘等。

（1）路边停靠换乘

路边停靠换乘，是公交车辆直接在路边停靠，利用地下通道与轨道交通枢纽站的站厅或站台相连的换乘模式。当轨道交通位于道路一侧，且各公交线路运量一般时，可在道路两侧直接设置停靠型公交站点。常规公交的到发站尽量靠近轨道交通连接通道的出入口，在换乘时轨道交通客流通过地下通道或天桥到达公交站台实现换乘。

（2）公交站台集中布局换乘

公交站台集中布局换乘，是多个公交线路站台集中于路外或站前广场的一个区域的换乘模式。为避免换乘客流对进出站公交车辆的干扰影响，每个站台均通过地下通道、人行天桥、换乘大厅与轨道交通枢纽站的站台或站厅相连。当进出站的公交线路或车辆较多时，为避免沿线停靠模式造成停靠点的交通拥挤，将公交站台集中布局，形成多个站台布局区域，将站台布局区域内的每个站台与轨道交通枢纽站衔接。当常规公交从主要干道进入换乘站时，最好能够提供常规公交优先通行的专用车道或专用通行标志，以减少其进出换乘站的时间延误。

（3）合用站台换乘

合用站台换乘，是常规公交停靠站与轨道交通枢纽站的站台合用，并用地下通道连接轨道交通的两个侧式站台的换乘模式。当常规公交与轨道枢纽处于同一平面，常规公交到达站（出发站）和轨道交通出发站（到达站）同处一侧站台，且两个公交到发站通过地下通道连接时，使得轨道交通与常规公交共用站台，至少能保证一个方向便捷的换乘条件。在合用站台换乘模式中，“车走人不走”，客流步行距离最短，实现交通的“无缝衔接”与客流的“零距离换乘”。

（4）同侧站台换乘

同侧站台换乘，是使公交到达站与轨道交通出发站同处轨道线路的一侧，而公交出发站与轨道交通到达站同处轨道线路的一侧的换乘模式，并通过地下通道或过街天桥，连接公交到达与出发站，以及轨道交通的出发站与到达站。该换乘模式可有效避免换乘客流间的相互干扰，且宜在换乘空间不具备合用站台换乘的情况下采用。

3）轨道交通与出租车及私人小汽车交通的客流换乘

为鼓励公共交通与非机动车出行，首先要满足公共交通与非机动车的用地需求，在此基础上建立临时停靠站或停车场，满足小汽车客流的换乘需求。

（1）临时停靠站的客流换乘

在不影响公交车流与换乘行人流的情况下，为满足出租车或小汽车“即停即走”的客流换乘，在轨道交通与地面衔接通道的出口或入口周边，分别建立“即停即走”的临时停靠站，以满足出租车或小汽车的临时上客或落客的需求。

（2）小汽车停车场的客流换乘

在轨道交通周边建立大型停车场，停车场的行人出入口通过地下通道、人行天桥与轨道交通的站厅或站台相连。小汽车停车场布置灵活多样，可以是地面停车场，也可以是地下或停车楼等。小汽车停车场的客流换乘模式主要用于城市边缘的停车换乘交通枢纽。

4）轨道交通与非机动车的客流换乘

为鼓励非机动车的绿色出行，在不影响公交车流与换乘行人流的基础上，在轨道交通枢纽站地面出口或入口附近，建设非机动车专用停车场，供非机动车客流与轨道交通的换乘。

2. 铁路客运枢纽交通衔接设计

铁路客运枢纽一般属于城市对外交通枢纽，是城市内部与外部交通的衔接点。铁路运输为主要交通方式，承担城市间的旅客出行运输，而轨道交通、常规公交、出租车及私人小汽车交通等城市内部交通方式主要负责客流的集散运输。由于轨道交通具有运量大、速度快、可靠性高的特点，在大都市往往采用其作为主导的集散交通方式，也是铁路客运枢纽中客流的主要换乘方式。

由于铁路自身交通设施与运营管理的特点，铁路运输拥有站前广场及专属的候车区、站台、离站区（通道）等。在铁路与其他交通方式的交通衔接设计中，尽量缩短铁路候车区与汇集客流交通方式落客区的距离，以及铁路离站区（通道）与分散客流交通方式上客区的距离。

1）铁路与城市轨道交通的客流换乘

铁路与城市轨道交通间的换乘方式随着城市轨道交通发展而发展，由平面换乘方式逐步向立体换乘方式发展，近年来又提出同站台换乘方式。换乘客流量的大小与轨道交通、铁路客运站的衔接便捷程度，以及轨道交通在整个城市中的辐射程度密切相关。铁路与城市轨道交通的换乘衔接方式有以下几种。

（1）平面式换乘模式

在铁路客运枢纽站前广场地下单独修建城市轨道交通车站，通过站前广场实现两种交通方式的衔接。

（2）立体式换乘模式

城市轨道交通与铁路客运站立体式布局，通过地下通道、滚梯、楼梯等行人步行设施，将城市轨道交通站的出口接入到铁路客运站站厅或站台，将铁路客运站的离站区（通道）与轨道交通的入口相连。

（3）联合设站换乘模式

城市轨道交通与铁路联合设站，根据站台的设置方式又可分为两种：站台平行设置于同一平面的模式，即客流通过设置在另一层的共用站厅或连接站台的通道进行换乘；站台分层设置，即客流通过连接通道实现换乘。

2）铁路与常规公共交通的客流换乘

铁路与常规公共交通的客流换乘模式设计，应保证衔接交通的通达性、顺畅性与便利性。因此，其换乘模式通常采用常规公交与铁路客运枢纽尽可能接近同平面衔接，或上下层立体衔接。铁路与地面常规公交的交通衔接主要有以下几种。

（1）站外路边停靠客流换乘

在铁路客运枢纽站前广场衔接的主要道路上设置公交停靠站，铁路与常规公交基于站前广场利用过境公交线路实现客流换乘，换乘客流需要徒步穿越站前广场。

（2）站外公交枢纽客流换乘

在铁路客运枢纽站前广场附近建设常规公交枢纽站，利用地下通道或过街天桥等步行设施将公交枢纽站与站前广场相连。地面公交与铁路间的客流换乘需要步行一段距离，换乘时间相对较长。

（3）站内公交枢纽客流换乘

在铁路客运枢纽站前广场或下沉广场建设常规公交枢纽站，在空间布局上使常规公交客流落客区毗邻铁路候车区，使常规公交客流上客区毗邻铁路离站区（通道）。站内公交枢纽客流换乘模式，交通方式间衔接最为紧密，换乘客流的步行距离最短。

3）铁路与出租车及私人小汽车交通的客流换乘

出租车与私人小汽车交通，一般作为铁路客运枢纽集散交通的补充方式，其相应的优先权应次于公共交通。因此，在铁路客运枢纽交通设计中，应优先保证公共交通的空间用地及其换乘便捷性。同时，由于出租车与私人小汽车交通的灵活性与集中性，可以建立“即停即走”的临时停靠站，以满足出租车或小汽车的临时上客或落客的需求，并通过地下、地面或高架的汽车专用道路，将临时停靠点与枢纽停车场，以及周边道路相连。铁路与出租车及私人小汽车交通的客流换乘主要包括以下几种。

（1）临时停靠站的客流换乘

在不影响公共交通用地及其车流运行，以及客流换乘的情况下，在毗邻铁路站房候车区区域建立“即停即走”的临时停靠区，满足出租车、私人小汽车、特殊交通或VIP交通的“即停即走”的客流换乘，实现小汽车交通的汇集客流向铁路换乘；在毗邻铁路站房离站区（通道）的区域设置“即停即走”的临时停靠区，实现铁路客流向小汽车交通的分散换乘；同时，采用地下、地面或高架的汽车专用道路，将临时停靠点与枢纽停车场，以及周边道路相连，以方便车流的进出与停车。

（2）机动车停车场的客流换乘

在不影响公共交通用地与其换乘便捷性的情况下，在铁路客运枢纽站前广场或下沉广场建设小汽车停车场，主要用于满足两类停车换乘需求：一为小汽车驾车人利用火车当天往返出行或接送旅客的停车需求，二为旅游团体或单位等集体出行客运大巴汽车的停车换乘需求。停车场的行人出入口需通过地下通道、人行天桥等步行设施与铁路枢纽的站前广场、换乘大厅、候车区、离站区（通道）等相连；停车场的机动车出入口需通过汽车专用道路与临时停靠站、枢纽周边道路等相连。

4）枢纽站前广场或换乘大厅衔接的客流换乘

当铁路客运枢纽站内不同交通方式在站前广场区平面式布局时，基于站前广场实现铁路、城市轨道、常规地面公交、出租车、私人小汽车、非机动车等交通方式间的交通衔接；当铁路客运枢纽站内不同交通方式采用立体式或毗邻式空间布局时，基于不同交通方式的空间布局，形成不同交通方式间的换乘大厅，基于换乘大厅实现不同交通方式间的交通衔接。

不同交通方式的出入口通道与站前广场（换乘大厅）衔接，换乘客流需要途经站前广场（或换乘大厅）实现不同交通方式间的出行换乘。

5）其他交通方式间的客流换乘

铁路客运枢纽内城市轨道交通与其他交通方式的交通衔接，主要为城市轨道交通与其他交通方式的换乘，可参考轨道交通枢纽的交通衔接设计的相关内容。

3. 公路客运枢纽交通衔接设计

与铁路客运枢纽相比，公路客运枢纽的集散客流量相对较小，而且站前广场的面积也相对较小。由于公路客运自身的运营特点，公路客运站拥有站前广场及专属的落客区、泊车区、候车区、上客区等。在公路客运与其他交通方式的交通衔接设计中，主要处理公路客运与城市轨道交通、常规地面公交、出租车及私人小汽车等交通方式间的交通衔接。

1）公路客运与城市轨道交通的客流换乘

公路客运与城市轨道交通的交通衔接应保证客流换乘的通达性，同时避免公路客运站、城市轨道交通站分别位于城市快速路或主干路的两侧，以避免设置跨越城市快速路或主干路的专用换乘通道设施。公路客运与城市轨道交通的客流换乘模式主要有以下两种。

（1）平面式换乘模式

平面式换乘模式包括枢纽站内换乘与站外换乘。枢纽站内换乘，在公路客运枢纽站前广场地下单独修建城市轨道交通车站，通过站前广场实现两种交通方式的衔接，或者采用专用的换乘通道设施为换乘客流提供服务；枢纽站外换乘，城市轨道车站与公路客运站之间有一定的距离，换乘客流通过城市道路中的一般步道设施和过街设施进行换乘，其换乘的通达性与安全性都很差。

（2）立体式换乘模式

城市轨道交通与公路客运站立体式布局，通过地下通道、滚梯、楼梯等行人步行设施，将城市轨道交通站的进出口通道直接与公路客运站候车厅、售票室、发车区、落客区、客流换乘通道等相连，是最佳的一种衔接布局模式。

2）公路客运与常规地面公交的客流换乘

公路客运与常规地面公交的客流换乘模式，同铁路与常规地面公交换乘模式类似，除站外路边停靠、站外公交枢纽与站内公交枢纽3种客流换乘模式外，还包括站内无缝衔接客流换乘模式。

由于公路客运与地面常规公交都属于道路运输系统，具有相近的运行特征，因此可以在公路客运枢纽内实现交通方式的无缝衔接。站内无缝衔接客流换乘模式，将公路客运的落客区与地面常规公交的候车区或站台毗邻布局，通过专用的换乘通道或换乘大厅将公路客运与地面常规公交衔接，实现公路客流向公交的零距离换乘；同时采用站前广场、路边停靠等方式实现常规地面公交向公路运输的客流换乘。

3）公路客运与出租车及私人小汽车交通的客流换乘

公路客运与出租车及私人小汽车交通的客流换乘模式包括站外路边停靠的客流换乘、站内临时停靠站的客流换乘、小汽车停车场的客流换乘、站内无缝衔接客流换乘模式。

站外路边停靠的客流换乘模式，客流只能在站前广场外的城市道路上通过临时路边停车进行换乘；站内临时停靠站的客流换乘，通过建立“即停即走”的临时停靠站，以满足出租车或小汽车的临时上客或落客的需求；小汽车停车场的客流换乘，在公路客运枢纽站前广场建设小汽车停车场，满足小汽车接送客流的停车需求；站内无缝衔接客流换乘模式，在保证出租车交通用地不影响换乘客流移动的前提下，将公路客运的落客区与出租车交通的候车区或上客区毗邻布局，通过专用的换乘通道或换乘大厅将公路客运与出租车交通衔接，实现公路客流向出租车交通的零距离换乘。

4）枢纽站前广场或换乘大厅衔接的客流换乘

与铁路客运枢纽相同，公路客运枢纽也可以采用枢纽站前广场或换乘大厅衔接的客流换乘模式，实现公路客运枢纽内不同交通方式间的换乘。

4. 航空客运枢纽交通衔接设计

作为航空运输网络的节点，航空客运枢纽既是飞机航行的起、终点，也是经停点。航空客流大多以商务出行为目的，其客流集散一般会选取如出租车、小汽车等灵活性与便捷性较强的交通工具。对于客流量比较大的大型航空枢纽，一般采用运量大、速度快、可靠性高的轨道交通作为其主导的集散方式，而出租车、私家小汽车、机场大巴等作为辅助的集散方式。

由于航空客运枢纽自身的运行特征，主要通过航站楼和地面运输系统与小汽车、出租车、机场大巴、轨道交通等集散交通相衔接。航空客运枢纽的交通衔接设计主要包括航空客运与城市轨道交通的客流换乘、航空客运与出租车及私人小汽车交通的客流换乘、航空客运与机场大巴的客流换乘等。

1）航空客运与城市轨道交通的客流换乘

航站楼与城市轨道交通的换乘衔接设计原则是尽量提高航程客流在整个出行过程中的行程速度，同时保证整个出行过程的连续性和便利性，客流换乘模式主要包括航站楼外换乘、毗邻航站楼换乘、航站楼内一体化换乘。

航站楼外换乘是城市轨道交通站位于机场范围以外，在航站楼与轨道交通车站之间通过固定的摆渡大巴或公共交通提供客流换乘服务；毗邻航站楼换乘是轨道车站毗邻或接近航站楼建设，通过客流专用换乘通道设施供客流换乘服务；航站楼内一体化换乘是轨道交通站直接与航站楼结合，采用立体式一体化建设，乘客可通过设置在站台上的楼梯或自动扶梯进出航站楼进行换乘。

2）航空客运与出租车及私人小汽车交通的客流换乘

航空客运与出租车及私人小汽车交通的客流换乘，与铁路跟出租车及私人小汽车交通的客流换乘类似，主要包括毗邻航站楼临时停靠站的客流零距离换乘，以及航站楼周边停车场的专用通道换乘，具体衔接方案详见铁路客运枢纽交通设计部分。

3）航空客运与机场大巴的客流换乘

机场大巴为在机场与城市内部固定站点间提供直达运输的机动车辆，其运输性质类似于公交车辆，拥有固定的发车时刻、行驶线路和运营车辆等。机场大巴的落客区应与航站楼的离港层毗邻，实现机场大巴向航空的客流换乘；机场大巴的上客区应与航站楼的到港层毗邻，实现航空向机场大巴的客流换乘。

4）航站楼换乘大厅衔接的客流换乘

与铁路客运枢纽类似，当航空枢纽内不同交通方式采用立体式或毗邻式空间布局时，基于不同交通方式的空间布局，形成不同交通方式间的航站楼换乘大厅，基于换乘大厅实现不同交通方式间的交通衔接。

5. 水运客运枢纽交通衔接设计

水运是使用船舶运送客货的一种运输方式，适合低成本、大批量、远距离运输；其主要缺点是运输速度慢，受港口、水位、季节、气候的影响比较大；包括沿海运输、近海运输、远洋运输和内河运输4大类。

水运客运枢纽主要通过港口陆域内的客运大楼和地面运输系统与小汽车、出租车、轨道交通、地面常规公交等集散交通衔接，具体的交通衔接设计可参照铁路客运枢纽与公路客运枢纽交通衔接设计。

6. 公路、铁路、航空、水运间的交通衔接设计

交通枢纽内可包含多种主导对外交通运输方式，形成城市对外交通综合客运枢纽，如铁路–公路客运枢纽、铁路–航空客运枢纽等。

在综合客运枢纽内，公路、铁路、航空、水运城市外部交通运输方式间的交通衔接设计，与城市外部交通方式的空间布局密切相关。在平面分散式空间布局条件下，客流主要

通过跨越市政道路的过街天桥、地下通道，以及市政步行道和站前广场等在不同交通方式间进行换乘；在平面集中式空间布局条件下，每种交通方式的出入口都与站前广场相连，客流主要通过站前广场在不同交通方式间进行换乘；在平面毗邻式空间布局条件下，通过行人通道等步行设施将各交通方式出入口与换乘大厅相连，客流通过换乘大厅或步行通道实现不同交通方式间的换乘；在立体式空间布局条件下，通过自动扶梯、楼梯等步行设施将各种交通方式的出入口与换乘集散大厅相连，客流主要通过换乘大厅进行不同交通方式间的换乘。

6.5.3 枢纽交通的细化设计

枢纽交通的细化设计，是在枢纽空间布局设计、区域划分设计、衔接布局设计、交通衔接与客流换乘模式设计的基础上，对枢纽内各种交通方式专属作业区与枢纽公共作业区内的各个功能区域、站前广场、换乘集散大厅、衔接通道、枢纽内交通线路及其出入口等进行微观层面的交通设计。枢纽交通的细化设计取决于枢纽内不同交通方式的设计能力、运行特征及交通方式间的换乘客流需求量等，并满足不同交通运输方式的设计规范。枢纽交通的细化设计主要包括以下内容。

1. 不同交通方式的专属作业区设计

根据不同交通方式客运站的设计规范，分别对其专属作业区进行交通设计。不同交通方式的专属作业区交通设计内容如表 6–5 所示。

表 6–5 不同交通方式的专属作业区交通设计内容

交通方式	交通类型	专属作业区设计内容
铁路	城市外部交通方式	站房、站场及站前广场等
航空	城市外部交通方式	飞行区、航站楼、地面运输区等
水运	城市外部或内部交通方式	港口水域、客运大楼和地面运输系统等
公路	城市外部交通方式	站房、停车场、发车区、落客区站前广场等
城市轨道交通	城市内部交通方式	通道及出入口、站厅层、楼梯（自动扶梯）、站台层等
常规地面公交	城市内部交通方式	公交停靠站、公交停车场等

2. 枢纽站前广场或换乘大厅设计

枢纽站前广场或换乘大厅设计，主要明确不同交通方式在与枢纽站前广场或换乘大厅衔接时，客流步行通道的具体位置，以及站前广场和换乘大厅内的服务设施与步行设施的详细空间布局等。

3. 交通衔接与客流换乘的步行通道设计

交通衔接与客流换乘的步行通道，是有效衔接不同交通方式设施空间，保证客流换乘与行人步行权益的基本步行设施，包括过街天桥、地下通道、步行楼梯、自动扶梯、升降电梯、走廊等。

交通衔接与客流换乘的步行通道设计，主要明确步行通道的位置、类型、宽度、坡度等，其设计原则包括以下几项：

① 有效衔接不同交通方式，方便客流在枢纽内的移动与换乘；

② 满足枢纽内不同交通方式间的客流高峰期间的换乘需求；

③ 在紧急恐慌的疏散条件下，能有效预防拥堵行人流的拥堵踩踏；

④ 满足老人、残障人士等特殊人群的出行需求。

在详细设计过程中，当交通混杂、机动车流与行人流干扰突出，严重影响行人安全时，可结合周边用地设置过街天桥或地下通道；如果枢纽内设置楼梯，当其高差在 5 m 及以上时，在楼梯之外还要设置自动扶梯；当设置无障碍坡道时，其最大坡度不应超过 6%；对应于过长的换乘距离，还应考虑设置传送带等。

4. 交通线路及其出入口设计

交通线路及其出入口设计，主要包括道路类和步道类交通线路及其出入口设计。枢纽内部道路系统按其功能可分为循环路、联系路、站场路 3 个等级，设计原则包括以下几项：

① 循环路宜采用双向车道，且与其他内部道路相交路口设置宜为 T 形路口；

② 循环路两侧不宜设置步道系统；

③ 联系路宜结合地形及建筑轮廓线设计，可作为防火通道，两侧宜设置禁停标志；

④ 联系路两侧步道宽度应满足相应设计规范，在有行人穿行处宜设置减速带或突出地面的行人步行带。

交通线路及其出入口设计内容包括枢纽内道路的类型、宽度、车道数、设计速度，步道的宽度，以及道路类和步道类出入口的类型和宽度等。

5. 枢纽停车场与上、落客区设计

枢纽停车场设计主要包括社会车辆停车场设计，非机动车停车场设计，小汽车上、落客区设计及出租车蓄车区设计等。

社会车辆停车场设计主要包括停车类型、车辆进出车位方式、车辆停放方式、通车带和通道宽度等。

小汽车上、落客区设计，应以不影响通行交通为原则。因此，上、落客区至少应满足两辆车的停车需求，且相邻车辆的车与车之间应保证一定的距离，使得停靠车辆能够自由进出枢纽。上、落客区的规模，应依据上、落小客车的乘客人数和平均停靠时间来计算。

城市对外交通客运枢纽，应根据出租车旅客需求量和枢纽内外部条件，安排出租车蓄车区，可以依据出租车的平均停靠时间和高峰小时到达的车辆数及分布加以确定。

6.6　城市交通枢纽交通流线优化与组织设计

6.6.1　枢纽交通流线优化设计

枢纽交通流线设计，是基于枢纽内部不同交通方式的空间布局、区域划分、交通衔接与客流换乘等，规范、约束与组织各种交通主体在枢纽内部的移动空间范围和移动流线方向，同时，对枢纽空间布局与交通衔接设计等做进一步的反馈。交通流线设计是城市交通枢纽的设计灵魂，不但影响交通枢纽的服务效率与能力，而且也影响交通枢纽的服务水平与质量。

不同交通方式的空间布局、区域划分、交通衔接等是实现枢纽旅客运输与客流集散功能的物理基础，而枢纽交通流线是实现枢纽交通功能的交通表现形式。从宏观上，枢纽交通流线要与枢纽站场规模、交通运行特征、交通方式衔接、周边交通网络、出入口布局、站前广场形式及集散客流的流量大小与时空分布等相匹配；从微观上，枢纽交通流线要与不同作业区或移动空间内交通流线主体的微观行为特征等相协调。

在枢纽交通流线设计中，应确定各类交通主体的移动空间和流向，并检验各类交通流线冲突、交织的可能性和严重程度。若不满足通行需求，则必须进行空间布局、交通衔接或流线设计的调整。枢纽交通流线设计一般遵循以下原则。

① 客流流线主导原则：避免人流、车流、货物流或行李流等多种流线互相交叉干扰。

② 交通流线分离原则：从平面或立体的角度尽可能将各种流线分离设置。

③ 步行距离最短原则：最大限度地缩短乘客在站内的步行距离，避免流线迂回。

④ 客流快速集散原则：尽量避免进出站客流拥挤，快速集散乘客。

⑤ 特殊乘客需求原则：交通流线设计要考虑一定的灵活性，满足多种特殊乘客的需求。

⑥ 交通衔接与客流换乘原则：考虑不同交通方式间的交通衔接与客流换乘，处理主要人流与车流流线的分布。

枢纽内交通流线主要包括轨道类交通流线、航道与跑道类交通流线、道路车辆类交通流线、行人步道类交通流线。由于轨道、航道与跑道类交通方式具有专属线路设施的运行特点，在其空间布局与专属作业区设计的过程中已确定了该类交通流线的运行空间与移动方向。枢纽交通流线设计主要包括道路车辆类交通流线设计、步道行人类交通流线设计、交通流线冲突与交织处理等。

1. 道路车辆类交通流线设计

道路车辆一般被固定在一定的道路车道空间内行驶，按车辆类型，道路车辆类交通流线可分为机动车交通流线与非机动车交通流线；按道路功能，交通流线可分为专用车辆交通流线与非专用车辆交通流线。专用车辆交通流线，是道路专供某种车辆使用时所形成的交通流线，如行包车辆流线、邮政车辆流线等；非专用车辆交通流线，是枢纽内供乘客利用机动车集散时所形成的交通流线。

道路车辆类交通流线设计，基于枢纽交通线路及其出入口布局设计，以枢纽内车辆的到达、落客、泊车、上客、发车的各个功能环节为核心，优化车辆从进入枢纽直至离开枢纽的整个移动过程，遵循的原则一般包括以下几项。

① 机、非隔离原则：当机动车辆和非机动车辆使用相同的道路设施时，需采用物理隔离设施，保护非机动车车流安全。

② 进、出分离原则：为避免进、出枢纽车辆间的相互干扰，提高枢纽的集散能力，枢纽的进、出交通流线一般分离设置。

③ 流线分离原则：为避免各类车辆的相互冲突，减少道路车辆交通流线的相互干扰，提高交通流线的移动效率，各类交通流线宜分离设计。

④ 主次分明原则：根据不同交通流线所承担运输任务的重要程度，依次由主至次分别设计，优先满足流量大、重要程度高的交通流线，不能忽略相关次要交通流线。

⑤ 公共交通优先原则：为鼓励居民低碳绿色出行，优先保证公共交通线路运行需求，提高公共交通车辆的运行效率，减少线路的迂回绕行。

在进行各类道路车辆交通流线设计时，若不能避免其冲突，则可考虑进行枢纽功能区域空间布局的调整，或者采用管理与控制手段使得冲突双方能够有序通行。同时，在各类车辆合流的区域，应根据估计的车辆发车频率和到达规律进行通行能力的测算，以满足客流的交通需求。

2. 步道行人类交通流线设计

行人交通是以自身体力为动力的最基本交通方式，是各类交通方式始端与末端及客流换乘的必然交通形式，一般具有移动速度慢、空间自由度大、对距离和安全要求比较敏感等特点。枢纽内行人流在步行通道或广场内一般以团队簇拥前行移动为主，需要依靠交通导向标识等的引导通行。

行人交通流线基于客流的移动目的可分为客流乘车交通流线与客流下车交通流线；基于行人类型可分为普通乘客流线、中转乘客流线、特殊乘客流线、贵宾流线、工作人员流线等。

客流乘车交通流线的乘客移动过程包括乘客到站、站前广场、服务大厅（购票、行李托运）、候车室、检票口、乘车通道、站台、乘车、车辆出站等；客流下车交通流线的乘客移动过程包括车辆进站、落客区停车、乘客下车、通道内步行、出站口、提取行李、进入站前广场、乘客换乘或离站等。

为了保证枢纽的旅客运输与客流集散功能，避免行人交通流线中各项作业的相互干扰，可以采用平面与立体等多种布局方法合理布置各种行人交通流线，建设过街天桥、地下通道、步行楼梯等通道类步行设施与站前广场和换乘大厅等广场类步行设施，用以不同交通方式间的客流换乘与交通衔接，以及规范行人的步行行为等。

步道行人类交通流线设计一般可分为“管道式”与“水库式”两类。“管道式”是将行人流按不同目的、不同方向分别导入不同的通道内，每一个通道内的行人流具有相同的换乘目的与方向，如图 6–6 所示。“水库式”则将不同换乘目的和方向的行人流导入到同一个宽敞的换乘大厅或广场内，再通过行人导向标识系统按不同换乘目的和换乘方式导引至不同的换乘通道或空间，每个通道内的换乘人流可以兼容双向的换乘目的和方向，如图 6–7 所示。

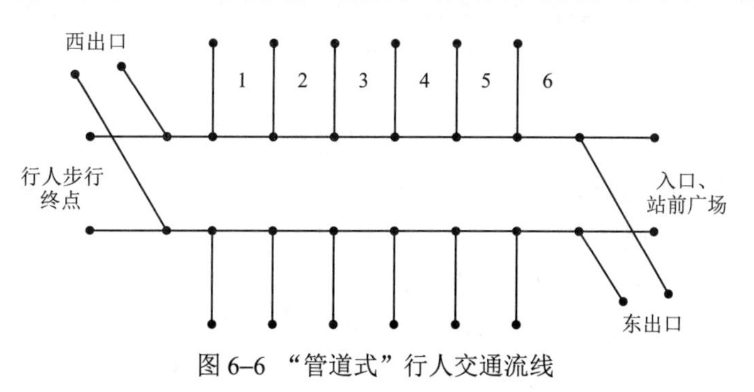

图 6–6 “管道式”行人交通流线

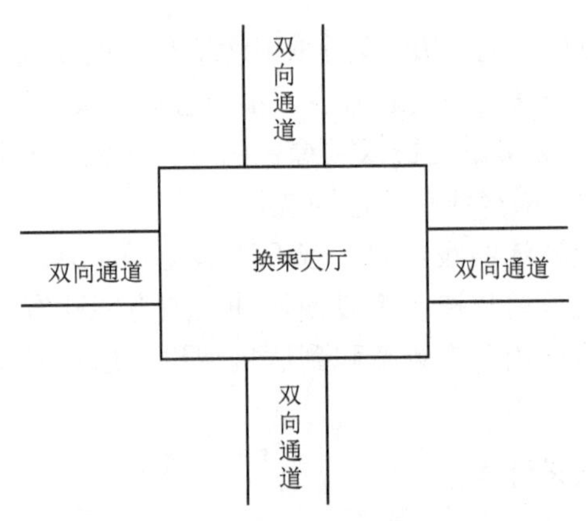

图 6–7 “水库式”行人交通流线

步道行人类交通流线设计，应测算步行设施的步行距离、移动时间、行人通过能力及舒适性等，当步行距离过长或步行高差太大时，则应辅助机动化的代步设施；还应与行人导向标识系统等相结合，以有效地指示和疏导行人流移动；在交通枢纽综合开发过程中，还应加强与商业等公共设施的有机联系。

3. 交通流线冲突与交织处理

枢纽交通流线交错主要包括车－车、人－车及人－人交错等，交通流线交错点包括冲突点、合流点和分流点。在枢纽交通流线优化设计过程中，需要从安全与效率的角度校核各种交错是否在可接受范围内。如果交通流线交错点影响到客流移动的安全与效率，一般需要重置功能区布局或交通流线，并保证主要交通流线的通行功能；如果交错在可接受的范围内，为提高交错点的安全与效率，可将冲突形式转化为合流或分流形式，并需要分析、论证交通流线交错点的通行能力，以及是否需要设置和怎样设置导向标识等。

6.6.2 枢纽行人交通组织

基于行人移动状态，枢纽内客流的行人交通组织可分为正常状态与应急状态的行人交通组织；基于行人步行设施的类型，可分为排队类行人、通道类行人与广场类行人交通组织等。

1. 正常状态的行人交通组织

正常状态的行人交通组织，是指与应急状态疏散组织相区别、不受严格时间限制的行人交通组织，即正常状态，不特指客流“高峰状态”或“平峰状态”。正常状态的行人交通组织的主要目标是引导客流特别是高峰期客流的快速移动，实现客流的出行与换乘目的，其主要措施包括以下几项。

① 采用物理设施隔离以保障行人交通的移动效率。为减少行人交通流之间的相互冲突，可采用硬隔离或软隔离的物理设施，规范对向行人流的移动空间；也可采用右侧避让或移动的导向指示标志，规范行人的移动规则；以及采用隔离栏杆或隔离带等分区行人移动空间，以减少拥堵行人间的相互干扰等，从而有效保障行人流的移动效率。

② 提高服务设施的服务效率以保障流线的顺畅性。行人交通在枢纽内的行程时间不仅受移动距离的影响，而且还受售票机、闸机、安检设备等各类服务设施服务时间的影响，并且在服务设施节点处容易生成行人交通流线的瓶颈。为避免服务设施节点处行人流的高度聚集，提

高行人交通的移动效率，可通过增加服务设施的数量，以提高设施节点的服务效率，从而保障行人交通流线的顺畅性。

③ 控制行人到达率以保障步行与服务设施的可靠性。当行人交通流的到达率超过步行设施的通行能力时，由于行人个体间相互拥挤干扰会导致步行设施可靠性的降低，从而降低其行人通过量，导致行人交通流进入严重拥堵的恶性循环过程。因此，在客流高峰期或大客流出现期间，可在服务能力薄弱的步行设施上游人工设置绕行障碍物，控制行人流的到达率，提高交通流线薄弱节点的通过量，保障步行与服务设施的可靠性，以保障交通流线的顺畅性与安全性。需要注意的一点是，该措施不应作为一项长期措施，由于其在一定程度上影响了行人的步行舒适度，增加了行人移动时间，易导致乘客对枢纽服务满意度的下降。

2. 应急状态的行人交通组织

应急状态的行人交通组织，是指在断电、火灾、地震、恐怖袭击等突发事件状态情况下的行人应急疏散组织。在应急状态下，枢纽交通系统面临两种紧急需求：一是快速疏解枢纽内外的客流人员，最大限度地减少人员伤亡；二是快速调动应急抢险救灾所需的人员与物资，尽最大努力地控制事态发展。枢纽客流的行人交通组织，属于第一种需求，其主要目标是快速将枢纽内客流疏散到枢纽外的安全地带，并通过枢纽周边的交通网络疏解枢纽外部的人流压力，其主要措施包括以下几项。

① 制定行人应急疏散路线。通过预留备用应急疏散出口与通道等手段，制定多条行人应急疏散路线，保证行人在有效的可控时间内疏散到枢纽外的安全区域。

② 控制疏散行人聚集程度。通过设施设计、流线组织、导向标识等手段，诱导人群各自独立、分区域地疏散，将疏散行人流分布在不同的时空范围内，有效降低疏散行人的聚集程度，减少大规模拥堵行人产生连锁效应。

③ 减少行人个体间疏散冲突。通过设施设计、流线优化等手段，减少和避免行人流线间的冲突，从而规范行人行为，减少行人间的疏散冲突，提高行人流的整体移动效率。

④ 保证步行设施的行人通过量。基于优化设计，提高步行设施的行人通过能力，同时合理控制行人的拥挤程度，有效降低拥堵对步行设施行人通过量的影响，保证步行设施的行人通过效率。

⑤ 制订行人紧急疏散的应急预案。制订简洁明了的行人紧急疏散的应急预案，实现预警系统与应急预案的联动控制；在重要的节点设置引导标志或人员，保证行人有序行进，提高行人的疏散效率；并通过广播通知等形式，帮助行人在获取信息量少的条件下能及时采取正确的疏散措施。

⑥ 安抚疏散行人的恐慌心理。在行人疏散组织过程中，要充分考虑应急恐慌状态下行人的疏散心理与行为特点，以及残疾人、老人、小孩等出行弱者的疏散行为，采取相应的措施保证信息传达的准确性，及时安抚疏散行人的恐慌心理，有效避免行人流的拥堵踩踏。

⑦ 采用大运量公交疏解枢纽外客流。针对枢纽外部安全地带的聚集人流，建议基于枢纽周边的交通网络采用公交车辆等大运量交通工具进行疏解，这样不仅可以有效缓解周边路网的交通压力，而且还可以快速疏解被困人群。

3. 排队类行人交通组织

排队类行人交通组织措施主要包括以下几项。

① 设置隔离设施或标志，有效规范行人排队秩序。

② 设置专门管理人员，正确组织引导排队行人。

③ 合理设置排队结构，改进排队方式，控制队列长度。

④ 改善等待区条件，减少感受等待时间。

⑤ 提高窗口的服务能力，减少排队时间。

4. 通道类行人交通组织

通道类行人交通组织措施主要包括以下几项。

① 设置单向步行通道，提高通道的通行效率。

② 设置通道中央隔离设施，规范行人流的移动秩序。

③ 设置通道指示与疏散标志，提高通道的导向性与疏散安全性。

④ 优化通道形态设计，提高通道的通行能力与防踩踏能力。

5. 广场类行人交通组织

广场类行人交通组织措施主要包括以下几项。

① 合理划分广场或大厅功能区域，有效规范行人移动秩序。

② 提高广场或大厅内信息服务的准确性、有效性、全面性，明确指引行人的移动目的与方向，避免行人移动的盲目性。

6.7 城市交通枢纽客流导向标识设计

一般来说，行人在枢纽步行设施空间内的移动由 4 个步骤构成：确定方向、选择正确的路线、观察沿途路线、确定到达目的地。移动过程是以设施空间提供的信息为参考进行的，步行设施与导向标识直接影响信息交流的效率与出错率。效率高就是用尽可能短的时间和尽可能少的设备来传递一定数量的信息；出错率低就是信息被传递以后，尽可能准确、不失真地被乘客接收。

交通枢纽导向标识，是指在交通枢纽内这一特定环境中提供必要的空间信息，引导乘客进出枢纽、实现换乘及使用各种公共设施的各类标志的总称。交通枢纽导向标志的作用包括传达导向信息使乘客对具体设施、空间位置、环境特性进行有效识别的功能性作用，以及赋予特定建筑物指定内涵和意蕴的文化性作用。

6.7.1 客流导向标识服务系统的基本要素

客流导向标识服务系统主要包括服务的客体、设置的位置、提供的内容与显示的形式 4 个基本要素。

1. 服务的客体

服务的客体，即导向标识服务系统的服务对象，主要为枢纽内集散客流与换乘客流的步行者。由于步行设施的空间布局与客流的换乘模式，在枢纽内往往会形成“点状行人流”与“线状行人流”的汇集与移动模式。

“点状行人流”，是指大多数行人会在枢纽内某个区域或位置停留，在实际环境中形成一个相对独立的功能型区域，如站前广场、换乘大厅、候车厅等。在该区域除了使用导向标识进行指引外，还可以采用多信息、多形式组合的信息岛形式将信息更加完整地展示出来。

“线状行人流”，是指交通流线链接多个功能区域时所产生的线状客流带，客流在这样的空间内一般呈现线状的移动方式。基于这种线性带状流动模式，通常将众多的导向标识信息高度统一地排列起来，使得导向服务系统贯穿整个枢纽空间；行人在枢纽空间的任何一个位置，都可以在这样的带状信息中找到自己所需要的信息。

2. 设置的位置

合理的设置位置，可以向枢纽内行人流提供完备、连贯的导向信息，避免导向标识服务盲区，实现行人在最短的时间内明确自己所在的位置与目标方向，然后进行有效的移动，最大限度地减少乘客盲目、重复的逗留时间和穿行时间。导向标识一般设置在不同功能区出入口，“点状行人流”汇集区，“线状行人流”沿线，客流流线分叉、转弯、交汇点，以及行人流流线的起讫点、决策点等区域范围内；同时，要将导向标识设置在客流容易发现的位置，避免空间障碍物的遮挡。

3. 提供的内容

导向标识服务系统主要提供与乘车密切相关的交通运行、客流换乘与集散等信息，包括不同交通方式的实时运行信息与客流换乘集散的空间线路信息等。交通实时运行信息包括航班或车次信息、列车到发信息、检票信息、运行延误信息等。空间线路信息包括全局网络信息、层次网络信息、线路路径信息、单点位置信息等。

步行起点和终点都不确定的全局网络信息，显示枢纽周边或枢纽内区域的宏观总体布局，指导行人很快明确自身所处的位置。起点确定和终点不确定的层次网络信息，显示行人自身位置周边区域的总体布局，指导行人很快明确移动的目标位置与方向。起点和终点都确定的线路路径信息，显示交通流线沿途的空间信息，指导行人很快明确移动过程中所途经的关键位置点。单点位置信息，显示枢纽内需要重点说明与识别的关键位置与区域，如售票处、检票口等，指导行人快速确认到达或途经的关键位置与区域。

4. 显示的形式

交通枢纽导向标识一般显示内容不随时间变化的空间线路等固定信息，如换乘线路、枢纽出口、疏散指示等。可变信息板与广播，一般显示列车到发时刻、运行延误等交通实时运行信息。

6.7.2　客流导向标识服务系统的划分

1. 根据导向标识服务对象的客流性质分类

根据导向标识服务对象的客流性质，导向标识服务系统可分为以下几种。

① 交通方式自身内部的客流导向标识服务系统，是指在公路、铁路、航空、城市轨道等

交通方式专属作业区内，针对到达客流与离开客流，在客流途经区域设置导向标识，指引客流的购票、行包寄存、行李托运、候车、乘车，以及提取行李、离站等。

② 不同交通方式或线路间换乘客流导向标识服务系统，是指针对不同交通方式或线路间的换乘客流，在换乘通道、广场、大厅内设置导向标识，指引客流的有效换乘，实现不同交通方式或线路间的有效衔接。

③ 枢纽内行人应急疏散的导向标识服务系统，是指在枢纽内部设置行人应急疏散导向标识，有效指引行人的紧急疏散，减少行人疏散时间，提高行人的疏散效率。

④ 枢纽与周边基础设施衔接的导向标识服务系统，包括枢纽与周边综合交通网络衔接及与其周边区域范围内大型重要公共建筑设施联系的导向信息服务。

2. 根据导向标识的服务范围与功能分类

根据导向标识的服务范围与功能，导向标识服务系统可分为以下几种。

① 综合图示系统，以枢纽周边或内部区域的全局或局部的地理布局示意图为基础，配以字体、符号、色彩等相关要素，帮助乘客对自己所处的位置及周边环境有一个清楚的了解，并通过对比作出正确的移动选择，对乘客具有定位功能。

② 导向指示系统，主要给客流提供线路指南，让行人对自己所处的位置及出发的线路一目了然，引导客流准确、快捷地到达目的地，对乘客具有指向功能。导向指示系统是在客流行进过程中最常被采用的一种导向方式，一旦目标大致确定后，行人所需要做的事情就是跟随指示系统的引导来寻找目标。

③ 设施识别系统，引导行人辨识枢纽内的不同场所，有助于客流对不同功能区的了解，具有设施标识与表明的功能。设施识别系统一般不具有指向或指引的功能，一般安置在设施旁，对客流传达“这是什么”或“怎么使用”等信息。如停车场、候车厅、站台、通道等。

④ 行为规范系统，将规章制度采用图形、标志、文字等形式规范客流的行为，如警告、禁止、提示等。通过该类标识系统提示人们注意自己的言行举止、责任义务及个人安全等。

也可以基于交通方式客流的移动过程，对客流导向标识服务系统进行划分。以城市轨道交通枢纽站为例，轨道交通客流导向标识服务系统一般包括枢纽外部导向服务、枢纽出入口与站厅间导向服务、枢纽站台与站厅间的导向服务、枢纽站台间导向服务、轨道交通和其他交通或服务设施联络的导向服务等。

6.7.3 客流导向标识的类型

交通枢纽内导向设施可以分为两大类：一是空间导向设施，即通过建筑手法对交通枢纽本身的空间布局进行设计，使空间布局达到易于识别和记忆；二是标识导向设施，即通过对各种导向标识的设置与设计，帮助行人在交通枢纽内的空间定位与方向确定。下面主要介绍与枢纽交通设计密切相关的客流导向标识。

根据导向标识的功能和显示的信息，可将导向标识归纳为以下几个类型。

① 识别性标识。识别性标识，是描述设施对象本身的标识，表明设施、区域等名称。从功能层面来看，此类标志在进行目的地确认时最能够发挥功效，也可称为目的地标识，属于最基本的信息标识，经常与其他类别的标识组合使用。

② 引导性标识。引导性标识，表示前往各主要设施或区域的方向信息，主要用于乘客识

别、了解行进路线与目的地的方向，具有将乘客引导至目的地的功能，也叫诱导标识。引导性标识，主要使用于行人移动路线上，对步行环境中的序列性及连续性作引导，所以配置的数量相对较大。引导性标识的内容包括目的地名称、符号、文字、图案、箭头，以及从所在地到目的地的距离等。因为大部分引导性标识的信息并不需要驻留观看便能获得，所以引导性标识的视认度要求很高，表现内容有限。

③ 方位性标识。方位性标识，是传达枢纽内或周边特定区域整体空间信息的标识，通过地图、图表、板块等方式概念性表示空间内建筑物、设施结构等全体状况的布局情况，帮助行人对整体空间布局有所把握，明确该区域内事物方位与目前所在地的位置关系，从而形成各自的行动路线。方位性标识将交通枢纽内空间布局的相对关系、整体状况及相关设施以平面图或地图的方式呈现，包括入口平面图、毗邻街道图、区位图和楼层图等。方位性标识一般提供“概观”的空间信息，是提供信息量最大的标识种类，常常需要行人长时间观看。

④ 说明性标识。说明性标识，是传递对枢纽空间内任何相关信息说明的标识，传递内容包括解释、告示、说明等信息，表现形式包括告示牌、说明牌、电子布告板等。

⑤ 管制性标识。管制性标识，是传递用以提醒、禁止、管理行人行为规范与准则信息的标识，具有维系安全及秩序的作用，表现形式一般除文字使用外，为强化瞬间了解信息内容的作用，也经常使用图案标志或象形符号。

在导向标识的实际设置中，各导向标识并非单独使用，而是几种标识相互配合以达到引导的作用。就其移动行为程序而言，乘客大多先用方位性标识来掌握全局的信息；接着利用引导性标识辨认路线；到达目的地后再利用识别性标识进行最终的确认。因此，在交通枢纽客流导向信息服务系统中，首先呈现主要的环境信息，以便于客流明确有关方位、相对位置；再利用引导标识完成连接特定目的地的路径及空间序列；最后标识出空间名称以明示所处的地点；而说明性和管制性标识则根据实际状况的需要而适时配合运用。

导向标识在平面设计上包含文字、图标、色彩等多个要素。导向标识文字应包含中文文字与外文文字，文字内容要求准确、简洁、统一，字体的色彩和大小要求醒目且具代表性。

导向标识图标主要由图案、箭头等单个或多个要素组合而成。图案应形象、通俗，便于文化层次较低的乘客理解；还应结合使用国际上通用的图案，以体现枢纽国际化的引导需求；同时还应体现枢纽的本土特色。箭头指向标识起重要的指向作用，结合文字等其他要素使用并同时传递地点、距离等信息。线路示意图应反映区域的现状特征及有关引导要素，为乘客自我解读引导过程提供帮助，其设计上应直观、简洁、准确。

导向标识的色彩，在设计上较多采用明暗颜色搭配，起到醒目作用和最佳视觉效果；同时，还应考虑乘客的心理效应，应明确不同区域的乘客心理变化，结合使用具有不同心理暗示作用的颜色。同时，标识还需考虑基准色彩，尽量选择可读性高、认知性好、清晰的配色。

6.7.4 客流导向标识服务系统的设计原则

客流导向标识服务系统的设计原则主要包括以下几项。

① 醒目性原则：保证各种导向标识在枢纽步行环境中容易被发现、被察觉，主动地引导客流的移动。导向标识的位置、大小、色彩、材质的选择要满足醒目性原则的要求。

② 识别性原则：保证客流导向标识服务系统显示的信息内容层次分明、易读易懂。导向标识中的图形、符号、文字、箭头等视觉语言本身要容易被不同层次、不同地域、不同年龄的

客流人群所理解。

③ 合理性原则：保证服务系统传递导向信息的内容合理、层次合理、位置合理等。导向标识的安置位置与高低要满足行人流个体的视认习惯，应设置在乘客需要作出方向决定的区域范围内，保障导向的预见性和正确性。

④ 持续性原则：保证导向标识传递的信息能满足行人视觉效果的持续性，加强行人对导向信息知觉认知与记忆的程度和深度，避免导向信息的视觉盲区。因此，引导性标识要连续地序列设计，直到乘客到达目的地。引导性标识之间的距离要适当安排，距离过大则视线缺乏连贯和序列感，距离过小则会造成视觉过度紧张，可视性差。

⑤ 系统性原则：保证在同一个交通枢纽内客流导向标识服务系统的信息内容、图形色彩、设计风格、显示形式、使用材料、设计规格等形成一个整体有效的系统。

⑥ 一致性原则：导向标识的设计风格要保持一致，形成一个较为稳定一致的体系，以避免行人在认读过程中产生误解，同时与广告等商业标牌要有明显的区别。

⑦ 安全性原则：客流导向标识服务系统要满足客流应急疏散的需要，为了满足在断电、烟雾等受影响条件下的应急疏散，应设置发光疏散指示标识等。

⑧ 便利性原则：保证客流导向标识服务系统将最全面、最清晰、最易懂的导向信息提供给各类对交通枢纽环境不熟悉的行人，方便行人阅读与理解，减少行人对信息的认读时间。

⑨ 规范性原则：服务系统导向标识传递信息的媒介，如文字、符号、图案等，须采用国家规范、标准及国际惯用的规定等。同时，考虑到城市的对外交流，应增加英文等外文语言作为信息传递的媒介。

⑩ 协调性原则：服务系统导向标识的设计风格要与交通枢纽周边的文化环境相协调。

6.7.5 客流导向标识服务系统的设计评价

客流导向标识服务系统的设计评价方法主要有指标体系评价法、计算机仿真评估法等，下面主要介绍指标体系评价法。

在考虑交通枢纽的空间环境、组成、功能及乘客行为的基础上，基于科学性、简明性、可操作性、可比性、统一性的原则，建立一系列评估指标对客流导向标识系统进行评价。城市交通枢纽客流导向标识服务系统的设计评价，可以从客流出行与换乘的角度，从“点层”“线层”“面层”3 个层面构建指标评价体系。

① 导向标识服务系统的“点层”评价，是对枢纽内“点状行人流”获取全局空间布局与自身位置等信息的便捷程度进行评价，主要评价对象为大中型地图或平面、立体示意图等方位性导向标识组成的综合图示系统。乘客多数在迷路、不确定方向或发生空间层转换的情况下使用该类导向标识，以便确定自身位置、目的地位置及相应的路径信息，因此，选取确定自身位置所需时间，确定目的地位置所需时间及确定路径所需时间作为其评价指标。

② 导向标识服务系统的“线层”评价，是对“现状行人流”从出发地到目的地整个寻路移动过程进行评价，主要评价对象为由引导性标识组成的导向指示系统。导向性标识在设计上应形成系统与统一的格式，并以一定间隔、连续性地引导行人直到目的地，给乘客以明确连续的方向引导。乘客在寻路过程中，驻足观望与标识信息的明确性相关；折返次数与标志信息的准确性相关；整个寻路过程所耗时间与步行流线上多个引导性标识的信息连续性有关。因此，选取寻路时间、驻足观望次数和折返次数作为其评价指标。

③ 导向标识服务系统的“面层”评价，是对交通枢纽客流导向标识服务系统的整体评价，评价导向信息服务系统的服务水平及乘客对服务系统的整体感受。初次使用交通枢纽乘客的迷路情况及乘客的整体满意度可以反映导向信息服务系统设置的合理性。因此，选取迷路人群比例与乘客整体满意度作为其评价指标。

城市交通枢纽客流导向标识服务系统的设计评价指标体系如图 6–8 所示。

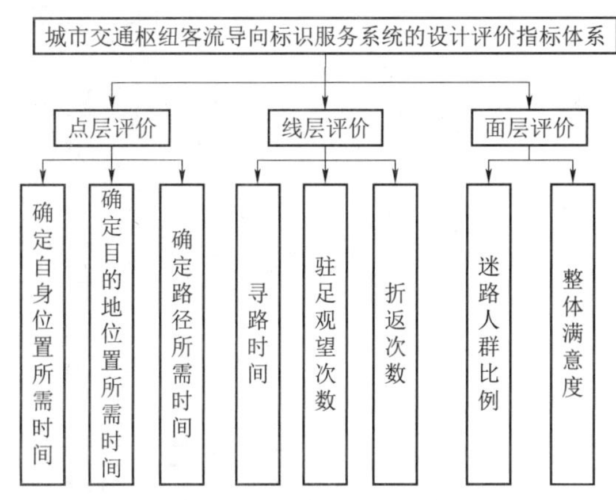

图 6–8　城市交通枢纽客流导向标识服务系统的设计评价指标体系

6.8　城市交通枢纽交通设计评价

6.8.1　枢纽交通设计评价的指标体系

为了评价枢纽交通设计方案的优劣及其运行效果的好坏，需要对枢纽交通设计方案进行综合评价。可以从枢纽的空间布局、运行效率、信息服务、协调性、安全性、经济效益等方面进行综合评价，评价指标体系如图 6–9 所示。

6.8.2　枢纽交通设计评价的一般步骤

枢纽交通设计综合评价的一般步骤如下。

① 明确枢纽交通设计评价的目标与内容。

② 确定影响枢纽交通设计评价的相关因素。

③ 建立枢纽交通设计的评价指标体系。

④ 制定枢纽交通设计的评价准则。

⑤ 选择合适可行的评价方法。

⑥ 进行枢纽交通设计的单项评价。

⑦ 进行枢纽交通设计的综合评价。

其中，确定影响交通设计评价的因素是建立评价指标体系和进行综合评价的基础；确定枢纽内交通活动过程和选择合适可行的评价方法是枢纽交通设计评价的关键。针对枢纽交通设计的单项指标，可以采用交通仿真、问卷调查、专家评估等方法获取；评价的方法可以采用层次分析法、模糊综合评判法、数据包络法等。

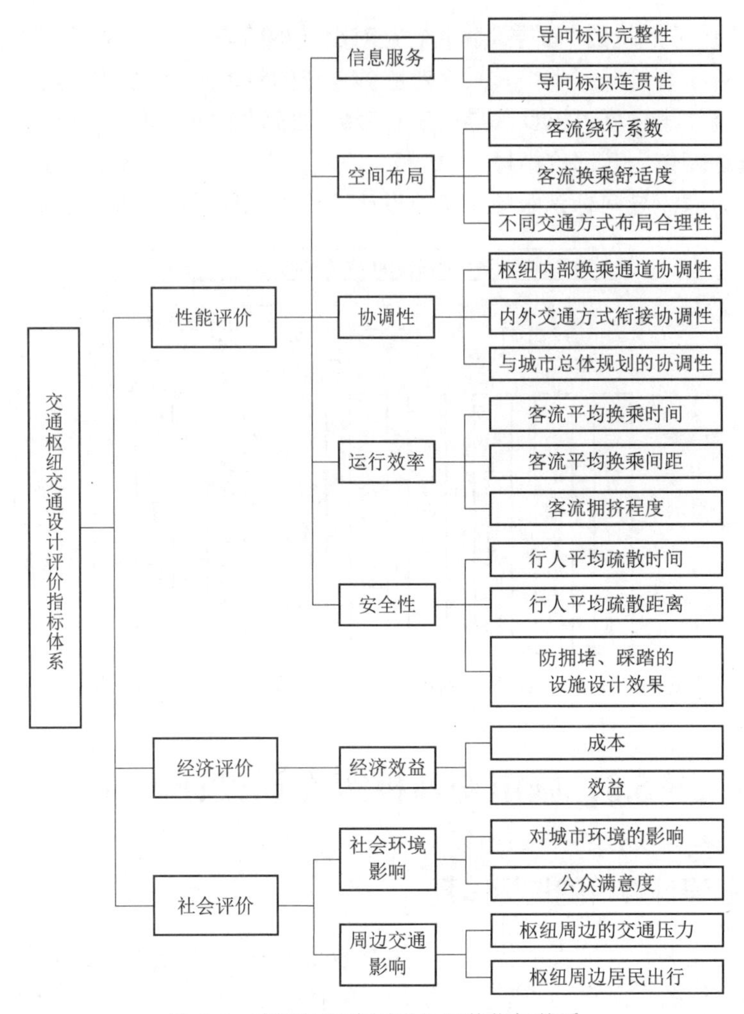

图 6–9　交通枢纽交通设计评价指标体系

6.9　城市交通枢纽交通设计案例

6.9.1　上海虹桥综合交通枢纽

上海虹桥综合交通枢纽，地处上海市长宁区与闵行华漕镇交界处，占地 26.34 km^2。枢纽衔接了航空、高速铁路、城际铁路、公路等城市外部交通方式，以及磁悬浮列车（机场快线）、城市轨道交通、地面公交车和出租车等城市内部交通方式，同时建设停车场（楼）、旅馆、商业服务等交通相关配套服务设施，形成了集轨道、公路、航空等交通运输方式于一体的综合交通枢纽。

虹桥综合交通枢纽采用混合式空间布局模式。从平面横向空间布局角度，由东至西分别为虹桥机场航站楼、东交通广场、磁悬浮车站、高铁车站、西交通广场，如图 6–10 所示。虹桥机场新航站楼采用两层式布局，总占地 34 万 m^2；磁悬浮虹桥站为 10 线 10 台，站型为通过式，总建筑面积约 16.7 万 m^2；铁路虹桥站包括高铁和城际两部分，共 30 线 16 台，形成京沪高速铁路、城际铁路的综合枢纽；东交通广场位于航站楼和磁悬浮站之间，为京沪高铁与城际铁路提供集中的换乘服务；西交通广场位于高铁站西侧，为高铁提供专属的换乘服务；东西广场作为铁路和机场的集散设施，有效衔接磁悬浮交通、城市轨道交通、城市地面公交巴士、长途巴士客运站、出租车、私人小汽车的交通方式。

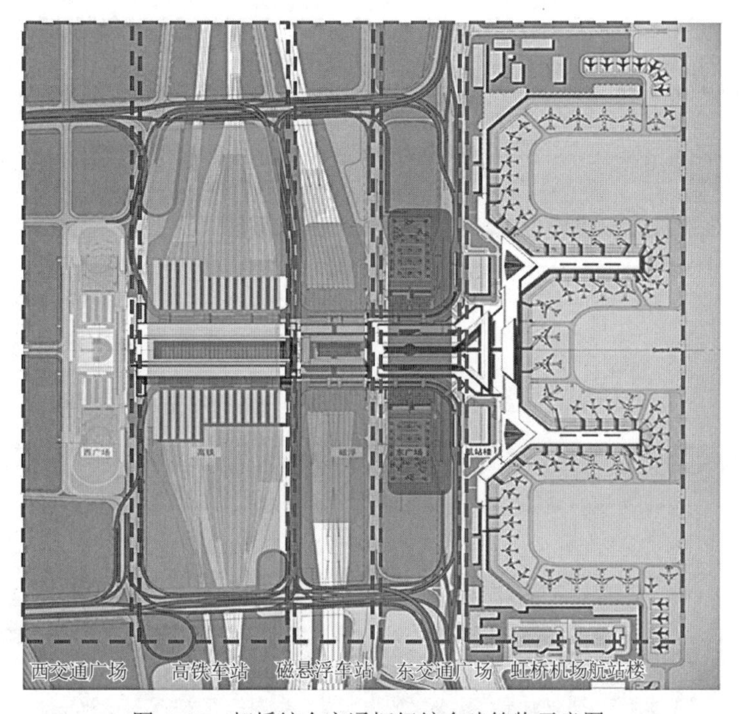

图 6–10　虹桥综合交通枢纽综合建筑物示意图

从立体纵向空间布局角度，虹桥综合交通枢纽共分 5 大功能层面，如图 6–11 所示。具体布局为：12.15 m 地上一层为出发层；6.6 m 中层为到达换乘廊道层；0 m 地面层为到达层；–9.35 m 地下一层为到达换乘通道及地铁站厅层；–16.5 m 地下二层为地铁轨道及站台层。其中 12.15 m 层、6.6 m 层和–9.35 m 层为枢纽三大重要换乘通道。高铁、磁悬浮轨道在 0 m 层；轨道交通 2 号线与 10 号线于地下二层东西垂直穿越交通枢纽，并分设东、西两站。

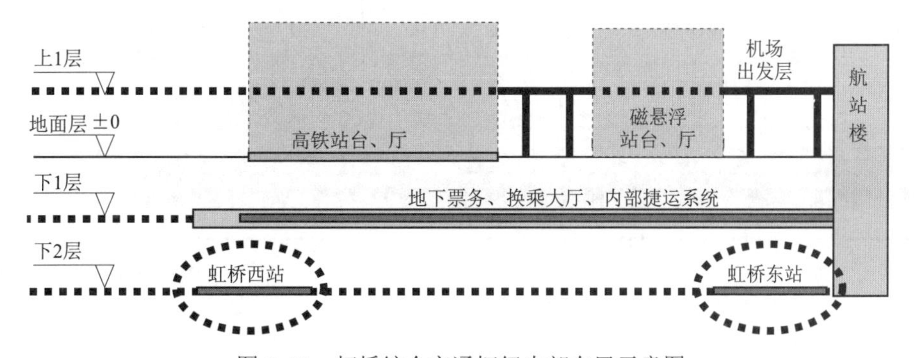

图 6–11　虹桥综合交通枢纽内部布局示意图

虹桥综合交通枢纽内主要的对外交通方式是高速铁路与航空；主导的集散交通方式是磁悬浮列车与地铁。航空、高铁、磁悬浮、地铁间的客流换乘都采用内部换乘；同时，采用多层面、多通道的分离模式，以满足不同交通设施间的到、发分层，上下叠合的功能安排，避免大流量旅客换乘拥挤。

① 虹桥综合交通枢纽内部高铁与机场客流换乘，如图 6–12 所示。

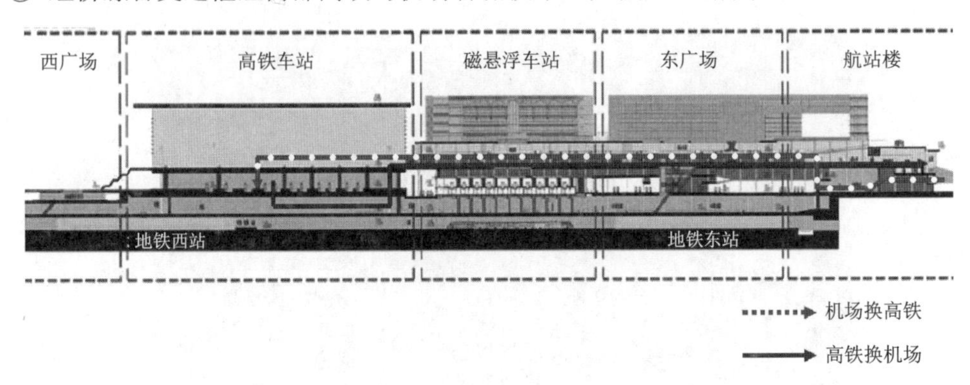

图 6–12　虹桥综合交通枢纽内部高铁与机场客流换乘示意图

② 虹桥综合交通枢纽内部机场与磁悬浮客流换乘如图 6–13 所示。

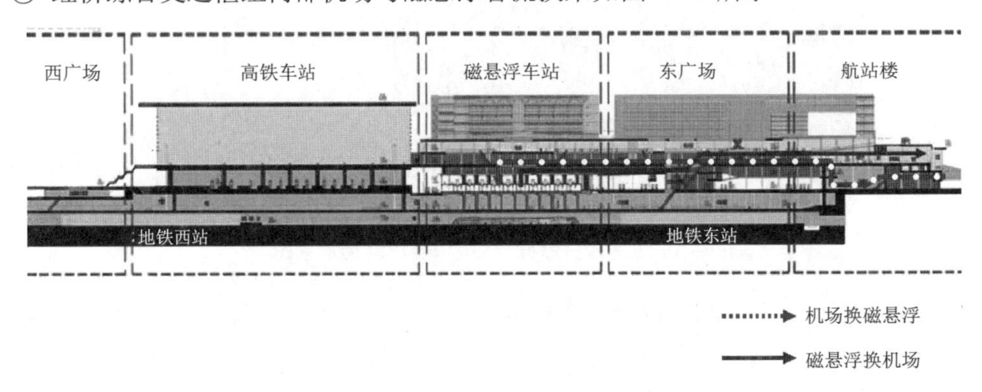

图 6–13　虹桥综合交通枢纽内部机场与磁悬浮客流换乘示意图

③ 虹桥综合交通枢纽内部高铁与磁悬浮客流换乘如图 6–14 所示。

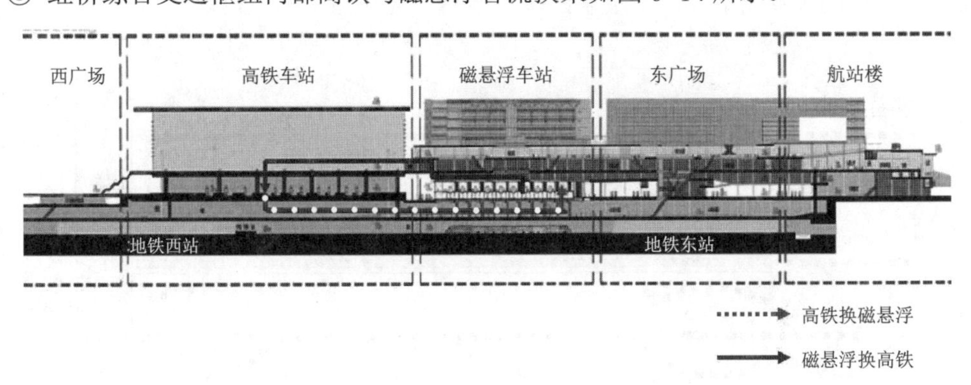

图 6–14　虹桥综合交通枢纽内部高铁与磁悬浮客流换乘示意图

④ 虹桥综合交通枢纽内部地铁与机场、高铁、磁悬浮的客流换乘如图 6–15 所示。

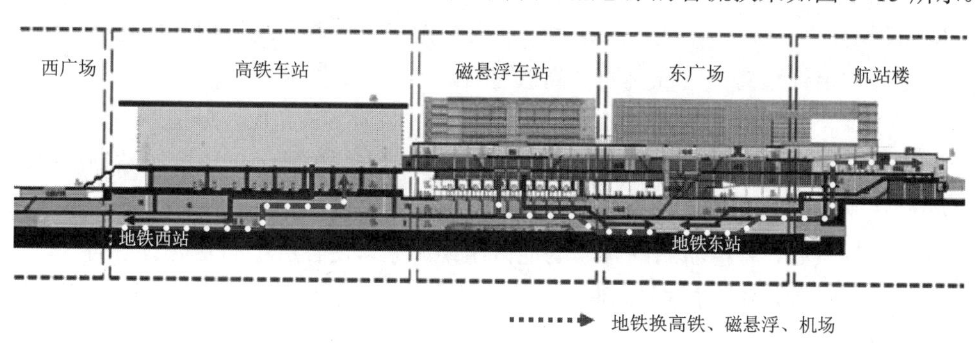

图 6–15　虹桥综合交通枢纽内部地铁与机场、高铁、磁悬浮的客流换乘示意图

道路疏散系统作为综合交通枢纽与外部衔接的重要方式，基于虹桥综合交通枢纽的自身特点，在原有沪青平高速、外环线快速路的基础上，新建嘉闵高架路、北翟高架路、崧泽高架路，改扩建北翟路与漕宝路，最终形成“一纵三横”的外围快速路网系统。

6.9.2　香港西九龙综合交通枢纽

香港西九龙综合交通枢纽位于香港九龙油尖旺区尖沙咀柯士甸道，占地 11 公顷，楼面总面积为 43 万 m^2，实现高速铁路、城市轨道交通、地面公交、出租车、私人小汽车等多种交通方式高效衔接，如图 6–16 所示。在设计阶段充分考虑城市空间和道路条件，对原有的地面道路交通重新规划，以下穿隧道的形式保障车辆通行，同时设置了充足的步行系统、公共空间等保障乘客的出行换乘体验，最大限度地降低对城市负面影响并与周围空间充分融合。

图 6–16　香港西九龙综合交通枢纽综合建筑物示意图

香港西九龙综合交通枢纽站采用立体式空间布局模式，采用“以立体换空间”的策略，打破平面空间面积的客观限制，在抵离港、客流换乘和人车集散方面均采用立体化方式，充分减少乘客在枢纽内的走行距离，实现交通的高效整合。

香港西九龙综合交通枢纽站采用弧形下沉设计，由上至下共7层，分别为观景台、行人天桥、地面层、售票大厅、抵港层、离港层和站台层，如图6–17所示。该枢纽站顶层采用玻璃材质的特殊设计，使整个枢纽站主体位于地下但仍有充足的自然光照，给人以亲切感、舒适感。中央大厅为枢纽站核心，将枢纽站的各项功能区组织起来，使各层空间功能直观可见，从而实现乘客高效换乘与集散。站台层根据列车编组不同设有9条长股道及6条短股道供列车停靠，站场规模为12台15线。

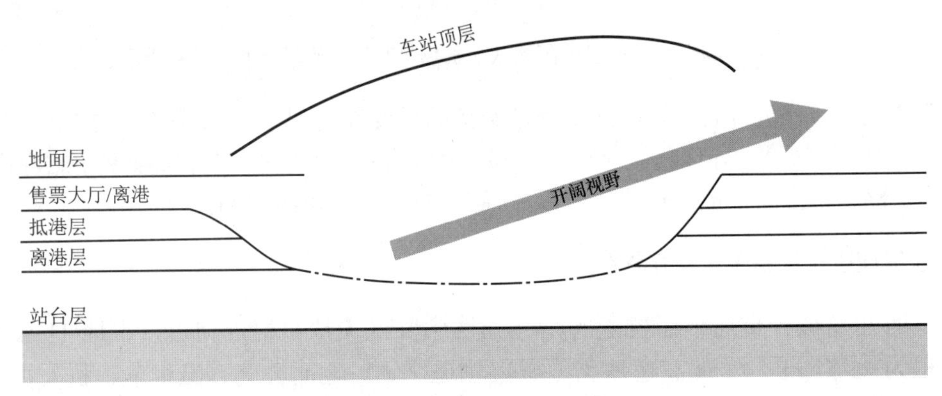

图6–17　香港西九龙综合交通枢纽站空间布局示意图

香港西九龙综合交通枢纽站对外离港交通方式为高速铁路，对内接驳交通方式包括：轨道交通、地面公交、出租车、私家车、步行等。乘客到港后位于B4站台层，可分别从B2抵港层、B1售票大厅层、G地面层和L1行人天桥层前往接驳交通上客点；乘客离港层为B3层，可分别通过L1层、G地面层到B1售票大厅后前往。通过立体空间合理布局，并运用直梯和自动扶梯等设施，让乘客进站和离站流线完全分开，提高换乘效率，避免换乘拥挤，如图6–18所示。

图6–19为香港西九龙综合交通枢纽站B1层售票大厅/离港层示意图。乘客乘坐接驳交通到达枢纽站后，乘车时间紧迫乘客可以通过进站直达流线沿途在自助售票/取票机、12306自助取票和票务柜台处等地快速完成购票/取票、票务咨询等业务，并直接到达检票闸机；乘车时间宽裕乘客可以通过进站缓达流线前往集合处或享受站内的纪念购物、饮食等服务，然后到达检票闸机。

离港层乘客集合点与商品、饮食点设计在一起，在空间上布置在离港层的边缘地带，远离进站直达流线。进站直达流线和进站缓达流线基本不存在冲突点，离港乘客集合点和商铺主要分布在进站缓达流线两侧，不会对进站后立即选择离港的乘客直达流线造成干扰；而且，餐厅位于B1夹层，可俯视整个中央大厅，在给顾客提供舒适饮食环境的同时，又能避免排队顾客对正常乘客流线造成干扰。

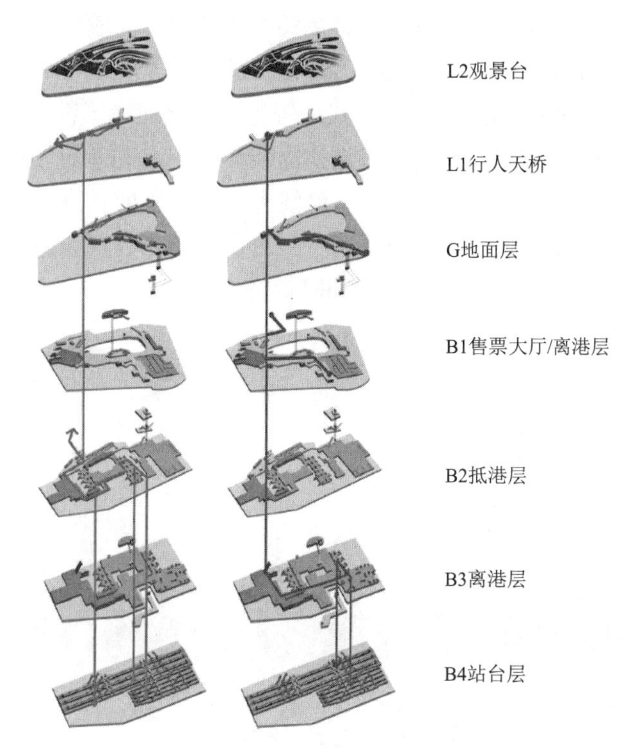

图 6–18　香港西九龙综合交通枢纽站进出站流线示意图

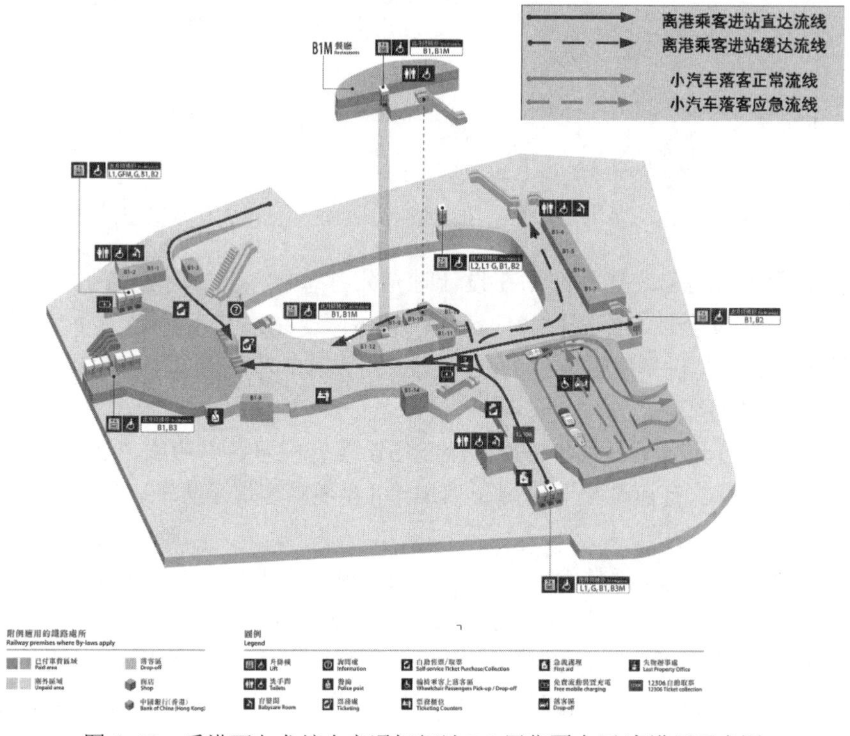

图 6–19　香港西九龙综合交通枢纽站 B1 层售票大厅/离港层示意图

图 6–20 为香港西九龙综合交通枢纽站 B2 层抵港大厅示意图。乘坐高铁的抵港客流通过过境限制区闸机后，根据自身需求可以沿乘客离站交通流线，完成银行卡办理、旅游咨询、八达通交通卡购买、饮食与购物等活动。同时，随着流线的推进，离港流线分支出不同的离站子流线，以便乘客选择不同的离站接驳交通方式；每种接驳交通方式都有明确的流线指向标识，乘客仅需考虑选择接驳交通方式，不需自行查找路线即可快速高效离站；例如，乘客可选择左侧离站流线乘坐轨道交通离站，选择右侧离站流线乘坐出租车或私家车离站。出租车的乘车点相比私家车乘车点距离过境闸机更近，体现了不鼓励私家车出行的设计理念。同时，在离站流线上设置了乘客集合点，以便离站乘客间的临时等待集合。

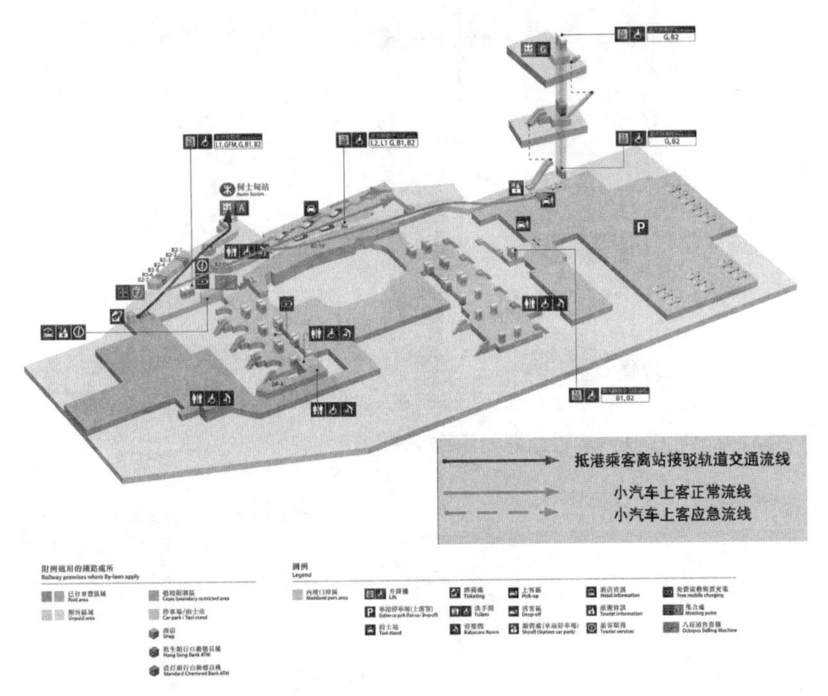

图 6–20　香港西九龙综合交通枢纽站 B2 层抵港大厅示意图

此外，香港西九龙综合交通枢纽站在设计时充分考虑乘客需求，以人为本，最大限度地保障了乘客在枢纽内的安全性、舒适性和便捷性，具体体现在以下几方面。

① 进站直达流线与进站缓达流线的分离，减少了乘车时间紧迫乘客与宽裕乘客之间的相互干扰，参见图 6–19 所示。

② B1 层、B2 层的机动车上客和落客流线均设置有应急备用流线，在一般正常情况下并不启用，在应急突发或大客流聚集等情况下启用，可实现乘客快速集散，保障乘客安全和便捷，参见图 6–19 和图 6–20 所示。

③ 出租车上客区采用锯齿型泊位设计，确保出租车静止等待乘客上车时不影响其他车辆的运行；同时，配备无障碍设计以便服务各类乘客，如图 6–21（a）所示。

④ 中央大厅为圆弧形，大厅围栏采用向乘客侧倾斜的高玻璃围栏，既能保障采光且不影响乘客观察大厅内状况，又能够保护乘客隐私并给乘客充足的安全感，如图 6–21（b）所示。

（a）出租车上客区

（b）大厅围栏

图 6–21　香港西九龙综合交通枢纽站出租车上客区与大厅围栏设计

⑤ 出站闸机外设置栅栏隔离到站乘客与接站人员，保证接站人员可以清晰看清出站乘客；接站人员对出站乘客不会产生干扰，避免大量乘客涌出时出现混乱，保障乘客移动安全与高效率，如图 6–22（a）所示。

⑥ 乘客步行通道整体设计为弧形通道，不仅与枢纽站的整体空间布局相匹配，而且能有效地预防行人拥堵踩踏，起到保护行人移动安全的效果，如图 6–22（b）所示。

（a）乘客出站接站区

（b）弧形步行通道设计

图 6–22　香港西九龙综合交通枢纽站接站区域与步行通道设计

⑦ 活动点、店铺采用内凹式设计，并为驻足人员预留排队空间，减少行人排队流线与移动流线之间的相互干扰，如图 6–23（a）所示。

⑧ 在弧形步行通道上设置店铺时，采用内凹式布置的同时，店面与行人的视线垂直，确保行人在移动过程中更快速地获取店铺的信息，减少行人回顾率，如图 6–23（b）所示。

⑨ 在步行通道内，行人移动空间和店铺空间采用不同颜色的铺装设计，以便行人区分不同的区域边界，如图 6–23（b）所示。

⑩ 店铺、集合点等辅助设施布置在核心功能区的外围，以减少乘客的非交通功能对枢纽交通核心功能的影响，以提高枢纽站的便捷性和舒适性。

（a）内凹购票处设计

（b）通道单侧商铺设计

图 6–23　香港西九龙综合交通枢纽站内凹式购票处设计与通道单侧商铺设计

复习思考题

1. 城市交通枢纽的基本功能是什么？
2. 交通枢纽的交通运输子系统包括哪些内容？
3. 枢纽交通设计需求分析包括哪些内容？
4. 交通枢纽空间布局模式的分类及其优缺点是什么？
5. 枢纽交通衔接模式包括哪些类型？
6. 枢纽客流行人组织包括哪些内容？
7. 枢纽客流导向标识服务系统的设计原则是什么？
8. 简述枢纽交通设计评价的指标体系。

第 7 章

城市停车交通设计与管理

本章主要讲述城市停车场分类、停车体系、停车配建指标、路外停车场交通设计、路内停车场交通设计、停车管理和政策及城市停车发展等。

7.1 概　　述

7.1.1 停车场的概念

供机动车和非机动车停放的场所及地上、地下构筑物，称为停车场。从狭义角度来说，存在停车场与停车库的概念区别：在我国，将停车场定义为用来停放车辆的空旷场地，停车库则是指用来停放车辆的建筑。在国外，将根据“停车场法”规划设置的用来停放车辆的场地称为停车场，而将根据“建筑法”规划设置的用来停放车辆的设施称为停车库。

无论是停车场还是停车库，除了具有停放车辆的功能外，还表现出以下几个方面的基本特征。

① 具备支持存放车辆的设备和设施，包括车辆进出口通道、防火、给排水、通风和照明等设施。

② 具备管理停放车辆的机构和设施，如管理室、控制室、休息室和检测室等。

③ 具备安全性，充分考虑车辆交通流线与行人交通流线的合理设计，避免交通事故的发生。

④ 形式多样化，如地面停车场、地上停车楼、地下停车库及机械式立体停车库等各种形式；大小规模也不一，停车泊位数从几辆到几千辆不等。

停车场（库）内部设施主要包括停车泊位、通道、检修车位、收费与管理处，以及附属设施（如储藏室、防火与通风设施、照明与电器设施、给排水及生活管理设施）等，基本构成如图 7–1 所示。

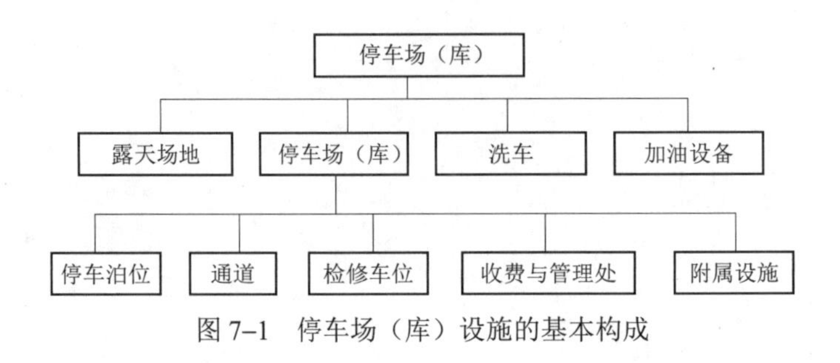

图 7–1 停车场（库）设施的基本构成

7.1.2 停车场分类

按照停车场的功能和空间位置及其结构、形式等的不同，停车场有多种类型，其规划、设计方法与管理措施存在很大的差异，常用的分类方法如下。

1. 按停车场地的位置分类

按照停车场位置可将停车场划分为路内停车场和路外停车场。

（1）路内停车场

路内停车场是在道路红线内划设的供车辆停放的场地。这种停车场一般设在交通流量较小的路段，或利用高架路、高架桥下的空间停车。

路内停车场包括路上停车场和路边停车场两种。

① 路上停车场布设在城市机动车或非机动车道的两侧或一侧。车辆存取方便，但对城市机动车和非机动车交通的干扰较大。在设置时对停车带的宽度要严格考虑，仅允许车辆短时停放。在选择设置路段时，应考虑以下条件：

- 路上停车场可以设在需要停放车辆的办公业务区、商业区、繁华街道等处，在设置时应基本不妨碍路上交通，同时要与路外停车场地的位置进行比较后确定；
- 当车行道断面宽度大于 6 m，路上停车不妨碍交通流时，可利用机动车道、非机动车道路肩、隔离带等设置路上停车；
- 不宜在主干道上或纵坡大于 4%的路段上设置路上停车场。

② 路边停车场通常设在城市道路的两边或一边的路缘外侧。一般由停车场地、出入口通道及其他附属设施组成。有专用的通道与城市道路系统相连，对道路车辆行驶的干扰小，但是过多的路边停车不利于城市的景观，而且会对行人交通产生较大影响，产生安全问题。

（2）路外停车场

路外停车场是指在道路红线范围以外专辟的停车场地，此类停车场由停车场地、出入口通道及其他附属设施组成。这些附属设施一般包括收费设施、修理站、给排水与防火设施、电话、监控报警装置、绿化等。

2. 按停车场服务对象分类

按停车场服务对象，停车场可以分为社会公共停车场、建筑物配建停车场和专用停车场 3 种。

（1）社会公共停车场

社会公共停车场，位于道路红线以外的独立占地的面向公众服务的停车场和由建筑物代建的不独立占地的面向公众服务的停车场。服务范围最广，通常设置在城市商业活动中心、城市出入口及公共交通换乘枢纽附近。

（2）建筑物配建停车场

建筑物依据建筑物配建停车位指标所附设的面向本建筑物使用和公众服务的供车辆停放的停车场。其服务对象包括主体建筑的停车及由主体建筑吸引的外来车辆。

（3）专用停车场

专用停车场是指专业运输部门或企事业单位所属建设的停车场地，仅供有关单位内部车辆停泊。如公共汽车总站、长途客货运枢纽等。专用停车场几乎不为社会上其他车辆提供停车位。

应明确的是，配建停车场和社会公共停车场并非绝对意义上的不同，两者在停车服务对象上既各有针对又相辅相成，原因如下。

① 配建停车场泊位建设的标准是满足主体建筑所产生的停车需求，但其泊位同时也承担了一部分由于主体建筑的吸引而产生的外来停车，因此配建停车场在一定程度上也具有社会公共停车场的作用。

② 配建停车场的建设通常以城市大型公用建筑为依托，对于那些没有停车场的公用建筑产生的停车需求将只能由社会公共停车场来承担。因此从某种意义上说，社会公共停车场的布局选址和规模是由区域的配建停车场无法满足所产生的停车需求量而决定的。

3. 按停车场建造类型分类

按停车场建造类型，停车场主要分为地面停车场、地下停车场、立体停车楼3种。

（1）地面停车场

地面停车场又称平面停车场，包括路内和路外设置在地面上的停车场地。其布局灵活、停车方便、成本低廉，可停放各种类型的车辆，是最常见的停车场形式。但占地面积较多，车辆停放的安全性得不到保证，而且容易受天气影响，车辆维护性差；停车产生的噪声、废气等会污染周围环境。

（2）地下停车场

地下停车场指建于地面以下一层或多层的停车库。其占地面积几乎为零，噪声和废气等污染局限于地下空间，适合地面用地紧张、对环境要求高的城市，如住宅用地、医疗卫生用地和中心商务区的商业、办公用地等。但由于车辆停放在地下，增加了停车者从停车点至目的地的步行距离，设计地下停车场时的重点是提高车辆存取效率和停车库出入的便捷程度。而且地下停车场的其他配套设施如照明、空调、排水等系统，所需的维修养护成本较高。

（3）立体停车楼

立体停车楼占用的土地面积小，适用于城市中土地开发强度较高的区域。按不同的结构，分为机械输送停车楼和自力行驶停车楼两种。

① 机械输送停车楼采用电梯或升降机械自动将所需停放车辆送至停车位。由于车辆的进出和存取完全是机械化操作，因此停车的便利性很强，而且车辆的安全能得到很好的保证。但是由于其外形结构的特点，客观上成为城市的高层建筑，因此在建造立体停车楼时应充分考虑其与周围空间的协调。国外在进行停车楼的建设时，通常将其融入主体建筑物的建造中。但其建设成本和运营过程中的维修养护费用比较高。

② 自力行驶停车楼设计了直行式或螺旋式坡道供车辆进出各层停车场。一般进出口和坡道都是单向行驶。在停车位置的安排上，一般把长时间的停车安排在进出较不方便的部位或上

层，而把短时间的停车安排在进出方便的部位或与道路同一平面，以提高泊位利用率。这种停车场使用方便且易于管理。但是，大量的通道减少了可供停车使用的有效面积率。

复合式停车架也是立体机械式停车楼的一种应用，它采用的是半固定的多层钢结构，利用机械实现车辆在立体空间内的存取。复合式停车架可以安装在地面停车场或地下停车库内，在相同用地面积的条件下增加了停车泊位数。

根据以上分析，对各类停车场的特征及适用范围作出归纳及比较，如表 7–1 和表 7–2 所示。

表 7–1 不同停车场建造形式特征表

停车场建造形式	可量化因素				不可量化因素		
	建设费用	泊位面积/（m^2/泊位）	地面面积/（m^2/泊位）	运行消耗	使用者感觉	城市景观	对环境影响
平面停车场	少	20～30	20～30	—	—	差	大
立体停车楼	中等	15	3～5	运转机器维护费用	—	较差	—
地下停车库	大	30～40	0	照明、空气净化等	不舒服	—	—

表 7–2 停车场建造形式比较表

建造类型	形式特点	适用范围
平面停车场	建造成本低、车辆存取方便，可供各类型车辆停放	地价低、可停车的面积大、停车需求量少的地区
立体停车楼	占地面积少，适合中小型车辆停放，建造成本高	地价昂贵、地形狭窄，对环境要求较高
地下停车库	占地面积少，建造成本比平面停车场高，可配合大楼地下室设置	可作为公寓住宅、大楼附设的停车场，可建造大型停车场

4. 按管理方式分类

停车场按照管理方式一般分为免费停车场、限时停车场、收费停车场和专用停车场 4 类。

（1）免费停车场

免费停车场多见于平面停车场，如住宅区或商业区的路上或路边停车场大型公用设施和商场、宾馆等的临时停车场所。其泊位周转率高，用于短时间停车。

（2）限时停车场

限时停车场限定车辆的停放时间。通常设置时间限制管理设施。由停车者自行启动，由交警或值勤人员监督。如果停车超时将给予适当的处罚，通过处罚提高停车场泊位的周转率。

（3）收费停车场

无论停车时间长短停车者都要交纳停车费用。分计时收费和不计时收费两种。前者是指每个泊位的收费标准随停车时间的长短而变化；后者不随停车时间的变化而变化。

（4）专用停车场

专用停车场是指通过标志牌或地面标识指明专供某类人员或某种性质车辆停放的停车场所。一般分为指明临时性停车，如接送客人的出租车临时停车位，指明车位使用对象（如残疾人、老年人及医护人员等）的停车车位。

5. 按换乘方式分类

按停车场换乘方式分为一般停车场和换乘停车场。

（1）一般停车场

一般停车场可供停车者停放车辆，不进行交通工具的转换。

（2）换乘停车场

从广义上来说，换乘停车场是指在出行过程中实现低载客率交通工具向高载客率交通工具转换的一类停车场。如由小汽车、自行车方式向地面公交、轨道交通的转换。通常意义的换乘停车场是指为实现个人出行方式向公共交通方式转换的停车场。根据换乘停车场位置、功能和服务对象的不同，又可将换乘停车场分为如表 7–3、表 7–4 所示的类型。

表 7–3　换乘停车场区位分类表

类别	停车场的分布与设置
边缘换乘停车场	市级中心区、次级中心区及某些重要活动中心外围
市区换乘停车场	距离中心商业区较近
近郊区换乘停车场	距离中心商业区较远
远郊区换乘停车场	距离目的地远，主要位于新镇或小城镇中

表 7–4　换乘停车场服务对象分类表

类别	特点
轨道换乘停车场	位于市郊铁路或市内地铁首末站处，主要为通勤交通服务，具有较高停车换乘需求，泊位从几百个到几千个不等
优先公交换乘停车场	设置在公交专用道或高载量交通车道附近，泊位一般在 500 个以上
普通公交换乘停车场	主要服务于通往中心区或主要就业中心的通勤交通，泊位一般在 25～100 个，多数为免费停车
合乘车换乘停车场	没有固定公交时刻表，只是为小轿车或客车合乘车主提供一个停车候客的场所。设施形式灵活，以自发形式为主

7.1.3　停车问题概况

停车是城市交通系统中的一个重要环节。从常识的角度来讲，一辆车至少要占用一个停车位，与道路交通相比，停车位的需求总是“刚性”的。机动车总是在行与停两种状态之间转换，并且统计结果表明机动车处于“静止”状态的时间远大于处于“运动”状态的时间，两者之比约为 7:1。根据国际经验，每辆机动车需要 1.2～1.5 个停车位才能满足停车需要，因此“停”的问题在整个交通中的地位不容忽视。

停车问题产生的影响主要有以下几方面。

- 降低道路通行能力。英国交通规划局的相关研究项目表明：路内停车将会使道路的通行能力降低 10%～20%；在完全城市化地区，道路的通行能力可能降低 20%～30%。
- 诱发交通事故。有研究指出，由于路内停车影响到行人、驾驶人的视线而导致的交通事故约占所有交通事故的 4%。
- 降低城市活力。停车设施的完备与否直接关系到相关设施，尤其是商业设施的竞争力。

也有由于停车设施不足导致商业竞争力下降，从而导致传统商业区乃至城市的活力下降，以及传统文化活力下降的事例。

● 扰乱社会秩序。抢占车位和占道堵路等停车行为常会引发公众纠纷，甚至会干扰特种车辆执行任务。

● 破坏城市景观。不合理或非法的停车现象还会破坏景观、环境乃至生态，影响城市的整体形象。

在目前我国城市快速发展的阶段，停车方面的问题实质可以从以下几方面剖析。

1. 停车供需不平衡

由于停车设施建设历史欠账原因和对机动车发展态势估计不足，中国大城市小汽车与停车位的平均比例为 1.0:0.8，中小城市的约为 1.0:0.5，与发达国家的 1.0:1.3 相比严重偏低，全国停车位缺口超过 5 000 万个。2015 年《中国城市智慧停车指数报告》数据显示，北上广深四城平均停车泊位缺口率为 76.3%，每个城市至少有超过 200 万的车辆无正规车位可停。

停车供需不平衡主要表现在以下 3 个方面。

（1）停车设施总量配置不足

这种不足一是配建停车设施不足，早期的公共建筑和居住小区对私家车进入家庭的估计不足，而且配建停车设施长期以来被视为配建工程，主观上不受重视，有些开发商为了节约成本，擅自减少停车泊位的建设，造成配建停车位数量不足；二是公共停车设施供应不足，一些大城市的公共停车场配建指标与《城市综合交通体系规划标准》（GB/T 51328—2018）规定的 0.5～1.0 m^2/人相差甚远。

（2）停车供应结构不合理

我国大城市普遍存在路外公共停车设施比例严重偏低的现象，而路内停车场在所有停车设施中所占的比例过高。以福州市为例，目前的路外公共停车位数量仅占停车泊位总量的 3.3%，而合理的路外公共停车泊位比例约为 15%。通过停车的调查发现，多数城市配建停车设施仅占总供给的 50%左右，大部分停车由路内停车解决。这种状况对城市道路交通的影响是巨大的。

（3）停车设施供给布局与需求不匹配

这种不匹配一方面表现在停车设施供给量跟其需求强度不一致，有些停车泊位供不应求，有些泊位利用率非常低；另一方面表现在路内停车设施影响了动态交通的正常运行，路外公共停车设施过于靠近主干道和交叉口、停车设施通道布置不合理、出入口与城市道路连接不当，导致车辆出入停车场干扰动态交通。

2. 现有停车设施未充分利用

现有停车设施利用率低主要体现在以下 2 个方面。

（1）停车设施空间利用率低

尽管城市停车泊位供给总量不足，但是许多公共停车场使用率较低，经营状况普遍较差，特别是大型的停车楼及对外开放的配建地下停车库。如乌鲁木齐城市公共停车设施泊位利用率为 54.34%，地下和室内停车设施泊位利用率为 50.89%。乌鲁木齐地上立体停车库共 1 250 个停车泊位，而使用量约为 260 个，利用率仅为 20.8%。

许多居住小区配建的地下停车库使用率很低，而高峰时段小区内部道路甚至是消防通道上都停满了车辆，有时小区配建停车场内所停车辆仅占总泊位数的 10%～20%，主要原因是配建停车场停车步行距离较远且需要收费。

（2）停车设施时间利用率低

大量事业单位和商业办公停车设施夜间对外开放共享不足，造成夜间停车资源闲置。另外，停车设施的周转率较低，如昆明市现有停车设施的周转率普遍在 2 车次/天以下，仅医院停车位周转率达到 5 车次/天以上，周转服务能力较差。

3. 停车建设未引起足够的重视

国家和各地政府对于交通基础设施建设的重点放在道路、桥梁、轨道交通等大型设施上，对停车建设资金的投入无力顾及，尽管很多大城市近年来相继开展了不同深度的停车设施规划研究，由于资金筹措困难、用地难以保证等原因，导致建设不能与规划协调一致，使得停车设施建设远远落后于停车需求。

4. 停车管理有待加强

早期能较全面指导停车规划、建设、管理的法规是公安部和建设部 1988 年联合发布的《停车场建设和管理暂行规定》，随着城市机动化快速发展，该规定于 2018 年废止，同时，国家、各省、市陆续制定了有关城市停车建设管理政策，对城市停车设施的建设管理起到了积极的推动作用，如住房和城乡建设部于 2015 年发布的《城市停车设施规划导则》，2016 年发布《城市停车规划规范》（GB/T 51149—2016），公安部发布的《城市道路路内停车管理设施应用指南》（GA/T 1271—2015）、《城市道路路内停车位设置规范》（GA/T 850—2021），2018 年发布《北京市机动车停车条例》、2022 年发布《上海市道路停车场管理规定》等。

然而，目前除了北京、上海、深圳等少数城市外，大多数城市尚未开展全市停车普查工作，对现状停车设施规模、分布、类别等缺乏详细的统计资料，缺乏停车设施统计的统一标准，道路停车乱象执法管理不充分，难以支撑有效的城市停车管理。

5. 停车设施智能化水平低

大部分城市停车设施的管理还都局限于人工管理，收费系统存在收费标准不统一、收费资金容易流失、延长了存取车时间等问题；停车场也多为自行式，科技含量较低。立体停车库、自动收费系统、停车诱导信息系统等技术有待推广和普及，管理水平也有待提高。

国内关于智能停车展开较多研究，验证了停车诱导、数据共享、接口共享、无感支付、停车需求分析等停车服务功能都存在实现可行性。但实际情况中，我国城市停车场建设仍以传统模式为主，在立体智能停车场建设领域，尚未推广实施，城市停车场建设发展相对比较缓慢。主要原因是智能化停车场建设需要较多投入成本和一定空间资源。

静态交通不仅能提供车辆所必需的交通环境，而且还能对城市车辆发展和车辆流向起到调节作用。停车设施的健全，会促进动态交通的发展，刺激车辆数量的增加，同时也会对交通设施构成新的压力。为了充分发挥静态交通对城市交通发展的调节作用，挖掘我国城市现有静态交通设施的潜力，规范城市静态交通行为，缓解我国城市普遍存在的停车问题，保证城市动态交通的通畅，创造方便、安全、快捷、舒适的交通环境，必须运用系统的观点研究城市静态交通问题，对停车场进行科学的规划与设计，实施合理的停车运营管理政策及措施，防止停车问题的蔓延，确保城市的交通秩序。

7.2 城市停车体系

停车场（库）交通设计，是以停车规划的成果和停车场（库）用地及其周边道路交通条件为约束，以停车交通最佳化为目标，最佳地确定停车场（库）的空间布局、停车模式、交通流线及管理措施等。既要反映车辆合理出行的需要，又要体现交通需求管理的理念，以动态交通的通畅、安全与效率为目的，与优先发展公共交通政策相结合。

7.2.1 停车行为过程及其交通设计内容

根据停车者的出行目的及获取信息的不同，可以归纳其停车行为基本过程，如图 7–2 所示。该过程可以分为两个阶段：停车选择阶段和停车实施阶段。对应的停车交通设计内容包括以下几项。

① 停车场（库）选择阶段，相关的停车场（库）选址布局及其停车设施容量估算等。

② 对应于驶入停车场（库）出入口设计，与车辆停放相关的停车场（库）的内部交通空间布局设计及与驶出停车场（库）相关的交通流线设计。

③ 停车场（库）管理系统设计等。

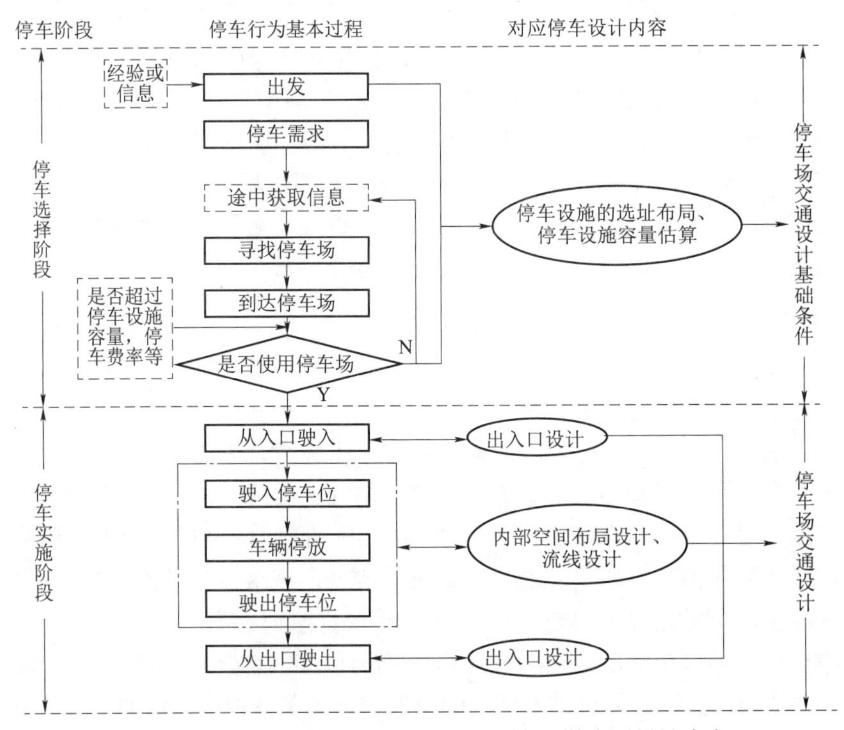

图 7–2 停车场（库）停车行为基本过程及其交通设计内容

图 7–2 中涉及以下一些基本概念。

- 停车需求（parking demand）：给定停车服务区域特定时间间隔内停车需求量。
- 停车供应（parking supply）：一定停车区域按规范能够提供的有效停车泊位数量。
- 停车场（parking lot）：供机动车与非机动车停放的场所及地上、地下构筑物。

● 停车：车辆由于等客、装卸货物、故障及其他理由连续停止（装卸货物或乘客乘降而停止不超过 5 min 的除外），或者车辆停止且驾驶人离开该车辆，处于不能立即行驶情形。

● 累积停车数（parking accumulation）：典型停放点和区域内在一定时间内实际停放车辆数量。

● 停车设施容量（parking capacity）：指给定区域或停车设施有效面积上可用于停放车辆的最大泊位数量。

7.2.2 停车设施功能定位分析

1. 停车设施定位分析

不同的分类方式将城市停车设施划分成多个不同的类型，但一般而言，城市总停车泊位主要由建筑物配建停车泊位、路外公共泊位和路内泊位构成，这 3 类停车设施是城市停车泊位供应的主要部分。

建筑物配建停车场作为建筑物主体的附属设施，主要为与该建筑业务活动相关的出行者提供停车服务，服务对象包括主体建筑的停车及主体建筑所吸引的外来车辆，具有夜间停车和车辆在出行过程中产生的社会停车的双重作用，是城市停车的最主要方式，在城市停车设施供应中占主体地位。建筑物配建停车场建设的好坏直接关系城市停车问题的解决，因此国内外城市均高度重视城市公共建筑物配建停车标准的制定与贯彻落实，通过配套建设停车泊位来提供大量的城市停车位，自行解决公共建筑物自身引发的停车需求，包括其自身车辆的停放和所吸引车辆的停放问题，避免将停车问题转变为社会成本。

表 7–5 是上海市停车设施普查调查的 16 个行政区 2020 年总的停车泊位供应情况，数据表明，建筑物配建停车位在上海市城市停车设施中占据绝对的主体地位，占总泊位数的 94.5%。

表 7–5 上海市停车泊位供应情况（2020 年）

泊位量/万个				小客车总数/万辆
总量	配建	路内	路外公共	
534.06	504.42	11.84	17.80	397.1
比例/%	94.5	2.2	3.3	

表 7–6 显示宁波市 2015 年中心区配建停车泊位占总泊位数的 90.85%。

表 7–6 宁波市中心区停车泊位供应情况（2015 年）

类别	专属停车位		公共停车位			合计
	共有	配建	配建	路外	路内	
数量/个	165 359		51 673	13 695	8 177	238 904
比例/%	69.22		21.63	5.73	3.42	100.0

与建筑物配建停车场的主体地位相比，路外社会公共停车场和路边停车场在城市停车设施供应中处于辅助地位，是城市停车的一种辅助方式。

路外社会公共停车场是解决无配建停车位和配建停车位不足情况下的一种主要补充方式，

对缓解城市停车供需失衡有举足轻重的作用。如前所述，建筑物配建停车泊位是城市停车设施供应的主体，各类城市公共建筑物应主要通过配建停车位来解决停车问题，然而不同类型的公共建筑物其建筑规模、停车需求是不同的，城市中存在大量的中小型公共建筑物，其停车需求量较小，配建规模也较小，如果分别为每栋公共建筑物单独修建配建停车场，势必造成土地资源的浪费，在这种情况下可以通过修建路外社会公共停车场来为其附近多栋建筑物服务，以解决它们的停车问题。此外，城市中心区土地开发强度大、价值高，当建筑物配建停车泊位不足时，是很难再征地用于扩大配建停车泊位，况且将某个建筑物的机会成本极高的土地用于收益较低的停车用地往往是不经济的，也是不可行的，这种情况下只有通过路外公共泊位来解决其自身配建泊位无法满足的停车需求。

由于路边停车场是占用道路空间资源来作为停车载体的，因而具有设置灵活简单、占空间少、设备简单、停车方便、步行距离短等优点。科学合理的路边停车场不仅可以提供大量方便的停车位，补充城市停车位的不足，利于居民的出行，还合理地利用了道路的闲散资源。表 7–7 是美国 20 世纪 70 年代初 110 个人口为 1 万人以上城市中心区停车设施的统计结果，表中数据表明，路边停车场在城市中心区的停车结构中占有相当的比例，其承担的停车比例要远大于自身在停车设施结构中的比例。

表 7–7 美国不同规模城市中心区的停车设施构成

城区人口/万人	停车泊位数/个		车位比例/%		停车比例/%	
	路边	路外	路边	路外	路边	路外
1～2.5	1 090	1 540	43	57	79	21
2.5～5	1 430	2 560	38	62	74	26
5～10	1 610	3 050	35	65	68	32
10～25	2 130	5 580	27	73	52	48
25～50	2 450	9 850	20	80	54	46
50～100	3 200	19 400	14	86	33	67
>100	8 000	50 800	14	86	30	70

尽管路边停车场优点鲜明，但其负作用也非常明显：干扰动态交通、引起交通堵塞、降低道路通行能力、增加行程延误、诱发交通事故等，不合理的路边停车场将会使道路成为交通的瓶颈、事故的多发点和交通拥堵源。这种负作用在我国城市交通中表现得更为突出，由于人口密集，道路面积率和道路网密度低，人们交通出行的机动化程度也越来越高，存在大量的机动车和非机动车出行，一方面造成道路交通方式中机动车、非机动车、行人并存，相互干扰，使道路交通管理复杂化；另一方面道路交通设施难以适应不断增长的机动车动态交通需求，划设路边停车场将使道路交通环境更加复杂、恶化。因此，必须严格控制路边泊位的供应及管理，特别是城市中心区。

2. 停车设施的功能互补关系

建筑物配建停车泊位、路外公共泊位、路内泊位 3 类停车设施在城市停车设施中担负不同的角色定位，建筑物配建泊位是主体，路外公共泊位和路内泊位起辅助作用。然而这种角色定位并不是一成不变的，它们在城市停车功能上既各有针对，又相辅相成，体现出功能上的互补关系，这种互补关系表现在以下几方面。

① 配建停车场主要是解决主体建筑所产生的停车需求，同时也承担了一部分由于主体建筑的吸引而产生的外来停车，因此配建停车场在一定程度上具有社会公共停车场的作用，特别是城市中心区的公共建筑物对外开放的配建停车场。

② 原则上配建停车设施应完全满足主体建筑物带来的停车需求，避免将停车问题转化为社会成本，但由于某些原因导致一些建筑物的配建泊位无法满足实际的停车需求，这些超出的停车需求只能通过路外公共泊位或路内泊位来解决。

③ 配建停车场的建设通常以城市大型公用建筑为依托，国内一些城市自行制定的新的配建标准中规定了需配套建设停车场的建筑物面积下限。对于那些没有停车设施的公用建筑，其产生的停车需求将只能由路外社会公共停车场或路内停车场来承担。事实上，目前国内各城市大量的路边停车的一个主要原因就是建筑物缺乏配建停车设施。

④ 社会公共停车设施是配建停车设施的补充，是为未配建停车设施或配建停车设施不足的地区服务的，所以其规划建设是与配建状况密切相关的，配建标准的制定和执行情况极大地影响着公共停车设施的建设和经营。基于这一点才能重新认识公共停车设施规划，才能制定合适的规划设计思路和调查研究方法，使公共停车设施布点更合理。

⑤ 3 类停车设施还存在竞争关系。路边停车方便快捷、步行距离短，使得它相比于其他两类停车设施有很大的竞争优势。目前国内一些城市的配建停车设施和公共停车场，由于规划布局不合理或是附近路内停车场的存在，又或是停车收费没有体现出路内、路外的差异性等原因，导致其利用率普遍较低，不利于路外停车场的建设和经营，抑制了停车产业的发展。

3. 停车设施的结构分析

在 3 类停车设施中，据国外城市停车研究成果，建筑物配建停车泊位、路外公共泊位和路内泊位分别占总泊位的 60%～70%、25%～35%和 5%～15%是较为适宜的。配建停车场是城市停车泊位供应的主体。我国住房和城乡建设部关于停车场结构的规划为：结合国家现在停车位稀缺的实际情况，在规划层面路内停车控制在 10%以内，配建、公共及路内停车比例约为 8:1:1。

在城市停车设施中，配建泊位比例过高，公共停车泊位和路内停车泊位的比例过低，表 7–8 所示数据统计时间在 2015—2020 年。配建泊位一般都超过 80%，甚至占到了总泊位的 90%以上。如此高的比例是通过以下两种方式实现的：其一，停车配建标准不断提高，新建和改建建筑物在建设时必须提高其配建停车供应；其二，建筑物在使用过程中，现有的停车泊位远远不能满足其停车需求，因而在其建筑用地范围内利用内部空地、道路、广场、绿地自行画线设置、增加停车泊位。

表 7–8　中国城市停车设施供应结构比例

城市	深圳（2016）	上海（2020）	南京（2020）	宁波（2015）
配建:公共:路内	148.7:1.8:1	43.0:1.5:1	26.3:1.22:1	26.6:1.68:1

配建泊位比例过高导致公共停车泊位的比例偏低，使其在城市停车设施体系中能发挥的作用大打折扣。路外公共停车的开发、建设、运营情况不断完善，未来伴随着城市停车产业化的

不断发展，必须逐步提高路外公共停车泊位的比例，同时严格控制路内停车泊位的数量，逐步使得3类停车设施的比例不断优化。

参考《城市停车设施规划导则》和《城市停车泊位供给规模研究》的成果，停车设施比例可参考表7–9。

表7–9 我国城市停车设施供应结构

单位：%

区域类型		配建	公共	路内
特大、大城市	中心区	[75,85)	[10,15)	(0,5]
	边缘区	[80,90)	[5,10)	(0,10]
中小城市		[80,90)	[5,10)	(0,10]

7.2.3 设计目标及方法体系

停车场（库）交通设计的目标是缓解静态交通对城市动态交通的干扰，实现动、静交通的和谐，特别是停车交通的供需平衡、便捷、安全、效率、秩序及其与环境协调等目标。

为了实现上述设计目标，需要采用相应的设计方法。基于停车场（库）交通设计目标和停车行为基本过程，采用目标与对策的映射方法可给出停车场（库）交通设计目标与设计方法之间的对应关系，如表7–10所示。

表7–10 停车场（库）设计目标、内容与方法对应关系

<table>
<tr><th>设计分类</th><th>停车场（库）设计内容</th><th>设计目标</th><th>具体设计方法</th></tr>
<tr><td rowspan="2">停车场（库）设计基础条件</td><td>选择停车场位置</td><td>便捷、效率</td><td>停车场选址及布局优化</td></tr>
<tr><td>停车供应条件确定</td><td>供需平衡</td><td>停车设施容量最佳化</td></tr>
<tr><td rowspan="6">停车场（库）交通设计</td><td>出入口设计</td><td>对动态交通影响最小化</td><td>出入口优化设计</td></tr>
<tr><td rowspan="4">内部布局设计</td><td>秩序、安全</td><td>通道优化设计</td></tr>
<tr><td>效率</td><td>停车方式最佳选择设计</td></tr>
<tr><td>便捷</td><td>停发方式优化设计</td></tr>
<tr><td>供需平衡</td><td>停车泊位设计参数选定</td></tr>
<tr><td>内部流线设计</td><td>安全、秩序</td><td>交通流线组合设计</td></tr>
<tr><td rowspan="2">附属设施设计</td><td>检修车位、生活管理等设施设计</td><td rowspan="2">安全、便捷、环保</td><td>利用经验功能组合设计</td></tr>
<tr><td>防火、通风、采暖、照明、给排水等设施设计</td><td>参照相关设计规范</td></tr>
<tr><td rowspan="2">停车管理系统设计</td><td>制定停车费率</td><td rowspan="2">供需平衡、效率</td><td>停车费率确定方法</td></tr>
<tr><td>停车管理系统设计</td><td>停车诱导与收费系统设计</td></tr>
</table>

7.2.4 设计基本内容

不同类型停车场（库）其交通设计内容也不同，图7–3为其设计内容框架体系。

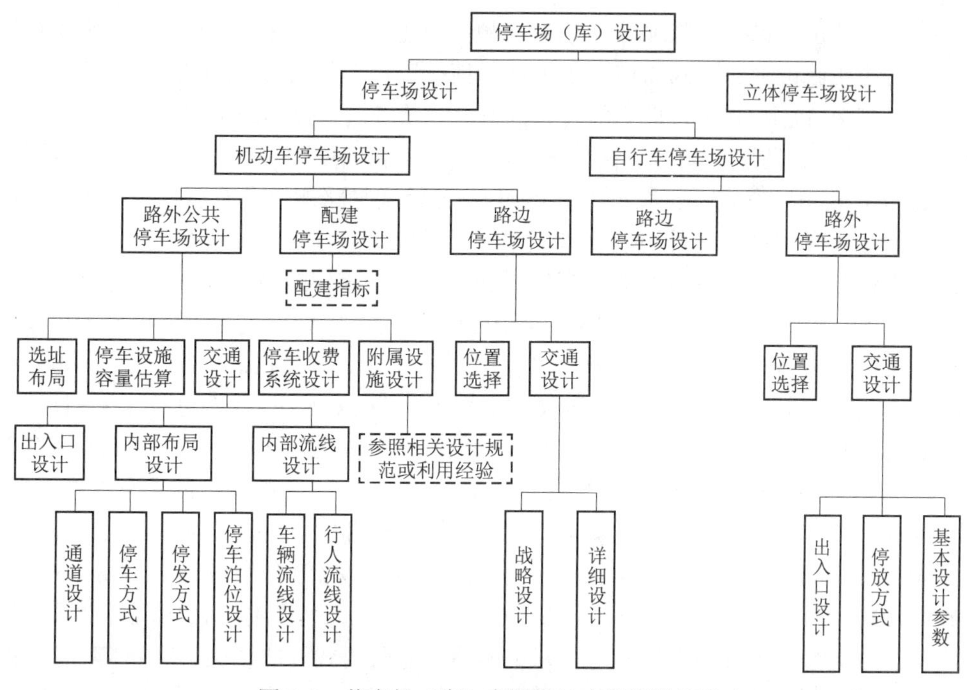

图 7–3　停车场（库）交通设计内容框架体系

综合考察表 7–10 和图 7–3，不难发现停车场（库）交通设计的主要内容包括路外、配建和路内及自行车停车场（库）的交通设计。因此，本节重点讲述的内容如下。

① 路外公共停车场交通设计。包括机动车和非机动车停车场，基本涵盖了表 7–10 中所有的设计内容，但以交通设计为主，不包括停车场附属设施设计。

② 配建机动车停车场交通设计。配建停车场设计规模可由相关配建指标决定，配建停车场内部交通布局设计方法与路外公共停车场有相似之处。

③ 路边停车场交通设计。主要介绍路边机动车、非机动车停车场位置选择方法，以及交通设计方法及设计模式。

④ 现代停车场及其管理系统发展趋势。作为现代停车场的发展趋势，将对自动化立体停车库、停车场智能化管理系统和停车诱导系统进行概要介绍。

7.3　城市停车配建指标

7.3.1　停车配建指标的演变

1. 停车配建指标概况

停车管理作为一项公共政策可以追溯至 20 世纪初，当时世界上发达城市的中心城区出现了由警察和交通工程师制定的停车管理规定。如 1915 年美国底特律对路侧停车时间进行限制，1920 年波士顿也发布了同样的管理规定。随着机动车保有量的快速增长，一些城市认为路侧停车降低了公共空间的利用效率并对交通产生了很大的负面影响，由此在 1928 年芝加哥的中心商务区（center business district，CBD）地区开始禁止路侧停车，纽约曼哈顿地区夜间路侧停车也开始严格禁止。也有一些地区开始对路侧停车进行管理，如 1935 年，175 个路侧停车咪表问世并安装在城市中心区的街道，因被认为能提高停车位的使用周转率而风靡一时。

尽管咪表在 20 世纪 60 年代广为流行，但由于管理者没有提高路侧停车的收费标准，停车位周转率仍然很低。为适应机动车的快速增长和相应的停车需求，1956 年，美国公路局（Bureau of Public Roads，BPR）发布了《城市停车指南》，开始增加路侧停车及路外停车供给，最终演变为所有居住区和商业建设项目均被要求配建停车设施。

国外对于停车需求及配建标准的研究始于 20 世纪 40 年代的美国，大多是建立在广泛的调查数据的基础上，从 20 世纪 50 年代至今，美国曾多次对不同城市进行了大规模的停车调查与研究，1956 年，针对停车特性与城市规模的关系进行了研究，根据近 70 个城市的调查结果总结出《城市停车指南》（*Parking Guide for Cities*）。50 年代末 60 年代初进行了 CBD 停车的研究，于 1965 年出版了《城市中心停车》（*Parking in the City Center*）。1971 年的《停车原则》（*Parking Principle*）总结了 1960 年以后 111 个人口为 1 万人以上的城市的停车调查研究结果，并建立了相应的停车需求预测模型，为停车供需相关研究提供了很好的基础。美国交通工程师协会（Institute of Transportation Engineers，ITE）定期出版《停车生成》（*Parking Generation*）报告，在其 1987 年的第 2 版中共收集了 1 450 个各种用地类型样本的独立调查数据，包括 64 种用地类型，分析给出了每种用地停车需求的范围、回归公式和曲线图。2005 年 3 月，ITE 出版了该报告的第 3 版，收集了 2 148 个独立调查数据，用地类型也增加到 75 类。2019 年，该报告第 5 版在用地、时间分布等方面新增了大量内容。日本 1957 年颁布了《停车场法》，大力推广鼓励路外停车场的建设，1962 年提出了《机动车场所之确保法实施令》和《自动车场所确保法实施令》，这些法律规定，在拥有汽车时，有义务确保汽车的保管场所（车库）。

在停车政策方面，由于各国经济发展水平、城市布局形态和汽车保有率等的不同，因此建筑物配建标准的控制与管理也有较大的差异。美国 20 世纪 70 年代以前实行有求必应的停车供需政策，其配建标准很高，70 年代以后伴随着停车需求的增长，城市用地日益紧张，交通环境的恶化，停车政策开始转为控制需求阶段，相应的配建标准也发生了一些变化，如将配建标准最低值的限定改为最高值的限定，降低中心区的配建车位标准等规定；在日本，由于地域狭小，人口密集，因此总体标准不高，但执行严格，1962 年颁布实施了《车库法》，规定在车辆登记时必须提供停车泊位证明。

2. 国内停车配建指标比较

我国的停车配建标准是公安部和建设部于 1988 年颁布的《停车场规划设计规则（试行）》，它给出了 12 类建设项目的停车位配建标准，主要为旅馆、饮食店、办公楼、商业场所、体育馆、影剧院、展览馆、医院、游览场所、火车站、码头、住宅等。然后又将部分建设项目类型根据其规模或区位细化为不同子类，共计 21 个子类。但由于当时我国机动化水平较低，停车矛盾并不突出，与目前的社会经济及机动化水平相比，这一标准已远远不能够适应当前的停车设施配建需要，主要表现在以下几方面。

① 建设项目类型少。以住宅为例，上述标准仅将住宅类建设项目分为两类，其中一类为国内高级住宅及外国人、华侨、港澳同胞等使用的住宅；二类为普通住宅。这种划分方式过于粗略，难以反映不同类型住宅的停车需求强度。

② 配建指标过低。当时由于我国大城市的机动化水平较低，私家车规模小，按标准仅要

求一类项目每户配建 0.5 个车位，普通住宅没有要求配建停车位，目前，我国大城市居住区停车设施严重不足已经成为普遍现象。

③ 区位体现不明显。对于城市中心区、CBD 地区和外围地区的停车位配建规则标准中并没有区分，难以体现通过停车设施配建引导机动车出行的交通需求管理的理念。

针对标准的不足，部分城市根据自身条件陆续发布了停车设置配建的地方标准，如表 7–11 所示，在我国城市的停车配建标准中，建筑物类型划分的详细程度有较大的差异，同时配建的标准也有一定的差异。停车配建指标应该是与时俱进的，在对旧版本停车配建指标标准进行全面评估总结的基础上，立足城市综合交通和停车发展实际，借鉴吸收国内外最新研究成果和实践经验，对原有版本进行全面、系统修编，从而能够从根本上有效保障新建、改扩建建筑的合理停车供应，进一步贯彻落实差别化的停车供给策略，构建规模适宜、布局完善和结构合理的停车设施系统。住房和城乡建设部于 2016 年颁布了《城市停车规划规范》(GB/T 51149—2016)，各城市根据自身发展情况，完善停车配建指标。2003 年，北京市规划委员会发布了《北京地区建设工程规划设计通则（试行）》，对停车配建标准进行了新的规定，将建设项目分为大中型公共建筑和居住区，前者又分为旅馆、办公楼、餐饮、商场、医院、展览馆、电影院、剧院、体育馆 9 大类 14 小类，居住区分为普通居住区、公寓、别墅区 3 小类，其中普通居住区又按其地理位置划分为三环以内和三环以外两种类型。上述标准不仅对类型细分，同时还大幅提高了配建的标准。以居住区为例，三环路以内及三环路以外普通住宅停车位配建标准分别为 0.3 车位/户和 0.5 车位/户。为了适应当前的机动车停车需求和城市交通发展要求，2018 年，《北京市机动车停车条例》正式公布并施行，提出停车设施实行分类分区定位、差别供给，从严控制出行停车需求，应该制定新建、改建、扩建公共建筑和居住小区等配建停车泊位的标准。为此，北京市规划和自然资源委员会组织编制单位开展了《公共建筑机动车停车配建指标》(DB11/T 1813—2020）的编制工作。2020 年 12 月 22 日，北京市规划和自然资源委员会和北京市市场监督管理局联合发布《公共建筑机动车停车配建指标》，并于 2021 年 4 月 1 日正式实施。

表 7–11　国内部分城市的建设项目停车设施配建标准情况

城市	发布时间	大类数	小类数	是否按照分区配建	住宅		商业	
					大类	小类	分类	城市中心区大型商业配建标准/（车位/100 m²）
北京	2003	10	17	是	3	4	2	0.65
上海	2006	14	29	是	1	4	2	0.8
广州	2007	11	33	是	3	3	4	1.0～1.5
南京	2010	15	33	是	4	7	4	0.5～1.1
沈阳	2011	12	35	是	3	6	4	0.6
南昌	2011	8	19	是	2	2	5	0.8

7.3.2　城市建筑物停车场配建标准制定模式

1. 城市建筑物停车场配建标准影响因素分析

国内外经验表明，欲从根本上长远地解决停车设施供应与动态交通增长之间的协调发展问题，引导停车设施建设走向秩序化的良性循环，必须制定城市建筑物配建停车设施标准与准则，并作为法规加以实施。城市建筑物停车场配建标准影响因素如下。

（1）城市机动车保有量

城市机动车保有量是影响停车需求最重要的因素，因此城市建筑物停车场配建标准应根据城市机动化水平和停车需求进行动态调整。根据国家发展小汽车的政策，地方政府是不能限制市民购买小汽车的，但可以在不同地区控制小汽车的使用。对城市中心区而言，可通过规定配建指标的低限值来控制停车需求总量，以缓解城市中心区过度拥挤的交通，达到机动车保有量与停车供给之间一种低水平的平衡。

（2）区位因素

区位是决定城市土地利用方式和效益的因素。城市建筑物所处区域的不同，由其所产生的停车需求的空间分布特征也存在较大差异。因此，有必要对城市布局做尽可能详细的分区规划，针对不同区域确定不同的配建水平。

（3）建筑物性质

对城市建筑物来说，配建停车标准与建筑物类型和车辆停放特征有关。例如，以回家和上班为目的的车辆出行停放时间最长，娱乐和餐饮出行车辆的停放时间次之，以购物为目的的车辆停放时间最短等，停放时间长短会影响停车周转率，最终影响停车设施的容量。此外，同一类建筑物中不同级别建筑的停车需求水平和车辆停放的时空分布特征对停车设施规划建设的影响也较为显著。例如，住宅的停车需求受该住宅区居民经济收入和机动车保有量的制约，因此不同级别的住宅其停车需求也不相同。又如别墅停车配建标准可达到一户一位以上，而普通商品房则可按 3～5 户设置一个停车位。因此，应在对建筑物进行分类分级的基础上，以建筑物为单位制定可操作性强的停车配建标准。

2. 与城市发展相适应的停车配建指标制定模式

（1）确定城市机动化发展阶段，采取差别化的配建停车场模式

机动化与城市化的联动发展是当今世界各个城市发展的一个普遍现象，二者相互促进共同发展。一个城市的机动化水平尤其是私人小汽车保有量间接反映了该市的经济发展水平、城市发展阶段和城市发展规模。因此，在制定与城市发展相适应的停车配建指标时，要重点考虑城市当前所处的机动化发展阶段，采取差别化的配建停车场模式。

不同的城市，其机动化发展阶段的不同，则所面临的停车问题的紧迫程度也不同，因此需要采取差别化的配建停车场模式。对于经济发达的城市，市区较为繁荣，土地已高度开发，很难再挤出较多的空间来建设停车设施，特别是中心区或老城区，道路设施系统容量不足，动态交通较为拥堵，应考虑在满足停车总量控制的基础上适度降低市中心区的建筑物配建标准，从而抑制中心区机动车的出行量，避免因公交使用率的下降而造成社会资源的浪费和社会成本的增加。而对于大部分经济欠发达地区，强调的是要保持市区繁荣、增强市区活力。作为增强市区吸引力的措施之一，必须在市区提供足够的停车泊位，满足停车需求，即实行停车充分供给模式，因此其建筑物配建指标宜适当提高，同时由于这些地区的城市还处于发展壮大阶段，城市土地、道路容量较之发达地区均有富余，因此也有条件执行较为宽松的停车供给模式。

（2）划分城市区域，强化区位概念

不同的城市区域由于其交通、服务、环境等区位条件的差异形成了不同的城市土地利用

方式。不同的区位（CBD、市区和郊区）、不同的土地利用方式其停车吸引率是不同的，因此有必要对城市布局做尽可能详细的分区规划，针对不同区域确定不同的配建水平。

我国绝大多数城市布局形态都是从集中型的单中心型城市发展起来的，城市呈“大饼”状向外辐射，随着距市中心区距离的增加，土地开发强度呈现出围绕中心的圈层式递减趋势。因此，可考虑将城区划分成中心城区、外围城区、交通枢纽区等。中心城区的特点是极高的土地利用强度与过高的停车需求相对应，建筑物的停车需求不能被直接满足，停车需求与供给之间的矛盾将长期在该区域内存在。外围城区是指为适应城市发展需要，以老城区为基础或发射点向四周扩展形成的区域，该地区的建筑物类型比老城区要多（如大学、工业区等），其土地利用强度较小，停车成本也有所降低，停车需求可以直接获得满足。交通枢纽区主要指停车换乘地、火车站等，这些地区的面积不大，但在区域间起衔接作用，通过停车换乘来减少中心地区的交通和停车压力。由于该地区的公共交通比较发达，该区域及其邻近建筑物的停车需求也因公共交通的分流而得以减小。

分区规划要与城市动态交通的发展相协调，处理好私人小汽车与公交车的结构关系，在控制停车位总量的基础上，针对城市各个分区土地开发、公交可达性、环境要求的不同，采取不同的措施。国外城市在这方面已有成功的经验，例如，美国的波特兰市将中心区划分为 7 个部分，并且分别对每一部分给出不同的配建数量建议值；在新加坡，中心区与非中心区的配建标准有较大的差异，如办公区在中心城区每 400 m^2 建筑面积设一个车位，在非中心城区则每 200 m^2 建筑面积设一个车位，二者相差一倍。我国部分城市的配建标准也在分区规划上进行了尝试。北京市在公共建筑机动车停车配建指标上体现出了区位因素，划分了四类地区，以行政办公为例，规定一类地区，即二环路以内停车配建指标上限是 0.45 车位/100 m^2 建筑面积；二类地区，即二环路至三环路之间，停车配建指标为 0.45～0.6 车位/100 m^2 建筑面积；三类地区，即三环路至五环路之间、五环路以外的中心城和新城集中建设区、北京城市副中心，停车配建指标为 0.65～0.85 车位/100 m^2 建筑面积；四类地区即除上述地区以外的其他地区，停车配建指标下限为 0.65 车位/100 m^2 建筑面积。

（3）配建指标体系的完备性和可操作性

配建指标体系的完备性是指建筑物分类和停车位类型的完备性。建筑物的分类反映了不同性质建筑的停车需求差异，因此，在制定配建指标时，应详细研究城市建筑物的使用特征和停车需求特性，对建筑物进行分类，形成完备的城市建筑物分类体系，对不同类别的建筑物根据其停车需求的差异制定不同的配建标准。如美国的配建指标体系对城市建筑物的分类较为细致，如居住类住宅分为独户住宅、两户住宅、多户住宅、公寓旅馆、可出租的公寓、汽车旅馆 6 项，对医疗建筑分为内科医院、牙科医院、康复中心等项。目前国内配建指标体系也越来越精细化，如深圳市将商业类建筑划分为市区商业、独立购物中心、配套肉菜市场、专业批发市场、酒店和饭店 5 项，各项之间指标差异较大，如表 7–12 所示。

表 7–12 深圳市商业类建筑物配建停车位指标 单位：车位/100 m^2 建筑面积

项目	市区商业	独立购物中心	配套肉菜市场	专业批发市场	酒店和饭店
指标	0.4～0.6	3.0	0.4～0.6	2.0	0.3～0.5

现行的国标仅规定了小汽车停车位和自行车停车位的设置标准，对出租车、装卸车及其他

特殊类型车辆的停车位没有提及，导致该类车辆缺乏必要的停放空间，其中出租车主要依靠占用道路空间画线车位上下客，装卸车辆多数占用建筑内部广场和通道装卸货物，不仅影响交通，也存在一定的安全隐患。因此，在修订城市建筑物配建指标时，必须结合城市的实际情况，增加出租车上（落）客停车位、装卸货车停车位、无障碍车位及摩托车、救护车、旅游巴士车等类型的停车位配建标准，不断完善配建指标体系。如广州市在其 2002 年颁布的建筑物配建标准中增加了其他类型机动车的配建指标，并在国内率先对残疾人专用停车位的设置提出了具体的标准，规定“凡超过 50 个泊位的公共停车场，必须在方便的地点设置一定比例的残疾人专用停车位”，并根据广州市的经济发展水平和实际需要，将残疾人专用停车位数量控制在总停车位数的 0.5%～2.0%。此外，城市的配建指标体系还应充分结合城市车辆拥有量的特点，如深圳市指标体系不涉及非机动车配建，而广州市则增加了对摩托车车位的配建要求。

电动汽车产业是我国鼓励并加快推进的战略性新兴产业，是推动节能减排、实现绿色出行的重要措施。因此，停车场规划设计应为电动汽车预留建设充电设施的条件。《城市停车规划规范》（GB/T 51149—2016）提出具备充电条件的停车位数量不宜小于停车位总数的 10%，可根据电动汽车发展计划采取近远期相结合的建设模式。《城市停车规划规范》（GB/T 51149—2016）也规定轨道交通换乘接驳应以公交、自行车、步行等方式为主导，在公交接驳条件较差时，可设置一定规模的机动车换乘停车场。与轨道交通结合的机动车换乘停车场停车位的供给总量不宜小于轨道交通线网全日客流量的 1‰，且不宜大于 3‰。

对于城市建筑物的配建指标体系而言，除了考虑完备性之外，可操作性是最基本的要求，它是配建标准能否在实际中得到实施的关键。首先，配建指标体系应尽可能完善，建筑物的分类是保障主管部门规划审批操作有章可循的必备条件；其次，配建指标的制定必须考虑职能部门管理人员审批的可操作性，指标的使用尽可能简单，减少指标选取的弹性。

7.3.3 城市建筑物停车场配建标准

1. 美国停车配建标准

美国停车配建标准主要来自 ITE 出版的《停车生成》，《停车生成》是全美各地停车设施配建标准的基础。经过 3 次修订，2010 年 ITE 出版了《停车生成手册》第 4 版，2019 年出版了第 5 版。第 3、4 版的 ITE《停车生成手册》变化比较如表 7–13 所示，加大了居住区的停车位供给，一类类型的居住项目甚至提高了 30%以上；而社区休闲中心、中学和超市的停车位配建指标都有了明显的下降。停车位配建指标的及时再版反映了停车位需求的不断发展变化。

表 7–13 ITE《停车生成手册》变化

用地类型	停车位单位	第 3 版	第 4 版	变化率/%
工业园区	车位/1 000 平方英尺总楼面面积	1.85	1.85	0.0
低层/中层公寓	车位/住宅单位	1.46	1.94	32.9
连排别墅	车位/住宅单位	1.68	1.52	–9.5
联立式高级成人住房	车位/住宅单位	0.5	0.66	32.0
旅馆	车位/客房	1.14	1.08	–5.3
多功能电影院	车位/座位	—	0.2	—

续表

用地类型	停车位单位	第 3 版	第 4 版	变化率/%
康体俱乐部	车位/1 000 平方英尺总楼面面积	8.27	8.46	2.3
社区娱乐中心	车位/1 000 平方英尺总楼面面积	5.82	5.03	–13.6
高级中学	车位/学生	0.29	0.25	–13.8
教堂（周日）	车位/座位	0.21	0.25	19.0
白天看护中心	车位/1 000 平方英尺总楼面面积	3.7	3.7	0
医院	车位/床位	7.63	7.35	–3.7
护理中心	车位/1 000 平方英尺总楼面面积	1.53	1.50	–2.0
办公楼	车位/1 000 平方英尺总楼面面积	3.44	3.45	0.3
口腔医疗办公建筑	车位/1 000 平方英尺总楼面面积	4.3	4.27	–0.7
独立类折扣商店（12 月）	车位/1 000 平方英尺总楼面面积	4.09	4.09	0
购物中心（12 月）	车位/1 000 平方英尺总可出租面积	5.06	5.05	–0.2
超市	车位/1 000 平方英尺总可出租面积	5.45	5.05	–7.3
驶入类银行	车位/1 000 平方英尺总楼面面积	4.62	5.67	22.7
有座位餐厅（高周转）	车位/1 000 平方英尺总楼面面积	16.1	16.3	1.2
驶入类快餐厅	车位/1 000 平方英尺总楼面面积	14.81	15.13	2.2

2. 中国建筑物配建停车设施标准

这里以广州、北京、上海市建筑物配建停车设施标准为例，介绍建筑物配建停车设施标准的基本构成。该标准是在综合考虑机动车保有量、区位因素和建筑物性质 3 个因素后制定的。

表 7–14　2018 年广州市建设项目停车配建指标一览表

建筑物类型	分类（等级）	计算单位	机动车		非机动车	其他类型停车位数量
			A 区	B 区		
住宅类	商品房、自建住房	车位/100 m^2 建筑面积	1.0～1.2	1.2～1.8	≥1.0	每 1 万 m^2 建筑面积应设置 1 个临时接送车位（出租车上落客泊位）；当超过 20 万 m^2 建筑面积时，超出部分每 3 万 m^2 建筑面积设置 1 个临时接送车位（出租车上落客泊位）。大型居住区应结合出入口分散布置临时接送车位（出租车上落客泊位），每处不宜超过 10 个泊位
	公租房	车位/100 m^2 建筑面积	0.5～0.8	≥0.8	≥1.5	
	宿舍	车位/100 m^2 建筑面积	0.2～0.3	≥0.4	≥2	
宾馆类	酒店、宾馆	车位/100 m^2 建筑面积	0.3～0.4	≥0.5	≥0.25	每 1 万 m^2 建筑面积应设置 1 个装卸货泊位； 每 1 万 m^2 建筑面积应设置 1 个临时接送车位（出租车上落客泊位）； 每 1 万 m^2 建筑面积应设置 1 个旅客巴士停车位
	招待所	车位/100 m^2 建筑面积	0.1～0.12	≥0.15	≥0.25	应设置 1 个临时接送车位（出租车上落客泊位）

续表

建筑物类型	分类（等级）	计算单位	机动车		非机动车	其他类型停车位数量
			A区	B区		
办公类	行政办公	车位/100 m^{2}建筑面积	0.6～0.8	≥1.2	≥0.7	每1万m^{2}建筑面积应设置1个装卸货泊位； 每1万m^{2}建筑面积应设置1个临时接送车位（出租车上落客泊位）
	商务办公	车位/100 m^{2}建筑面积	0.5～0.7	≥0.9	≥0.7	
商业类	商场、配套商业设施	车位/100 m^{2}建筑面积	0.5～0.6	≥0.8	≥1	每5 000 m^{2}建筑面积应设置1个装卸货泊位； 每5 000 m^{2}建筑面积应设置1个临时接送车位（出租车上落客泊位）
	批发交易市场	车位/100 m^{2}建筑面积	0.8～1.2	≥0.8	≥1	每2 000 m^{2}建筑面积应设置1个装卸货泊位； 每5 000 m^{2}建筑面积应设置1个临时接送车位（出租车上落客泊位）
	大型仓储式超市	车位/100 m^{2}建筑面积	1.0～1.5	≥2.5	≥1	每3 000 m^{2}建筑面积应设置1个装卸货泊位； 每5 000 m^{2}建筑面积应设置1个临时接送车位（出租车上落客泊位）
	独立餐饮、娱乐设施	车位/100 m^{2}建筑面积	1.0～1.5	≥2.5	≥1	每3 000 m^{2}建筑面积应设置1个装卸货泊位； 每1 000 m^{2}建筑面积应设置1个临时接送车位（出租车上落客泊位）
文化类	影剧院	车位/100座位	3～5	≥5	≥3	每200个座位应设置1个临时接送车位（出租车上落客泊位）
	会议中心	车位/100座位	3～5	≥10	≥3	每200个座位应设置1个临时接送车位（出租车上落客泊位）； 每500个座位应设置1个旅客巴士停车位
	博物馆、图书馆	车位/100 m^{2}建筑面积	0.3～0.4	≥0.8	≥3	每5 000 m^{2}建筑面积应设置1个装卸货泊位； 每3 000 m^{2}建筑面积应设置1个临时接送车位（出租车上落客泊位）； 每5 000 m^{2}建筑面积应设置1个旅客巴士停车位
	青少年宫	车位/100 m^{2}建筑面积	0.4～0.5	≥0.8	≥3	每5 000 m^{2}建筑面积应设置1个装卸货泊位； 每3 000 m^{2}建筑面积应设置1个临时接送车位（出租车上落客泊位）； 每5 000 m^{2}建筑面积应设置1个旅客巴士停车位
	展览馆	车位/100 m^{2}建筑面积	0.4～0.6	≥0.8	≥2	每5 000 m^{2}建筑面积应设置1个装卸货泊位； 每2 000 m^{2}建筑面积应设置1个临时接送车位（出租车上落客泊位）； 每3 000 m^{2}建筑面积应设置1个旅客巴士停车位
体育类	体育场馆	车位/100座位	4～5	≥6	≥15	每500个座位应设置1个临时接送车位（出租车上落客泊位）； 每1 000个座位应设置1个旅客巴士停车位
医院类	综合医院、专科医院	车位/100 m^{2}建筑面积	0.8～1.0	≥1.0	≥3	每1万m^{2}建筑面积应设置1个装卸货泊位； 每5 000m^{2}建筑面积应设置1个临时接送车位（出租车上落客泊位）； 每1万m^{2}建筑面积应设置1个救护车位
	独立诊所	车位/100 m^{2}建筑面积	0.6～0.8	≥1.0	≥3	每2 000 m^{2}建筑面积应设置1个临时接送车位（出租车上落客泊位）
	疗养院	车位/100 m^{2}建筑面积	0.3～0.5	≥0.5	≥3	每1万m^{2}建筑面积应设置1个装卸货泊位； 每1万m^{2}建筑面积应设置1个临时接送车位（出租车上落客泊位）
	敬老院、福利院	车位/100 m^{2}建筑面积	0.3～0.4	≥0.4	≥3	

续表

建筑物类型	分类（等级）	计算单位	机动车		非机动车	其他类型停车位数量
			A 区	B 区		
学校类	幼儿园、小学	车位/100 m^2 建筑面积	0.1～0.15	≥0.15	≥3	每 3 000 m^2 建筑面积（A 区）或 2 000 m^2 建筑面积（B 区）应设置 1 个临时接送车位（出租车上落客泊位）； 应设置 1～3 个学校巴士上落客车位
	中学	车位/100 m^2 建筑面积	0.1～0.15	≥0.15	≥8	
	大、中专院校	车位/100 m^2 建筑面积	0.5～0.8	≥0.8	≥5	每 1 万 m^2 建筑面积应设置 1 个临时接送车位（出租车上落客泊位）； 每 1 万 m^2 建筑面积应设置 1 个学校巴士上落客车位
游览类	文物古迹、主题公园	车位/1 万 m^2 占地面积	4～8	≥12～15	≥30	每 1 万 m^2 建筑面积应设置 1 个临时接送车位（出租车上落客泊位）； 每 1 万 m^2 建筑面积应设置 1 个旅游巴士上落客车位
	一般性城市公园、风景区	车位/1 万 m^2 占地面积	1～2	4～6	≥20	每 2 万 m^2 占地面积应设置 1 个临时接送车位（出租车上落客泊位）；当超过 20 万 m^2 建筑面积时，超出部分每 5 万 m^2 建筑面积设置 1 个临时接送车位（出租车上落客泊位）； 每 1 万 m^2 建筑面积应设置 1 个旅游巴士上落客车位。当超过 20 万 m^2 建筑面积时，超出部分每 3 万 m^2 建筑面积设置 1 个旅游巴士上落客车位
交通枢纽类	汽车站	车位/100 名设计旅客容量	2～3	≥4	≥3	每 400 名设计旅客容量应设置 1 个临时接送车位（出租车上落客泊位）
	客运码头	车位/100 名设计旅客容量	5～8	≥8	≥8	
	轨道交通车站 一般站	车位/100 名远期高峰小时旅客	—	0.2	6～8	设置 1～2 个临时接送车位（出租车上落客泊位）
	轨道交通车站 换乘站		—	0.3	3～5	
	轨道交通车站 枢纽站		—	0.4	4～6	
工业仓储类	工业厂房、仓储设施	车位/100 m^2 建筑面积	0.1～0.2	≥0.3	≥1	每 100 名职工应设置 20 个非机动车位； 每 1 500 m^2 占地面积应设置 1 个装卸货泊位；当超过 1 500 m^2 建筑面积时，超出部分每 4 000 m^2 建筑面积设置 1 个装卸货泊位

注：① 表中“建筑面积”无特别说明的，均指“计算容积率建筑面积”。

② 公租房指政府为低收入家庭提供的具有社会保障性质的住房（包括政策性租赁住房），但不包括两限商品住房和部队、企事业单位自建住房等。

③ 新建学校按全部教学行政用房的建筑面积计算配套停车泊位数量，改扩建学校按新增教学行政公房的建筑面积计算配套停车泊位数量。

④ 表中“其他类型停车位数量”为指导性指标（幼儿园、小学、综合医院、专科医院等建筑物应按第十四条规定执行），可根据实际情况灵活设置。

上海市建筑工程配建停车位指标如表 7-15～表 7-18 所示，具体可查阅《建筑工程交通设计及停车库（场）设置标准》（DG/TJ 08-7—2021）。

表 7–15 上海市建筑工程配建停车位指标区域划分标准

区域类别	区域范围	备注
一类区域	内环线内区域、市级副中心（真如、花木—龙阳、江湾—五角场）、世博会地区、徐汇滨江、前滩地区、后滩地区	结合 2035 年城市总体规划调整新增区域
二类区域	内外环间区域（除一类区域外）、主城区宝山片区、主城区闵行片区、川沙城市副中心、虹桥商务区、国际旅游度假区、5 个新城中心	川沙城市副中心、虹桥商务区、国际旅游度假区、5 个新城中心均位于外环外区域
三类区域	外环外区域（含 5 个新城其他区域，一类和二类区域除外）	—

注：① 市级副中心、主城区、5 个新城的边界范围由相应总体规划或控制性详细规划确定。

② 5 个新城中心及其他区域的边界范围由相应新城单元规划或控制性详细规划确定。

表 7–16 办公楼停车位指标

单位	机动车				非机动车	
	一类区域		二类区域	三类区域	内部	外部
	下限	上限	下限	上限		
停车位/100 m^2 建筑面积	0.6	0.7	0.8	1.0	1.0	0.75

注：高校、研发基地等科研设计用房按照办公楼停车位指标执行。

表 7–17 商业场所停车位指标

类别	单位	机动车			非机动车	
		一类区域	二类区域	三类区域	内部	外部
零售商场	停车位/100 m^2 建筑面积	0.5	0.8	1	0.75	1.2
超级市场、批发市场	停车位/100 m^2 建筑面积	0.8	1.2	1.5	0.75	1.2

注：① 百货商场、零售型商店、便利店、菜场、单独设立的专卖店归为零售商场，总建筑面积小于 500 m^2 的小型商店、便利店可不配建停车位。

② 大卖场、超市等大规模、集中性商品交易所归为超级市场。

③ 对商业建筑面积无法标定的，按营业面积加 30%计。

表 7–18 住宅停车位指标

住宅类型	建筑面积类别	单位	配建指标		
			一类区域	二类区域	三类区域
商品房	平均每户建筑面积≥140 m^2	车位/户	1.2	1.4	1.6
	90 m^2≤平均每户建筑面积＜140 m^2	车位/户	1.1	1.2	1.3
	平均每户建筑面积＜90 m^2	车位/户	1.0	1.0	1.0
动迁安置房、自持性租赁房	平均每户建筑面积≥140 m^2	车位/户	1.2	1.4	1.6
	90 m^2≤平均每户建筑面积＜140 m^2	车位/户	1.1	1.2	1.3
	75 m^2≤平均每户建筑面积＜90 m^2	车位/户	1.0	1.0	1.0
	50 m^2≤平均每户建筑面积＜75 m^2	车位/户	0.6	0.7	0.8
	30 m^2≤平均每户建筑面积＜50 m^2	车位/户	0.3	0.4	0.5
	平均每户建筑面积＜30 m^2	车位/户	0.15	0.2	0.25

续表

住宅类型	建筑面积类别	单位	配建指标		
			一类区域	二类区域	三类区域
共有产权保障住房（经济适用房）		车位/户	0.6	0.7	0.8
公共租赁住房（成套小户型住宅）		车位/户	0.3	0.4	0.5
农民相对集中居住住宅		车位/户	1.0		

注：① 当新建住宅含多种类型时，总体配建停车位指标为分别按各类型住宅对应指标计算停车位数量后累加。

② 对于平均每户建筑面积≥140 m^2 的商品房，当户均面积超过 140 m^2 后，超过面积按 1.0 停车位/100 m^2 折算停车位后累加计算停车位指标。

③ 公共租赁住房（成套单人型宿舍）、廉租房配建停车位指标按照公共租赁住房（成套小户型住宅）配建停车位指标的 50% 执行。

④ 农民相对集中居住住宅机动车停车方式可在不影响车辆通行的前提下设置路边停车，或按需采用庭院停车和集中停车相结合的方式设置。

⑤ 住宅非机动车应满足现代上海市工程建设规范《城市居住地区和居住区公共服务设施设置标准》（DG/TJ 08-55—2019）的规定，居住区公共配建建筑非机动停车位应满足现行国家标准《城市居住区规划设计标准》（GB 50180—2018）的规定。

⑥ 物业、居委会等配套用房可按照办公停车位指标执行。

北京市的停车配建地方标准，以表 7–19～表 7–22 为例，其他具体指标参见《公共建筑机动车停车配建指标》（DB11/T 1813—2020）。

表 7–19　北京市公共建筑机动车停车配建指标分区

停车分区	公共建筑机动车停车配建指标分区范围
一类地区	二环路以内
二类地区	二环路至三环路之间
三类地区	三环路至五环路之间、五环路以外的中心城和新城集中建设区、北京城市副中心
四类地区	除上述地区以外的其他地区

表 7–20　行政办公类建筑机动车停车配建指标

建筑类别	单位	一类地区	二类地区	三类地区	四类地区
		上限	上下限	上下限	下限
行政办公	车位/100 m^2 建筑面积	0.45	0.45～0.6	0.65～0.85	0.65

注：位于二类地区的首都功能核心区，机动车停车配建指标的上限值不得高于二类地区下限值的 120%。

表 7–21　商业类建筑机动车停车配建指标

建筑类别			单位	一类地区	二类地区	三类地区	四类地区
				上限	上下限	上下限	下限
商业	酒店、宾馆		车位/客房	0.3	0.3～0.4	0.4～0.6	0.4
	餐饮、娱乐		车位/100 m^2 建筑面积	1.5	1.5～1.8	1.7～2.2	2
	商场	≥1 万 m^2	车位/100 m^2 建筑面积	0.5	0.5～0.7	0.6～0.8	0.7
		＜1 万 m^2	车位/100 m^2 建筑面积	0.6	0.6～0.8	0.7～0.9	0.8

续表

建筑类别		单位	一类地区	二类地区	三类地区	四类地区
			上限	上下限	上下限	下限
商业	大型超市、仓储式超市	车位/100 m^2 建筑面积	0.6	0.6～0.9	1.25～1.75	1.3
	综合市场、农贸市场、批发市场	车位/100 m^2 建筑面积	—	—	1.1～1.5	1.3

注：位于二类地区的首都功能核心区，机动车停车配建指标的上限值不得高于二类地区下限值的 120%。

表 7–22　文化设施机动车停车配建指标

建筑类别		单位	一类地区	二类地区	三类地区	四类地区
			上限	上下限	上下限	下限
体育设施	影剧院	车位/百座	4.0	4.0～5.5	8.0～10.0	12.0
	科技馆、博物馆、图书馆	车位/100 m^2 建筑面积	0.4	0.4～0.6	0.6～0.8	0.8
	会议中心	车位/100 m^2 建筑面积	0.6	0.6～0.8	0.6～0.9	0.8
	展览馆	车位/100 m^2 建筑面积	0.35～0.5	0.3～0.5	0.7～0.9	1.0

7.4　城市路外停车场交通设计

7.4.1　城市路外机动车停车场基础条件分析

1. 停车场布局与选址

1）布局与选址流程

停车场布局与选址是指根据城市总体规划和区域详细规划进行停车场选型与空间布局，并基于停车需求预测和分析进一步确定停车场地址及泊位。即停车场布局与选址就是回答在城市的一定区域内，应布置多少不同类型的停车场，应在何处修停车场，规模如何等问题。停车场布局与选址主要包括以下几方面的内容。

① 合理布局与确定停车设施类型，即在规划区域内确定哪些停车需求由专用及配建停车场承担，哪些由公共停车场承担。

② 合理确定停车设施的位置，即更为具体、细致地进行停车场选址。一般是在实际情况允许的条件下，以停车设施到出行产生或目的地距离最短为优化目标。

③ 合理确定停车设施容量，即确定停车场具体能容纳的泊位数。

城市路外机动车公共停车场布局与选址的流程如图 7–4 所示。

2）布局与选址原则

停车场布局与选址是指宏观上对停车场类型和分布进行布局，并在有限备选位置中选择最优的方案，使区域泊车者步行至目的地的距离总和最短、提供泊位数最多、投资成本最少等。在进行停车场选址时，应当综合考虑城市不同区域的功能和城市道路网特征与条件等因素，并遵循以下原则。

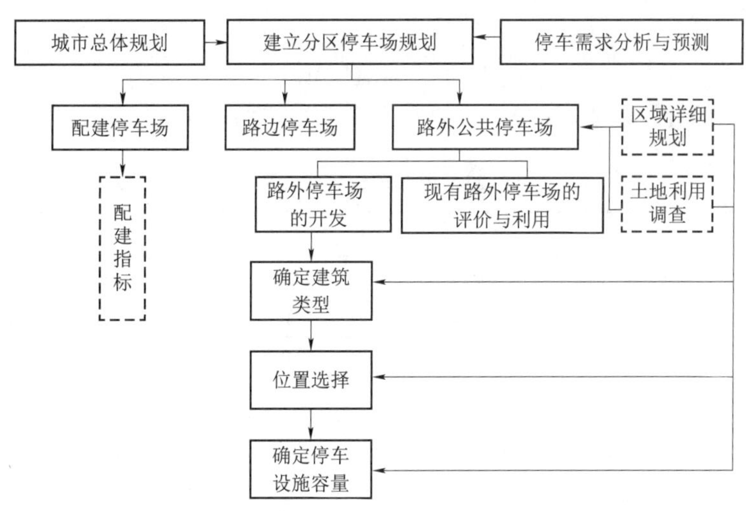

图 7–4 城市路外机动车公共停车场布局与选址的流程

① 为减少进出境车辆对城市交通的压力，应在城市边缘地带及进出城区的主要道路附近设置与公共交通衔接换乘的停车场。

② 市内公共停车场应尽可能靠近主要服务的公共交通设施，布置在城市对外交通枢纽的机场、火车站、客运港口及城市公共交通换乘枢纽附近，以方便泊车者换乘。

③ 在大型公共建筑附近应设置停车场，如商店、办公场所等，其服务半径不宜超过 200 m，即步行 5～7 min，最大不超过 500 m。

④ 有利于车辆进出及疏散，有利于交通安全，并满足周边道路系统交通负荷的要求。

⑤ 基于地价的考虑，都市中心地带应采用立体停车方式；都市中心以外的区域，可采用平面式停车场。前者也可以与其他公用设施共用土地使用权，这是获得停车用地的有效途径。

⑥ 城市内停车场（库）尽可能采用分散式布置，这样有利于缓解动、静交通矛盾，减少因停车空间过度集中而导致的用地供应困难，有利于缩小停车场（库）的服务半径；对于市区外围区域，可结合道路外环干线或交通枢纽设置大型停车场。

⑦ 停车场（库）设置后应对其进行交通影响评估。

2. 停车场（库）容量估算

1）拒绝概率法

停车设施需求量与城市规模、性质、服务区域的土地开发利用、人口、经济活动、交通特征等因素有关，除路边法定的允许停放车位外，其余部分则由建筑附属设施或公共停车场分担，由此可以获得一个大致的停车需求规模。然后，可以按照供需平衡关系应用排队理论估算停车场的最佳容量，在高峰存放车时刻，将车辆到达不能存放的概率（拒绝概率）控制在一个容许的限度以内。如果将停车场（容量为 M）抽象为一个多通道排队服务系统，当单位时间的停放率（需求）和车位服务周转率（供应）分别为 λ 和 μ，则定义服务强度（停车负荷）A 为

$$A=\lambda/\mu \tag{7–1}$$

服务强度是一个重要的理论概念，当 A 一定大时，停车场就逐步积累、排队至饱和。而驾驶人就要徘徊寻找别的停车场停放。如果通过计算“拒绝概率”来确定合理的容量 M，则拒绝概率 P_t 为

$$P_t = \frac{A^M / M!}{1 + A/1! + A^2/2! + A^3/3! + \cdots + A^M/M!} \tag{7-2}$$

对于一些选定的 A、M 值，按式（7–2）计算的 P_t 值如表 7–23 所示。

表 7–23 停车车位拒绝概率值

停车负荷 A	停车车位数				
	M=1	M=5	M=10	M=50	M=100
1	0.5	0.00	0	0	0
2	0.67	0.04	0	0	0
3	0.75	0.10	0	0	0
4	0.80	0.20	0	0	0
5	0.83	—	0.02	0	0
10	0.91	—	0.21	0	0
50	0.98	0.90	0.80	0.10	0
100	0.99	0.95	0.90	0.51	0.08

由表 7–23 可见，M 个停车位相当于 M 通道的随机服务系统。拒绝概率随着停车负荷增大而增大，停车场的合理容量能够使其在停车负荷较大时，仍然可以满足较小的拒绝概率。

2）停车周转率法

停车泊位是一种典型的时空资源，其使用与服务能力大小可以用"泊位 • h"单位来度量。车辆在停放时要占用一定的泊位面积，每次停放要占用一定的时间，每个泊位（面积）在规定时间内又可连续提供其他车辆周转使用。显然一定区域一定时间（段）内的泊位容量与停放周转特征（平均停放时间）有密切联系。因此，可采取停车周转率法计算停车设施的容量。停车周转率是指每个停车泊位在某一间隔时段内的平均停放车辆次数，即总累积停车数（延停数）与停车设施容量之比。

（1）停车设施理论容量

停车设施理论容量的计算公式为

$$C_{\mathrm{T}} = \mathrm{TP_r} / \mathrm{TP_u} \tag{7-3}$$

$$\mathrm{TP_r} = S \cdot T$$

$$\mathrm{TP_u} = A \cdot t = A / c$$

式中：

C_{T} ——停车设施理论容量，pcu/h 或 pcu/d；

$\mathrm{TP_r}$ ——停车设施的时空资源，泊位 • h 或 $m^2 \cdot h$；

S——各类停车设施的总泊位数（标准车）或总面积，m^2；

T——单位服务时间，h 或 d；

$\mathrm{TP_u}$ ——停放标准车的时空消耗，$m^2 \cdot h/pcu$；

A——标准车停放面积，m^2；

t——平均停放时间，h；

c——周转率，单位时间（h 或 d）每个车位的平均周转次数。

（2）停车设施高峰实际容量

在停车设施使用高峰期间，由于受到设施区位分布、使用周转率、收费及政策性管理等因素的影响，停车设施的实际容量会有所降低，需要对理论容量进行修正，见下式

$$C_P = C_T \cdot \eta_1 \cdot \eta_2 \cdot \eta_3 \tag{7-4}$$

式中：

C_P——停车设施高峰实际容量，pcu/h 或 pcu/d；

η_1——有效泊位（面积）系数，按实际调查取值，一般取 0.7～0.9；

η_2——周转利用系数，与停车区位、停车目的密切相关，其值变化较大，取平均值有一定误差，需要进行修正，大致取 0.8～0.9；

η_3——收费与管理措施，不仅影响停车需求，还随动态交通而变化，直接影响停车设施的使用功能，适宜取 0.9 左右。

7.4.2　停车场交通设计

1. 出入口设计

1）出入口设计原则

在出入口设计时，为尽量减少进出停车场（库）的交通与道路上动态交通的相互影响，一般需要遵循以下几条原则。

① 出入口的设置要有利于分散道路上的交通量，尽可能减少因停车场出入而导致道路服务水平降低。我国相关规范规定，停车车位数在 50 辆以上时，应设置两个出口；停车车位数在 500 辆以上时，应设置 3～4 个出口。

② 停车场的出入口应设在次要道路或巷道上，要尽量远离道路交叉口，以减少对主干道路及交叉口交通的影响。

③ 为确保出入口的行车安全，车辆双向行驶时出入口宽度不得小于 7 m，单向行驶出入口不得小于 5 m，并且具有良好的通视条件。

④ 为确保出入口处的行车秩序，应在出入口处设置相关的标志和信号。

设置适当数量的出入口可以保证停车场高峰期运转顺畅，因此，有研究表明，在进行出入口数量设计时，对停车场周边建筑设施的交通产生和吸引率进行预测，结合停车场出入口通行能力，引入排队论思想，按照 M/M/1 随机服务系统理论，可计算出入口数量，以停车场入口数量 N 为例，则有

$$\rho = \frac{\lambda}{\mu} \tag{7-5}$$

$$\bar{q} = \rho^2(1-\rho) \tag{7-6}$$

$$\lambda = \frac{Q}{Nt} \tag{7-7}$$

$$\mu = \frac{3\,600}{T} \tag{7-8}$$

式中：

ρ——出入口利用系数；

λ——车辆平均到达率；

μ——平均服务率；

$\overline{q}$——平均排队长度；

Q——停车场泊位容量；

N——停车场入口数量；

t——整个停车场的车辆平均到达时间间隔；

T——停车场入口平均服务时间。

由式（7–5）、式（7–7）与式（7–8）可整理得

$$N=\frac{TQ}{3\,600\rho t}$$

在停车场进行服务时，出入口可能存在排队现象，为保证停车场能够满足需求同时不造成资源闲置，可限制平均排队长度为 1～3 辆车，即

$$1\leqslant\overline{q}<3$$

最终可计算得停车场入口数量 N 满足

$$\frac{TQ}{3\,240}<N\leqslant\frac{TQ}{2\,160}$$

2）出入口交通组织模式

停车场出入口交通组织设计受停车场规模、车辆驶入（出）率、道路交通流条件等客观因素影响，良好的出入口交通组织不仅可以为出入停车场的车辆提供高效服务，增加停车场的可达性，同时也可以最大限度地减少由于进出口的设置而产生对相关道路交通的干扰，提高其通行能力。

① 右进右出组织模式。在一般情况下，停车场出入口均应采用右进右出交通组织模式，如图 7–5 所示。考虑到停车场出入口处的车辆进出会对路段交通的通行产生影响，因此在出入口处应设置缓冲空间（候车道），在入口处设置减速段和两个待行车位，在出口处设置两个待行车位和加速段。此外，为使车辆互不干扰，平顺地驶入、驶出，在出入口处还应设置分流岛（或渠化标线）。

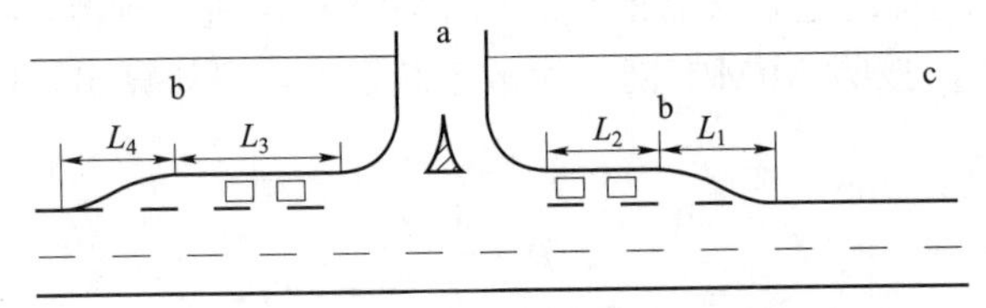

a—机动车停车库（场）；b—出入口缓冲区；c—非机动车道及人行道；

L_1—减速渐变段，一般取 10～15 m；L_2—排队段，一般取 10～15 m；L_3—排队段，一般取 10～15 m；

L_4—减速渐变段，一般取 10～15 m。

图 7–5　右进右出交通组织模式

② 左进左出交通组织模式。在特殊情况下，允许车辆左转进出停车场，如图 7–6 所示。考虑到出入口处的左转进出车辆对相关道路的安全和通行效率都会有较大影响，在左转进出车辆较多时，应根据相关道路条件有选择地设置左转待行区，并在道路中央施划导流岛。

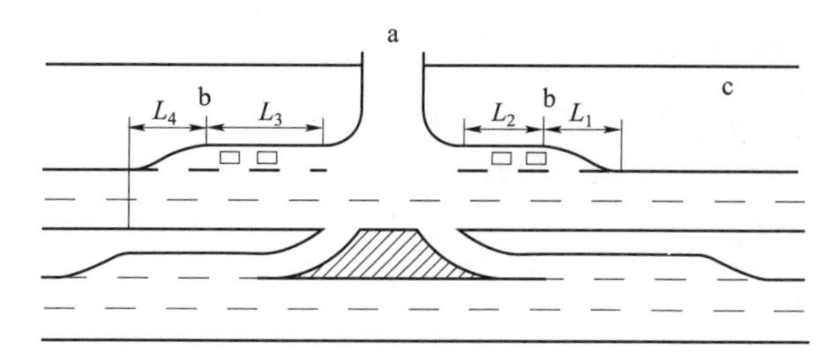

a—机动车停车库（场）；b—出入口缓冲区；c—非机动车道及人行道；

L_1—减速渐变段，一般取 10～15 m；L_2—排队段，一般取 10～15 m；L_3—排队段，一般取 10～15 m；

L_4—减速渐变段，一般取 10～15 m。

图 7–6　左进左出交通组织模式

2. 停车方式

停车场的停车方式主要有平行式、斜列式和垂直式 3 种，如图 7–7 所示。图中符号意义如下：

W_{e1}——平行式停车，垂直通道的车位尺寸；

L_{t1}——平行式停车，平行通道的车位尺寸；

W_{e2}——斜列式停车，垂直通道的车位尺寸；

L_{t2}——斜列式停车，平行通道的车位尺寸；

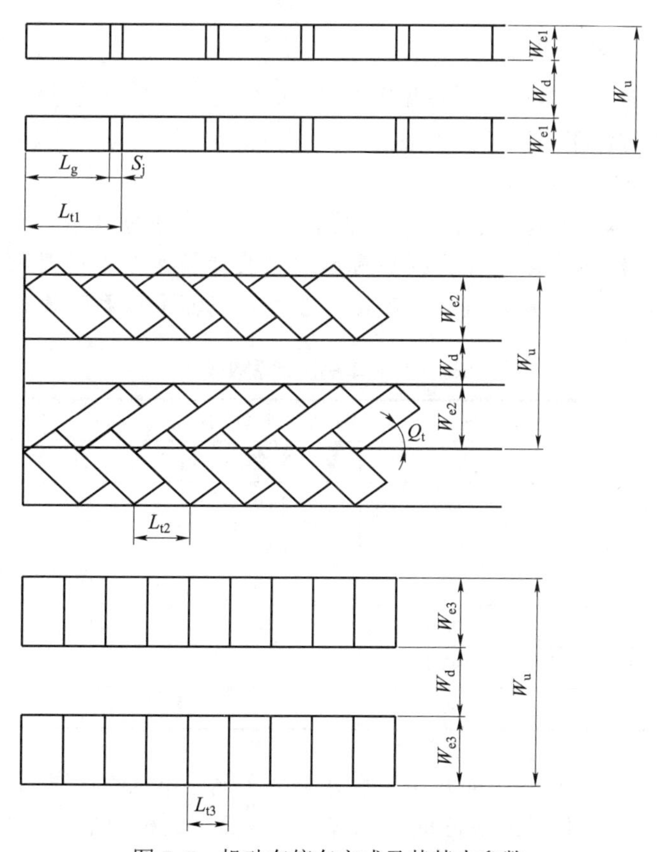

图 7–7　机动车停车方式及其基本参数

Q_t——斜列式停车，车位倾角；
W_{e3}——垂直式停车，垂直通道的车位尺寸；
L_{t3}——垂直式停车，平行通道的车位尺寸；
W_d——通道宽；
W_u——停车带宽度；
S_j——车辆间隔；
L_g——车身长。

上述 3 种停车方式都有其优缺点及适用条件，如表 7–24 所示。在具体设计时，应根据地形条件以占地面积小、疏散方便、保证安全为停车方式的选用原则。

表 7–24 机动车停车方式优缺点及其适用情况

停车方式	优缺点	适用情况	备注
平行式	车辆驶出方便、迅速，但单位车辆停车面积大	路边停车带或狭长场地停放车辆的常用形式	车辆停放时车身方向与通道平行
斜列式	车辆停放灵活，驶入驶出均较方便，但单位停车面积比采用垂直停车方式时大	较常用	车辆停放时车身方向与通道成 30°、40°、60° 或其他锐角斜向布置
垂直式	驶入驶出车位一般需倒车一次，用地比较紧凑	最常用	车辆停放时车身方向与通道垂直

3. 停车泊位设计基本参数

停车泊位设计的基本参数诸多，参见图 7–7。这里仅选取几个关键的设计参数进行介绍，分别是设计车型、单位停车面积及停车泊位的宽度和长度、通道宽度等。在具体设计时，应该根据实际情况进行参数选定。

① 设计车型。我国目前有几百种车型，根据《城市停车规划规范》（GB/T 51149—2016），将设计车型定为小型汽车，以它作为换算标准，将其他各类车型按几何尺寸归并为微型汽车、小型汽车、中型汽车、大型汽车和铰接车 5 类。车辆换算系数表如表 7–25 所示。

表 7–25 车辆换算系数表

车型		各类车型外廓尺寸/m			车辆换算系数
		总长	总宽	总高	
机动车	微型汽车	3.20	1.60	1.80	0.70
	小型汽车	5.00	2.00	2.20	1.00
	中型汽车	8.70	2.50	4.00	2.00
	大型汽车	12.00	2.50	4.00	2.50
	铰接车	18.00	2.50	4.00	3.50
自行车		1.93	0.60	1.15	—

② 单位停车面积。单位停车面积是指设计车型一辆停车位的计算面积，包括停车车位面积和均摊的通道面积及其他辅助设施面积之和。单位停车面积应根据车型、停车方式及车辆停发所需的纵向与横向跨距的要求来确定。机动车单位停车面积及相关设计参数如表 7–26 所

示。对于城市中心的路边停车，其单位停车面积要小于标准规定值，主要原因是路边停车的进出通道可借用道路通行。另外，中心地区用地紧张，致使单位停车面积减少。

表 7–26　我国机动车停车场设计参数　　单位：m

停车方式			垂直通道方向的停车带宽					平行通道方向的停车带长					通道宽度					单位停车面积/m²				
			Ⅰ	Ⅱ	Ⅲ	Ⅳ	Ⅴ	Ⅰ	Ⅱ	Ⅲ	Ⅳ	Ⅴ	Ⅰ	Ⅱ	Ⅲ	Ⅳ	Ⅴ	Ⅰ	Ⅱ	Ⅲ	Ⅳ	Ⅴ
平行式	前进停车		2.6	2.8	3.5	3.5	3.5	5.2	7	12.7	16.2	22	3	4	4.5	4.5	5	21.3	33.6	73	92	132
斜列式	30°	前进停车	3.2	4.2	6.4	8	11	5.2	5.6	7	7	7	3	4	5	5.8	6	24.4	34.7	62.3	76.1	78
	45°	前进停车	3.9	5.2	8.1	10.4	14.7	3.7	4.0	4.9	4.9	4.9	3	4	6	6.8	7	20	28.8	54.4	67.5	89.2
	60°	前进停车	4.3	5.9	9.3	12.1	17.3	3	3.2	4	4	4	4	5	8	9.5	10	18.9	26.9	53.2	67.4	89.2
	60°	后退停车	4.3	5.9	9.3	12.1	17.3	3	3.2	4	4	4	3.5	4.5	6.5	7.3	8	18.2	26.1	50.2	62.9	85.2
垂直式	前进停车		4.2	6	9.7	13	19	2.6	2.8	3.5	3.5	3.5	6	9.5	10	13	19	18.7	30.1	51.5	68.3	99.8
	后退停车		4.2	6	9.7	13	19	2.6	2.8	3.5	3.5	3.5	4.2	6	9.7	13	19	16.4	25.2	50.8	68.3	99.8

注：Ⅰ类指微型汽车，Ⅱ类指小型汽车，Ⅲ类指中型汽车，Ⅳ类指大型汽车，Ⅴ类指铰接车。

4. 停发方式

车辆进停车泊位和发车起动状况不同，所需的回转面积和通道宽度也不同。车辆垂直式主要有 3 种停发方式，一是前进式停车、后退式发车；二是后退式停车、前进式发车；三是前进式停车、前进式发车，如图 7–8 所示。第二种形式发车迅速方便，占地不多，常被采用。

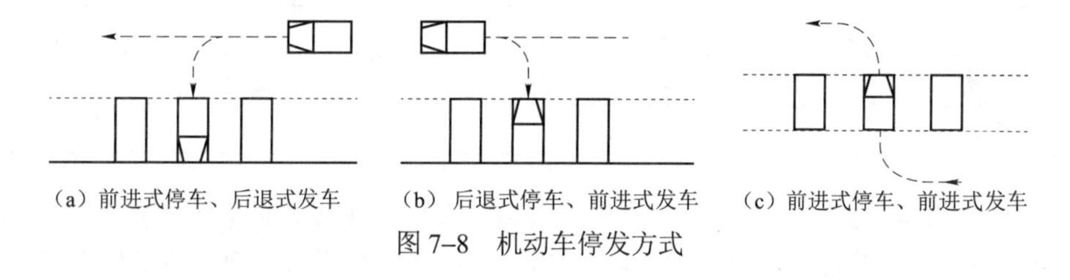

（a）前进式停车、后退式发车　（b）后退式停车、前进式发车　（c）前进式停车、前进式发车

图 7–8　机动车停发方式

5. 坡道的数量、坡度、宽度

坡道和出入口是多层停车楼、地下停车场的汽车进出的唯一通道，是它们的重要组成部分，在多层停车楼、地下停车场的建筑面积、空间、工程造价等方面都占有相当大的比重。坡道的类型主要有直线坡道和曲线坡道两种。

① 坡道的数量：坡道的数量主要决定于进出车速度、数量和安全等要求，以及车辆在库内水平行驶的长度、出入口位置和数量等。

② 坡道的坡度：直线坡道的横向坡度采用 1%～2%，曲线坡道应保持横向超高，采用 5%～6%；坡道的纵向坡度应综合考虑多方面的因素，纵向坡度不应超过表 7–27 所示的最大纵向坡度规定；当坡道纵向坡度大于 10%时，坡道上、下端均应设缓坡，缓坡长度一般为 3.6～6.0 m，坡度为纵向坡度之半，如图 7–9 所示。

表 7–27 停车场（库）内坡道的最大坡度

车辆类型	直线坡道		曲线坡道	
	百分比/%	比值（高:长）	百分比/%	比值（高:长）
微型汽车、小型汽车	15	1:6.67	12	1:8.3
轻型汽车	13.3	1:7.50	10	1:10
中型汽车	12	1:8.3	—	—
大型客车、大型货车	10	1:10	8	1:12.5
铰接客车、铰接货车	8	1:12.5	6	1:16.7

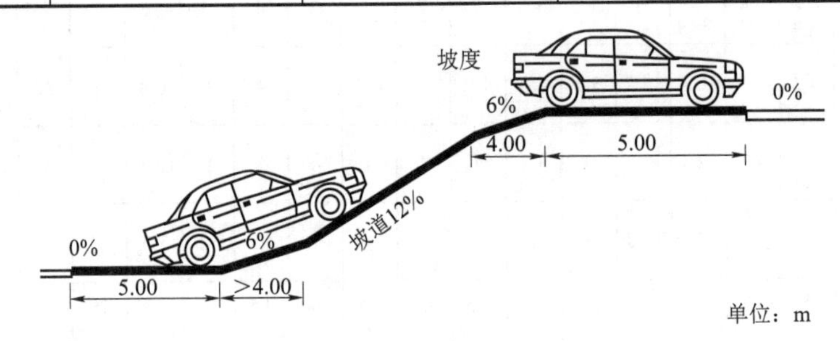

图 7–9 缓坡示意

③ 坡道的宽度：坡道可采用单车道或双车道，其最小净宽应符合表 7–28 的规定。

表 7–28 停车场（库）内坡道的最小宽度 单位：m

坡道形式	计算宽度	最小跨度	
		微型汽车、小型汽车	中型汽车、大型汽车、铰接车
直线单行	单车宽+0.8	3.0	3.5
直线双行	双车宽+2.0	5.5	7.0
曲线单行	单车宽+1.0	3.8	5.0
曲线双行	双车宽+2.2	7.0	10.0

根据坡道的布置形式，可将其主要分为直坡道式多层停车楼、斜楼板式多层停车楼、错层式多层停车楼和螺旋坡道式多层停车楼 4 种类型，如图 7–10 所示，但因多层停车楼坡道设置方式不一，变化较多，每一大类又有所差异而又可分数种，则构成 4 类 10 余种。

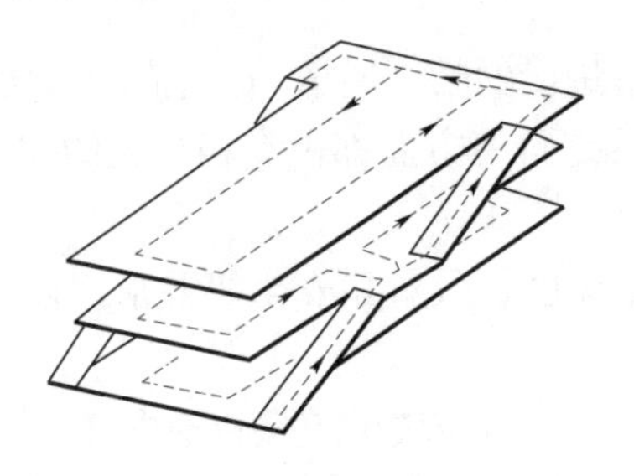

（a）直坡道式多层停车楼

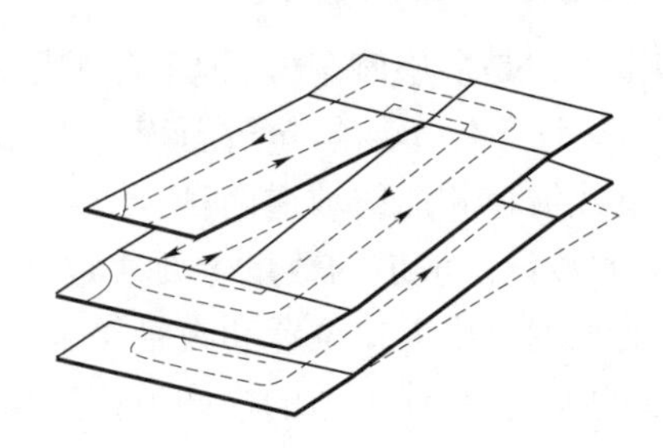

（b）斜楼板式多层停车楼

图 7–10 多层停车楼示意图

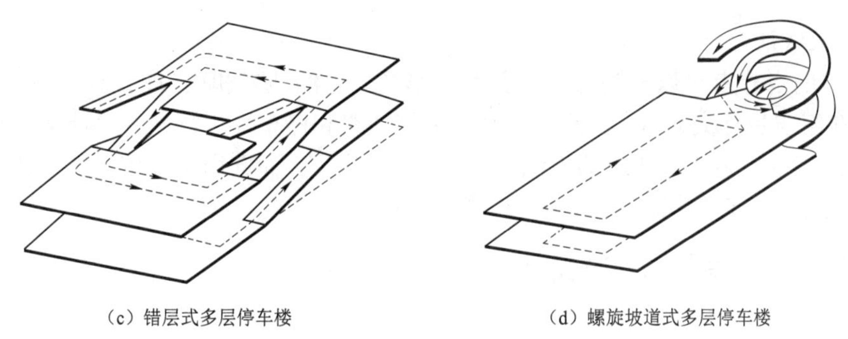

（c）错层式多层停车楼　　（d）螺旋坡道式多层停车楼

图 7–10　多层停车楼示意图（续）

6. 停车场内部空间布局形式

综合考虑停车场出入口、停车方式、停车泊位及行驶通道，可以得到多种空间布局形式。本书列举出以下几种常见的停车场内部空间布局形式，如图 7–11 所示。

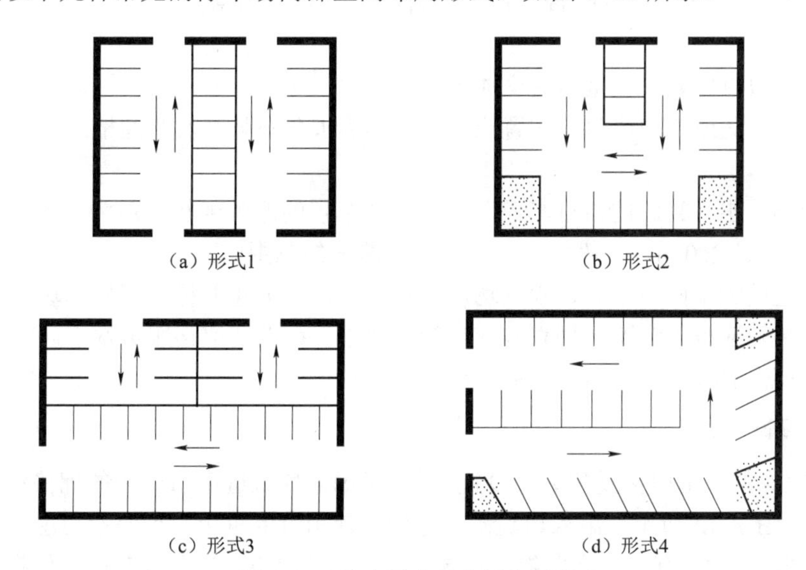

（a）形式1　（b）形式2　（c）形式3　（d）形式4

图 7–11　停车场内部空间布局形式

7. 内部流线设计

1）车辆流线设计

停车场内的汽车基本流线为：入口—车道—停车车位—车道—出口。入口和出口是内部交通和外部交通的结合点，对于调节停车场内的交通流具有阀门的作用。车道是将入库的汽车顺畅、有效地引导到停车位的联系通道，具有进出停车位、供管理者和步行者使用等多种功能；如果车道使用得当，能使车辆进出方便，停车交通顺畅、安全；反之，不仅车辆进出困难，影响后续车辆的进出，还容易引发事故或导致通行效率和停车周转率降低，最终导致停车场（库）建设成本上升。

流线设计与出入口和内部空间布局设计密切相关，三者相互影响和制约，在设计时必须综合考虑，不断进行反馈与调整，直到实现三者的和谐。停车场流线设计示例可参见图 7–11。

2）行人流线设计

停车场内的步行者可以分为停车后前往停车场外目的地者和由目的地返回停车场者两大类。因此，在组织步行交通时，应当考虑连接城市道路和停车场步行出入口通道的组织，以及连接停车场内部各设施步行通道的组织。对于地下停车库，面向街道处应设置直通阶梯，也可以作为停车场紧急出口使用。

7.4.3 路外自行车停车场交通设计

1. 位置选择

自行车具有占地小、机动灵活、使用方便的特点，是我国城市目前常用的交通工具之一。因此，自行车停放也是一个不容忽视的静态交通问题。在选择自行车停车场位置时，一般应遵循以下原则。

① 停车场地应尽可能分散布置，且靠近目的地，充分利用人流稀少的支路、街巷空地设置。

② 应避免停放点出入口直接对着交通干道。

③ 自行车停车场或路边停放点布置应符合停车需求分布强度及交通枢纽（地铁、火车站）换乘的要求。

④ 对应于不同出行目的的自行车停车特征，停车点的服务半径一般为 50～100 m；最大步行距离也不宜超过 200 m，一般应处于公交站点覆盖的范围内。

⑤ 规划新建的大型商业中心、娱乐场所等集散点，需配建非机动车停车场。

⑥ 路边停放点应根据道路网规划与交通管理要求，在保证道路服务水平（D 级以上）的前提下，由公安部门批准设立自行车临时停放站（点）。

2. 出入口设计

自行车停放点的进出口位置和数量设置，需要考虑高峰时进出口交通的拥挤和交通组织状况加以确定，如图 7–12 所示。出入口越多，越便于使用者的进出，但是有可能增加对动态交通的影响及管理的难度，有必要予以综合考虑。在一般情况下，当自行车停车位在 300 辆以上时，其出入口不宜少于 2 个，出入口净宽不宜小于 2.0 m。

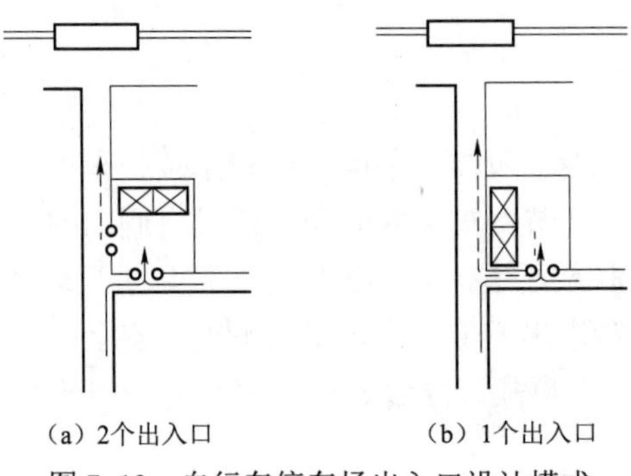

（a）2个出入口　　（b）1个出入口

图 7–12　自行车停车场出入口设计模式

3. 停放方式

自行车停放方式主要有垂直式和斜列式两种，并应符合图 7–13 所示的基本规定。

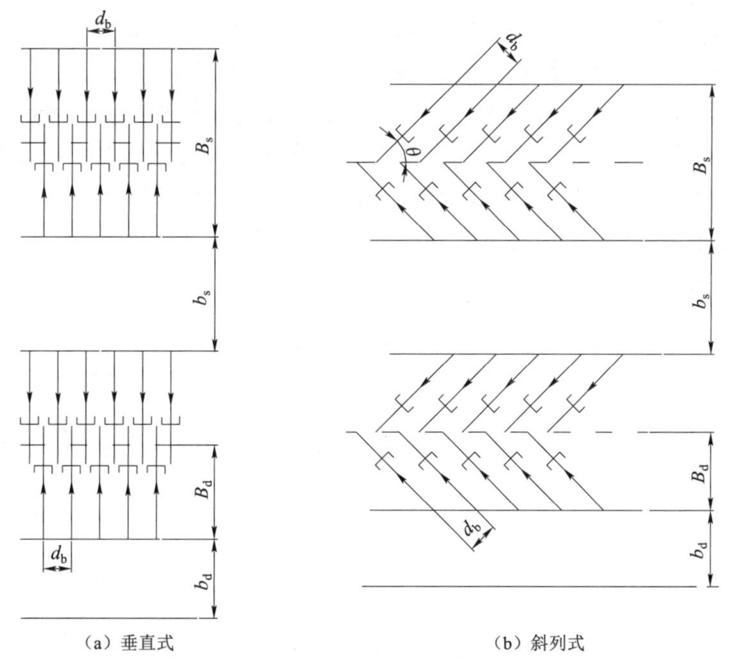

（a）垂直式　　（b）斜列式

d_b—停车车辆间距；b_d—单侧停车通道宽度；B_d—单排停车带宽度；b_s—两侧停车通道宽度；

B_s—双排停车带宽度；θ—非机动车纵轴与通道的夹角。

图 7–13　自行车停放方式

4. 基本设计参数

从图 7–13 中可看出，自行车停车场的主要设计参数包括停车带宽度、通道宽度、车辆间距等，它们与停放方式一起决定自行车的单位停车面积，如表 7–29 所示。

表 7–29　自行车停车场设计参数

停放方式		停车带宽度/m		停车车辆间距/m d_b	通道宽度/m		单位停车面积/（m^2/veh）	
		单排停车带宽度 B_d	双排停车带宽度 B_s		单侧停车通道宽度 b_d	两侧停车通道宽度 b_s	双排一侧停车 A_{t1}	双排两侧停车 A_{t2}
斜列式	30°	1.00	1.60	0.50	1.20	2.00	2.00	1.80
	45°	1.40	2.26	0.50	1.20	2.00	1.65	1.51
	60°	1.70	2.77	0.50	1.50	2.60	1.67	1.55
垂直式		2.00	3.20	0.50	1.50	2.60	1.86	1.74

7.5　城市路内停车场交通设计

7.5.1　路内机动车停车场位置选择

当道路通行能力有一定余量的情况下，可设置路边停车场来缓解突出的停车问题，也是一种经济合理的停车方式。但路边停车占用道路面积，减少道路有效宽度，易降低道路的通行功能。因此，在选择路边停车位置时，要充分考虑以下各因素。

① 当有停车需求且有条件时，路边停车可设置于交通量较小的支路或次干道上。在一般情况下，城市主、次干道是不宜设置路边停车场的，当支路的交通集散功能较强时也不宜设置路边停车场，除非专门进行道路拓宽或设置港湾式停车区时可以路边停车。

② 必须满足路边停车最小道路宽度的要求，如表 7–30 所示。若道路宽度小于最小路宽时，则不得在路边设置停车位。

表 7–30　容许设置路边停车场的最小道路宽度条件

道路类型		道路宽度	停车状况
街道、路	双向	12 m 以上	容许双侧停车
		8～12 m	容许单侧停车
		不足 8 m	禁止停车
	单向	9 m 以上	容许双侧停车
		8～12 m	容许单侧停车
		不足 6 m	禁止停车
巷弄		9 m 以上	容许双侧停车
		6～9 m	容许单侧停车
		不足 6 m	禁止停车

③ 满足道路服务水平的要求。路边停车场的设置应将原道路交通量换算成标准小汽车单位交通量 V，然后按车道布置，计算每条车道的基本容量及不同条件下路边障碍物对车道容量的修正系数，获得路段交通容量 C，当 V/C 小于 0.8 时，容许设置路边停车场。设置路边停车场条件与道路服务水平的关系如表 7–31 所示。

表 7–31　设置路边停车场条件与道路服务水平的关系

服务水平	交通流动情形			交通流量/容量	备注
	交通状况	平均行驶速度/(km/h)	高峰小时系数		
A	自由流动	≥50	pHF≤0.7	V/C≤0.6	容许路边停车
B	稳定流动（轻度延误）	≥40	0.7＜pHF≤0.8	0.6＜V/C≤0.7	容许路边停车
C	稳定流动（可接受的延误）	≥30	0.8＜pHF≤0.85	0.7＜V/C≤0.8	容许路边停车
D	接近不稳定流动（可忍受的延误）	≥25	0.85＜pHF≤0.9	0.8＜V/C≤0.9	视情况考虑是否设置路边停车
E	不稳定流动（拥挤、不能忍受的延误）	约为 25	0.9＜pHF≤0.95	0.9＜V/C≤1.0	禁止路边停车
F	强迫流动（堵塞）	＜25	无意义	无意义	禁止路边临时停车

④ 在住宅、办公、商业等需要大量停车的地区，应尽可能提供路边停车空间。

⑤ 在市中心区，为改善临时停车难问题，除了尽可能在路边划出停车点外，还必须在停车时间上加以严格限制，以提高这些停车地点的停车周转率。

⑥ 当两交叉口距离较近时，设置路边停车车位要保证不影响交叉口排队，如图 7–14 所示。

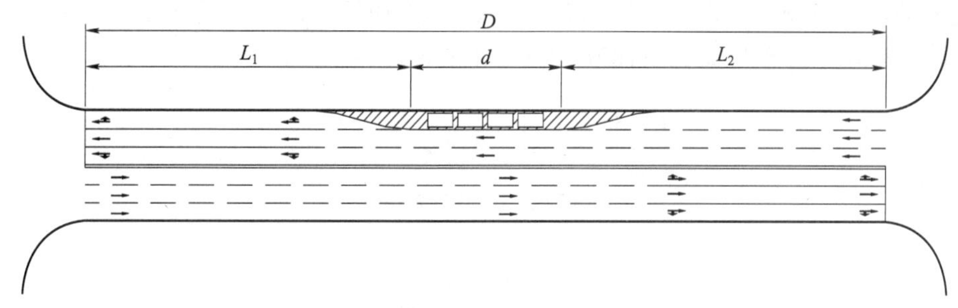

D—交叉口间距离；L_1—前方交叉口进口道最大排队长度加 15～20 m；

L_2—上游交叉口出口道基本拓宽长度加 15～20 m；d—允许设置路边停车区段长度。

图 7–14　近交叉口间路边停车设置示例

显然，$d=D-L_1-L_2$。一般地，如果 $d<20$ m，则不宜设置路边停车车位。

⑦ 确定允许停车地点，一般可采取“排除法”，即首先把那些禁止停车的地点划出来，其余就划为允许停车的地点。在此基础上，遵循设置停车点后路段通行能力与路口通行能力相匹配的原则，进一步确定路边停车地点。

⑧ 不应设置路内停车泊位的情况。根据《道路交通安全法实施条例》（以下简称“实施条例”）、《城市道路路内停车泊位设置规范》（GA/T 850—2021）、《城市道路路内停车管理设施应用指南》（GA/T 1271—2015）中规定的对不应设置路内停车泊位的情况，概括如表 7–32 所示。

表 7–32　不应设置路内停车泊位的路段和区域

	实施条例	GB/T 51149—2016	GA/T 850—2021	GA/T 1271—2015
不应设置停车泊位的路段和区域	（1）交叉路口、铁路道口、急弯路、宽度不足 4 m 的窄路、桥梁、陡坡、隧道及距离上述地点 50 m 以内的路段； （2）公共汽车站、急救站、加油站、消防栓或者消防队（站）门前及距离上述地点 30 m 以内的路段，除使用上述设施的以外	不得在具备救灾和应急疏散功能的道路上设置	（1）快速路和主干路的主道； （2）人行横道，人行道（依《道路交通安全法》第三十三条规定施划的停车泊位除外）； （3）交叉路口、铁路道口、急弯路、宽度不足 4 m 的窄路、桥梁、陡坡、隧道及距离上述地点 50 m 以内的路段； （4）公共汽车站、急救站、加油站、消防栓或者消防队（站）门前及距离上述地点 30 m 以内的路段，除使用上述设施的以外； （5）距路口渠化区域 20 m 以内的路段； （6）水、电、气等地下管道工作井及距离上述地点 1.5 m 以内的路段。 另外，距路外停车场出入口 200 m 以内，不宜设置路内停车泊位	（1）消防通道、设有禁止停车标志标线的路段，以及施工路段影响通行的； （2）人行道，如果设置，则不应侵占盲道； （3）变压器下方； （4）建筑物出入口附近。 此外，还规定了路内停车泊位不应设置地锁，防止被私人专用；禁止路内停车道路的一侧可设置隔离护栏、隔离桩和隔离墩等设施；停车泊位撤除或取消后，应及时清除路内停车标志、标线及其他停车管理设施，以防止车辆继续停放，影响道路交通安全与运行。另外，路外公共停车场周围 200～300 m 内不宜设置路内停车泊位

7.5.2　路边机动车停车场交通设计

1. 设计流程

路边停车交通设计属于道路路段交通设计。合理的路边停车设计要最大限度地减少对动态交通的影响，并且注意协调路边停车与其他路段交通的衔接和协调，体现路段交通设计的整体性。路边机动车停车场交通设计的基本流程如图 7–15 所示。以下从战略设计和详细设计两个方面介绍路边机动车停车场交通设计方法和设计模式。

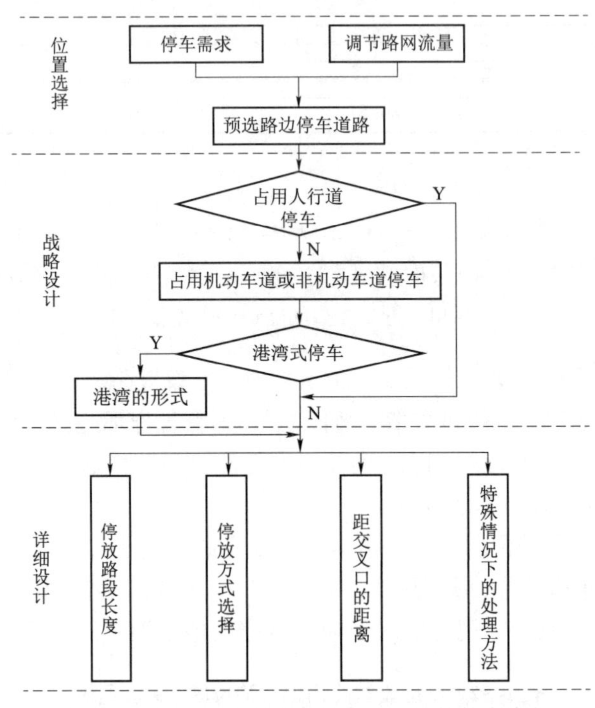

图 7–15 路边机动车停车场交通设计的基本流程

2. 战略设计

所谓战略设计，是指从宏观层面设计路边停车方式与基本位置。包括路边停车场位置及其几何形状选择。路边停车场横向布置方式，按其在道路横断面位置，分为占用机动车道、非机动车道或人行道停车场 3 种形式；按几何形状又可分为港湾式路边停车带和非港湾式路边停车带两种。

1）港湾式路边停车带设计

① 机、非混行道路或机动车专用道路，局部借用非机动车道或压缩人行道设置路边停车带，如图 7–16 所示，这种设计要求人行道有足够宽度且行人流量较少，慢行交通作一体化处理。

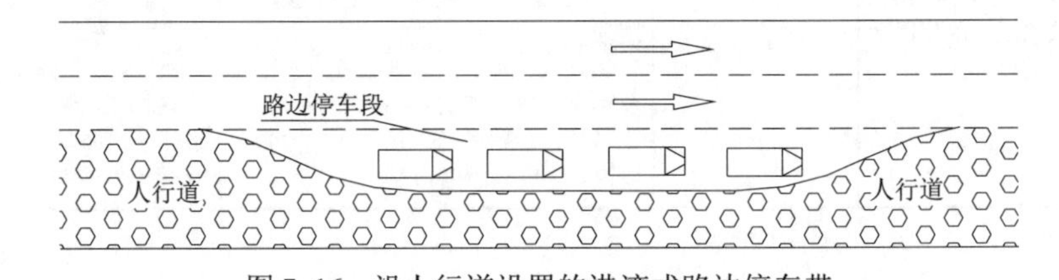

图 7–16 沿人行道设置的港湾式路边停车带

② 机、非混行道路，有非机动车专用道，但是当没有机、非隔离带时，利用人行道多余宽度在机动车道与非机动车道间设置港湾式路边停车带，如图 7–17 所示。此时停车带区间的非机动车道标高应提高至人行道的标高，并且慢行交通作一体化处理。

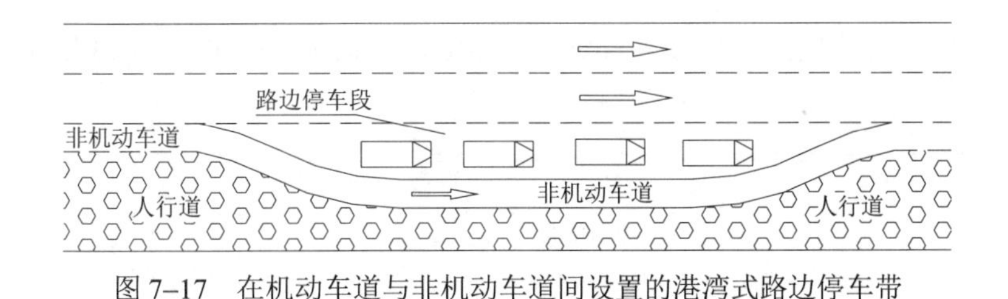

图 7–17　在机动车道与非机动车道间设置的港湾式路边停车带

③ 沿机、非分隔带设置路边停车带，在机、非分隔带宽度≥4 m 时，设置方法如图 7–18 所示；在分隔带宽度＜4 m，而人行道有多余宽度时，港湾式停车带设置方法如图 7–19 所示。

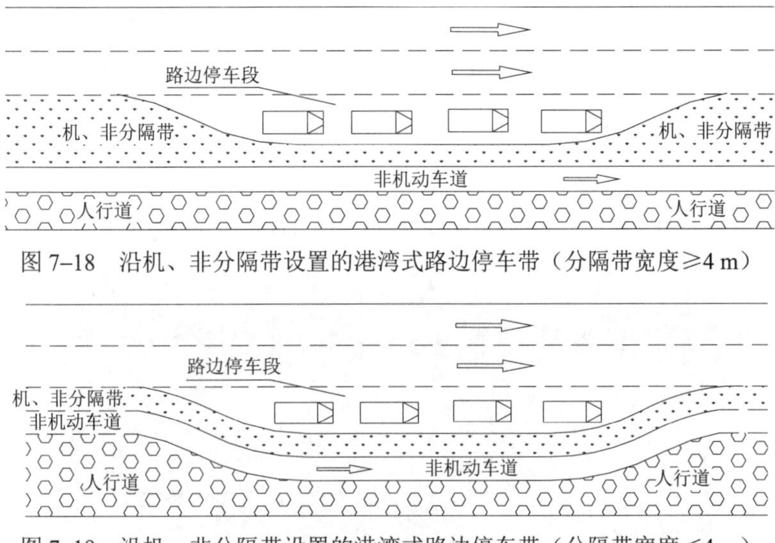

图 7–18　沿机、非分隔带设置的港湾式路边停车带（分隔带宽度≥4 m）

图 7–19　沿机、非分隔带设置的港湾式路边停车带（分隔带宽度＜4 m）

2）非港湾式路边停车带设计

非港湾式路边停车带，即占用最外侧机动车道，机、非混行车道，非机动车道或人行道而设置的停车带。

① 占用最外侧机动车道或机、非混行车道停车带，如图 7–20 所示。这种停车带进出车辆易与主线行驶的机动车和非机动车交通产生交织，上、下车者易与非机动车交通产生冲突，应谨慎采用。

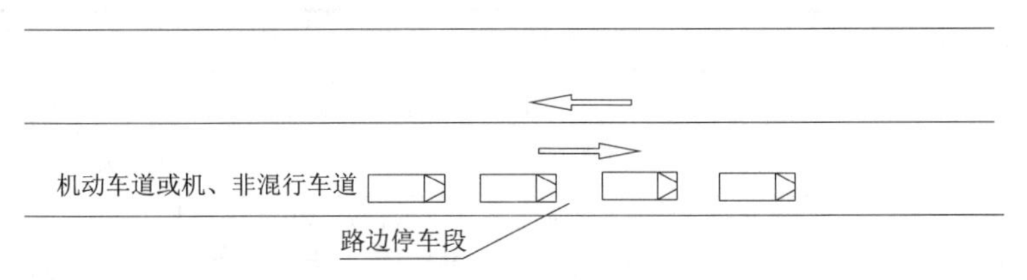

图 7–20　占用外侧机动车道或机、非混行车道停车带

② 利用 3 块板道路富余的非机动车道设置的停车带，如图 7–21 所示。进出停车带的停车交通易与非机动车和主线机动车交通产生交织现象，应辅以相应的管理措施。

③ 利用人行道树木之间的空隙设置的停车带，图 7–22 为由机动车道直接进出停车带的形式。注意进出停车带的车辆易与主线机动车交通流产生相互影响，存在安全隐患。所以，借用

非机动车道驶入停车带，驶出则直接进入机动车道的模式被提出，如图 7–23 所示。

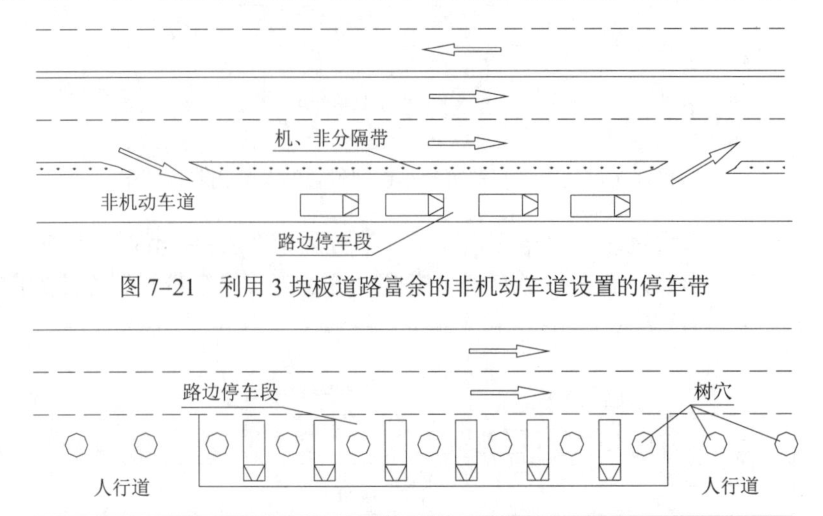

图 7–21　利用 3 块板道路富余的非机动车道设置的停车带

图 7–22　利用人行道树木之间的空隙设置的停车带（直接进出式）

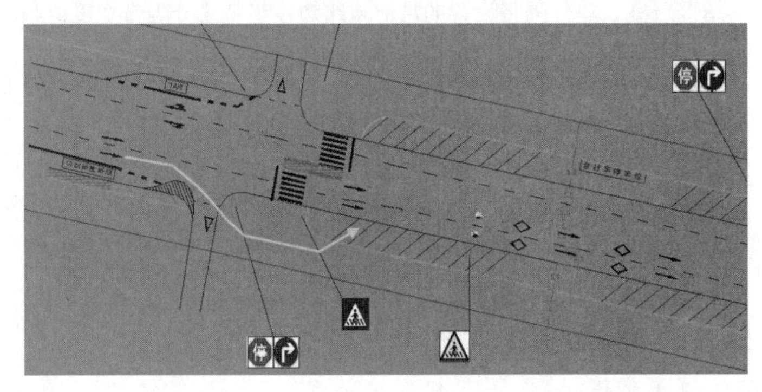

图 7–23　利用人行道树木之间的空隙设置的停车带（非机动车道进、机动车道出）

3）路边停车带模式适用性分析

上述各种路边停车带模式是对应于不同的道路与交通条件提出的，各有其优缺点和适用条件，表 7–33 对此进行了归纳分析。

表 7–33　各种路边停车带适用性分析

停车带形式	优点	缺点	适用情况
港湾式路边停车带	停车方便，有效利用空间，机动车停车与行驶于一体，有利于城市美观和安全	对非机动车和行人交通有一定的影响	停放车辆较多，并有空间设置港湾式停车带的路段，慢行交通应一体化处理
利用机动车和非机动车车道停车带	投资小，停放方便，有效利用城市空间	对机动车流和非机动车流影响较大，尤其是在高峰期间，安全性降低，对环境影响也较大	适用于停放车辆较少，机动车和自行车流量皆较少的路段
利用人行道停车	投资较小，对动态交通影响较小，充分利用了城市空间	车辆停放驶离耗时较长，对行人和机动车流皆有一定干扰	适合人行道空间较大且行人流量较少的地方

根据《城市道路路内停车泊位设置规范》（GA/T 850—2021），利用人行道设置停车泊位后人行道剩余宽度应满足表 7–34 的要求。

表 7–34 人行道设置停车泊位后人行道剩余宽度规定

项目	人行道剩余宽度/m	
	大城市	中小城市
各级道路	3	2
商业或文化中心及大型商店或大型文化公共机构集中路段	5	3
火车站、码头附近路段	5	4
长途汽车站路段	4	4

3. 详细设计

路边停车带的详细设计包括车辆停放方式设计，停车带到交叉口的距离确定，人行横道与路边停车的协调设计等。

① 车辆停放方式设计。路边停车位常用标线划定，其排列方式有平行式、斜列式、垂直式 3 种。图 7–24 列出了 3 种基本（斜角 45°）的路边停车基本车位排列及其车位数计算方法。

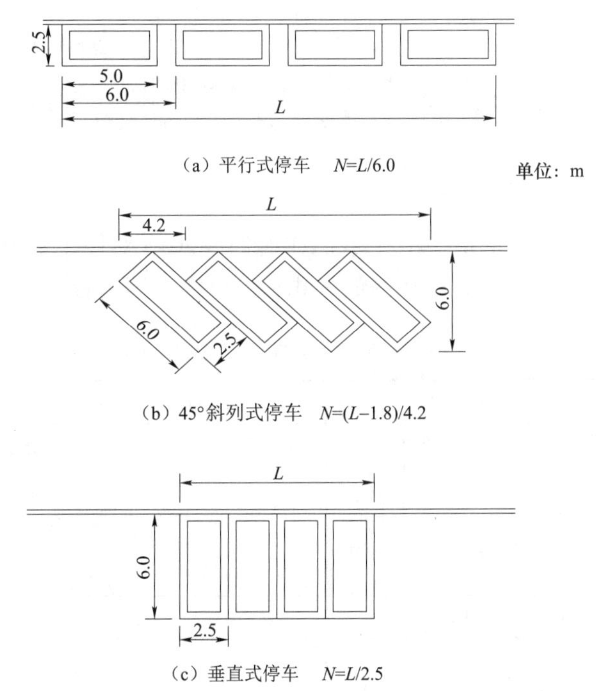

（a）平行式停车 $N=L/6.0$

（b）45°斜列式停车 $N=(L-1.8)/4.2$

（c）垂直式停车 $N=L/2.5$

图 7–24 路边停车基本车位排列及其车位数计算方法

② 停车带到交叉口的距离确定。当路边停车路段紧邻信号控制交叉口时，随着停车路段距停车线距离增大时，车均延误呈减小的趋势。且当距离大于某一值时，车均延误就维持在一个定值。因此，为使路边停车对路面动态交通的影响最小化，在设计时必须保证停车带到交叉口停车线满足最小距离值，即车均延误在可容忍值以下时所对应的距离，可采用延误分析方法确定此距离。

③ 人行横道与路边停车的协调设计。考虑行人过街的安全，规划的路内停车带不应与人行横道相交。人行横道应该设置在路边停车带上游，可保证驾驶人和过街行人的视距要求。

图 7–25（a）所示停放车辆的到达和离开易影响内侧车道驾驶人和要过街行人的视距，可能造成交通事故。图 7–25（b）所示的驾驶人和过街行人的视距良好，可大大提高过街交通的安全性。

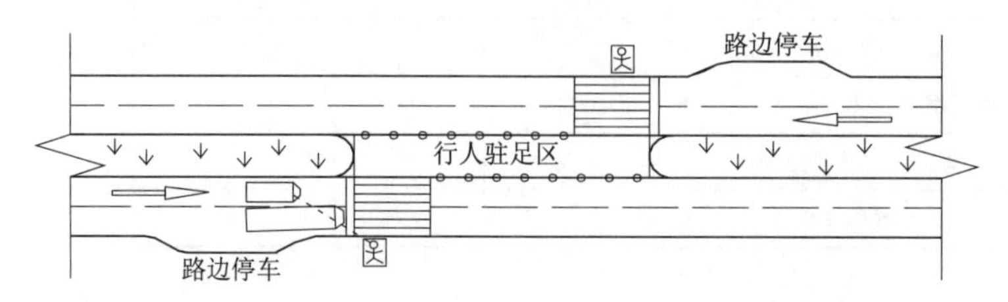

（a）行人过街横道离路边停车太近时产生不安全因素

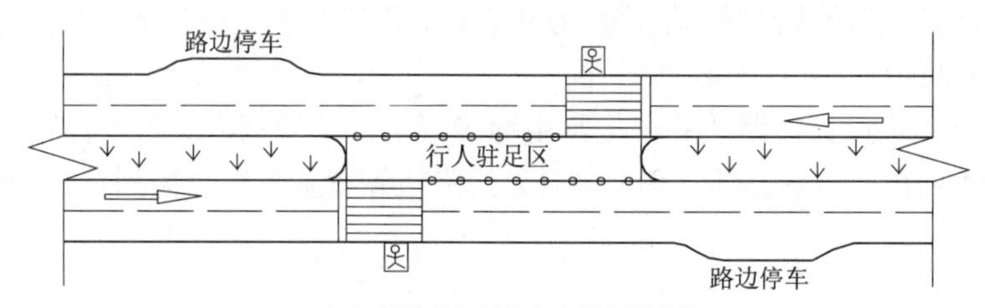

（b）驾驶人与过街行人的视距良好

图 7–25　人行横道与路边停车的协调设计

4. 其他

GB 5768—2009、GA/T 850—2021、GA/T 1271—2015 对停车泊位尺寸、停车位标线宽度、标线颜色、限时停车泊位施划、车辆停放方式和泊位组合等进行了规定，具体如表 7–35 所示。

表 7–35　停车泊位设置形式规定

设置形式	GB 5768—2009	GA/T 850—2021	GA/T 1271—2015
车型及泊位尺寸分类	车型分为大、中型车，小型车。 分别对应两种泊位形式：大型泊位（长 1 560 cm，宽 325 cm）、小型泊位（长 500 cm，宽 250 cm）。在条件受限时，宽度可适当降低，但最小不应低于 200 cm	与 GB 5768—2009 相同	分别对两种车型规定尺寸：上限尺寸长为 1 560 cm，宽为 325 cm，适用于大、中型车辆；下限尺寸长为 600 cm，宽为 250 cm，适用于小型车辆，在条件受限时，宽度可适当降低，但最小不应低于 200 cm
停车位标线宽度	可介于 6～10 cm 之间	—	可介于 6～10 cm 之间
停车位标线颜色	白色：收费停车位 蓝色：免费停车位 黄色：专属停车位	—	白色：收费停车位 蓝色：免费停车位 黄色：专属停车位
限时停车泊位	虚线边框，线宽 10 cm；线框内标注准许停车时间；数字高为 60 cm	—	虚线边框，线宽 10 cm；在泊位内标注准许停车时间；数字高为 60 cm
车辆停放方式	平行式：平行于通道方向 倾斜式：与通道成 30°～60° 角 垂直式：垂直于通道方向	分为平行式、倾斜式和垂直式。 规定了路内停车泊位的排放宜采用平行式；大型车辆的停车泊位不应采用倾斜式和垂直式的停放方式	—
泊位组合	—	每组长度宜在 60 m，每组之间留有不低于 4 m 的间隔	—

续表

设置形式	GB 5768—2009	GA/T 850—2021	GA/T 1271—2015
残疾人专用停车泊位	专用停车位标线：停车位两边的黄色网线为残疾人上下车区域，禁止车辆停放；其他车辆不得占用残疾人车位。 专用停车位路面标记：施划于残疾人专用停车位内，表明专属性。 黄色网格线宽度为 120 cm，外围线宽度为 20 cm，内部填充线宽度为 10 cm，和外围线夹角为 45°，外围线长度应与停车泊位标线长度相同。 泊位与黄色网格线间隔 5 cm	—	规定了上下车区域设置黄色网格线，禁止车辆停放，其他车辆不得占用残疾人车位，应在停车泊位标线内施划残疾人专用停车位路面标记。 黄色网格线宽度为 120 cm，外围线宽度为 20 cm，内部填充线宽度为 10 cm，和外围线夹角为 45°，外围线长度应与停车泊位标线长度相同

7.5.3　路边自行车停车带设计

1. 位置选择

在城市干道上，常利用绿化带空隙设置自行车停车位，支路上可借用一部分人行道空间设置停车位。应结合交通集散点、公交站、交通枢纽交通设计选择合适的位置设置自行车停车带。

2. 设计方法

① 利用人行道上乔木间的间隔布置非机动车停车位。在设计中考虑到绿化带宽度的限制，常采用斜向停放方式，如图 7–26 所示。该方式的优点是停车方便，可有效地利用非通行空间的资源。

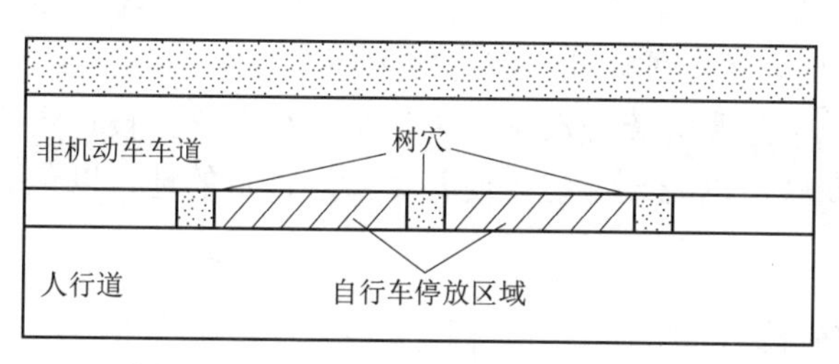

图 7–26　人行道上非机动车停车位布置

② 沿机、非分隔带设置非机动车停车位，如图 7–27 所示。该方式适用于机、非分隔带上有行道树，且宽度不小于 1.5 m 的情况，其优点是停车方便，可有效地利用非通行空间的资源。

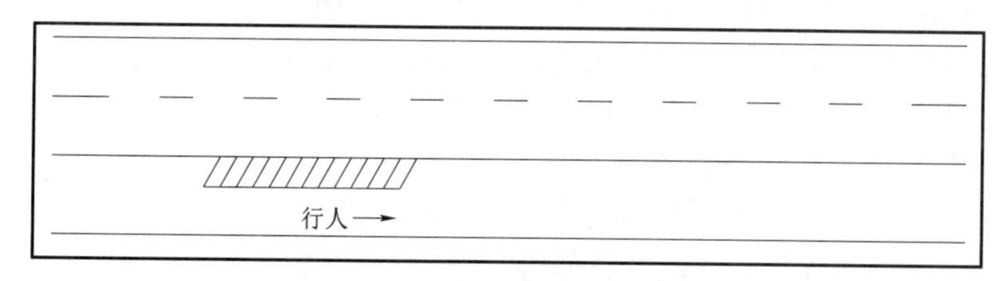

图 7–27　沿机、非分隔带设置非机动车停车位

7.6 停车场（库）及其管理系统发展趋势

城市的不断进步，人口规模的不断扩大，导致城市空间越来越小。城市中心商住区高楼林立，社区道路、高架交通干道、立交桥和地下铁路共同编织出城市立体交通网。而作为“汽车之家”的停车场，也由平面停车转向立体停车，由简单的机械停车向计算机管理高度自动化的现代立体停车演变，立体停车场也成为具有较强实用性、观赏性和适合城市环境的新建筑。

其实，立体化的停车方式在发达国家中已不算什么新鲜事物。早在20世纪20年代初，美国就建成了世界上第一座立体停车场。20世纪50年代以后，美国和西欧陆续兴建了多种形式的停车场。到了20世纪60年代后期，随着世界汽车工业的迅猛发展，城市汽车拥有量剧增，尤其是大量私人小汽车的出现，使得欧、美、日等发达国家和地区的一些大城市不同程度地出现了停车难的问题。由于大城市车多地少，特别是市中心商业区更是建筑物高度密集，寸土寸金。于是，占地面积小的立体停车场得到迅速发展。

立体停车场迥异于传统的、纯粹的功能性建筑；它是新城市的象征，不再着眼于人们，而是着眼于机器；它是现代主义者的梦想，没有任何历史或情感上的残迹；它对现代社会的意义，堪比一流的火车站对工业时代的意义。以往混凝土停车场单调的黑灰色开始呈现出一种枯萎、偏执的形象，深藏于地下且灯光黯淡的地下车库也带着脏兮兮的神秘感。于是，世界各国的优秀设计师利用他们丰富的想象力一改传统停车场单调的形象，最终实现科技与环保、美观与实用完美结合的停车场设计。

无论是向空中发展的还是向地下深入的立体停车场，它们与传统的地面停车场或多层停车场相比，都具有明显的优势。首先，立体停车场能够最大限度地利用城市土地与建筑空间，被称为城市空间的“节能者”。其次，立体停车场突破平庸的表皮设计，也将为整个地区注入活力和艺术气息。同时，金属网材料的广泛应用还能够保证停车场内部的自然采光和通风，尽量避免机械通风与人工照明的资源浪费，秉承可持续发展的设计理念。立体停车场的位置和规模应该在设计初期就加以充分考虑，使其尽量靠近目的地，以免因利用不便而产生地面乱停车现象。

7.6.1 自动化立体停车库

机电一体化的自动化停车场（库）系统正逐渐被推广应用，它有效地提高了土地的利用率，改善了交通堵塞现象。发展自动化停车场（库）及其系统被认为是缓解城市停车难问题的有效途径。自动化停车场（库）多为立体式的，其设计不仅与所停放车辆的尺寸和数量有关，更重要的是要与住宅风格和周围环境和谐相容，符合规划要求，并能使土地得以充分利用。

① 垂直升降式停车库。垂直升降式停车库又称塔式电梯停车位，其外观为塔形，底部有多个车位的地面面积，中间设置垂直上下通道，两边设置多层 （一般5层以上）停车架。车辆托盘由电梯上升到指定层次，再通过伸缩叉将车辆托盘自动横移到存车位。出入口内可设置升降转盘，以帮助车辆掉头，如图7–28所示。

② 垂直循环式停车库。垂直循环式停车库也称塔式循环停车位，其原理类似于旋转木马，用一个垂直循环运动车位系统来存取停放车辆。回转机构设置在底部和顶部，汽车升降托盘通过一条特殊处理的链条连接到一对链轮上，上下转动。车辆的入口位置有3种形式：对于整个

停车设备位于地面以上的，其车辆入口设置在底部；对于停车设备的上半部位于地面以上，下半部位于地面以下的，其车辆入口设置在中部；对于整个停车设备位于地面以下的，其车辆入口则设置在顶部，如图 7–29 所示。

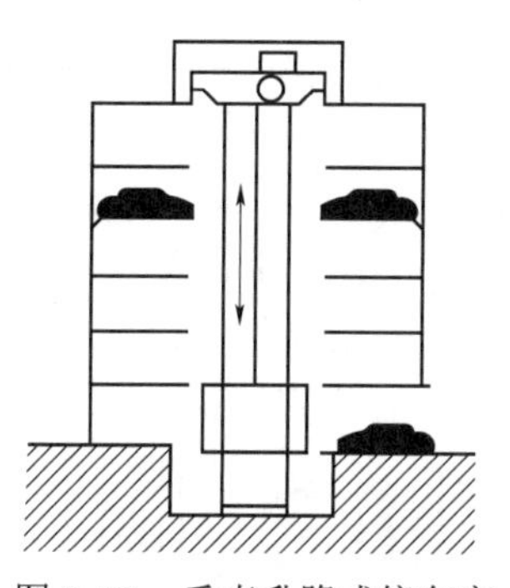

图 7–28　垂直升降式停车库

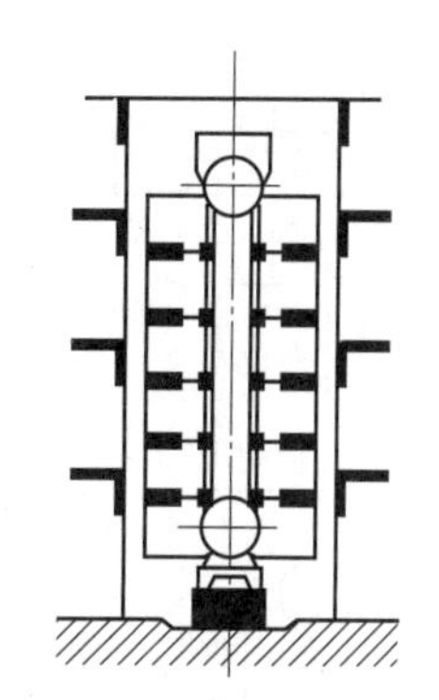

图 7–29　垂直循环式停车库

③ 巷道堆垛式停车库。这是一种用巷道堆垛起重机或桥式起重机将进到搬运器上的车辆移动到存车位，并用存取机构存取车辆的机械式立体停车库。它是基于大型自动化立体仓库发展起来的一种停车库，通常在中央通道的两边建造大量的停车位，一般采用双立柱堆垛机作为搬运设备，入库车辆放在堆垛机载车台上，由堆垛机高速运行，送到固定载车架（停车位）上。其特征是固定载车架分立两旁，中间为堆垛机进出通道，堆垛机可沿 X、Y、Z 3 个方向运动，利用堆垛机上的伸缩机构把车辆送入固定载车架（停车位），完成存车作业，如图 7–30 所示。

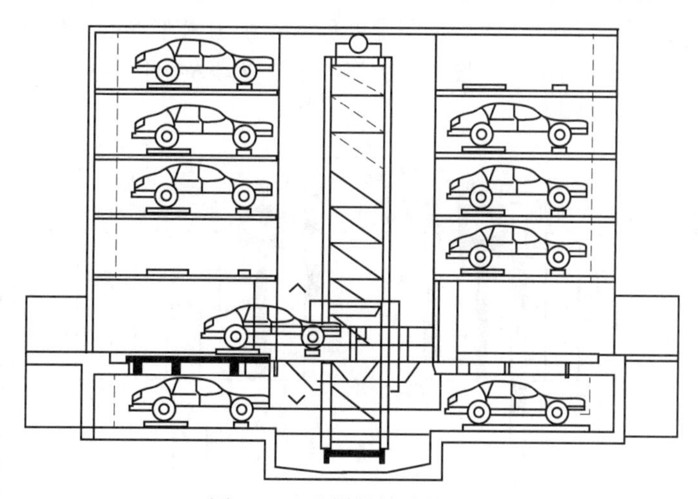

图 7–30　巷道堆垛式停车库

此外，自动化立体停车库还包括升降横移式停车库、多层循环式停车库、简易升降式停车库等，这里不再详细介绍。

7.6.2　停车场（库）智能化管理系统

停车场（库）智能化管理系统基于停车及管理信息采集、处理与提供服务系统，以及自动收费站，无须操作员即可完成其收费管理工作。该系统主要由管理中心、车辆自动识别装置、入口处的读卡与发卡装置、栅栏机、出口收费与验票机、监控摄像机、通道管理 7 大部分组成，其系统功能如图 7–31 所示。

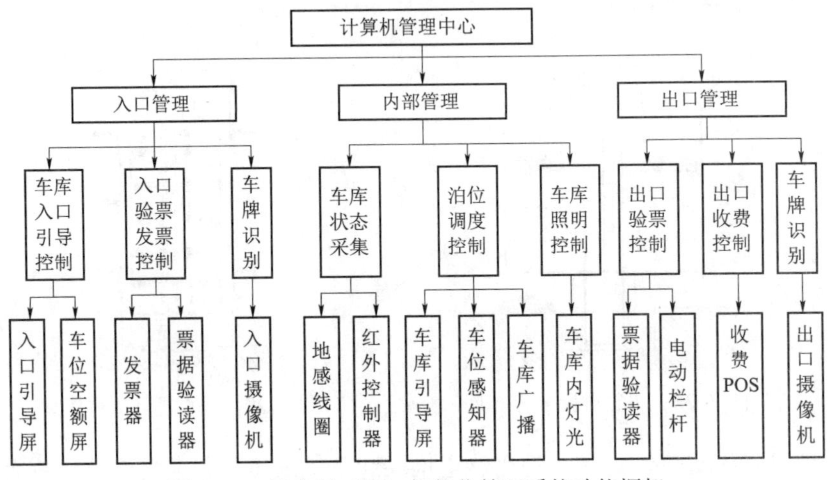

图 7–31　停车场（库）智能化管理系统功能框架

停车场（库）智能化管理系统为分布式计算机控制系统。计算机管理中心可以对整个停车场的情况进行监控和管理，包括出入口管理、内部管理，并将采集的数据和系统工作状态信息存入计算机，以便进行统计、查询和打印报表等工作。停车场智能化收费管理系统流程如图 7–32 所示。该系统的特点是采用计算机图像比较，用先进的非接触感应式卡技术，自动识别进入停车场用户的身份，并通过计算机图像处理来识别出入车辆的合法性。通过应用停车场智能化管理系统，使停车场的出入、收费、防盗、车位管理及车位利用完全智能化，并具有方便快捷、安全可靠的优点。

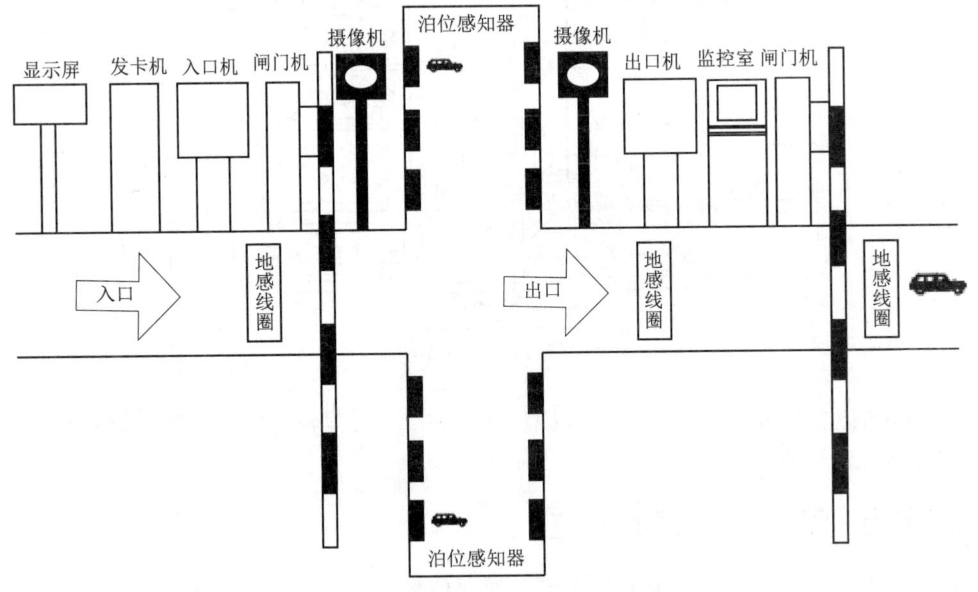

图 7–32　停车场智能化收费管理系统流程

7.6.3 停车诱导系统

停车诱导系统（parking guidance and information system，PGIS），又称为停车引导系统，是通过交通信息显示板、无线通信设备等方式向驾驶人提供停车场的位置、使用状况、诱导路线、交通管制及交通拥堵状况的系统。该系统对于提高停车设施使用率、减少由于寻找停车场而产生的道路交通绕行量、减少为停车而造成的等待时间、提高整个交通系统的效率等有极其重要的作用。停车诱导系统由信息采集、信息处理、信息传递及信息发布等部分组成，如图 7–33 所示。

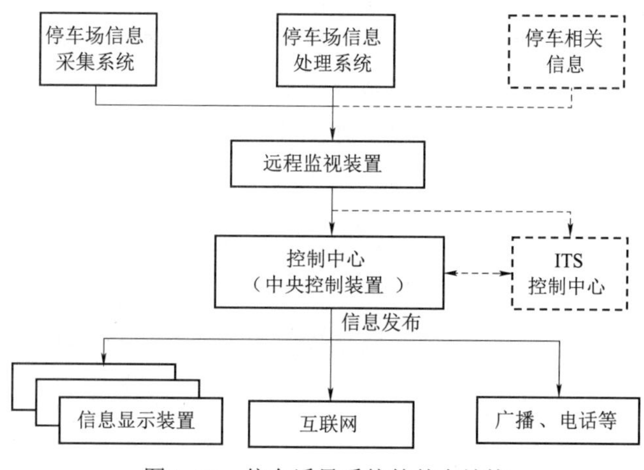

图 7–33 停车诱导系统的基本结构

停车诱导系统的工作原理是：利用空车位采集控制器采集停车场内所有剩余空车泊位数，经控制中心计算机处理后，由数据传输设备传往路边引导显示板，显示信息包括停车场名称、车位占用情况、方位等。

7.6.4 共享停车模式

共享停车是一种新型的停车管理模式，也是城市智慧交通建设的一部分，其出现和发展顺应了时代的发展要求，在经济、社会、生态方面均具有重要的意义。

发展初期，为缓解交通堵塞和停车困难的问题，部分机关单位率先在节假日或下班后将停车位提供给周边高停车需求重点区域使用，并签订合作协议作为保障。自 2015 年《关于加强城市停车设施建设的指导意见》颁布之后，各地相继推出鼓励共享停车的政策，提倡公共机构开放共享停车资源。线下传统共享停车模式具有简单、直接、安全的特点，但也存在共享局限性高、用户针对性强、信息时效性差等问题。

随着共享经济理念的广泛应用和互联网技术的创新升级，共享停车逐渐转向线上发展，多地政府部门牵头建立智慧停车管理系统，并鼓励企业打造共享停车云平台，利用大数据为用户提供停车位实时信息和预约停车服务。

目前，我国共享停车呈现出“多、散、小”的发展特点，存在共享意愿较低、管理存在风险、规模小且分散及监管保障不足等多方面问题。在后续发展中，需要通过强化宣传鼓励公民参与，明确责任建立安全保障，政府参与扶持产业发展并监督健全法律法规。

复习思考题

1. 简述停车场和停车库的区别。
2. 简述停车场的分类方法。
3. 简述停车问题产生的影响。
4. 简述停车设施的功能定位。
5. 试分析目前国内外停车配建指标的差异。
6. 说明如何确定一个城市的停车位配建指标。
7. 简述城市机动车路外停车场出入口的交通组织方式、停放方式和停发方式。
8. 说明在什么情况下设置城市机动车路内停车场。
9. 试说明城市机动车路内停车场横向布置方式。
10. 简述停车场（库）的发展趋势。

交通语言设计

人们出行时为了安全、顺利地到达目的地，需要系统、科学地引导。本章主要讲述交通语言系统的定义、组成要素和系统结构等，并结合国内外交通语言设计中的成功经验提炼出交通语言设计的原则、要点及交通标志设置的理论和方法。

8.1 概　　述

语言从广义上来讲，是指通过一套被大众所共同认可而采用的交流符号、表达方式和处理规则，并通过视觉、声音或触觉方式来传递的信息系统。其目的是通过预先约定的规则，协助人们更加准确、高效、规范和容易地沟通与交流，从而完成自身表达或社会沟通。

在交通系统中，随着我国城市化进程的不断加速、交通基础设施规模的日益扩大和机动性的提高，人们日常出行需求持续增长、交通秩序混乱逐渐加剧，进而产生了交通拥堵、交通事故、环境污染等一系列问题。如何从交通设计的角度来制定人们日常出行所需遵守的行为准则，以实现交通参与者之间、交通参与者与交通管理者之间的有效沟通就显得十分必要。

一直以来，交通工程师和研究人员主要通过交通标志、交通标线和交通信号与交通参与者进行沟通。近些年，由于信息技术及交通状态预测技术的不断发展，可变信息标识（或交通情报板）也得到了快速的发展。这一系列由交通标志、标线、信号等设施及其承载的交通规则内涵就构成了所谓的交通语言系统。

8.2 交通语言的体系结构

8.2.1 交通语言的定义

语言是人与人之间的一种交流方式，人们彼此的交往离不开言语的交流。人类用说话进行交流是一种包含 3 个层级的复合现象：第一层级是说话的动作，称为言语动作或言语行为；第二层级是在说话过程中所使用的由语音、词汇、语义、语法等子系统构成的符号系统，称为语言；第三层级是说出来的话，称为语意或言语作品。由此可见，语言不同于言语，语言是存在于全成员大脑里的相对完整的抽象符号系统，具有符号性、地域性和系统性的特点。

在城市交通系统中，交通参与者与交通管理者之间的交流由于受到时间、空间、效率及安全等因素的影响，难以通过传统的自然语言完成。在此背景下，交通管理者通过制定交通规则、设置交通标志、施划交通标线及安放信号控制设备等方法，逐步产生了一套行之有效的沟通方法和途径。后续研究学者发现这套交通规则体系及其附属设置所传递的信息恰好具有语言的基本特征。

“交通语言”概念由谢顺堂于 1992 年首次提出。道路交通符号信息系统是人们在参与交通活动及从事与交通有关活动的过程中，用以交流信息的工具，故称之为交通语言。交通语言这一系统的形成是由于在交通情况日益复杂的条件下，由人的思维和感知感觉特征而产生，并将有关交通活动的自然语言进行简单化、形式化、形象化和直观化处理而构成的。它的产生大大方便了人们在参与交通和从事交通有关活动过程中的信息交流。对于促进交通事业发展，加强交通管理，保障交通安全有极为重要的作用。

邵海鹏在其博士论文中首次系统地对自然语言向交通系统的转换进行了阐述：从交通参与者、出行者的角度，交通语言系统是获取交通管理控制信息的来源。交通管理者正是通过交通语言这种媒介来实施交通组织、交通管理和控制措施的。

段里仁和毛力增于 2013 年提出交通语言具有的地域性、时代性和传播性的特点，以及交通语言在设置过程中应遵循的独立性、连续性、易视性和兼容性 4 条原则。这一系列的研究成果标志着针对交通语言的研究日趋深入和完善。

根据对已有研究成果的总结，本书认为交通语言是交通系统中交通管理者利用道路交通标志、交通标线和交通信号设施向交通参与者传递特定信息的符号系统，是以颜色、形状、字符和图形符号等为基础的符号体系与所承载的交通规则内涵的集合体。

国外针对交通规则体系与附属设施的研究起步较早，美国在 1935 年针对交通控制设施就形成了国家标准，该标准全称为《标准化交通控制设备手册》(*Manual on Uniform Traffic Control Devices*)，简称为 MUTCD。该标准在随后的 80 多年里经历了 7 次大版本的修订和十余次小版本的修订。截至 2022 年，该标准的最新版本为 2009 年版 MUTCD 的第 3 次修订版。该版本手册针对道路信号控制中的标志、标线及信号的颜色、形状、图形符号、版面、字体，以及交通设施的设置位置及逻辑关系等一系列问题进行了规范。由于该手册在制定过程中充分考虑了不同类型交通条件下的交通控制设施设置问题，其研究成果也在随后的一段时间里被其他国家所广泛借鉴。

1968 年，联合国公布《道路交通和道路标志、信号协定》作为各国制定交通标志的基础。从此各国的交通标志在分类、形状、颜色、图案等方面逐渐向国际统一的方向发展。

我国早在周代，就有“列树以表道”的记载，而正式颁布道路交通标志标线标准则是交通运输部 1999 年颁布的《道路交通标志和标线》(GB 5768—1999)，2009 年对此又进行了修改，形成了《道路交通标志和标线》(GB 5768—2009)。2017、2018 年又修正了 GB 5768—2009 中 4～8 部分的内容，即作业区、限制速度、铁路道口、非机动车和行人、学校区域的交通标志标线；2022 年修改了道路交通标志部分，形成了《道路交通标志和标线 第 2 部分：道路交通标志》（GB 5768.2—2022）。

8.2.2 交通语言基本元素

在自然语言中，语素（morpheme）是最小的语法单位，是最小的语音语义结合体。语素不是独立运用的语言单位，它的主要功能是作为构成词语的材料。在交通语言系统中，也可以相应地将构成交通语言的最小功能单位进行抽象提取，这些最基础的单位就是构成交通语言的基本元素。

目前，被人们所广泛接受的交通语言基本要素有颜色、形状、字符、图形符号、尺寸、位置等内容。

1. 颜色

由于交通语言的自身特性，视觉沟通成为交通语言的主要沟通方式。而在通过视觉系统进行识认和理解的过程中，颜色无疑是最重要的构成要素。首先，颜色能够较为有效地将交通控制设备从周边环境中区分出来，增加驾驶人对交通控制设备的注意力。其次，交通参与者依赖预先约定的规则，能够根据不同的颜色，迅速对交通管理者需要传达的信息进行预判。

交通控制设备所采用的颜色设定规则主要依赖于人类对颜色的心理习惯。根据这一规律，能够发现交通控制设备通常采用红、黄、绿、蓝及为增强视觉对比度的黑白两色。红色的视觉刺激性较强，容易让人联想到危险，在交通系统中通常被赋予禁止的含义；黄色相对更为醒目，研究认为黄色最容易被识认，在交通系统中通常被赋予提醒的含义来引起交通参与者的注意；绿色具有允许、生长的含义，在交通系统中通常被赋予许可的含义。我国《道路交通标志和标线 第 2 部分：道路交通标志》（GB 5768.2—2022）中规定了交通标志颜色的基本含义如下。

① 红色：表示禁止、停止、限制，红色为标志底板、红圈及红杠的颜色。

② 黄色或荧光黄色：表示警告，用于警告标志的底色。

③ 蓝色：表示指令、遵循，表示一般道路（除高速公路和城市快速路之外的道路）指路信息。

④ 绿色：表示高速公路和城市快速路指路信息。

⑤ 棕色：表示旅游区指路信息。

⑥ 黑色：用于标志的文字、图形符号和部分标志的边框。

⑦ 白色：用于标志的底色、文字和图形符号及部分标志的边框。

⑧ 橙色或荧光橙色：表示因作业引起的道路或车道使用发生变化。

⑨ 荧光黄绿色：表示与行人有关的警告。

⑩ 粉红色或荧光粉红色：表示因交通事故处理引起的道路或车道使用发生变化。

2. 形状

交通控制设备的形状也作为其传递信息的有效手段。根据各国对道路交通控制设备的不同规定，不同形状的道路交通标志或标线通常传达某一具体类型的含义。总体而言，随着交通标志形状边数的增多，该标志所传达信息的强制性意味更高；随着交通标线的条数增多，该标线所传达信息的强制性意味也更高。

表 8–1 总结了我国 GB 5768.2—2022 和美国 MUTCD 中关于不同形状的交通标志所给出的具体含义。可以看出，我国和美国的交通标志在八角形、倒等边三角形、叉形和方形上的定义

较为类似，而其他形状所承载的含义则略有不同。

表 8–1　交通标志形状及对应含义表

标志形状	标志形状对应的含义	
	GB 5768.2—2022 规范	MUTCD 规范
正等边三角形	警告标志	无应用
圆形	禁令和指示标志	提示前方“铁路平交路口”警告标志
倒等边三角形	“减速让行”禁令标志	“减速让行”禁令标志
八角形（正八边形）	“停车让行”禁令标志	“停车让行”禁令标志
叉形	“铁路平交道口叉形符号”警告标志	“铁路平交道口叉形符号”警告标志
方形	指路标志，部分警告、禁令和指示标志，旅游区标志，辅助标志，告示标志等	禁令标志、指示标志和警示标志

续表

标志形状	标志形状对应的含义	
	GB 5768.2—2022 规范	MUTCD 规范
五边形	无应用	“前方学校”警告标志及“郡县公路”标志
菱形	无应用	警告标志
三角旗形	无应用	“禁止穿越”警告标志
梯形	无应用	“森林公路”标志

3. 字符

在交通语言中，字符是道路交通标志、标线、信号控制系统中所涉及的文字和数字符号的统称。由于文字和数字能够最为准确和直接地传递交通信息，因此字符在交通语言系统中的使用最为广泛。

尽管字符信息具有很多图形符号所不能比拟的优点，但其对交通参与者在识认过程中的要求相对较高，因此如何精简和提炼交通标志标线中的文字对交通设计的优劣影响很大。例如，美国 MUTCD 建议交通标志中的信息不要超过 3 行，针对指路标志等信息量需求较大的情况，建议仅提供不超过 3 个目的地信息来提高驾驶人的辨认速度。我国 GB 5768.2—2022 针对指路标志信息的建议为各方向线指示的目的地信息数量不宜超过 6 个；同一方向目的地信息不应超过 2 个，当同一方向选取 2 个信息时，应按照信息由近至远的顺序，采用由左至右或由上至下排列。

4. 图形符号

图形符号是指以图形为主要特征，用以传递某种信息的视觉符号。与文字符号相比，图形符号具有更强的视觉吸引力和冲击力，能更形象、完整地传递出其所表达的含义。

交通语言对图形符号的设计和使用有更高的要求。首先，在交通语言中的图形符号含义必须明确，也就是说，该符号和含义具有明确的一一对应关系；其次，在交通语言中的图形符号需要遵循清晰简洁、容易辨认的设计理念；最后，在交通语言中的图形符号需要具有易于理解、便于区分的特性，也就是说，交通参与者能够容易地识认交通标志并对不同的交通标志进行区分。

5. 尺寸

在交通语言设计中，尺寸会直接影响交通参与者对交通设施、设备所传递信息理解的效率。这里所说的尺寸所涉及的对象有交通标志版面、字符、符号；交通标线线条、字符；以及交通信号灯组直径、字符等实体要素。

由于车速的提高会增加驾驶人识认标志的难度，各国关于交通语言中各要素尺寸的规定通常与不同的速度等级相对应。总体而言，速度越快，越需要更大尺寸的交通语言要素来充分表达交通控制设施所传达的含义。

6. 位置

交通语言各要素的布设位置能够对交通信息的正确传递和理解起到关键作用。这里所说的位置涉及微观、中观和宏观 3 方面的内容。

微观位置要素是指交通语言各要素间在交通标志版面内部的布设位置、交通标志复合使用时的设置位置等内容。在如图 8–1（a）所示的指路标志中，道路名、交叉符号、方向指示符号等不同要素在标志版面内的设置位置就属于微观的交通语言位置要素。图 8–1（b）表示交通标志的组合使用情况，这种组合依赖于不同标志版面在空间位置上的排列规则。

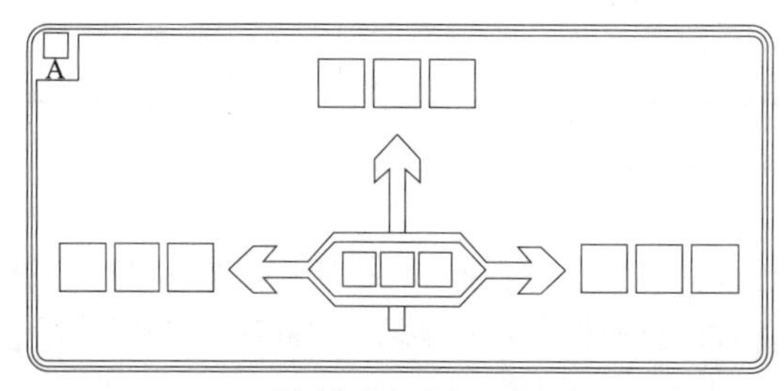

（a）道路指向标志布局要素

（b）交通标志的组合使用情况

图 8–1　交通语言位置要素（微观）

中观位置要素是指交通标志、标线、信号等在道路交通系统中具体的空间位置、角度、朝向等。图 8–2 表示交通管理者为传达某路段禁止停车信息需要在空间位置上进行哪些交通标志、标线的具体布设安排。

宏观位置要素是指为了保证交通语言在某一区域内的连续性和有效性，不同交通控制设备间的合理布局及承接组合关系。图 8–3 表示高速公路分流需要在 2 英里（1 英里≈1.6 km）范围内设置的 7 组交通控制设施。这 7 组交通标志被认为是某一局部区域内交通语言的连续表达，其目的是向驾驶人强化信息传递。其中，在分流点前 2 英里、1 英里、0.5 英里及分流点处设置 4 组指示标志就是高速路段分流这一信息的宏观位置表现。

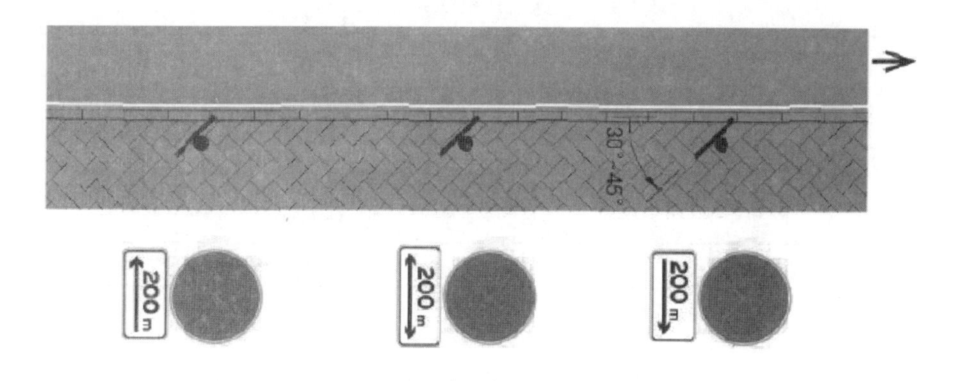

图 8–2　交通语言位置要素（中观）

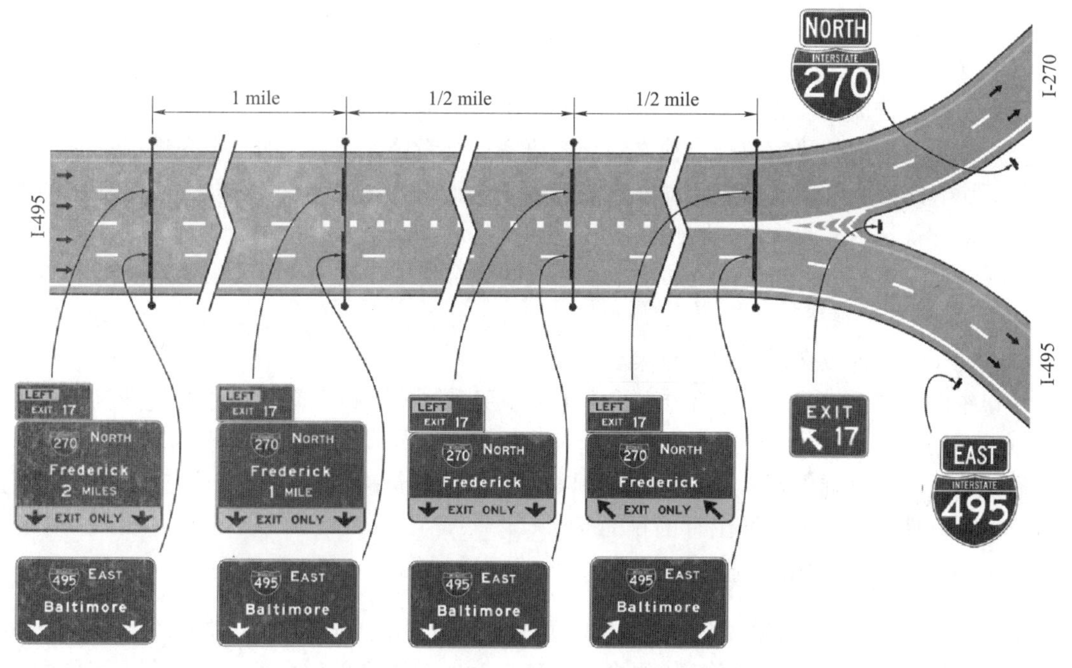

图 8–3　交通语言位置要素（宏观）

8.2.3　交通语言系统

1. 交通语言系统的语法单位

自然语言中的语法是指语言的构造规则，是自然语言中音义结合体的组合、聚合规则。自然语言中的语法单位有大有小，按从低到高的顺序，可分为语素、词、词组和句子。在交通语言体系结构中，基础的语法单位较少。按照自然语言语法单位的分类规则，可以根据构成规则和复杂程度，将交通语言语法单位与自然语言语法单位进行以下对应，具体对应规则如表 8–2 所示。

表 8–2 交通语言系统的语法单位

自然语言语法单位	交通语言对应要素	交通语言语法单位的意义
语素	颜色、形状、字符、符号、尺寸、位置等交通语言基本要素	交通语言的最小构成要素，不能单独使用，具体意义见 8.2.2 节
词、词组	单个或成组使用的标志、标线、信号灯及可变信息设备等	可独立使用的最小语法单位，用来传递独立的交通控制信息
句子	区域交通管理措施	区域内交通控制策略的集合

（1）语素——交通语言基本要素

对交通语言中的基本功能单位进行抽象提取就构成交通语言的基本要素。与自然语言的语素相类似，交通语言的基本要素也无法单独使用来表达相应的语义。因此，必须要通过适当组合，即将不同的基本要素组合在一起构成更为复杂的语法单位，才能表达交通控制的具体内容。

（2）词、词组——独立的交通控制设施设备

词是由语素构成的，是能够独立运用的最小语言单位。词组是由两个或两个以上的词按照一定的规则组合而成的语言单位。独立的交通语言控制设施、设备，如一个交通标志或一个交通信号灯所表达的交通语言含义，就能被类比为一个词要传达的含义。例如，图 8–2 中的“禁止停车”标志就是由红蓝颜色、圆形底版和叉形符号这几个语素构成的词。而“禁止停车”标志与“区域范围”辅助标志及黄色禁止停车标线的联合使用，就构成了要表达这一区域禁止停车的词组。

（3）句子——区域交通控制策略集合

城市中的道路系统是由一条条街道所构成的，那么这些道路上交通设施的集合就形成了这片区域的交通控制策略体系。每个区域控制策略的集合则与自然语言中句子的功能相类似。这些信息集合反映了交通管理者在该区域内预期达到的管理策略，实现了引导交通参与者安全、高效、合理、便捷地完成交通出行的目的。

2. 交通语言系统的组合规则

语言的组合关系是语言学理论的基本原理，被广泛应用于对语言各要素的分析中，对指导人类正确使用语言产生了重要影响。组合关系体现为一个语言单位和前、后一个语言单位，或者和前后两个语言单位之间的关系，也体现在部分和部分、整体和部分之间的关系中。在交通语言中，按照一定的关系将各语法单位归类组织在一起所遵循的规则就是交通语言系统的组合规则。邵海鹏将交通语言系统的组合规则划分为并列组合、顺接组合和主从组合 3 类。

（1）并列组合

并列组合是指若干交通信息在同一空间和时间点出现，表示同时实施若干交通控制措施或同时提供多种路况信息。在单个交通语言单位表达信息不明确时，也可设置相似或相关的重复信息，允许信息的适当冗余，从而提高信息的可靠性（参见图 8–3 中的多组指路标志）。

（2）顺接组合

顺接组合是指交通语言的表述过程应具有前后逻辑，信息序列应符合出行者选择、判断和决策的逻辑顺序。不同的交通语言单位之间尽量按照出行者活动的顺序或信息的重要程度进行

排列和设置。

（3）主从组合

主从组合是指当交通语言中主要语言单位不能完整表达出控制策略时，从而需要设置补充说明信息，进而形成的“核心–辅助”组合规律。参见图 8–1（b），以“前方隧道”的警告标志作为主要标志，与距离隧道 200 m 的辅助标志相结合，按照主从组合的规律一同构成了交通语言中的组合信息。

8.3 交通语言设计的原则

与自然语言中的语法规定语言中的句子、短语、词汇的逻辑、结构特征及构成方式相类似，交通语言也有一套自身的设计原则来规定和规范交通语言中各元素的构成方式和逻辑结构，从而达到交通信息准确和高效传递的目的。具体而言，根据交通参与者识读交通语言并最终作出反应这一过程，可以将交通语言设计应遵循的原则总结为识认性、易辨识、易理解、适度使用 4 点。

8.3.1 识认性原则

交通语言的首要任务就是发布和传递交通信息，因此不论是交通标志、标线和信号控制系统，抑或是可变信息标志的设计，都需要保证所提供的信息能够被交通参与者所接收。交通语言的识认性原则就是指交通语言设施首先必须能够被交通参与者从背景环境中看到。

交通参与者接收交通信息的主要影响因素是视敏度，也就是通常所说的视力。视力又可细分为静视力、夜视力和动视力 3 类。静视力即传统意义上所说的视力，也就是人们通常在体检中检测的视力；夜视力则是指人们在观测环境的亮度受到影响下的视力，通常来讲，夜视力会受到被观测物体亮度及环境照度等因素的影响，随着被观测物体亮度的提高，人们的夜视力会随之增高；动视力是指当交通参与者与交通控制设施及周边道路环境存在相对运动时，交通参与者观察动态物体的视觉分辨力。现有研究表明，随着与被观测物体间速度差的增大，观测者的动视力会随之下降。假如当某驾驶人驾车行驶时，迎面有一交通限速标志，假设当该驾驶人以 50 km/h 的车速行驶时，距标志 30 m 处恰好能够看到交通标志所提示的信息，那么当该驾驶人提高车速后，在相同地点就难以对该标志所提示的信息进行有效分辨。

总体而言，在实际交通环境中，影响驾驶人信息判别的主要因素为动视力。这一因素也决定了世界各国在进行道路交通标志、标线设计时，首先会根据道路限速对交通标志版面的大小进行设置。

另外，为了提高交通标志在夜间的识认性，GB 5768.2—2022 中也相应对交通标志材料的反光性及交通标志的照明进行了规定，要求在夜间具有 150 m 以上的识认距离。

8.3.2 易辨识原则

当交通参与者识认到交通标志后，接下来就是对交通标志进行辨认和识别。研究成果表明，交通参与者在辨认交通标志时，在交通语言的诸多要素中对颜色和形状的反应最为敏感。

对于那些无法在很短时间内辨识的交通标志，如指路标志，驾驶人必须要对信息的读取时间和作出决定的时间进行分配。其中驾驶人的阅读速度受很多因素的影响，例如，文字的类型、字母的数量、句子结构、信息的顺序，以及该驾驶人当时的工作状态等因素。

研究发现，一个短单词（4～8 个字母，不包括介词和其他类似的连词）需要最少 1 s 的观测时间，每条信息单元则要 2 s。对于没有经验的驾驶人来说，还相应需要更长的时间。对于每行包括 12～16 个字母的标志，估计的阅读时间应为每行 2 s。因此，美国在 MUTCD 中建议交通标志单一版面内提供的信息不宜超过 3 行文字内容，每行内容通常不超过 8 个字符。

此外，在交通语言设计中，文字和图形符号的合理使用也决定着交通标志等内容是否易于辨识。图 8–4（a）为仅用文字信息表述的高速公路服务区预告标志，能够发现该标志中信息较多，驾驶人辨识非常困难。而当选用象形符号来对高速公路服务区提供的各项服务设施进行表述后（GB 5768.2—2022 规范图），能够发现该标志的可辨识性就提高了很多，如图 8–4（b）所示。

当交通标志仅用文字进行信息传达时，信息的精练和加工对标志的识认性就显得更加重要。图 8–4（c）是关于高承载车道（HOV lane）信息的说明，规定了该车道仅供载有 2 人及以上人数的车辆使用，可以发现该标志中的说明文字尽管能够很明确地传达信息的内容，但机动车驾驶人在行驶过程中对其辨识的可能性几乎为零。针对该信息，美国在 MUTCD 中针对高承载车道的表述如图 8–4（d）所示。由此可见，文字内容的提取和加工对提高标志的识认性非常重要和有效。

（a）仅用文字信息表述的高速公路服务区预告标志

（b）GB 5768.2—2022 规范的服务区预告标志

（c）信息冗余的高承载车道标志

（d）MUTCD 规范的高承载车道标志

图 8–4　道路交通标志识认性对比图

8.3.3　易理解原则

在交通参与者识别出交通控制设备待传达的信息后，便需要对信息的内容进行理解和加工，也就是要对交通控制设备所传达的语义进行解读。交通参与者对交通信息的理解取决于多个方面，主要受到个人经验、信息的独特性及交通信息编码规则等因素的影响。

由于交通参与者个人经验千差万别，难以统一，这使得改善交通语言中信息的独特性和编码规则成为提高交通参与者对交通控制设备传达出语义理解速度的关键因素，具体有以下 3 方面内容。

1. 意义明确

在交通语言设计过程中，各个语素的使用需要简明清晰，这样才能做到对信息的准确传达。如图 8–5（a）中的“禁止向右转弯”标志是由圆形底版［见图 8–5（b）］、禁止图案［见图 8–5（c）］、红色［见图 8–5（d）］和右转箭头［见图 8–5（e）］4 部分语素构成。圆形底版告知驾驶人该标志为禁令标志，驾驶人需非常注意；禁止图案和红色的组合使用告知此标志表示禁止某项功能；右转箭头则告知禁止的功能为车辆右转。上述语素结合在一起传递了此交通标志为禁止向右转弯的含义，表达清晰，易于理解。

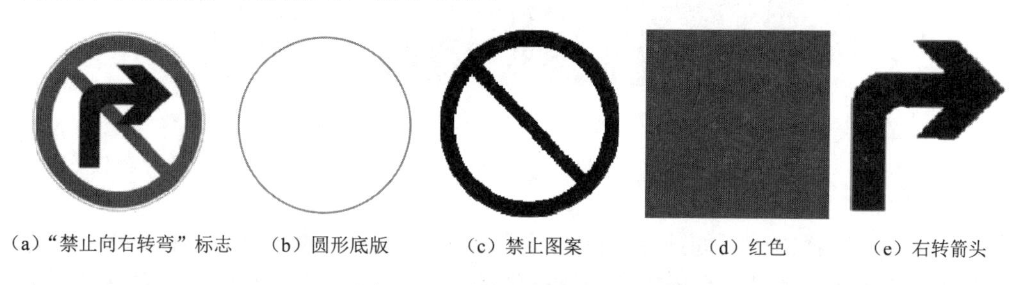

（a）“禁止向右转弯”标志　（b）圆形底版　（c）禁止图案　（d）红色　（e）右转箭头

图 8–5　右转禁令标志构成说明

再对“禁止通行”标志进行分析能够发现：该标志［见图 8–6（a）］由圆形底版［见图 8–6（b）］和红色［见图 8–6（c）］两部分构成。其中，圆形底版告知交通参与者该标志为禁令标志，出行者需非常注意；而红色也起到提醒警告之意。但该标志中缺少具体指代通行的内容，所以无法全面表示出禁止通行的含义，相应地也会为交通参与者理解该标志带来一定的困难。

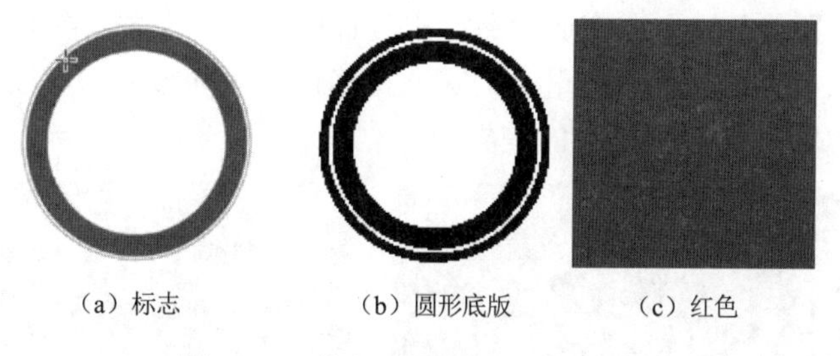

（a）标志　（b）圆形底版　（c）红色

图 8–6　“禁止通行”标志构成说明

2. 避免冲突

多个交通控制设备的组合和连续使用更容易对交通语言的易读性产生影响。其中最为关键的是保证这些不同的交通控制设备所传递的信息具有连续性和一致性，避免出现多个交通控制设备传递出相冲突内容的情况。

关于交通语言的冲突，一个常见的例子是我国一些城市和地区出现的左转许可相位显示绿色箭头信号的问题。根据《道路交通信号灯设置与安装规范》（GB 14886—2016）的规定，方向箭头灯用于指导某一方向车辆的放行，不能与其他冲突方向同时放行。也就是说，许可型左转相位不能设置左转箭头灯。而图 8–7 所示的交通信号灯在许可型左转相位设置时安排了左转箭头灯，属于交通语言系统中的冲突情况，在实际应用中应注意避免。

图 8–7　交通信号与设定规则的冲突

3. 标准化

与推广普通话从而方便不同地区人们沟通交流的情况类似，交通语言的标准化对交通参与者理解交通语言也至关重要。交通语言的标准化对交通标志、标线、信号控制的认读效果和准确理解具有极大的影响。

现行 GB 5768—2009 和 GB 14886—2016 中对道路交通标志、标线及信号灯的样式都做了详细的规范。但由于我国各城市在进行交通语言设计过程中，相关主管部门在对上述标准理解和使用上有较大的不同，使得我国各城市在交通语言设计上差别较大，因此交通语言的标准化问题亟待解决。

最为常见的是，我国各城市在交通指路标志设计中存在的差异。图 8–8 所示的标志分别为我国 4 个直辖市北京、上海、天津和重庆的交通指路标志版面设计。可以明显看出，上述 4 个城市的交通指路标志版面设计有很大的差异。

（a）北京市指路标志

（b）上海市指路标志

（c）天津市指路标志

（d）重庆市指路标志

图 8–8　我国 4 个不同城市的交通指路标志版面设计

详细分析上述标志能够更清晰地发现：北京市和重庆市指路标志内部路名信息为交叉口相交道路的路名（交叉口由“学院南路”与“四道口路”构成），其中竖直方向道路名指示出目前车辆所在道路，水平方向路名指示出相交道路路名，括号内为对应道路前方到达目的地的信息；上海市所采用的指路标志内部路名则为交叉口相交道路的平行道路路名，例如，图中“重庆南路”是位于目前行驶道路（“西藏南路”）西侧的平行道路。而构成交叉口相交道路的路名则显示于六边形方框内［图中“复兴中（东）路”］，目前车辆行驶道路信息（目前车辆所处“西藏南路”）在交通标志中并无指示。天津市的指路标志从版面设计上与其他 3 个城市有较大的区别，根据 GB 5768.2—2022 规范中规定，该版面应用作交叉路口指示标志而非指路标志。而该标志中路名信息与上海市指路标志路名信息类似，表示了交叉口相交道路的平行道路。

综观上述 4 个城市的指路标志能够看出，上海市的指路标志内容丰富，但在实际使用过程中，北京市和重庆市指路标志显得更为简单明了，便于驾驶人掌握自身的位置和进行后续行驶动作。不难发现，上述标志的混乱导致了任何一个城市的交通参与者在到达另外一个城市后需要较长的时间来理解和适应由于交通标志设计不规范造成的差异。

因此，如何利用国家标准对交通语言设计进行指导和规范，对交通参与者正确接收交通信息具有重要的意义。但交通语言的规范化不应简单地仅通过文本约束，更重要的是考虑到其设置的合理性和实用性，从实际情况出发来合理引导其规范发展。

8.3.4 适度使用原则

交通参与者在日常出行中，需要在动态条件下对道路交通信息加以判读并作出决策。由于城市道路交通情况较公路更为复杂，限制因素也更多，故城市道路标志因客观实际需要并列布设的情况更为普遍。尽管如此，交通语言设备在符合识认性原则的前提条件下，也需要遵循适度使用的原则，具体可参考以下几点。

① 同一横断面指路标志上路名、路名编号、地名信息数量之和一般为 3～4 个，不宜超过 6 个；交叉口路口预告标志和交叉路口告知标志版面中，同一方向指示的目的地信息数量不应超过 2 个，当同一方向选取两个信息时，应在一行或两行内按照信息由近到远的顺序由左到右或由上至下排列，且直行方向信息不宜排列。

② 因受标志瞬间识认性的限制，交通标志需设于同一支撑结构上时最多不应超过 4 个。根据道路使用者的认读习惯及重要性，标志应按禁令、指示和警告，以及先上后下、先左后右的顺序进行排列。一些城市在同一支撑结构上标志设置数量超过了规定，特别是快速路、隧道入口等处标志设置往往较多，布置方式上也不甚合理，造成信息过载，影响了标志的识认性。

③ 当同类标志并设时，应按提示信息的重要程度先重后轻进行排列，如城市道路隧道入口处的禁令标志，根据危险程度通常顺序可为限制高度标志、禁止运输危险品车辆驶入标志、限制速度标志等。

④ 警告标志不宜多设。当同一地点需要设置两个以上的警告标志时，原则上只设置其中最需要的一个。

⑤ 路口优先通行标志、停车让行标志、减速让行标志等属于平面交叉口通行权分配的标志，这类标志应与交叉口指路等标志分开设置，单独设在平面交叉口处非常醒目的位置。会车先行标志、会车让行标志一般出现在道路通行比较困难路段，也是对通行权分配的标志，以使困难路段的过往车辆有序通行，因此这类标志也应单独设置。解除限制速度标志和解除禁止超

车标志，是对前面正在执行的对应禁令标志的一种否定，即结束前面对应标志的禁令，传递这种信息的交通标志也应单独设置。但受条件限制无法单独设置而需要并设其他标志时，同一支撑结构上最多不应超过 2 个。

8.4 交通语言系统设计

8.4.1 道路交通标志设计

1. 交通标志的功能

交通标志是交通管制设施的一种，设置在城市道路或公路上，与交通标线、交通信号灯及其他一些设施一起来管制、警告、指示、指引交通。道路交通标志是以颜色、形状、字符、图形等向道路使用者传递信息，用于管理交通的设施，其设置应结合道路及交通情况具体分析。交通标志设置的目的是通过交通标志提供准确、及时的信息和引导，使道路使用者顺利、快捷地抵达目的地，促进交通畅通和行车安全。

2. 交通标志设置的基本要求

① 交通标志的设置应综合考虑、布局合理。设计信息应表达清楚、含义简单，防止出现信息不足或过载的现象，信息应连续，重要的信息宜重复显示。

② 在一般情况下，交通标志应设置在道路行进方向右侧或车行道上方，也可根据具体情况设置在左侧，或左右两侧同时设置。

③ 为保证识认性，同一地点需要设置 2 个以上标志时，可安装在一个支撑结构上，但原则上最多不应超过 4 个。

④ 原则上，要避免不同种类的标志并设，如禁令标志与指路标志。解除限制速度标志、解除禁止超车标志、会车先行标志、会车让行标志、停车让行标志、减速让行标志宜单独设置；如条件受限制无法单独设置时，一个支撑结构上最多不应超过 2 种标志，辅助标志不计。标志板在一个支撑结构并设时，应按照禁止、指示、警告结构的顺序，先上后下、先左后右地排列。

⑤ 警告标志不宜多设。同一地点需要设置 2 个以上的警告标志时，原则上只设置其中最需要的一个。警告标志不应与停车让行、减速让行设在一个支撑结构上。

⑥ 考虑到交通标志的作用，交通标志不能含有任何广告信息或与标志作用无关的任何信息。

⑦ 交通标志要具有统一性。

3. 道路交通标志作用分类说明

（1）指示标志

指示标志，用以指示车辆、行人行进，道路使用者应遵循。

① 除个别标志外，指示标志颜色为蓝底、白图形。形状分为圆形、长方形和正方形，图 8–9 是指示标志示例，表示了“立体交叉直行和右转弯行驶”与“分向行驶车道”标志。

（a）立体交叉直行和右转弯行驶标志　　（b）分向行驶车道标志

图 8–9　指示标志示例

② 指示标志应设置于指示开始路段的起点附近（见图 8–10）。

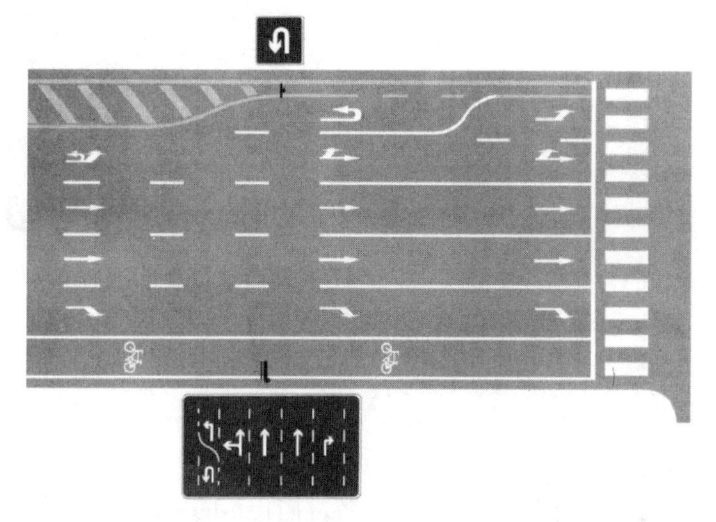

图 8–10　指示标志设置位置示意图

③ 当有时间、车种等规定时，应用辅助标志说明。

（2）指路标志

指路标志，表示道路信息的指引，为驾驶人提供去往目的地所经过的道路、沿途相关城镇、重要公共设施、服务设施、地名、距离和行车方向等信息。指路标志不应指引私人专属或商用目的地信息。

① 除特别说明外，指路标志的颜色一般为蓝底、白图案、白边框、蓝色衬边；高速公路和城市快速路指路标志为绿底、白图案、白边框、绿色衬边。形状除个别标志外，为长方形或正方形。

② 指路标志信息依据重要程度、道路等级、服务功能等因素分层。

- A 层信息：指高速公路、普通国道、城市快速路，直辖市、省会、自治区首府、地级行政区等控制性城市，以及其他本区域内相对重要的信息。
- B 层信息：指普通省道、城市主干道路，县级行政区，以及其他本区域内相对较重要的信息。
- C 层信息：指县道、乡道、城市次干道路、支路，乡、镇、村，以及其他本区域内的一般信息。

- 根据地区特点，可继续下分。
- 一般道路系统范围内设置指路标志时具体示例，如图 8–11 所示，在实际进行交通标志设计时可参照此示例执行。

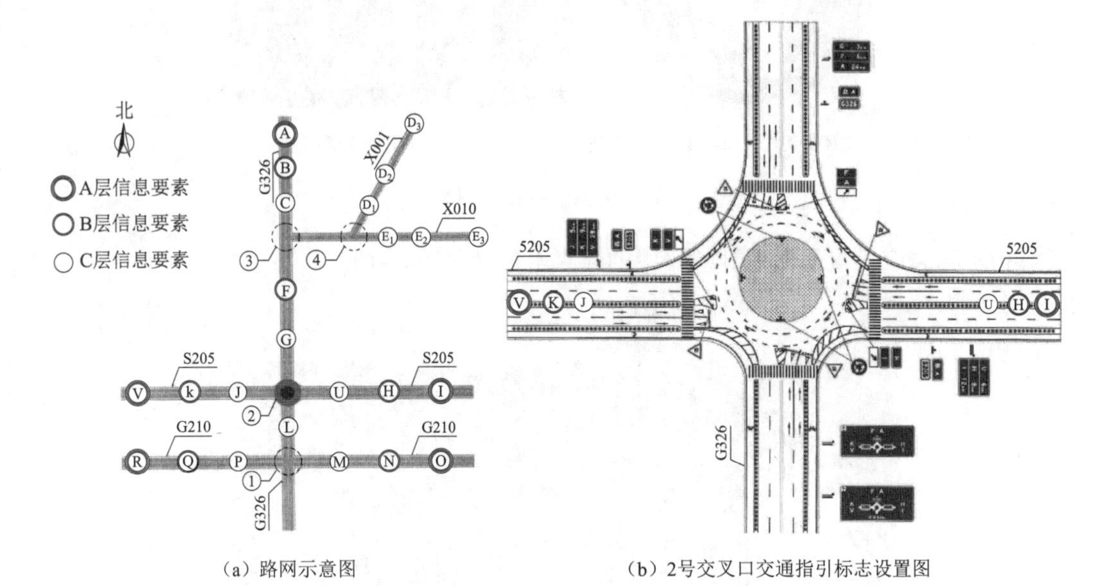

（a）路网示意图　　（b）2号交叉口交通指引标志设置图

图 8–11　区域交通指引信息设计示例

③ 指路标志信息选取，应遵循以下原则。

- 关联、有序。
- 便于不熟悉路网的道路使用者顺利到达目的地。
- 信息量适中：在一块指路标志版面中，各方向指示的目的地信息数量之和不宜超过 6 个；在一般道路交叉路口预告标志和交叉路口告知标志版面中，同一方向指示的目的地信息数量不应超过 2 个，当同一方向需选取 2 个信息时，应在一行或两行内按照信息由近到远的顺序由左至右或由上至下排列，如图 8–12 所示。

图 8–12　指路标志示例

（3）警告标志

警告标志是警告车辆驾驶人、行人前方有危险的标志，应注意前方有难以发现的情况，需减速慢行或采取其他安全行动的情况。

① 警告标志的颜色为黄底、黑边、黑图形，形状为等边三角形或矩形，三角形的顶角朝上。但“注意信号灯”标志的图形为红、黄、绿、黑 4 色；“叉形符号”“斜杠符号”为白底红图案。

② 警告标志前置距离的设置可参考表 8–3。根据道路的限速、自由流第 85 位速度等实际情况适当调整。

表 8–3 警告标志前置距离一般值

速度/（km/h）	减速到下列速度/（km/h）												
	条件 A	条件 B											
		0	10	20	30	40	50	60	70	80	90	100	110
40	100	30	*	*	*								
50	150	30	*	*	*	*							
60	190	30	30	*	*	*							
70	230	50	40	30	30	*	*	*					
80	270	80	60	55	50	40	30	*	*				
90	300	110	90	80	70	60	40	*	*	*			
100	350	130	120	115	110	100	90	70	60	40	*		
110	380	170	160	150	140	130	120	110	90	70	50	*	
120	410	200	190	185	180	170	160	140	130	110	90	60	40

注：

警告标志前置距离单位：m

条件 A——当交通量较大时，道路使用者有可能减速，同时伴有变换车道等操作通过警告地点，典型的标志如注意车道数变少标志。

条件 B——道路使用者减速到限速值或建议速度值，或停车后通过警告地点，典型的标志如急转弯标志、连续弯路标志、陡坡标志、注意信号灯的标志、交叉口警告标志、铁路道口标志等。

* ——不提供具体建议值，视当地具体条件确定。

③ 警告标志可以和禁令标志、辅助标志等联合使用，如图 8–13 所示。

图 8–13 警告标志与其他标志联合使用示例（含坡度、坡长的陡坡警告标志）

（4）禁令标志

禁令标志，表示禁止、限制及相应解除的含义，道路使用者应严格遵守。

① 除个别标志外，禁令标志的颜色为白底、红圈、红杠、黑图案、图形压杠。形状为圆

形，但“停车让行标志”为正八边形，“减速让行标志”为顶角向下的倒等边三角形，如图 8–14 所示。

（a）停车让行标志　　（b）减速让行标志

图 8–14　禁令标志示例

② 禁令标志设置于禁止、限制及相应解除开始路段的起点附近。

③ 对于车辆如未提前绕行则无法通行的禁令标志设置的路段，应在进入禁令路段的路口前或适当位置设置相应的预告或绕行标志。

④ 除特别说明外，禁令标志上不允许附加图形、文字。

（5）旅游区标志

旅游区标志，是为吸引和指引人们从高速公路或其他道路上前往邻近的旅游区，在通往旅游景点的路口设置的标志，使旅游者能方便地识别通往旅游区的方向和距离，了解旅游项目的类别。旅游区标志分为旅游指引标志和旅游符号标志两大类，所用颜色为棕底、白字（图形）、白边框、棕色衬边，形状为矩形。

① 旅游区指引标志应提供旅游区的名称、有代表性的图形及前往旅游区的方向和距离，如图 8–15（a）与图 8–15（b）所示。高速公路沿线 4 A 级及以上旅游景区可设置旅游区标志，一般公路沿线 3A 级及以上旅游景区可设置旅游区标志，更低级别景区不应设置旅游区标志。

② 旅游区旅游符号标志应提供旅游项目类别、有代表性的图形及前往旅游景点的指引，如图 8–15（c）所示。此类符号标志应设在高速公路或其他道路通往旅游景点连接道路的交叉口附近，或高速公路或城市快速路出口的减速车道起点附近，不影响交叉口指路标志或高速公路出口指路标志。也可在指路标志上附具代表性的旅游符号，让旅游者了解景点的旅游项目。

（a）旅游区距离标志　　（b）旅游区方向标志　　（c）旅游项目标志

图 8–15　旅游区标志示例

（6）作业区标志

作业区标志用以通告道路交通阻断、绕行等情况。设在道路施工、养护等路段前适当位置。用于作业区的标志为警告标志、禁令标志、指示标志及指路标志，其中警告标志为橙底黑图形，指路标志为在已有的指路标志上增加橙色绕行箭头或为橙底黑图形，如图 8–16 所示。此外，作业区交通标志在设置时应和其他作业区交通安全设施配合使用。

（a）道路施工标志

（b）道路封闭标志

图 8–16　作业区标志示例

（7）告示标志

告示标志用以解释、指引道路设施、路外设施，或者告示有关道路交通安全法规及交通管理安全行车的提醒等内容。告示标志的设置有助于道路设施、路外设施的使用和指引及安全行车。取消其设置，不影响现有标志的设置和使用。

① 告示标志一般为白底、黑字、黑图形、黑边框。版面中的图形标识，如果需要可采用彩色图案，如图 8–17 所示。

图 8–17　告示标志示例

② 告示标志的设置不应影响警告、禁令、指示、指路标志的设置和视认。

③ 当告示标志和警告、禁令、指示及指路标志设置在同一位置时，禁止并设在同一根立柱上，需设置在警告、禁令、指示和指路标志的外侧。

（8）辅助标志

辅助标志的颜色为白底、黑字（图形）、黑边框、白色衬边，形状为矩形，如图 8–18 所示。

① 凡主标志无法完整表达或指示其规定时，为保障行车安全与交通畅通的需求，应设置辅助标志。

② 辅助标志安装在主标志下面，紧靠主标志下缘。

（a）距离辅助标志

（b）车辆类型辅助标志

（c）时间范围辅助标志

图 8–18　辅助标志示例

8.4.2 道路交通标志设置位置及文字尺寸

1. 交通标志的视认过程

驾驶人对交通标志的视认过程可以分为发现、识别、认读、理解、反应 5 个阶段，如图 8–19 所示。

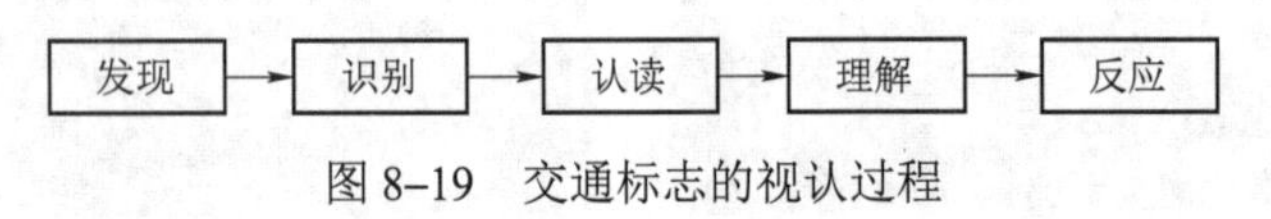

图 8–19 交通标志的视认过程

发现阶段是驾驶人视认标志的初始阶段，此阶段的特点是驾驶人在视野范围内觉察到交通标志的存在，但不能判断出该标志的形状及特征。识别阶段是驾驶人进一步了解交通标志的阶段，在此阶段，随着行驶车辆向交通标志移进，驾驶人已经能够准确地判断出标志牌的外部形状，但不能读出该标志上的信息。认读和理解阶段是驾驶人接收及处理交通标志传递信息的阶段，在此阶段，驾驶人读出标志牌上的内容，并对读取的信息进行加工处理。反应阶段是驾驶人大脑根据所得到的标志信息，随机支配行动，对所驾车辆如何进行操作作出相应的反应。

以车辆到达交叉口为例，通过构建驾驶人行驶模型及对标志的认知模型来介绍交通标志的视认过程，如图 8–20 所示。

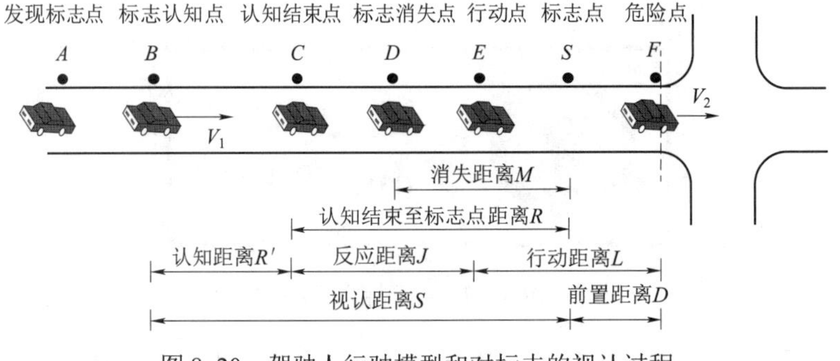

图 8–20 驾驶人行驶模型和对标志的视认过程

在图 8–20 中，S 点为标志点，F 点为危险点（此处为交叉口停车线位置）。在通常情况下，行驶过程中的驾驶人在视认点 A 处发现标志 S，但在 A 点处不能看到标志的内容；当驾驶人行驶到 B 点时，可以看清标志的内容，此时开始读取标志上的信息；当驾驶人行驶到 C 点时，标志上的信息能够被完全读完，从 B 点到 C 点这段距离称为认知距离，记为 R'；读完标志信息后，驾驶人在 C 点开始作出相应的判断，当驾驶人行驶到 E 点时，驾驶人判断完毕，这段距离称为反应距离，记为 J；同时，驾驶人在 E 点开始采取行动，从行动点 E 到行动完成点 F（交叉口停车线位置）的距离称为行动距离，记为 L，驾驶人在这段时间内必须安全、顺畅地完成必要的动作，如变换车道、改变方向、减速或停车等。从 B 点到标志点 S 的距离称为视认距离，记为 S，从认知结束点 C 到标志点 S 的距离记为 R，从消失点 D 到标志点 S 的距离称为消失距离，记为 M。

2. 驾驶人视野

驾驶人在车辆停止时，若转动头部左右各 45°、上下各 30°，则视界可达左右各 155°、上 90°、下 112°。但是，车辆在移动过程中，驾驶人明视视轴仅能达视轴上下左右各 10°。当研究警告标志可设置的范围时，若考虑驾驶人移动视轴，适当保留视锥边缘于路面，则驾驶人为了阅读路侧标志而移动其视轴，至多可移离路面 10°，这样可保持视锥边缘仍留于路面。从理论上讲，此时的视界可达行车方向中央偏移 20°，但实际上视锥边缘的认读能力极差，引用这一理论来探讨标志的适当位置，则标志应位于距偏移后的视轴 15° 的范围内为佳，如图 8–21 所示。

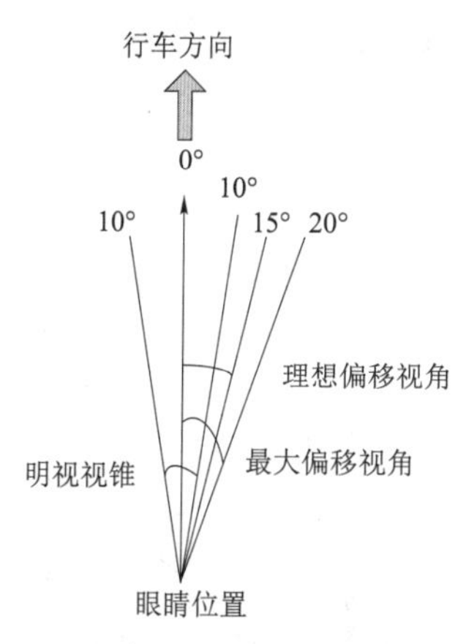

图 8–21 汽车在行驶过程中驾驶人能见角度示意图

对于路侧标志设计而言，其能见角度以 15° 为准。而悬挂在道路上方的标志，因眼球移动较慢，为保持与路侧直立标志有同样的认读时间，缩小其能见角度为 7°。车辆继续前进，当标志与驾驶人眼睛连线与行车方向中央线所成角度超出能见角度时，驾驶人若要判读标志，必须将明视视锥移离路面，极易发生危险。标志能见角度的边缘点，称为消失点，当过消失点后，驾驶人若要看清标志内容，必须于车道与标志之间来回转动头部。

3. 标志文字尺寸

在城市道路系统中，给驾驶人以提醒、警告、指引的交通标志对交通安全起着日益重要的作用。目前，因交通标志牌和文字尺寸影响辨认的问题比较严重。

标志文字尺寸是用汉字的高度（h）来衡量的。因此，如何确定标志的汉字高度直接影响标志的可视性。

在一定的行驶速度下，视认距离（S）随汉字高度尺寸（h）的增加而增加；而在一定的汉字高度尺寸条件下，视认距离（S）随车速的增加而减小。所以，视认距离的大小不仅与汉字的高度有关，而且还与行车速度、标志本身的亮度和对比度有关。目前，国内还没有这方面成熟、可靠的计算公式，但普遍认为，在一般情况下，视力为 0.9 的驾驶人认读标志上汉字的内容所需距离 S 约为汉字高度的 200 倍，即

$$S=200h \tag{8–1}$$

因此，确定汉字的最小高度（h），只需知道视认距离（S）的最小值即可。由图 8–22 可知，S 的最小值由认知结束点 C 与消失点 D 重合来确定，此时有

$$S=M+R' \tag{8–2}$$

关于 M 与 R' 的计算，可以通过图 8–22 的几何分析来考虑。

由前述对驾驶人视野的分析可知，驾驶人对路侧标志的能见度以 15° 为准，当大于 15° 时认读能力降低很快，悬挂标志的能见度以 7° 为准。因此，在图 8–22（a）中，当车辆驶过位置 D' 时（此时取 α=15°），驾驶人的认读能力开始迅速降低，对应的图中 D 点为消失点，则由 $D'D$（内侧车道中心线 $B'D'$ 至道路边缘线 BD 之间的距离，记为 K）和 α 可计算出

$$M = DF = K \cdot \tan(90° - \alpha) \quad (8\text{–}3)$$

式中：

K——内侧车道中心线 $B'D'$ 至道路边缘线 BD 之间的距离，m。

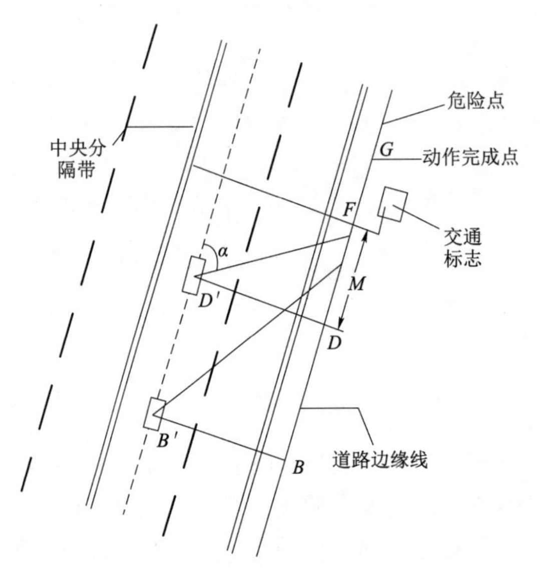

（a）路侧标志认读示意图

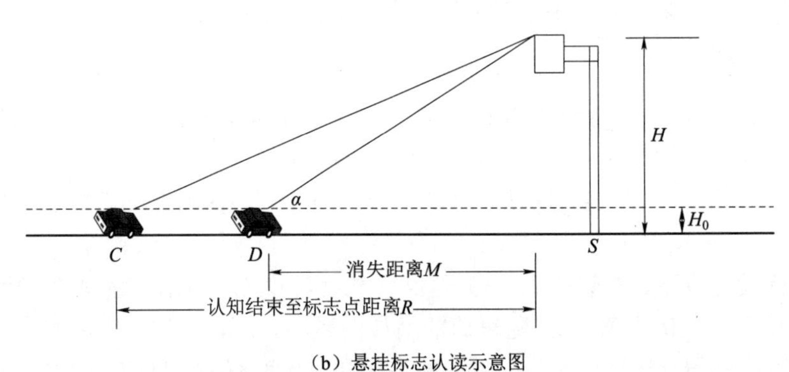

（b）悬挂标志认读示意图

图 8–22　标志认读示意图

在图 8–22（b）中，当车辆驶过位置 D 时（此时取 α=7°），驾驶人的认读能力开始迅速降低，对应的图中 D 点为消失点，则由（H–H_0）和 α 可计算出

$$M = (H - H_0) \cdot \tan(90° - \alpha) \quad (8\text{–}4)$$

式中：

H——标志上缘离地面的高度，m；

H_0——驾驶人的视线高，取 1.2 m；

α——消失点与标志顶边的仰角，(°)。

路侧标志消失距离 M 的取值如表 8–4 所示。

表 8–4 路侧标志消失距离 *M* 的取值 单位：m

K	3	5	7	9	11	13	15	17	19	21
M	11.2	18.7	26.1	33.6	41.1	48.5	56.0	63.4	70.9	78.4

在通常情况下，驾驶人认读标志开始到读完标志文字内容为止，所需要的认读时间 t 与驾驶人的视力反应、气候条件、文字复杂程度及车速有关。这段时间很难定量计算，根据前人的试验研究，对于图案标志，驾驶人阅读标志所耗时间约为 1 s（相当于阅读两个文字的时间）；对于文字标志，因其辨读需要时间，需以文字字数来计算。因此，对于含有 n 个文字的标志认读所需的时间大约为 $n/2$ 秒。

在这段时间内车辆行驶的认读距离 R' 为

$$R' = \frac{V_1 t}{3.6} = \frac{nV_1}{7.2} \tag{8–5}$$

由式（8–3）或式（8–4）和式（8–5）即可算出

$$S = M + R' = K \cdot \tan(90^\circ - \alpha) + \frac{nV_1}{7.2} \tag{8–6}$$

或

$$S = M + R' = (H - H_0) \cdot \tan(90^\circ - \alpha) + \frac{nV_1}{7.2} \tag{8–7}$$

因此，由式（8–6）得出路侧标志汉字的最小高度为

$$h = \frac{S}{200} = \frac{K \cdot \tan(90^\circ - \alpha)}{200} + \frac{nV_1}{1\,440} \tag{8–8}$$

式中：

h——文字高度，m；

S——视认距离，m；

n——文字个数；

V_1——汽车行驶速度，km/h；

α=15°；

K——内侧车道中心线 $B'D'$ 至道路边缘线 BD 之间的距离，m。

由式（8–7）得出悬挂标志汉字的最小高度为

$$h = \frac{S}{200} = \frac{(H - H_0) \cdot \tan(90^\circ - \alpha)}{200} + \frac{nV_1}{1\,440} \tag{8–9}$$

式中，α=7°。

由式（8–8）可知，路侧标志的汉字高度 h 与汽车行驶速度 V_1 和车道内侧中心线至道路边缘距离 K 有关，h 与 V_1 和 K 均成正比，不同等级公路的 V_1 和 K 有所不同。由式（8–9）可知，悬挂标志的汉字高度 h 与汽车行驶速度 V_1 和标志上缘距驾驶人水平视线的高度（H–H_0）有关。

4. 交通标志设置位置

标志设置的位置（需要改变行驶行为点的前置距离）是否合理将关系到标志功能的发挥。由于驾驶人对标志信息的记忆有一定的时间限制，如果前置距离太远，驾驶人在长时间内还没有到达改变驾驶行为点，那么标志信息在大脑中的记忆将变得模糊，从而无法判断改变行驶方式，更严重的可能会对标志产生一定的不信任感；如果前置距离设置太近，那么驾驶人没有充分的时间来改变驾驶行为，此时的标志如同虚设。在实地调查中发现，标志设置的前置位置存在很大的随意性，因此通过合理的行驶模型来计算前置距离具有非常重要的意义。

由图 8–20 可知，如果视认距离（R）比消失距离（M）要短，就意味着驾驶人不能从容地读完标志，换言之，在行动距离 L 内，驾驶人不能完成变换车道和减速两个动作行为。这一条件可以用下式表示为

$$L = R + D - J \geqslant (n-1)L^* + \frac{V_1^2 - V_2^2}{254(\phi + \varphi)} \tag{8-10}$$

$$R \geqslant M \tag{8-11}$$

由式（8–3）和式（8–4）可知：

- 对于路侧标志来说，$M = K \cdot \tan(90° - \alpha)$，其中$\alpha$=15°；
- 对于悬挂标志来说，$M = (H - H_0) \cdot \tan(90° - \alpha)$，其中$\alpha$=7°。

式中：

$(n-1)L^*$——变换车道所必需的距离（n 为车道数），m，

L^*——变换一个车道所需的距离，m；

$\dfrac{V_1^2 - V_2^2}{254(\phi + \varphi)}$——减速（停车或改变方向）所必需的距离，m，

V_1——认读标志时的速度，km/h（也可采用 85%的运行速度，或限制速度）；

V_2——采取行动后的速度，km/h；

ϕ——道路阻力系数（$\phi = f + i$），其中 f 为滚动阻力系数，i 为道路纵坡度，φ 为路面上附着系数；

J——反应距离，m；

H——标志上缘离地面的高度，m；

H_0——驾驶人的视线高度，取 1.2 m；

α——消失点与标志顶边的仰角，（°）。

对于上式中各未知参数计算如下：

（1）L^*的计算

汽车从一个车道变换到另一个车道的行驶过程比较复杂，与车流密度和行驶速度及道路条件有很大的关系。在计算该值的时候应从最不利的情况来分析，这样才能保证计算结果的有效性。在公路上变换车道行驶的最长距离发生在从相邻车道超越原车道上的汽车后变换到原车道上来，基于该行车过程与超车的行车过程有很大的相似性，可以运用相关的试验研究成果来计算 L^*。汽车超车行驶过程如图 8–23 所示。

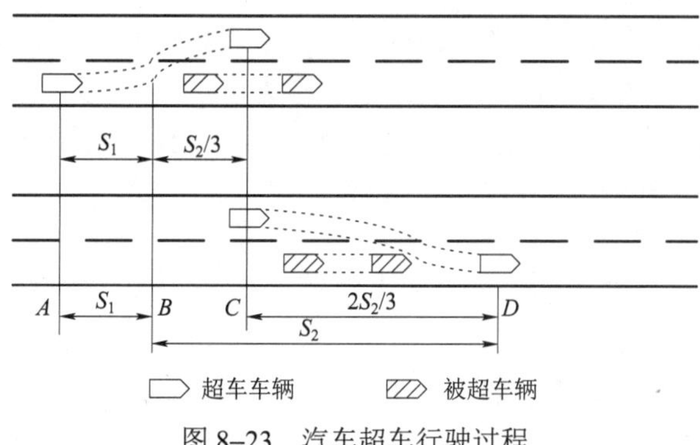

图 8–23　汽车超车行驶过程

假设汽车以 V_0 的速度从 A 点准备加速超车，到 B 点时速度达到 V_1，然后以 V_1 的速度匀速行驶到相邻车道上，达到 C 点后超越被超汽车返回到原车道 D 点上。从 B 点到 D 点的行驶距离称为在相邻车道上的超车距离，其行驶时间为 9.3～10.4 s，B 点到 C 点行驶时间占 1/3，从 C 点到 D 点时间占 2/3（6.2～6.9 s），汽车变换车道行驶过程与从 C 点到 D 点的行驶过程相似，可以用这个理论来计算 L^*，因此，变换一次车道的时间为 6.2～6.9 s，记为 t_2，那么

$$L^* = \frac{V_1 t_2}{3.6} \tag{8–12}$$

（2）关于 f 与 φ 的取值问题

f 为滚动阻力系数，它与路面类型、轮胎结构和行驶速度等有关，一般应由试验确定，在一定类型的轮胎和一定的车速范围内，可视为仅与路面状况有关的常数，一般采用的计算值如表 8–5 所示。

表 8–5　各类路面滚动阻力系数 f 值

路面类型	水泥及沥青混凝土路面	表面平整黑色碎石路面	碎石路面	干燥平整的土路	潮湿不平的土路
f 值	0.01～0.02	0.02～0.025	0.03～0.05	0.04～0.05	0.07～0.15

φ 为路面上附着系数，主要取决于路面的粗糙程度和潮湿泥泞程度、轮胎的花纹和气压、车速和荷载等，国内一般采用的计算值如表 8–6 所示。

表 8–6　各类路面上附着系数 φ 的平均值

路面类型	路面状况			
	干燥	潮湿	泥泞	水滑
水泥混凝土路面	0.7	0.5	—	—
沥青混凝土路面	0.6	0.4	—	—
过渡式及低级路面	0.5	0.3	0.2	0.1

（3）关于 V_1 与 V_2 的取值

V_1 应为行驶中车辆的初速度；V_2 为末速度，即管制地段的安全速度。标志因设置目的不同，在管制车辆行为的效果上，可大致分为 3 类，具体如下。

① 标志的设置不影响车辆速度，此时 $V_1=V_2$，例如，大部分的指示标志及少部分禁令标志。

② 标志的设置要求受管制车辆必须在标志前停车，此时 $V_2=0$，例如，大部分的禁令标志及警告标志中的“圆形”标志、“铁路平交道口”标志等。

③ 标志的设置要求受管制车辆降低速度行驶，以安全通过管制路段，此时 $0<V_2<V_1$，例如，大部分的警告标志及禁令标志中的“最高限速”标志。

（4）反应距离 J 的计算

反应距离是当驾驶人已经看清标志牌的内容，经过判断决定采取制动措施的那一瞬间到制动器真正开始起作用的那一瞬间汽车所行驶的距离。这段时间又可分为“感觉时间”和“制动反应时间”。感觉时间一方面取决于标志的外形、颜色、驾驶人的视力及大气的可见度；另一方面，还取决于驾驶人对标志信息的删选和决定采取的行动过程等。根据实测资料，在设计上采用感觉时间为 1.5 s，制动反应时间取 1.0 s 是较适当的。感觉时间和制动反应时间的总时间 t_1=2.5 s，在这个时间内汽车行驶的距离为

$$J=\frac{V_1t_1}{3.6} \tag{8–13}$$

将式（8–12）与式（8–13）代入式（8–10）计算可得

$$L=R+D-\frac{V_1t_1}{3.6}\geqslant(n-1)\frac{V_1t_2}{3.6}+\frac{V_1^2-V_2^2}{254(f+i+\varphi)} \tag{8–14}$$

从而可以计算出标志设置的前置距离 D 的值为

$$D\geqslant(n-1)\frac{V_1t_2}{3.6}+\frac{V_1^2-V_2^2}{254(f+i+\varphi)}+\frac{V_1t_1}{3.6}-R \tag{8–15}$$

在式（8–15）中，R 是未知参数，可知要使 D 的值最大，则要求 R 尽可能取最小值。而由式（8–11）可知，对于路侧标志而言，R 的最小值为 $K\bullet\tan(90°-\alpha)$。由此计算可得 R 的最小值为

$$R\geqslant K\bullet\tan(90°-\alpha)=K\bullet\tan75°=3.732K \tag{8–16}$$

将式（8–16）代入式（8–15）即可得到路侧标志前置距离 D 的最小值为

$$D\geqslant(n-1)\frac{V_1t_2}{3.6}+\frac{V_1^2-V_2^2}{254(f+i+\varphi)}+\frac{V_1t_1}{3.6}-3.732K \tag{8–17}$$

对于悬挂标志而言，R 的最小值为 $(H-H_0)\bullet\tan(90°-\alpha)$，此式中的 3 个参数 H、H_0、α 分别取以下数值：H 为标志上缘离地面高度，其值等于标志牌高度与标志下缘离地面高度之和，从行车安全要求考虑，一般标志下缘离地面高度不低于 5.2 m，此处取 5.5 m，设标志牌高度为 b，那么 $H=b+5.5$；H_0 为驾驶人的视线高，以小汽车为标准取 1.2 m；α 为消失点与标志顶边的仰角，取 7°。由此计算可得 R 的最小值为

$$R\geqslant(H-H_0)\bullet\tan(90°-\alpha)=(b+5.5-1.2)\times\tan83°=8.144\times(b+3.3) \tag{8–18}$$

将式（8–18）代入式（8–15）即可得到悬挂标志前置距离 D 的最小值为

$$D\geqslant(n-1)\frac{V_1t_2}{3.6}+\frac{V_1^2-V_2^2}{254(f+i+\varphi)}+\frac{V_1t_1}{3.6}-8.144\times(b+3.3) \tag{8–19}$$

由于在行驶过程中需要设置的标志种类较多，对各类标志的设置说明如下。

① 指路标志设置的前置距离可按式（8–17）或式（8–19）来计算。

② 读取信息后不要求采取相应行动的标志，可直接把标志设置在需要告示地点的附近，不预留采取行动的前置距离。

③ 禁令标志和指示标志是禁止、限制或指示车辆、行人的标志，大多设置在交叉口或公路的入口处，由于该类标志要求驾驶人严格遵照执行，看到标志后驾驶人知道应该怎么做，而不能怎么做。因此，应把该类标志设置在路口或路段附近醒目的位置，离开路口远了，反而容易造成驾驶人迷惑。

④ 警告标志的设置可以产生两种行为结果。

- 道路用户有可能停车后通过警告地点，典型的标志如注意信号等标志、交叉口警告标志、铁路道口标志等；
- 道路用户必须减速后才能通过警告地点，典型的标志如急弯路标志、连续弯路标志、陡坡标志等。

针对这两种行为结果，分别讨论两种情况下警告标志设置的前置距离。

在第一种情况下，警告标志的设置产生的结果就是停车，即 $V_2=0$；而在第二种情况下，驾驶人采取了减速措施，其行为结果就是 $V_2\neq0$，且 $0<V_2<V_1$。

8.4.3 道路交通标线设计

道路交通标线是由施划或安装于道路上的各种线条、箭头、文字、图案及立面标记、实体标记、突起路标和轮廓标等所构成的交通设施，它的作用是向道路使用者传递有关道路交通的规则、警告、指引等信息，可以与标志配合使用，也可以单独使用。

1. 道路交通标线的分类

（1）按功能划分

① 指示标线：指示车行道、行车方向、路面边缘、人行道、停车位、停靠站及减速丘等的标线。

② 禁止标线：告示道路交通的遵行、禁止、限制等特殊规定的标线。

③ 警告标线：促使道路使用者了解道路上的特殊情况，提高警觉准备应变防范措施的标线。

（2）按设置方式划分

① 纵向标线：沿道路行车方向设置的标线。

② 横向标线：与道路行车方向交叉设置的标线。

③ 其他标线：字符标记或其他形式标线。

（3）按形态划分

① 线条：施划于路面、缘石或立面上的实线或虚线。

② 字符：施划于路面上的文字、数字及各种图形、符号。

③ 突起路标：安装于路面上用于标示车道分界、边缘、分合流、弯道、危险路段、路宽变化、路面障碍物位置等的反光体或不反光体。

④ 轮廓标：安装于道路两侧，用以指示道路边界轮廓、道路前进方向的反光柱（或反光片）。

2. 道路交通标线的颜色、线条

道路交通标线的颜色为白色、黄色、蓝色或橙色，在路面图形标记中可出现红色或黑色的图案或文字。GB 5768.3—2009 中给出了道路交通标线的形式、颜色的具体含义，详细内容如表 8–7 所示。

表 8–7　道路交通标线的形式、颜色及含义

编号	名称	图　例	含　义
1	白色虚线		划于路段中时，用以分隔同向行驶的交通流；划于路口时，用以引导车辆行进
2	白色实线		划于路段中时，用以分隔同向行驶的机动车和非机动车，或者指示车行道的边缘；划于路口时，用作导向车道线或停止线，或者用以引导车辆行驶轨迹；划为停车位标线时，指示收费停车位
3	黄色虚线		划于路段中时，用以分隔对向行驶的交通流或作为公交专用车道线；划于交叉口时，用以告示非机动车禁止驶入的范围或用于连接相邻道路中心线的路口导向线；划于路侧或缘石上时，表示禁止路边长时停放车辆
4	黄色实线		划于路段中时，用以分隔对向行驶的交通流或作为公交车、校车专用停靠站标线；划于路侧或缘石上时，表示禁止路边停放车辆；划为网格线时，表示禁止停车的区域；划为停车位标线时，表示专属停车位
5	双白虚线		划于路口，作为减速让行线
6	双白实线		划于路口，作为停车让行线
7	白色虚实线		用于指示车辆可临时跨线行驶的车行道边缘，虚线侧允许车辆临时跨越，实线侧禁止车辆跨越
8	双黄实线		划于路段中，用以分隔对向行驶的交通流
9	双黄虚线		划于城市道路路段中，用于指示潮汐车道
10	黄色虚实线		划于路段中时，用以分隔对向行驶的交通流，实线侧禁止车辆越线，虚线侧准许车辆临时越线
11	橙色虚、实线		用于作业区标线
12	蓝色虚、实线		作为非机动车专用道标线；划为停车位标线时，指示免费停车位
13	本部分规定的其他路面线条、图形、图案、文字、符号、突起路标、轮廓标等		

3. 交叉口标线设计

1）交叉口标线设计的一般原则

交叉口标线的设计应以保障交叉口交通的安全、有序、高效为目标，并结合交叉口实际情况和交通流实际特点进行设计和设置。此外，在交叉口空间条件允许的情况下，应积极开辟左右转弯专用车道。为开辟交叉口专用车道，应首先考虑适当的交叉口加宽与适当的交叉口车道宽度缩减，上述措施无法满足要求或受条件限制无法实施时，按优先次序可依次采用缩小中央分隔带的宽度、缩小中央分隔带宽度并缩小车行道宽度、偏移道路中心线并缩小车行道宽度、缩小路肩或非机动车道的宽度等方法开辟交叉口专用车道。

2）交叉口标线分类

交叉口标线按设置位置分为以下两类。

（1）交叉口出入部分的路面标线

在交叉口出入部分，按需要设置车行道分界线、导向车道线、车行道导向箭头、左（右）转弯导向线等各种路面标线，以明确指示驶入和驶出交叉口交通流的行驶位置和前进方向。

（2）交叉口内的路面标线

交叉口内是指停止线内侧的交叉口区域。在交叉口内可以按需要设置停止线、停车让行线、减速让行线、人行横道线、非机动车禁驶区线、中心圈等标线，以指示车辆的停止位置和行人及非机动车的通过位置，还可按需要设置左弯待转区、导流线等标线，以指示交叉口内机动车的行驶轨迹，从而引导交通流顺利、平稳地通过交叉口。

3）交叉口出入部分的路面标线

（1）左转弯专用道标线

一般有4种方法设置进口道左转专用车道及施划相应的交通标线：① 展宽进口道，以便新增左转专用车道；② 压缩较宽的中央分隔带，新辟左转专用车道；③ 道路中线偏移，以便新增左转专用车道；④ 在原直行车道中分出左转专用车道。左转弯专用道及相应的标线设计示例如图8–24所示。W为中央分隔带宽度缩减值，单位为m。左转弯专用道开辟完成后，可保留中央分隔带剩余的面积，但如果剩余的部分宽度不足50 cm且中央分隔带本身未被加高，可以仅设置路面标线。

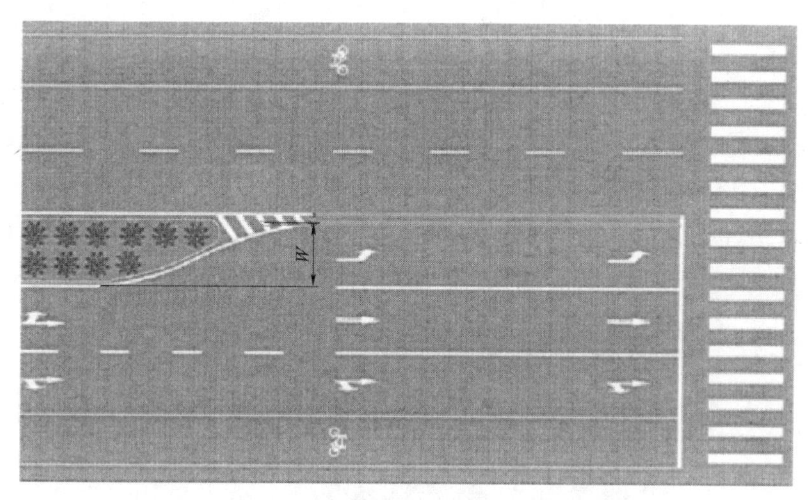

图8–24 减小中央分隔带宽度开辟左转弯车道示意图

（2）右转弯专用道标线

一般在以下4种情况下需设置右转弯专用道及施划相应的交通标线：① 交角是锐角的交叉口；② 当右转弯交通量非常大时；③ 当右转弯车辆的速度非常快时；④ 当右转弯车辆和冲突行人都很多，等待右转弯的车辆严重影响直行车辆时。右转弯专用道及相应的标线设计示例如图8–25所示。

（3）出入口导向车道线及导向箭头

出入口导向车道线的长度应根据路口的几何线形确定，其最短长度为30 m。导向车道线应画白色单实线，表示禁止车辆变更车道。在平交路口驶入段的车道内，除可变导向车道外，应有导向箭头标明各车道的行驶方向。

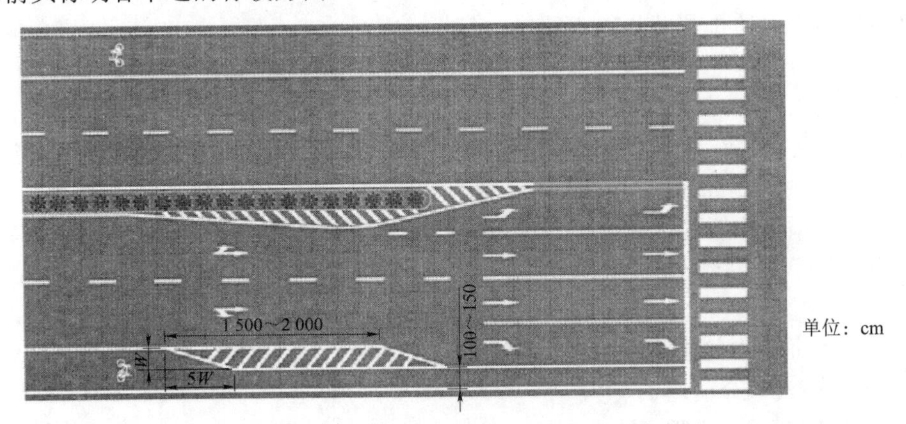

图 8–25　右转弯专用道及相应的标线设计示例

4）交叉口内的路面标线

（1）停止线

机动车停止线在设计时原则上应与道路中心线垂直。当有人行横道时，应设置在人行横道前 1～3 m 的位置。其设置位置应能够被交叉口周边行驶的车辆明确辨认。此外，机动车停止线的设置还不应妨碍交叉口内左、右转弯车辆的运行。

（2）让行线

机动车停车让行线表示车辆在此路口应停车让干路车辆先行，设有“停车让行”标志的交叉口，除路面条件无法施划标线外，均应设置停车让行线。停车让行线为两条平行白色实线和一个白色“停”字。双向行驶的路口，白色双实线长度应与对向车行道分界线连接；单向行驶的交叉口，白色双实线长度应横跨整个路面。白色实线宽度为 20 cm，间隔为 20 cm，“停”字宽 100 cm，高 250 cm。此外，停车让行线应设在有利于驾驶人观察路况的位置。如有人行横道线时，停车让行线应距人行横道线 100～300 cm，具体设计形式如图 8–26 所示。

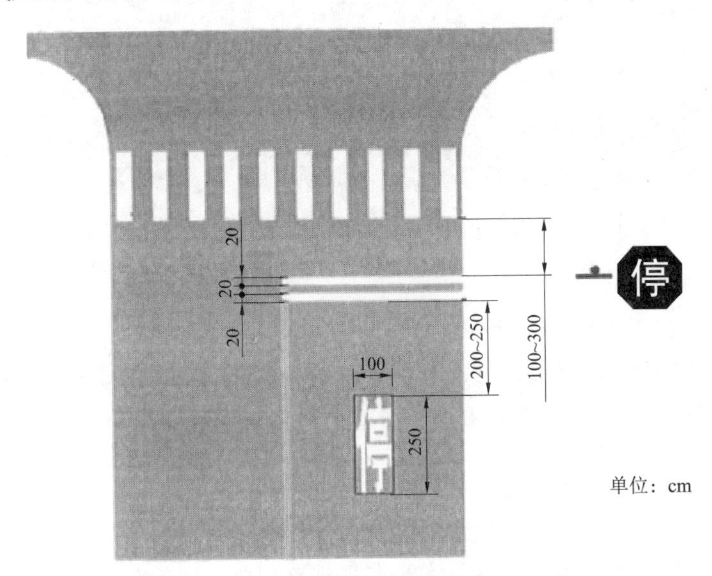

图 8–26　交叉路口停车让行标线设计示意图

（3） 导向线和导流线

在城市道路交叉口中，为适当诱导路口内的左转弯交通流，可设置左转弯导向线。当交叉口空间及控制允许时，应积极设置左转弯导流线，如图 8–27 所示。

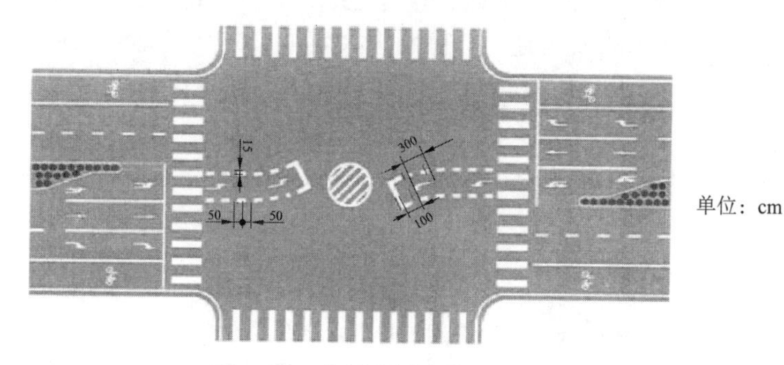

单位：cm

图 8–27　左转弯导流线设计示意图

交通流在交叉路口内需要曲线行驶或相对路口有一定错位时，需设置路口导向线以引导交叉口内车辆的行驶。针对部分有右转弯导流岛的路口，为使一般车辆行驶顺畅，可根据实际情况设置右转弯导流线，如图 8–28 所示。

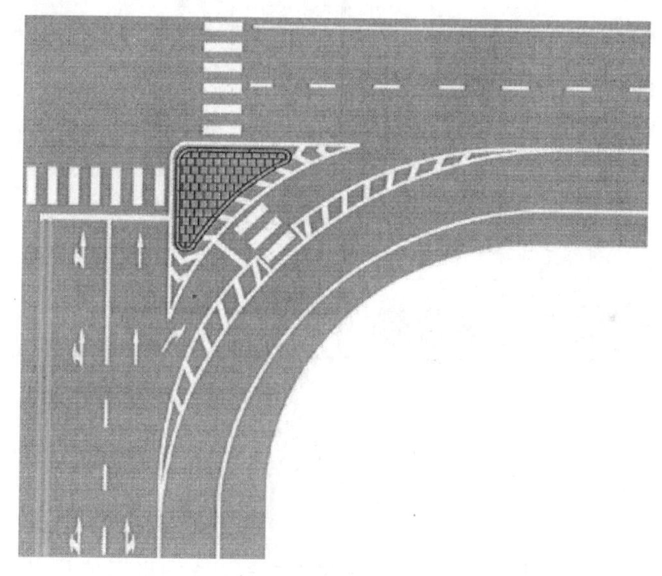

图 8–28　右转弯导流线设计示意图

8.4.4　交通信号设计

道路交通信号是交通管制设施的一种，设置在城市道路或公路上，与交通标志、交通标线及其他一些设施一起来指导行人和车辆顺序通行的交通设施。机动车信号灯通常是由红色、黄色、绿色 3 个几何位置分立的无图案圆形单元组成的一组信号灯，或是由红色、黄色、绿色 3 个几何位置分立的内有同向箭头图案的单元组成的一组信号灯，用来指导车辆通行或是按照箭头指示某一具体方向通行。

1. 交通信号灯设计的一般规定

交通信号灯设计需要遵循以下 3 条基本规定：① 交通信号灯应能被交通参与者清晰、准确地识别，应能保障车辆和行人安全通行；② 交通信号灯的配置应与道路交通组织相匹配，应有利于行人和非机动车的安全通行，有利于大容量公共交通车辆的通行，有利于提高道路通行效率；③ 交通信号灯设备应安全可靠，能够长期连续运行。当交通信号灯设备出现故障时，任何情况下均不得出现相互冲突的交通信号。

《道路交通信号灯设置与安装规范》（GB 14886—2016）规定了我国交通信号灯在设计安装的过程中，能够采用的 5 种标准布局方式（见表 8–8）。在信号灯的设计和使用过程中，还需注意以下问题。

表 8–8 道路交通信号灯标准布局方式

编号	信号样式	编号	信号样式
1		4	
2		5	
3			

（1）信号色灯顺序

若信号灯竖向安装，色灯排列从上至下应为红、黄、绿 3 色；若信号灯横向安装，色灯排列从左至右应为红、黄、绿 3 色。

（2）色灯点亮规则

若方向指示信号灯与圆形机动车信号灯同时布置时，方向指示信号灯中绿灯不得与机动车信号灯中绿灯同时点亮。

（3）方向指示灯使用规则

针对以下方式 2～5 共 4 种布局的交通信号灯，允许在设计和使用中左转或右转方向指示信号灯中所有发光单元均都不点亮。

方式 1 通常用于左转车辆较少、不需要设置左转控制相位的路口，或用于直行和左转车道共用的路口。当机动车信号灯中绿灯亮表示准许车辆通行，但转弯车辆不得妨碍被放行的直行车辆、行人通行；当机动车信号灯的红灯亮时，禁止车辆通行，但右转弯的车辆在不妨碍被放行的车辆和行人通行的情况下，可以通行。

方式 2 通常用于设有左转专用导向车道且左转车辆较多，需设置独立的左转控制相位的路口。机动车信号灯的绿灯亮，左转方向指示灯的红灯亮，表示直行和右转方向可以通行，左转禁行。机动车信号灯的红灯亮，左转方向指示灯的绿灯亮，表示左转方向可通行，直行禁行，右转弯车辆在不妨碍被放行车辆、行人通行的情况下，可以通行。方向指示信号灯中的绿灯不得与机动车信号灯中的绿灯同时点亮。如果左转方向指示灯中所有发光灯均熄灭，相当于方式 1。

方式 3 较少使用，仅用于城市中心区或商业区行人/非机动车较多，且独立设有左转专用车道和右转专用车道的路口，用于单独控制左转和右转车辆。机动车信号灯的绿灯亮，左转和右转方向指示灯的红灯亮表示直行方向可通行，左转和右转禁止；机动车信号灯和右转方向指示灯的红灯亮，左转方向指示信号灯的绿灯亮，表示左转方向可通行，直行和右转禁行；方向指示灯中绿色发光单元不得与机动车信号灯绿色发光单元同亮，允许右转方向指示信号灯中所有发光单元均熄灭，此时等同于方式 2；允许左转方向指示灯中所有发光单元均熄灭，等同于方式 4；允许左转和右转方向指示灯中所有发光单元均熄灭，等同于方式 1。

方式 4 较少使用，用于城市中心区或商业区行人/非机动车较多，且设置右转专用车道的路口，用于单独控制右转车辆。方向指示灯中绿色发光单元不得与机动车信号灯绿色发光单元同亮，允许右转方向指示信号灯中所有发光单元均熄灭。

方式 5 极少使用，仅适用于独立设有左转专用车道和右转专用车道、需全天 24 h 对左转、直行和右转进行多相位控制的路口，同时，应设置非机动车信号灯和人行横道信号灯，确保方向指示灯所指挥的交通流与其他交通流的同行权不冲突。禁止用于两相位控制，若在夜间或其他时段需采用两相位的信号控制方式时，不宜采用此类特殊组合。

2. 交通信号灯安装数量和位置设计

（1）一般规则

① 对应于交叉口某进口，可根据需要安装一个或多个信号灯组。

② 信号灯可安装在出口左侧、出口上方、出口右侧、进口左侧、进口上方和进口右侧。若只安装一个信号灯组，应安装在出口处。

③ 至少有一个信号灯组的安装位置能确保在该信号灯组所指示的车道上的驾驶人，按照交叉口视距设计要求能清晰观察到信号灯。若不能确保驾驶人在该范围内清晰地观察到信号灯显示状态时，应提前设置相应的警告标志。

④ 悬臂式机动车灯杆的基础位置应尽量远离电力浅沟、窨井等，同时与路灯杆、电杆、行道树等相协调。

⑤ 设置的信号灯和灯杆不应侵入道路通行净空限界范围。

（2）信号灯设计及安装数量

① 当进口停车线与对向信号灯的距离大于 50 m 时，应在进口处增设至少一个信号灯组；当进口停车线与对向信号灯的距离大于 70 m 时，对向信号灯应选用发光单元透光面尺寸为 ϕ400 mm 的信号灯。

② 安装在出口处的信号灯组中某组信号灯指示车道较多，所指示车道从停车线至停车线后 50 m 不在以下 3 种范围内时，应相应增加一组或多组信号灯（见图 8–29）：

- 无图案宽角度信号灯基准轴左右各 10°；
- 无图案窄角度信号灯基准轴左右各 5°；
- 图案指示信号灯基准轴左右各 10°。

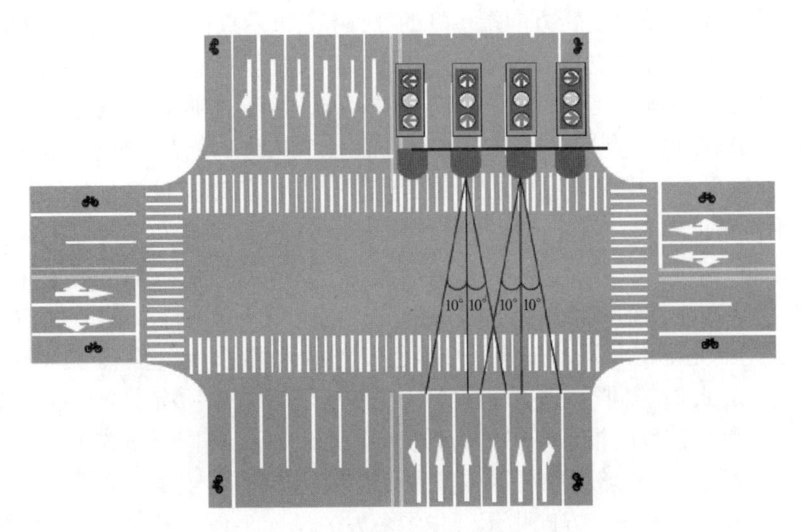

图 8–29　交叉口增设交通信号灯示意图

（3）机动车信号灯和方向指示信号灯安装位置

① 没有机动车道和非机动车道隔离带的道路，对向信号灯灯杆宜安装在路缘线切点附近。当道路较宽时，可采用悬臂式安装在道路右侧人行道上，如图 8–30 所示。

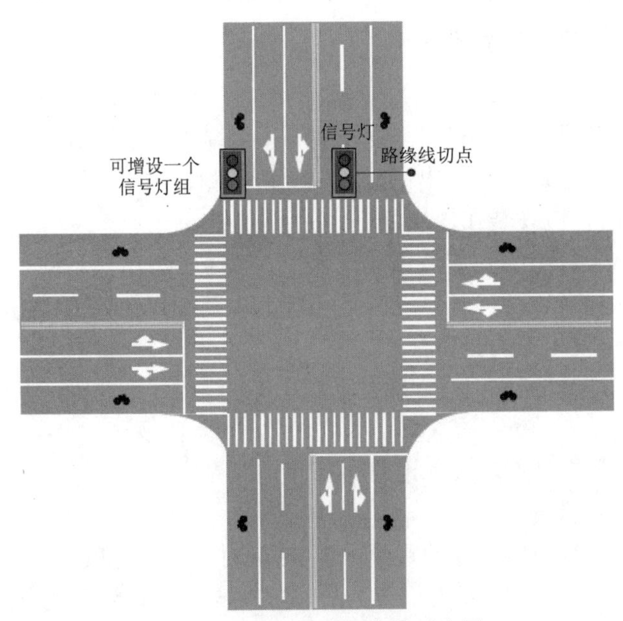

图 8–30　信号灯布设位置示意图

② 当进口停车线与对向信号灯的距离大于 50 m 时，应在进口停车线附近增设一个信号灯组，如图 8–31 所示。

③ 设有机动车道和非机动车道隔离带的道路，在隔离带宽度允许的情况下，对向信号灯灯杆宜安装在机、非隔离带缘头切点向后 2 m 以内。当道路较宽时，可采用悬臂式安装在右侧隔离带，如图 8–32 所示。

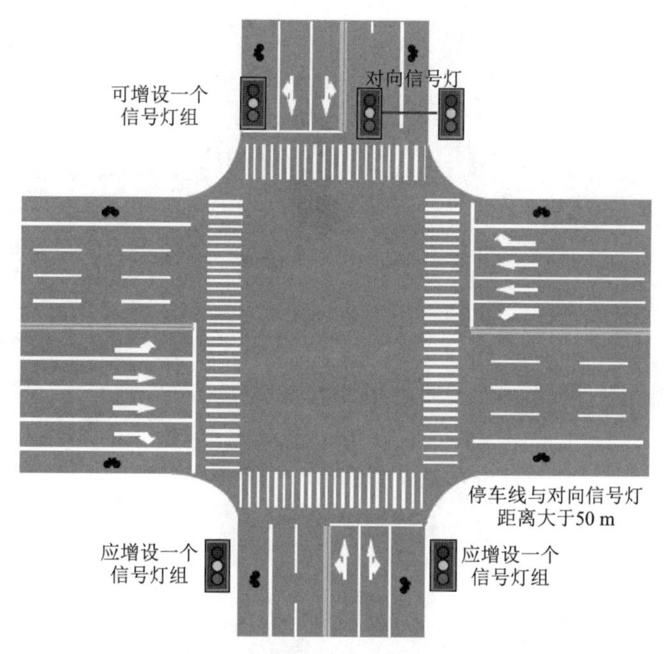

图 8–31　宽交叉路口信号灯布设位置示意图

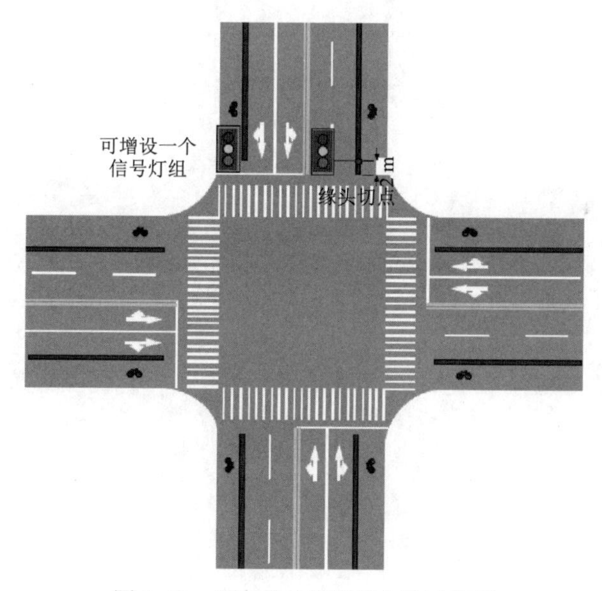

图 8–32　隔离带处信号灯布设示意图

④ 立交桥桥跨处信号灯安装在桥体上或进口车道右侧。如立交桥下有二次停车线的，应在立交桥另一侧增设一个信号灯组，如图 8–33 所示。

⑤ 环形路口设置信号灯对进出环岛的车辆进行控制，在环岛内设置 4 个信号灯组分别指示进入环岛的机动车，在环岛外层设置 4 个信号灯组分别指示出环岛的机动车，如图 8–34 所示。

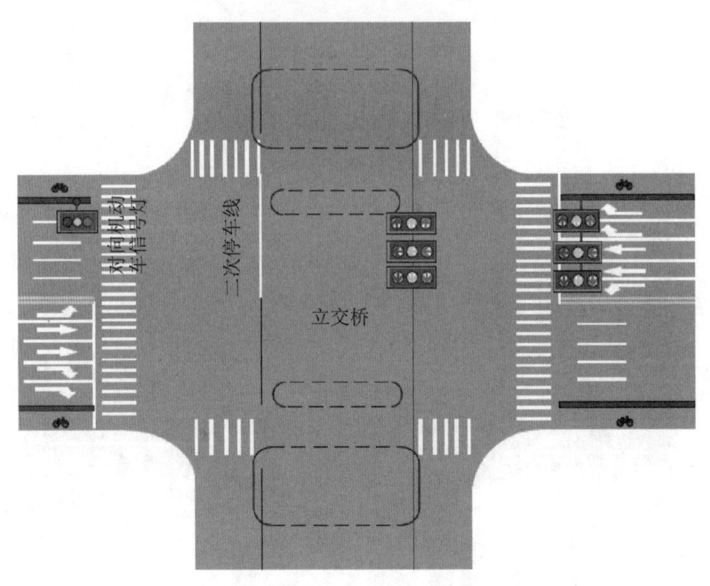

图 8–33　立交桥下信号灯布设示意图

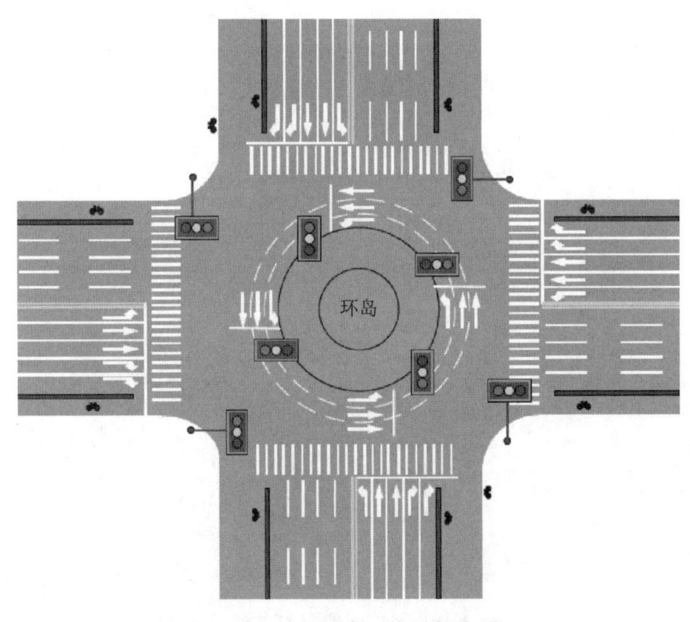

图 8–34　环形路口信号灯布设

⑥ 桥下路口或较大的平交路口划有左弯待转区时，如果进入左弯待转区的车辆不容易观察到该方位对向信号灯的变化时，宜在另一方位的对向增设一组左转方向指示信号灯，如图 8–35 所示。

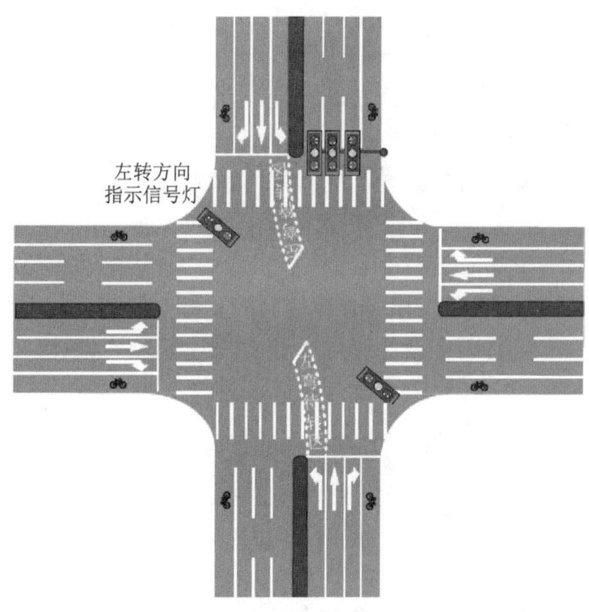

图 8–35 左弯待转区辅助信号灯布设

3. 交通信号灯安装高度设计

机动车信号灯、方向指示信号灯、闪光警告信号灯在设计安装时，应按照以下建议值进行设计：

① 当采用悬臂式安装时，高度为 5.5～7 m；

② 当采用柱式安装时，高度不应低于 3 m；

③ 当安装于立交桥体上时，不得低于桥体净空；

④ 当增设的信号灯安装高度低于 2 m 时，信号灯壳体不得有尖锐突出物。

非机动车道信号灯：安装高度为 2.5～3 m。在借用直道机动车通行信号灯灯杆，采用悬臂式安装非机动车信号灯情况下，应符合上述机动车信号灯安装要求。

人行横道信号灯：安装高度为 2～2.5 m。

车道信号灯的安装高度：

① 安装高度为 5.5～7 m；

② 当安装于净空小于 6 m 的立交桥体上时，不得低于桥体净空。

道口信号灯安装高度不应低于 3 m。

道路交通信号灯的设计内容在不断更新和完善，目前最新的道路交通信号灯设置与安装内容，可以参见《道路交通信号灯设置与安装规范》(GB 14886—2016)。

8.4.5 慢行交通语言设计

慢行交通主要包含步行和自行车两种交通方式，慢行交通系统是城市综合交通体系中的重要构成要素。其中，步行交通是日常交通出行的基本方式，自行车交通则是短距离出行的主要交通方式。强调步行与自行车交通出行对改善城市交通环境、提高交通出行质量具有十分重要的意义。步行与自行车交通语言设计作为慢行交通系统设计中的重要组成部分，其设计的优劣也会直接影响交通参与者对这两种出行方式的使用和感受。

1. 慢行交通语言设计的一般原则

① 优先保障步行和自行车交通出行在城市交通系统中的安全性，在满足安全性的前提下统筹考虑连续性、方便性、舒适性等要求。

② 在设计道路交叉口和过街设施时，应特别注意人行道和自行车道的连续性与系统性，避免出现断点。

③ 步行和自行车网络布局应与城市公共空间节点、公共交通车站等吸引点紧密衔接，并合理设置交通标志、标线来引导行人和自行车的行进。

④ 需在步行和自行车交通语言设计过程中充分考虑无障碍设计，以方便老人、儿童及残障人士出行。

2. 步行交通指路及导向系统设计

步行交通指路及导向系统是通过在城市道路系统里设置一系列针对步行交通的交通标志及导向设施，协助行人准确到达出行目的地的交通语言系统。在步行交通指路与导向系统设计中，一般需要考虑以下因素。

① 目前所处位置信息提醒。与机动车和自行车交通不同，步行交通具有速度慢、出行距离短的特点。因此，在进行步行交通指路及导向系统设计时，首先需要对行人目前所处地点信息进行告知，从而为行人进行下一阶段路线搜索提供起始点信息。图 8–36 为美国费城的步行交通指路及导向系统标志实例，从图 8–36 可以看出，行人目前所处的位置用五角星标识，由该地点步行 10 min 可达的范围用圆圈圈出。

图 8–36　美国费城的步行交通指路及导向系统标志实例

② 周边街道及方向信息提醒。当行人了解到自身所处位置后，就需要根据道路名称及方向掌握自己和周边环境的相对关系。在设计过程中，需合理安排路名牌与指路信息的空间逻辑

关系。图 8–37 给出了路名信息及指路信息标志板布设的空间相对关系，行人需要根据自身位置和周边街道信息共同完成前往后续目的地的指引需要。

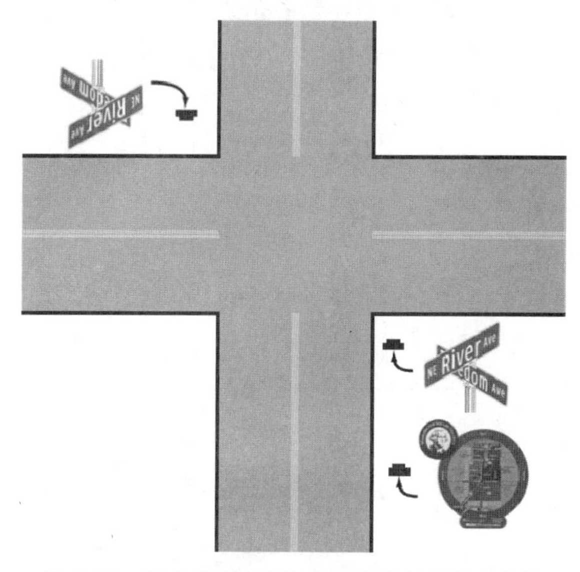

图 8–37　路名牌和步行交通指路信息的配合使用

③ 重要地点信息的导向。步行交通的导向设计还需要充分考虑周边重要地点的方位信息。常用的重要地点包括交通枢纽或地铁站点，重要历史、文化景观，商业中心，大学及政府等行人活动较为集中的区域。美国费城重要地点导向标志实例如图 8–38 所示。

图 8–38　美国费城重要地点导向标志实例

3. 步行与自行车过街设计

《城市步行和自行车交通系统规划设计导则》建议在进行步行与机动车过街设计时，除城市快速路主路以外，一般情况下应优先采用平面过街方式，视过街流量与道路机动车流量大小，可分别采用信号灯管制或行人优先的人行横道过街。在针对交叉口内慢行系统进行交通语言设计时，应注意以下内容。

① 交叉口平面过街和路段平面过街应保持路面平整连续、无障碍物，遇高差应缓坡处理。《无障碍设计规范》（GB 50763—2012）规定缘石坡道在设计时应遵循：

- 全宽式单面坡缘石坡道的坡度不应大于 1:20；
- 三面坡缘石坡道正面及侧面的坡度不应大于 1:12（见图 8–39）；
- 其他形式的缘石坡道的坡度均不应大于 1:12。

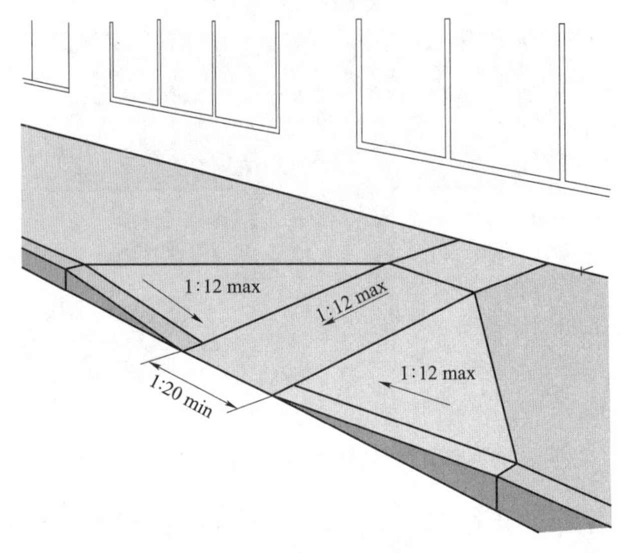

图 8–39 交叉口缘石坡道设置图

② 应尽量遵循行人过街期望的最短路线布置人行横道等设施，但在设置时还需考虑整体走行距离及机动车车速等要素。图 8–40 分别给出了针对右转渠化的 3 种过街设置方式。其中图 8–40（a）方式行人过街距离较长，驾驶人不易发现路侧行人。图 8–40（b）方式行人过街距离最短，但需绕行部分线路。此外，机动车存在车速加快的可能性，对过街行人造成一定的风险。图 8–40（c）方式行人过街距离适中，但绕行距离较短。此外，机动车驾驶人容易发现过街行人并避让。因此，在实际设计使用中，建议采用图 8–40（c）方式进行设置。

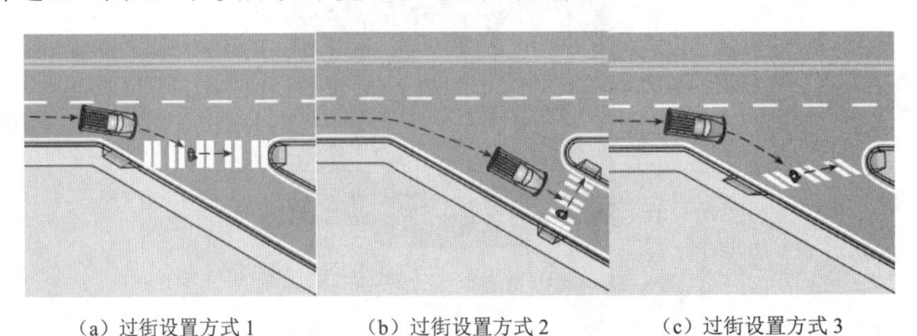

（a）过街设置方式 1　（b）过街设置方式 2　（c）过街设置方式 3

图 8–40 步行过街人行横道设置示意图

③ 具有两条及以上车道的道路，机动车停止线距离人行横道线不宜小于 3 m，以提升外侧机动车道视野。近年来，国外部分城市在行人过街流量较大的区域还采用了“缘石拓宽”（curb extension）的方法来保证驾驶人视距并减小行人过街距离，从而提高行人过街的安全性。具体

设置方法如图 8–41 所示。

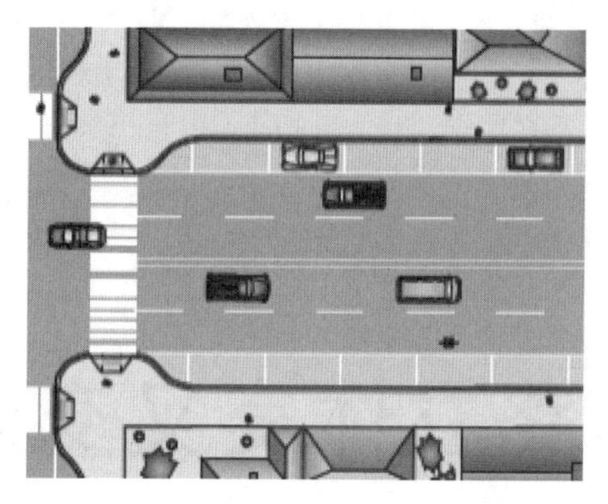

图 8–41　交叉口缘石拓宽示意图

④ 对于过街需求较高的交叉口平面过街及城市生活性道路上的平面过街区域，可采用彩色铺装、不同路面材质的人行横道或抬高交叉口来区分和提示过街区域，如图 8–42 和图 8–43 所示。

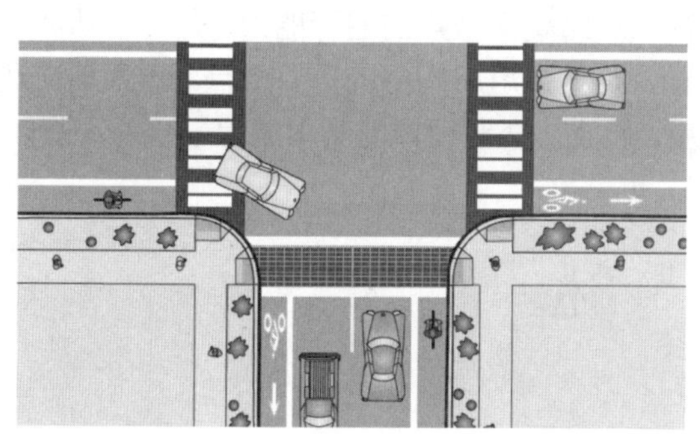

图 8–42　交叉口彩色铺装设计示意图

图 8–43　交叉口抬高设计示意图

复习思考题

1. 交通语言的定义是什么？
2. 交通语言的基本构成要素有哪些？
3. 请简述交通标志和标线的定义与功能。
4. 结合所在城市的实际情况，分析观察到的交通语言系统中存在的问题。

第 9 章

城市道路立体交叉交通设计

城市立体交叉（简称立交）从空间资源角度挖掘道路交叉节点的通行能力，是交通功能上理想的道路交叉方式，它往往承担着较大的交通量，是城市道路网中的重要节点。本章从交通设计的视角，主要讲述城市立交的基本组成、作用、特点、交通设计的基本流程、形式、选形、交通设计及其评价等。

9.1 概　　述

9.1.1 城市立交的概念及组成

近年来，随着我国城市经济迅速发展和城市化进程加快，机动车拥有量急剧增加，城市交通供需矛盾日益突出，给城市交通系统带来了巨大的压力，相应地对城市道路交通设施提出了更高的要求。在人们逐渐意识到公共交通的重要性，给交通以优先、给城市交通以综合治理的同时，修建完善的城市道路网络得以提高行车速度和通行能力，仍然是满足日益增长的交通需求、缓解城市交通压力的有效手段和途径。城市道路网络是一个复杂系统，主要由路段和交叉口构成，而城市道路交叉口是这一复杂系统的瓶颈部位。目前城市道路交叉口所采取的处理形式有 5 种，即无信号灯控制平面交叉口、信号灯控制平面交叉口、展宽式信号控制平面交叉口、平面环形交叉口和立体交叉，其中具有划时代意义的是信号灯控制平面交叉口、平面环形交叉口和立体交叉（简称立交）这 3 种形式。立体交叉是在道路平面交叉的基础上发展起来的，为满足较大交通量道路的交叉运行要求，解决平面交叉所带来的服务水平低下的问题而提出的。立交作为一种现代建筑，最早出现在德国，建于 1925 年，采用苜蓿叶形立交。1930 年，美国芝加哥兴建了一座拱形立交，是世界上最早的城市立交，美国许多城市更多地采用菱形立交或其变形的简单立交。我国修建的第一座立交是乌鲁木齐南站立交，该立交 1960 年 2 月开始施工，1961 年 10 月竣工。1974 年 10 月，北京复兴门立交建成，它坐落在西二环路与复兴门内、外大街相交处，是北京城区最早建成的苜蓿叶形互通式立交桥。随后立交在天津、上海、广州等诸多地区得到了广泛的应用。

城市道路立交是指两条或多条线路（道路与道路、道路与铁路、道路与其他设施线路）利用跨线构造物在不同平面上相互交叉的连接方式，通常是由跨线构造物、正线、匝道、出/入口、变速车道、辅助车道等部分组成，如图 9–1 所示。

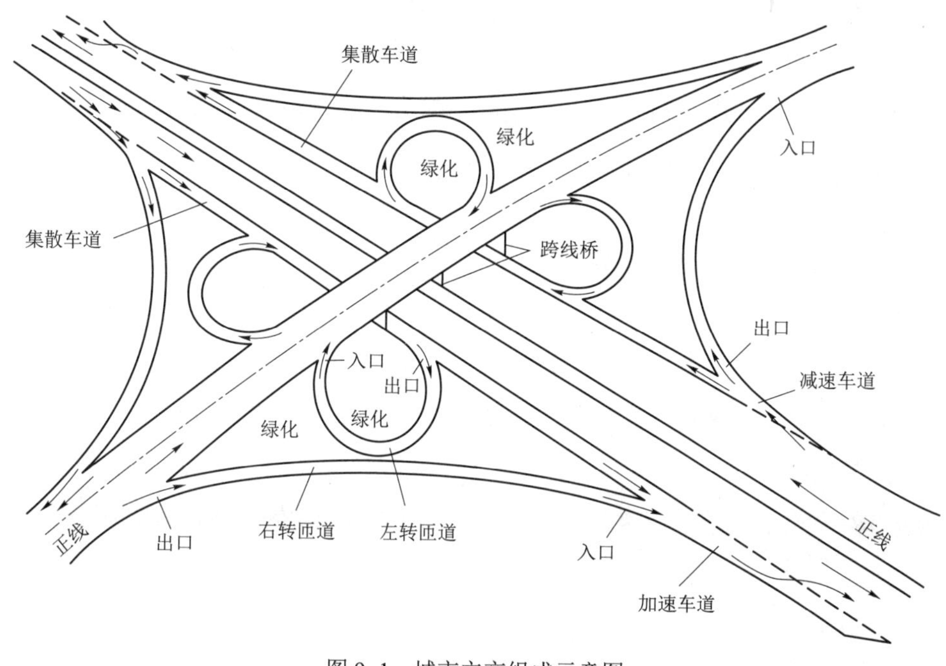

图 9–1　城市立交组成示意图

1. 跨线构造物

跨线构造物是立交实现车流空间分离的主体构造物，指设于地面以上的跨线桥（上跨）或设于地面以下的地道（下穿）。

2. 正线

正线是组成立交的主体，指相交道路（含被交道路）的直行车行道。主要包括连接跨线构造物两端到地坪标高的引道和立交范围内引道以外的直行路段。根据相交道路等级，正线可分为主要道路（简称主线）、一般道路或次要道路（简称次线）。

3. 匝道

匝道是立交的重要组成部分，是指供上、下相交道路的转弯车辆行驶的连接道，有时也包括匝道与正线或匝道与匝道之间的跨线桥（或地道），按其作用可分右转匝道和左转匝道两类。

4. 出口与入口

由正线驶出进入匝道的道口为出口，由匝道驶入正线的道口为入口。

5. 变速车道

为适应车辆变速行驶的需要，在正线右侧的出入口附近增设的附加车道，分为减速车道和加速车道两种，出口端为减速车道，入口端为加速车道。

6. 辅助车道

在高速公路或城市快速路立交的分、合流附近，为使匝道与高速公路或城市快速路车道数保持平衡及保持正线的基本车道数而在正线外侧设置的附加车道。

7. 匝道端部

匝道端部是指匝道两端分别与正线相连接的道口，它包括出入口、变速车道和辅助车道等。

8. 绿化地带

在立交范围内，由匝道与正线或匝道与匝道之间所围成的封闭区域，一般用以美化环境的绿化地带，也可布设排水管渠、照明杆柱等设施。

9. 集散道路

为了减少立体交叉主线上进出口的数量和交通流线的交织，在主线一侧或两侧设置的与主线平行且横向分离，并在两端与主线相连，供进出主线车辆运行的车道。

10. 立交的范围

一般是指各相交道路端部变速车道渐变段顶点以内所包含的正线、跨线构造物、匝道和绿化地带等的全部区域。

11. 其他组成部分

除以上主要组成部分外，城市道路立交还包括人行道、非机动车道、排水系统、照明设备、各种管线设施及交通工程设施等。

由于城市立交在城市区域多设置于城市快速路之间及其与其他道路的相交处，受用地限制、非机动车较多和行人参与及距离平面交叉口近等方面影响，造成城市立交结构相对复杂，其交通设计尤为重要，不重视交通功能的城市立交设计会给交通参与者带来很多不便，影响交通安全、效率和环境。

9.1.2 城市立交的作用

城市道路立交是伴随社会经济增长和汽车工业发展而产生的一种道路交通设施。由于社会经济的增长，促进了汽车工业的快速发展，使城市道路交通运输量增加，道路上的一些平面交叉口就成为行车的咽喉地段，交通拥挤不堪，不断发生拥堵现象，车速低，油耗大，造成的污染多，交通事故率高。平面交叉已越来越不能适应交通量增长的要求，在实施优先管理、需求管理的同时，在环境允许的情况下，将平面交叉变为立交，使道路交叉向立体化方向发展是一种有效的方法。城市道路立交既是现代道路的重要交通设施，也是实现交通立体化的主要手段，其作用主要体现在以下几点。

1. 保证交通安全

城市道路立交可以实现交通线路在交叉处的空间分离，消除或大大减少交通流线之间的互相干扰，保证车辆畅通、安全行驶，大大降低交通事故。据日本交通资料表明：日本平面交叉口事故占全部交通事故的58%左右，而立交事故仅占全部事故的20%。

2. 提高行车速度，减少时间延误

车辆通过平面交叉路，受到交叉口红绿灯控制、停车等候及其他侧向干扰，延误时间较长，行车速度较慢。当修建了立交后，实现了各向交通流线空间分离，消除了信号控制，可以提高行车速度，大大减少交叉口的延误时间。根据北京交通调查表明：在城市道路上，平面交叉路段的行车速度为16～20 km/h，设置立交后，直行车速一般可达60～70 km/h，转向车速一般可达30～50 km/h。平面交叉口一般延误为33 s以上，修建立交后这种延误大大降低。

3. 提高交叉口通行能力

城市立交设置了独立的单向转弯匝道和直行车道，车辆各行其道，等候时间减少，互相干扰降低，能保证快速、连续、安全地行驶，使得交叉口的通行能力得到大幅度的提高。根据有关交通调查资料统计，一般平面交叉口直行车道通行能力为 1 800～2 000 pcu/h、转弯车道为1 700～2 100 pcu/h、环形交叉口交通量超过3 000 pcu/h，将达到饱和。而一座互通式立交总的通行能力为10 000～15 000 pcu/h，比平面交叉口的通行能力提高6～8倍。

4. 具有较强的管理功能

城市立交对于促进土地的综合开发和利用，绿化美化环境，提高城市管理水平具有重要的意义。对于设计新颖、施工先进、绿化良好、造型美观的立交，也可以作为城市的代表工程，反映城市建设的成就和现代化气氛，或作为一种人工构造物的景观来点缀环境。

9.1.3 城市立交的特点

相较平面交叉口，城市立交在设置地形、设置环境及工程等方面都有其独特的特色。了解城市立交的特点，对于指导城市立交的规划及交通设计均具有非常重要的意义。概括起来，城市立交的主要特点有以下几点。

1. 位置重要，功能明确，形式多样

城市立交通常处于两条或多条高等级道路的交叉点，在路网中起交通枢纽的作用，具有通行大量交通流量和车辆转向行驶的功能，对于确保车辆快速、安全、畅通行驶发挥重要作用。城市立交一般不收费，可供选择的形式较多，因此城市立交形式多种多样，可充分发挥设计者的主观想象力，设计出新颖、美观的立交形式。

2. 规模庞大，造价昂贵

立交占地较多、结构实体庞大、投资费用高。一座全互通式立交，占地一般为5万～8万m^2，多的可达几十万m^2，投资一般为2 000万～5 000万元，有的可达上亿元。城市道路上的立交，其投资占整个投资的比例很大，因此，往往会引起社会有关部门的关注和重视。例如，北京四元桥，该立交位于首都机场高速路、京顺路与北四环路交汇处，是由2座主桥、6座通道桥、8座跨河桥、10座匝道桥共计26座结构类型不同的桥梁组成的定向加苜蓿叶形四层大型立交桥群，桥梁总面积为40 572 m^2，总长度为2 800 m，立交桥占地62万m^2。

3. 立交间距大与平面交叉口间距小的矛盾

在城市道路上，街道布置或如棋盘分隔，或如蛛网辐射，交叉口间距较小。当一个原来交通繁重、时常拥堵的交叉口经新建立交得到改善以后，往往矛盾转移，邻近的另一个路口又会发生拥堵，一个点的问题解决了，一条线的交通问题仍然没有得到解决。因此，应对城市干线上的立交进行系统规划设计，对一条道路上的立交要全面分析、统一考虑，立交之间应有一定的间距，不应孤立地为解决某个交叉口交通问题的一时之需而设置立交。

4. 需考虑非机动车及行人交通，城市立交层数多

公路立交交通组成较简单，一般不考虑行人和非机动车交通。而城市道路上最突出的问题是庞大的自行车流和行人交通，因此城市立交必须要处理好机动车、非机动车（自行车）与行人之间相互干扰的矛盾。在行人和非机动车比较密集的地方布设立交，在需要设立交的地方把机动车、非机动车和行人交通全部分离，互不干扰，城市道路立交的层数至少应为3层以上。

5. 用地限制较严，往往采用非标准型立交

修建城市立交环境条件限制较严，这些条件包括城市红线规划、用地指标、商业服务需要、建筑拆迁等。由于城市人口密集，建筑物多，用地紧张，拆迁困难，路网较密，往往影响立交形式的选择，使立交形式呈现出非标准化和多样化的格局。

6. 应重视美观问题

城市立交除了要满足交通功能外，还应符合市政建设景观方面的要求，在结构上要求简捷、轻巧。在外观上要求美观漂亮，并与周围环境协调统一。

9.1.4 城市立交问题归纳及成因分析

作为现代化的交通设施，城市立交在缓解交通冲突、提高通行能力、降低交通事故发生率、提高行车舒适性等方面发挥了重要作用。但是，由于城市立交形式多样、交通构成复杂，以及在规划和设计中的问题，导致立交在使用过程中产生一些问题，如表9–1所示。

表 9–1 城市立交存在问题及成因

<table>
<tr><th>建设阶段</th><th>理论问题</th><th>具体表现</th></tr>
<tr><td rowspan="7">规划阶段</td><td>立交宏观布局问题</td><td>立交布局规划方法多数是针对单个立交的规划设计，很少将立交作为一个整体系统考虑</td></tr>
<tr><td rowspan="2">立交设置条件</td><td>立交设置条件过于概念与宏观</td></tr>
<tr><td>立交间距设置不合理</td></tr>
<tr><td rowspan="4">立交选形问题</td><td>立交选形与路网流量不适应</td></tr>
<tr><td>立交选形与路网等级不匹配</td></tr>
<tr><td>立交选形与相交道路不匹配</td></tr>
<tr><td>地面路网集散能力不够</td></tr>
</table>

续表

建设阶段	理论问题	具体表现
设计阶段	匝道线形设计问题	匝道平、纵线形标准选取不合理
		匝道视距不足
		平、纵线形组合不当
		缺乏对效率与安全的评估
	匝道端部设计问题	加、减速车道长度不足
		上、下匝道组合不合理
		交织区设计不合理
		匝道与地面道路衔接不合理
管理阶段	交通流动态管理	交通流方向转换、速度变化引导与指示不当或缺乏
	安全管理问题	车速管理和冲突管理缺乏

① 立交规划与设计缺乏系统的路网分析。许多立交在建成后，原来的交叉口拥堵问题可能解决了，但是运行一段时间后很可能导致周边交叉口出现新的拥堵，即所谓的“拥堵转移”现象。

② 立交的规划与设计缺乏对效率和安全的评估。国内外研究表明，城市快速路20%的事故发生在立交区域。

③ 立交形式通常较为复杂，路线不易明确，加之相应的交通标志设置不科学，导致驾驶人进入立交前不能准确定位行驶路线，严重影响了运行效率，还增加了交通事故的发生概率。

9.1.5　城市立交交通设计的基本流程

对城市立交进行交通设计，合理地确定立交的数量、位置、间距、规模和几何线形，优化立交总体布局，可以使交通流平衡分布，使各等级路网和各条道路合理分担交通流量，并最终使城市道路的总体运输效率较高。城市立交交通设计是一项系统工程，影响范围广，涉及道路网规划、道路设计、交通管理、景观环境等多方面的因素。在进行城市立交交通设计过程中，需综合考虑多方面影响因素，协调各方面的关系，其基本流程如下。

1. 交通调查及资料收集

交通调查及资料收集是城市立交交通设计的基础，直接关系立交交通设计的合理性、适用性和可能性。通过对立交影响范围区的交通、自然条件、社会经济、社会环境的调查和资料收集，为立交交通设计提供基础资料和数据。

（1）交通调查

交通调查一般以收集现有道路交通资料为主，直接利用现有交通资料。当资料不足时，可用交通调查方法获得，交通调查的主要内容有：① 规划期内路网交通量的调查与收集；② 相交道路的交通组成；③ 相交道路规划的性质与等级的调查；④ 立交影响范围内各种交通设施，如道路、铁路、码头、机场、停车场、汽车站及其他交通设施的分布、规模、现状及远景规划调查。例如，交叉口交通量数据经过分析汇总，可以绘制出交叉口转向流量图，如图 9–2 所示。

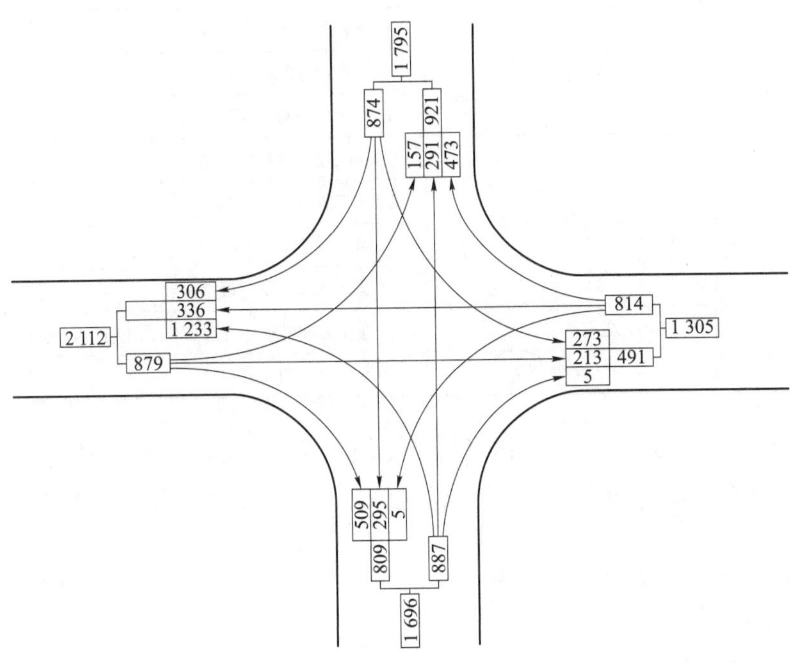

图 9–2　交叉口转向流量图

（2）自然条件调查

自然条件调查主要包括地形、地质、水文、气象等方面的调查与资料收集，为了确定立交的位置，通常要收集 1:2 000～1:500 的地形图。

（3）社会经济调查

社会经济调查是根据立交交通设计的需要，对立交影响范围区域内的社会经济状况做全面的调查，收集详尽的资料。可把调查任务分为综合社会经济调查和区域社会条件调查。综合社会经济调查是对某一地区的社会经济现状和远景发展所做的全面调查，利于整个地区立交的宏观定位。区域社会条件调查则是针对某一城市快速路全体或部分立交的调查，其目的是帮助立交的定位和选形。主要调查包括经济发展水平、经济结构、经济布局、人口、建设投资、经济计划及规划等方面的调查。

（4）社会环境调查

社会环境调查主要包括有关占用土地、拆迁建筑物、文物古迹及对环境影响方面的调查。互通式立交占地面积很大，其补偿费用占工程费用比例也很高，因此占用土地调查十分重要。占用土地不仅影响立交位置的选定，更重要的是直接关系到立交形式的选择。立交区域内的建筑物及其设施，不仅会对办理征购土地造成困难，而且拆迁也会对当地经济环境造成影响。因此，要注意调查住宅、商业和工业用地的变更及居民搬迁和变换职业的情况。关于文物古迹的调查，不能仅限于文物保护法指定的名胜古迹，还要按照历史文物古迹的重要程度，采取不同措施，如变更路线位置、预先挖掘等，但这些都必须与文物保护部门取得联系，进行联合研究调查。

2. 确定立交设置条件

城市立交在缓解交叉口交通拥堵、完善城市路网结构等方面起非常重要的作用，但是由于造价昂贵、占地面积大，只限于必要和值得投资的地方设置。确定交叉口是否要设置立交是一项非常艰巨的工作，一般要综合考虑交叉口远景交通量、周边的地理环境、交通条件、相交道路性质等因素。根据《城市道路交叉口规划规范》（GB 50647—2011）规定，城市立交设置条件如下：

① 当城市各级道路与高速公路相交时，必须采用立体交叉；

② 城市快速路系统上交叉口应采用立体交叉；

③ 除快速路之外的城区道路上不宜采用立体交叉；

④ 当通过主干道与主干道交叉口的预测总交通量不超过 12 000 pcu/h 时，不宜采用立体交叉；

⑤ 当两条主干路交叉时，当地形适宜修建立交，经技术经济比较确为合理时，可设置立交。

3. 确定立交合理间距

在一条道路上或一个区域内，立交之间或立交与其他设施之间应有适当的距离，以使立交分布均衡，功能发挥得当。如果互通式立交间距过短，互通式立交过于集中，不仅造成工程投资的浪费，而且会引起交通流频繁地交织，导致城市快速路上交通流的紊乱，从而影响城市快速路功能的正常发挥，并易引起交通事故。但立交间距过长，又会造成沿线居民出行不便，导致沿线交通流的不均匀分配，增加辅路的交通负荷。其他国家互通式立交最小间距数值可参考表 9–2。

表 9–2 其他国家互通式立交最小间距数值 单位：km

美国	市区	1.0
	郊区	2.0
加拿大	市区	2.0
	郊区	3.0
日本	—	1.5～4.0

4. 立交选形

立交形式选择的目的是提供行车效率高，安全舒适，适应设计交通量和计算行车速度，满足车辆转弯需要，并与环境相协调的合理立交形式。立交形式选择是否合理，不仅影响立交本身的功能，如通行能力、行车安全和工程经济等，而且对地区整体规划、地方交通的发展及市容环境等有较大的影响。城市道路立交一般受用地和地物限制较严，结合具体制约条件，在定位时必须考虑可能布设的立交形式，以便在进一步比较研究后选用。

5. 方案比较

对立交选形阶段产生的若干方案，要从技术、经济、社会和环境效益等方面进行比较，从而选出最优的立交类型和方案，以满足交通功能、现场条件、工程量小、工程费用合理等要求。

9.2 城市平面交叉交通冲突分析

9.2.1 平面交叉的交通运行特点

交叉口是不同方向的多条道路相交或连接的地点，有的道路要通过交叉口形成相交点，而有的道路到交叉口就终止，形成连接点。每条道路的车流到交叉口后有的直行通过，而有的则要改变方向（左转或右转），车辆之间相互干扰很大，使行车速度减小，通行能力降低。

把汽车作为一个质点，汽车行驶时所走的轨迹称为交通流线（又叫行车路线）。在交叉口入口道，交通流线可分为直行、左转和右转 3 个方向，交通流线间形成复杂的交通关系，有分流、合流、交叉和交织 4 种，如图 9–3 所示。

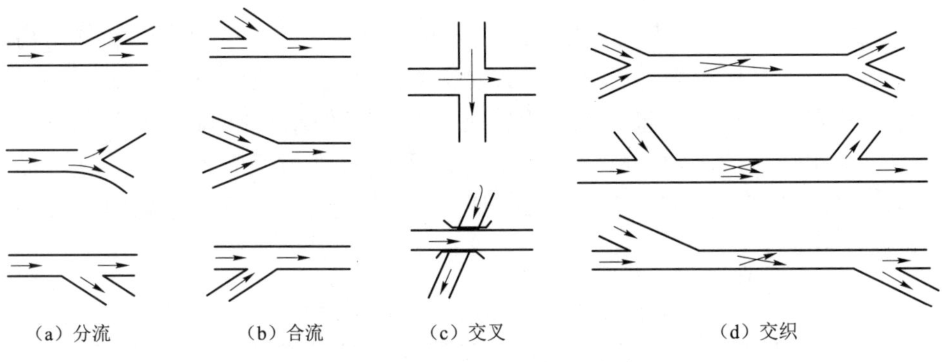

图 9–3 交通流线间的交通关系

① 分流。指一条交通流线分为两条交通流线的过程，该分流地点称为分流点。在分流点处，由于有的车辆要驶出原交通流线，改变行车方向，从而减速，使通行能力降低，有可能产生尾随撞车。分流点主要发生在交叉口入口道处，直行、右转、左转交通流线之间。

② 合流。指来自不同方向的交通流线以较小的角度向同一方向汇合行驶，该合流地点称为合流点（又称汇合点）。在合流点处，由于几列不同方向的车队合成一列车队，车辆之间可能发生同向碰撞或尾随撞车，通行能力也会降低。合流点主要产生在交叉出口处，直行、右转和左转交通流线之间。

③ 交叉。指来自不同方向的交通流线以较大角度或接近 90° 相互交叉，该地点称为冲突点（又叫交叉点）。由于冲突点处交通流线交角很大，发生撞车的可能性最大，对交通干扰和影响很大。冲突点主要发生在交叉口相交道路的公共区内，左转、直行交通流线之间。

④ 交织。沿同一方向行驶的两条交通流线，进行连续合流之后分流的现象，称为交织。交织过程存在合流点和分流点，从合流到分流的道路区间称为交织区。

上述合流点、分流点和冲突点统称为交错点或危险点。交错点的存在是影响交叉口的行车速度和交通安全的主要原因，其中以直行与直行、左转和直行车流所产生的冲突点对交通影响最大，其次是合流点。对一般车速不高的车道，分流点发生追尾的可能性小，而对高速公路或城市快速路，发生追尾的危险性很大。

交错点的数目与相交道路的条数及有无交通信号控制有关，当相交道路均为双车道路时，机动车流的交错点数目如表 9–3 和图 9–4 所示。当有非机动车混行时，则交错点更多，交通运行发生的冲突更为复杂。

表 9–3　交叉口的交错点

冲突点类型	符号	无信号控制			有信号控制		
		相交道路条数			相交道路条数		
		3 条	4 条	5 条	3 条	4 条	5 条
分流点	△	3	8	15	2 或 1	4	4
合流点	□	3	8	15	2 或 1	4	6
左转车冲突点	○	3	12	45	1 或 0	2	4
直行车冲突点	⊕	0	4	5	0	0	0
合计	—	9	32	80	5 或 2	10	14

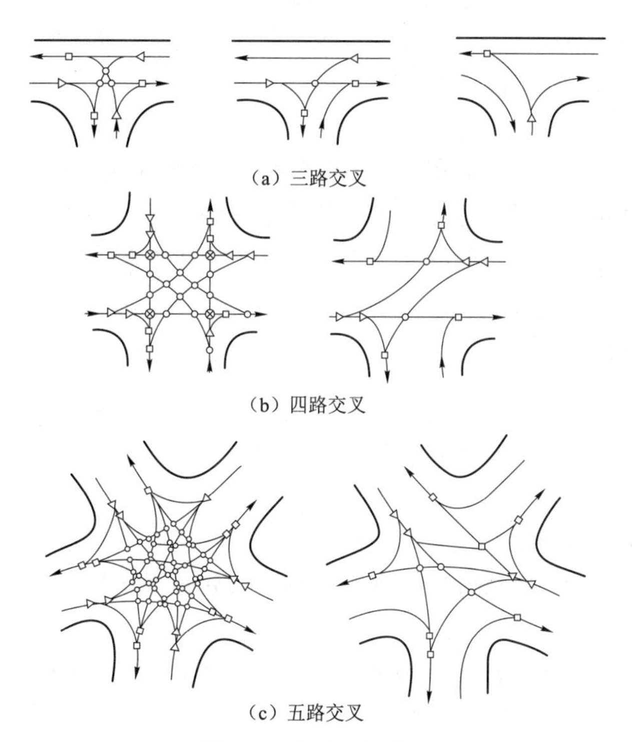

（a）三路交叉

（b）四路交叉

（c）五路交叉

图 9–4　交叉口交错点

据分析，冲突点数量随相交道路条数的增加而增加，但不是成直线比例，当相交道路均为双车道时，由于左转车和直行车造成的冲突点可按下式求出：

$$N=\frac{1}{6}n^2(n-1)(n-2) \tag{9–1}$$

式中：

N——冲突点数目；

n——各相交道路进入交叉口车道数的总和。

平面交叉口合流点和分流点数目可按下式计算：

$$S=n(n-2) \tag{9–2}$$

式中：

S——交叉口合流点和分流点的数目；

n——各相交道路进入交叉口车道数的总和。

冲突点是交叉口最危险点，产生冲突点最多的是左转车辆。据分析，当行车为右行车制时，直行车和左转车是产生冲突点的根源。一个十字路口直行车辆的冲突点有 4 个，左转车辆的冲突点却有 12 个；五路交叉口直行车辆的冲突点只有 5 个，而左转车辆产生的冲突点却有 45 个。因此，在交叉口设计中，如何正确处理和组织左转车辆交通，是确保行车安全、顺畅的关键。

9.2.2 改善平面交叉交通的基本途径

根据交叉口交通运行的特点，为使交叉口的交通安全顺畅，必须对交叉口的交通流进行科学的组织和控制。其基本原则是：限制、减少或消除冲突点，引导车辆安全顺畅地合流、分流和交错，方法是从时间和空间上协调好交叉口各向车流的运行。对交叉口的交通流线进行控制的基本途径有以下几个：

① 将交通流线从时间上进行分离，即采用交通信号控制的途径；

② 将交通流线从空间上进行分离，即采用立交的途径；

③ 将交通流线在平面上分离，交错车流在同一平面用物理设施分离、限制和引导其行驶路线，即采用交通渠化的途径。

1. 交通控制的途径

交通控制主要是运用交通标志、标线和交通信号，依靠交通法规，对交叉口交通流实行控制和管理，使不同行驶方向的车流从时间上加以分离，它主要用于平面交叉。具体方式有以下两种。

① 优先通行：对交通量大的主干道方向车流在岔路口实行优先通行，相交的次要道路车辆在进入交叉口之前要停车让行或减速让行，等待至当主干道车流中出现可穿插的间隙时方可穿行或汇入。

② 信号指挥：通过信号灯或交通警察手势指挥，允许一个方向的车流直行或左转弯，另一个方向的车辆则需暂时在停止线外等待下一个信号出现方可进入交叉口。图 9–5 为设置信号灯的交叉口，由于交通流线在时间上的分离，冲突点数量大大减少。

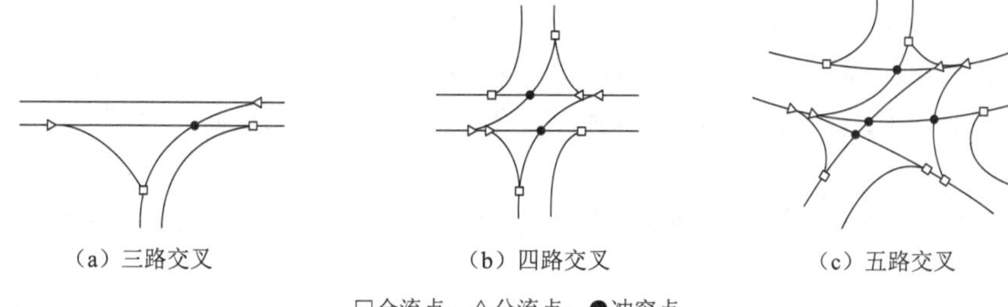

（a）三路交叉　（b）四路交叉　（c）五路交叉

□合流点；△分流点；●冲突点

图 9–5　信号控制交叉口的冲突点示意图

2. 立交的途径

立交是指相交道路的主线路段不在同一平面时相交，而是利用跨路桥或隧道建筑物构成空间相交，可分为以下两种。

① 分离式立交：相交道路在交叉处不相互连通，车辆只能在各自道路上直行。

② 互通式立交：相交道路在交叉处用匝道相连，车辆可从这一层面上的道路行驶到另一层面的道路上。

3. 交通渠化的途径

交通渠化是将同一平面上行驶的各向车流，通过设置路面标线、交通标志、交通岛和附加车道等措施予以分隔，使不同流向、不同车速的车辆顺着指示的方向和路线互不干扰地通过，如图 9–6 所示。交通渠化广泛应用于平面交叉中，在立交的主线和匝道相连接处也可采用渠化措施以达到车流分合有序、各行其道的效果。

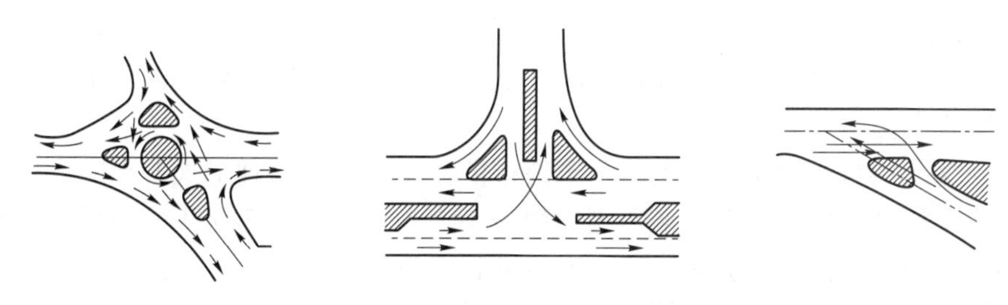

图 9–6　设交通岛渠化交通

上述各种途径的选择，主要依据相交道路的性质和任务、交通量的大小和流向，以及当地地形和交通环境条件，通过技术、经济比较论证确定。

9.3　城市立交的形式

9.3.1　城市立交的分类和分级

1. 城市立交的分类

1）《城市道路工程设计规范》（CJJ 37—2012）对立交的分类

在《城市道路工程设计规范》（CJJ 37—2012）中，根据相交道路等级、直行及转向车流行驶特征、非机动车对机动车的干扰情况，将城市立交分为枢纽立交、一般立交和分离式立交。

（1）立 A 类（枢纽立交）

立 A_1 类：主要形式为全定向、喇叭形、组合式全互通式立交。宜在城市外围区域采用。

立 A_2 类：主要形式为喇叭形、苜蓿叶形、半定向、定向–半定向组合的全互通立交。

（2）立 B 类（一般立交）

它的主要形式为喇叭形、苜蓿叶形、环形、菱形、迂回式、组合式全互通或半互通立交。

（3）立 C 类（分离式立交）

又称隔离式立体交叉或非互通式立体交叉。位于不同高程上的各层道路之间互不通连的交叉。

城市道路立交类型及交通流行驶特征如表 9–4 所示。

表 9–4　城市道路立交类型及交通流行驶特征

城市立交叉类型	主路直行车流行驶特征	转向车流行驶特征	非机动车及行人干扰情况
立 A 类（枢纽立交）	连续快速行驶	较少交织、无平面交叉	机非分行，无干扰
立 B 类（一般立交）	主要道路连续快速行驶，次要道路存在交织或平面交叉	部分转向交通存在交织或平面交叉	主要道路机非分行，无干扰；次要道路机非混行，有干扰
立 C 类（分离式立交）	连续行驶	不提供转向功能	—

除了《城市道路工程设计规范》（CJJ 37—2012）规定的立交分类体系外，在实际的立交规划设计工作中，还可根据道路跨越方式、系统功能、交通功能等分类标准对立交分类。

2）按相交道路跨越方式划分

城市立交按照相交道路跨越方式划分，可分为上跨式立交和下穿式立交两类。

（1）上跨式立交

上跨式立交是用跨线桥从相交道路上方跨过的立交方式。这种形式的立交，由于主线高出地表面，施工比较方便，造价较低，因下挖较小，与地下管线干扰小。但是，上跨式立交占地较大，跨线桥影响视线，引道较长，不利于非机动车行驶。

（2）下穿式立交

下穿式立交是用隧道从相交道路下方穿过的立交方式。下穿式立交的主线低于地表面，占地较少，立交构造物对视线和周围环境影响较小，对非机动车交通影响不大。其缺点是施工时地下管线干扰较大，排水困难，施工工期较长，造价很高，养护管理费用大。

3）按系统功能分类

不同的立交节点在城市交通系统中的作用和重要性是不同的，相交道路等级高，则立交的重要性也高，反之则功能重要性定位较低。根据立交在城市路网系统的功能定位，可分为以下 3 种。

（1）枢纽立交

枢纽立交是中长距离、大交通量高等级道路之间的立交，如城市快速路之间、高速公路和城市快速路之间的立交，此类交叉口除了直行交通量大外，相交道路间的转向交通也较大。枢纽立交的作用是实现中长距离、大交通量在高等级道路之间的交通转换，故称为枢纽立交。

（2）服务型立交

服务型立交是高等级道路与低等级道路或次级道路之间的立交，如高速公路与其沿线城市出入干道或次要汽车专用道之间，城市快速路或重要汽车专用道与其沿线城市主干路或次级道路之间，以及为地区服务的城市主干道与城市主干路之间的立交。此类立交分布于主要道路沿线，为出入两侧地区或重要服务对象的进出交通而设，故称为服务型立交。

（3）疏导型立交

疏导型立交仅限于地区次要道路上的交叉口，交叉口交通量已足以使相交道路交通不畅，行车安全受到影响。当平面交叉口出现阻塞现象时，从提高交叉口通行能力出发，对交叉口交通流向进行立体化疏导，以改善交叉口交通状态，提高服务水平，这类立交称为疏导型立交，也称为简单立交。

4）按交通功能划分

按交通功能划分为分离式立交和互通式立交。

（1）分离式立交

这类立交仅设置跨线构造物一座，使相交道路空间分离，上、下道路间无匝道连接。这种类型立交结构简单、占地少、造价低，但是相交道路的车辆不能转弯行驶，只能保证直行方向的车辆空间分离行驶。

分离式立交主要适用于直行交通量大、转弯车辆少、可不设置转弯车道的交叉处；道路与铁路交叉处；当高速公路或城市快速路同其他各级道路交叉时，除在控制出入的地点设置互通式立交外，均采用分离式立交；当一般等级道路之间交叉时，因场地或地形条件限制，可采用分离式立交，以减少工程数量，降低造价。

（2）互通式立交

这类立交不仅设置跨线构造物使相交道路空间分离，而且上、下道路之间有匝道连接，以供转弯车辆行驶，这使得上、下道路的车辆都可以转弯行驶，全部或部分消灭了冲突点，各方向行车相互干扰小。但是，由于立交结构复杂，所以占地多，造价高。

互通式立交适用于高速公路或城市快速路与其他各级道路、大城市出入口道路，以及通往重要港口、机场或游览胜地的道路相交处。

5）按车流的轨迹线划分

互通式立交根据交叉处车流轨迹线的交叉方式和几何形状的不同，又可分为完全互通式立交、部分互通式立交和交织型立交。

（1）完全互通式立交

完全互通式立交指相交道路的车流轨迹线全部在空间分离的立交，匝道数目和转弯方向数相等，各转向流量都有专用匝道，各方向车流畅通无阻，互不干扰，完全消除了平面冲突点，行车安全、通行能力大。完全互通式立交是最完善、最令驾驶人无后顾之忧的一种立交形式。只要驾驶人按指定的方向行驶，就可以保证相交道路上各个方向的车辆互不干扰。此类立交适用于高速公路或城市快速路之间及高速公路或城市快速路与其他等级道路的相交。

（2）部分互通式立交

部分互通式立交是指部分转弯方向设置匝道连通，而部分转弯方向未设置匝道连通的立体交叉。它与完全互通式立交的区别在于：不是每个方向的车辆都采用立交的形式，某些方向的车辆采用的是平面交叉。它仅能保证主干道上直行车辆与其他方向的车辆立交，而个别方向的车辆仍是平面交叉。该类立交至少存在一个平面冲突点，行车干扰大，但占地少、造价低、形式简单，主要形式有菱形立交和部分苜蓿叶形立交。

（3）交织型立交

相交道路的车流轨迹以交织的方式运行，无冲突点、占地少，存在交织，通行能力和车速降低，其代表形式是环形式立交。

6）按其他方式划分

（1）按相交道路条数划分

① 三路立交；

② 四路立交；

③ 多路立交。

（2）按立交的层数划分

① 两层式立交；

② 三层式立交；

③ 多层式立交。

（3）按立交的用途划分

① 公路立交；

② 城市道路立交；

③ 铁路立交；

④ 人行立交。

（4）按是否收费划分

① 收费立交；

② 不收费立交。

（5）按匝道的形式划分

① 定向式立交；

② 半定向式立交；

③ 非定向式立交。

（6）按立交的外形划分。

① 喇叭形；

② 苜蓿叶形；

③ 叶形；

④ 蝶形；

⑤ 菱形；

⑥ 环形。

2. 城市立交的分级

城市道路立交根据相交道路及其直行车流、转向车流（主要是左转车流）行驶特征要求，分为枢纽立交、一般互通式立交、简单立交及分离式立交 4 个等级，如表 9–5所示。

表 9–5　城市道路立交的等级划分及特征

立交等级	主线直行车流运行特征	转向（主要指左转）车辆运行特征	非机动车干扰情况	交通量/（pcu/h）
一级（枢纽立交）	快速连续流	一般经定向匝道或集散、变速车道行驶或部分左转车减速行驶	机、非分行，无干扰	＞20 000
二级（一般互通式立交）	快速连续行驶，但次要道路主线直行车可有转向车流交织干扰	减速行驶，或减速交织行驶	机、非分行或混行，有干扰	5 000～10 000
三级（简单立交）	快速连续行驶，相交次要主线车流受平面交叉口左转车冲突影响，为间断流	左转车流除实施匝道上跨外，部分左转车流可能存在交织运行，或者采用平面交叉	机、非混行，有干扰	
四级（分离式立交）	快速连续行驶	禁止转向，少数、个别容许右转远行绕行	机、非分行或混行	

9.3.2　城市立交的主要形式

立交的形式很多，各具特色，分别适用于不同的场合。互通式立交随匝道的不同布置，会形成多种风格迥异、形式不同的立交。任何一座立交由于其特殊的地理特性、完全不同的相交道路、不同的交通功能，使得任何两座立交不可能完全一样。可以说每一座立交就是一种立交形式，但是，任何事物都具有其普遍性，到目前为止，可以将常用立交归纳为 5 种基本类型，即菱形、苜蓿叶形、定向形、喇叭形、环形。

1. 三路立交

3 条道路交汇的立交，按交叉处车流轨迹线之间的交错方式，主要有三路全互通式立交、三路部分互通式立交和三路交织型立交。

1）三路全互通式立交

（1）喇叭形立交

喇叭形立交是三路全互通式立交的代表形式，它是用一个环圈式匝道（转向约为 270°）和一个半定向匝道来实现车辆左转弯的全互通式立交。其特点是容易设置集中收费设施和分期实施由单喇叭过渡到全互通的双喇叭形立交。喇叭形立交的环形匝道可分为进口匝道（A 型）和出口匝道（B 型），如图 9–7 所示。

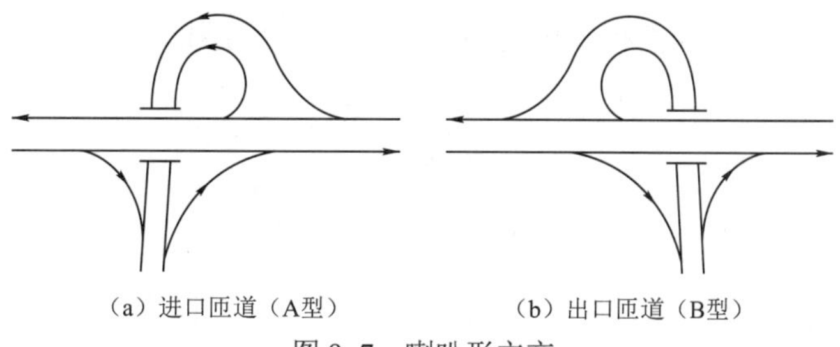

（a）进口匝道（A型）　（b）出口匝道（B型）

图 9–7　喇叭形立交

喇叭形立交的优点是：① 除环圈式匝道以外，其他匝道都能为转弯车辆提供较高速度的半定向运行；② 只需一座跨线构造物，投资较省；③ 没有冲突点和交织，通行能力大，行车安全；④ 结构简单，造型美观，行车方向容易辨认。

喇叭形立交的缺点是：① 在环圈式匝道上行车速度慢，线形较差，若采用较高的设计速度则占地较大；② 左转弯车辆绕行距离较长。

喇叭形立交适用于城区的 T 形交叉、市郊的收费道路及高速公路与一般道路的交叉。在布设时应将环圈式匝道设在交通量小的方向上，当主线转弯交通量大时，宜采用 A 型，反之可采用 B 型。通常，在道路上跨主线时，转弯交通的视野开阔，下穿时宜斜交或弯穿。

（2）Y 形立交

Y 形立交是用定向匝道或半定向匝道来实现车辆左转弯的全互通式立交，相应的可划分为定向 Y 形立交和半定向 Y 形立交两种。

① 定向 Y 形立交。如图 9–8 所示，它是左转车辆在定向匝道上由一个方向车道的左侧驶出，并由左侧进入另一行车方向车道的立交方式。

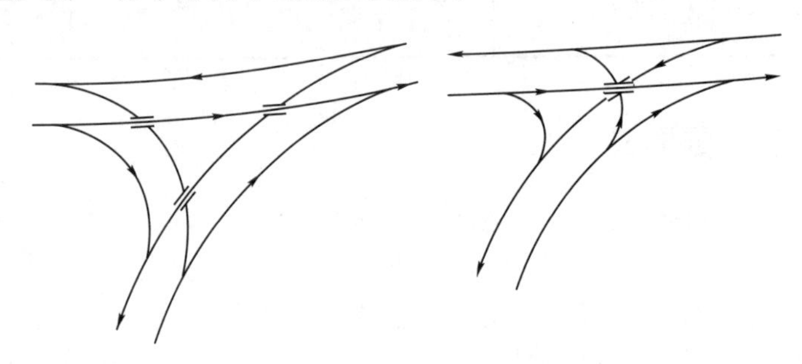

图 9–8 定向 Y 形立交

定向 Y 形立交的优点是：对转弯车辆能提供直接、无阻的定向运行，行车速度快，通行能力大；转弯行驶路径短捷，运行流畅，方向明确；正线外侧不需占用过多土地。

定向 Y 形立交的缺点是：正线双向行车道之间必须有足够距离，以满足匝道纵断面布置的要求；当有 2 条以上车道时，左侧车道为超车道或快车道，使得左转弯车辆由左侧车道快速分离或由左侧车道快速汇入困难；占地较大，造价较高。

定向 Y 形立交适用于各方向交通量都很大的高速公路或城市快速路之间的交叉，特别是正线双向为分离断面，且相距一定宽度较为适宜。另外，当正线外侧有障碍物时最为适宜，在设计 Y 形立交时，正线双向行车道之间在交叉范围所拉开的距离，必须满足左转匝道和桥下净空要求，在正线设计时应充分考虑立交布设的要求。

② 半定向 Y 形立交。如图 9–9 所示，它是对定向 Y 形立交的改进，将定向左转匝道改为半定向匝道，即左转弯车辆由行车道的右侧分离或汇入正线。

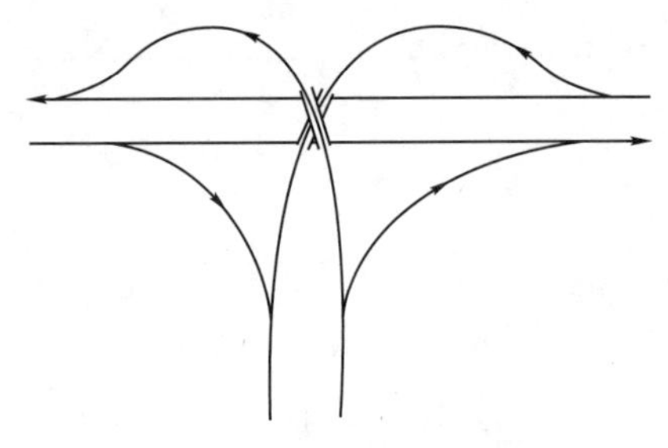

图 9–9 半定向 Y 形立交

半定向 Y 形立交的优点是：对左转弯车辆能提供较高速度的半定向运行，通行能力较大；各方向运行流畅，方向明确，不会发生错路运行；正线外侧占用土地较少；左转弯车辆由正线右侧分离或汇入，运行方便，正线双向行车道之间不必分开。

半定向 Y 形立交的缺点是：匝道修建和运行长度较定向 Y 形立交长；占地较大，造价较高。

半定向 Y 形立交的适用性与定向 Y 形立交基本相同，一般用于正线双向交通量相对较大且双向行车道之间不必拉开或难以拉开的情况，因正线外侧相对占地较少，更适宜外侧有平行于路线的铁路、河流、房屋等障碍物的情况。

2）三路部分互通式立交

三路部分互通式立交有匝道平交型立交和正线平交型立交两种。

（1）匝道平交型立交

匝道平交型立交是将左转匝道之间相交叉的部位做成平面交叉的立交，如图 9-10 所示。

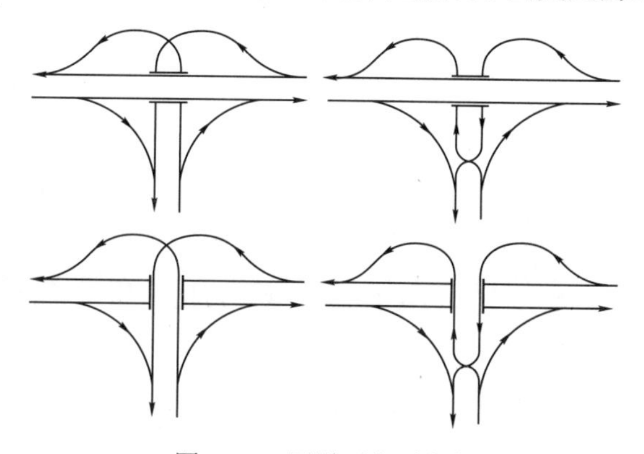

图 9-10　匝道平交型立交

匝道平交型立交的优点是：① 正线直行车辆快速畅通，转弯车辆绕行距离较短；② 每个行车方向都为单一的出、入口，车辆出入正线方便；③ 形式简单，造价低；④ 正线两侧占地较小，使立交用地面积小。

匝道平交型立交的缺点是：① 匝道相互交叉处的平面交叉，可通过的交通量不大；② 平面交叉口处的视认性和安全性受到一定的影响。

这种立交适用于主要道路与次要道路相交，且转弯交通量比较小的交叉。在布设时应对平面交叉的视认性和跨线构造物的结构形式综合考虑。

（2）正线平交型立交

正线平交型立交是某一左转方向和正线交叉的部位成平面交叉的立交，如图 9-11 所示。

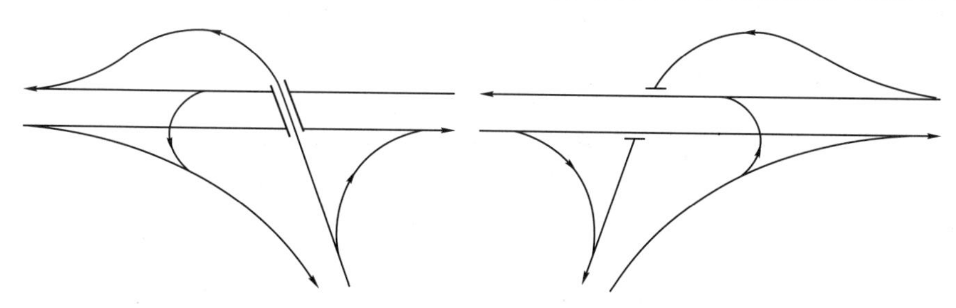

图 9-11　正线平交型立交

正线平交型立交的优点是：① 正线外侧占地少；② 仅需要一座跨线构造物，形式简单，造价低；③ 主要行车方向车速高，行车顺畅。

正线平交型立交的缺点是：平面交叉处的交通量与车速、视认性和行车安全受到限制。

在一般情况下禁止采用正线平交型立交，在城市道路立交用地限制较严、主路和次要路相交时，可以考虑采用该立交。

3）三路交织型立交

（1）环形立交

如图 9–12 所示，环形立交是在半定向左转弯匝道之间通过交织的方式来实现转弯运行，正线车辆不参与交织运行。

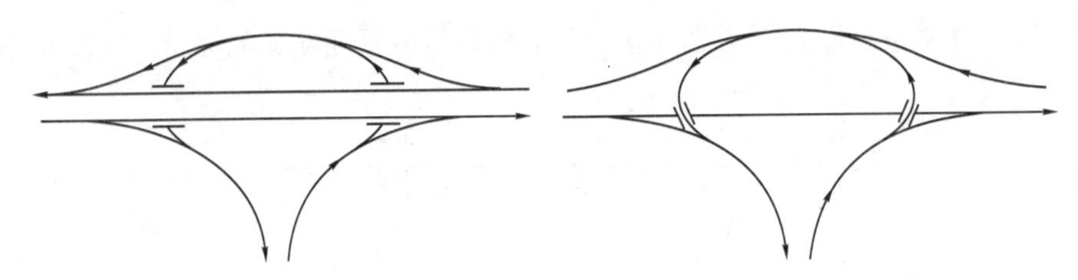

图 9–12　环形立交

环形立交的优点是：① 转弯行驶方向明确，交通组织方便，不需要信号控制；② 能保证正线交通快速畅通；③ 结构紧凑，占地较少。

环形立交的缺点是：① 存在交织运行，限制了通行能力和行车速度；② 左转车辆绕行距离较长。

环形立交适用于主要道路与次要道路相交的中等交通量情况。在布设时宜让主路直通，并将交织路段设在地面一层。

（2）子叶式立交

子叶式立交是用两个环圈式匝道来实现车辆左转弯的全互通式立交，如图 9–13 所示。

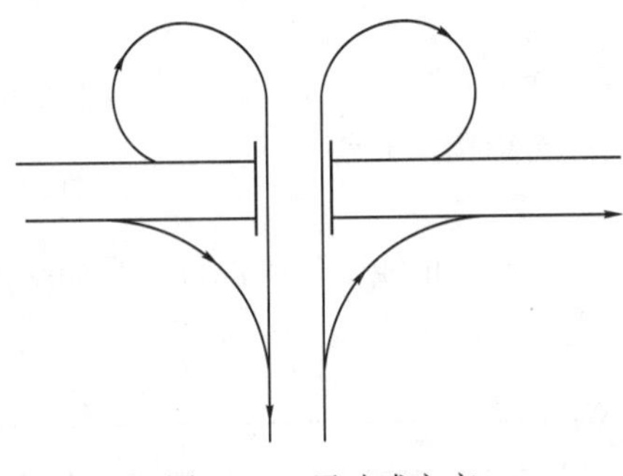

图 9–13　子叶式立交

子叶式立交的优点是：① 只需一座跨线构造物，造价低；② 匝道对称布置，外形呈叶状，造型美观。

子叶式立交的缺点是：① 环圈式左转匝道半径小，线形较差，运行条件不如喇叭形立交好；② 车辆绕行距离较长；③ 在正线上存在交织运行。

子叶式立交的适用性与喇叭形立交相近，多用于苜蓿叶形立交的前期工程。在布设时以使正线下穿为宜。

2. 四路立交

4 条道路交汇于一处构成四路立交，由于相交道路的条数和转弯行驶方向数的增加，使得四路立交比三路立交更为复杂，占地和投资也大。四路立交的形式很多，一些常用的、有代表性的四路立交，与三路立交一样，也可划分为四路全互通式立交、四路部分互通式立交和四路交织型立交。

1）四路全互通式立交

（1）苜蓿叶形立交

① 普通苜蓿叶形立交。普通苜蓿叶形立交如图 9–14 所示，它是最常用的互通式立交形式之一。该立交只有一个交叉构造物，且无任何交叉点，左转车辆必须利用环圈式匝道右转 270° 才能达到左转的目的。

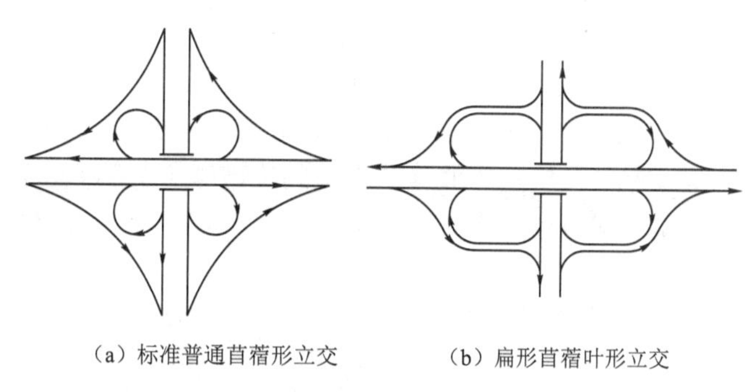

（a）标准普通苜蓿形立交　（b）扁形苜蓿叶形立交

图 9–14　普通苜蓿叶形立交

普通苜蓿叶形立交的优点是：只有一个构造物且所有左转弯冲突都被消除，无须交通信号；交通运行连续而自然；可由部分苜蓿叶形立交分期修建而成；造价较低。

普通苜蓿叶形立交的缺点是：转弯车辆运行距离较长，占地较大；环圈式左转匝道线形差，速度低；上、下线左转匝道出入口之间存在交织运行，限制了立交的通行能力；在正线上为双重出口，其中左转匝道出口在跨线构造物之后，交通标志复杂；为设置附加的交织车道或变速车道，使跨线构造物长度增加。

普通苜蓿叶形立交多用于城市快速路与一般道路或等级较高道路之间的相互交叉，另外，该类型立交形式较为美观，如果对城市道路的苜蓿叶形立交加以适当的绿化，对景观也是较为合适的。

在布设时视具体条件，环圈式匝道可采用单曲线、多心复曲线、方形或压扁形等。

② 带集散车道的苜蓿叶形立交。为了消除正线上的交织和避免双重出口，简化交通标志，提高立交的通行能力和行车安全，常在正线的外侧设置集散车道，称为带集散车道的苜蓿叶形立交。如图 9–15 所示，图 9–15（a）为主要道路与主要道路相交的情况，图 9–15（b）为主要道路与一般道路相交的情况。

带集散车道的苜蓿叶形立交的优点是：使交织路段从城市快速路上分离至车速较低的集散车道上，减少了对交通的影响，提高了行车的安全性；使城市快速路上双重的出口或入口变为单一的出口或入口，大大简化了交通标志；比普通苜蓿叶形立交通过的交通量更大；各左、右转弯车辆运行自然流畅。

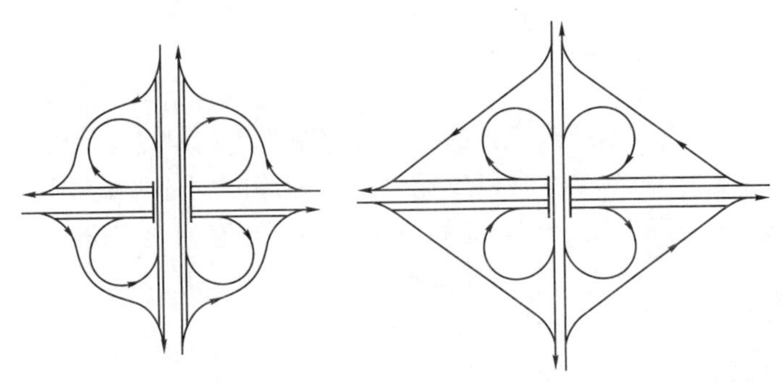

（a）主要道路与主要道路相交的情况　（b）主要道路与一般道路相交的情况

图 9–15　带集散车道的苜蓿叶形立交

带集散车道的苜蓿叶形立交的缺点是：在环圈式匝道半径相同的情况下，与普通苜蓿叶形立交相比占地更多；跨线构造物因跨度增大而造价更高些。

在设置了集散车道以后，主线上的直行车辆可以畅行无阻，而主线减速进入匝道或与由匝道加速进入主线的车辆之间的交织运行在集散车道上完成。同时，集散车道提供了足够的加速和减速车道长度。在布设时应注意从主要道路的出口到集散车道的第一个出口之间保持足够的距离，以便于设置指示标志和安全分流。

（2）半定向式立交

半定向式立交是全互通式立交的高级形式之一，如图 9–16 所示。

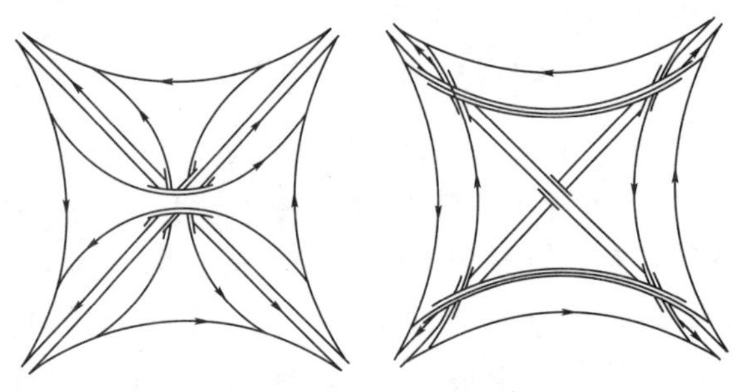

图 9–16　半定向式立交

半定向式立交的优点是：① 各转弯方向车辆运行都有专用匝道，自由流畅，转向明确；② 单一的出口或入口，便于车辆运行和简化标志；③ 无交织、无冲突点，行车安全；④ 适应车速高，通行能力大。

半定向式立交的缺点是：① 层多桥长，造价高；② 占地面积大，在城区很难实现。

半定向式立交适用于快速路之间相互交叉的情况，通常认为在市区等用地和建筑物限制较严的地区较难设置，国外多用于高速公路之间、市区外围的高速公路或城市快速路之间的交叉。在布设时，一般将直行车道分别布置在较低层次，而将对角左转弯匝道布置在高层。

（3）定向式立交

定向式立交是由定向左转匝道组成的一种高级的全互通式立交，如图 9–17 所示。

定向式立交的优点是：① 匝道转弯半径大，行车方向明确，路径短捷；② 能为转弯车辆提供高速的定向运行，通行能力大；③ 无冲突点，行车安全。

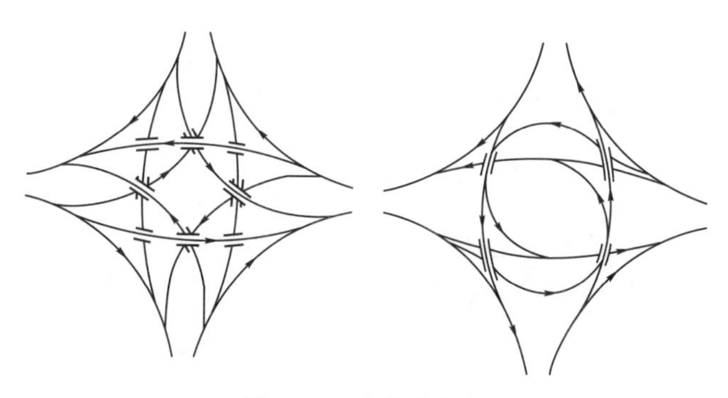

图 9–17　定向式立交

定向式立交的缺点是：① 存在左侧分离和左侧汇入的困难；② 正线双向行车道之间必须拉开足够距离，直行车辆略有绕行；③ 跨线构筑物数量多、层次高，占地面积大，造价高。

定向式立交适用于高速公路或城市快速路之间的相互交叉的情况，由于它存在左出和左进的问题，只有在交通量大、车速高的情况下才可考虑采用。

（4）涡轮式立交

涡轮式立交是由 4 条半定向式左转匝道组成的一种高级的全互通式立交，如图 9–18 所示。

涡轮式立交的优点是：① 匝道平曲线半径较大，纵坡和缓，适应车速较高；② 车辆进出主线安全顺畅；③ 无交织，无冲突，通行能力较大；④ 规模宏伟，造型美观。

涡轮式立交的缺点是：① 左转弯车辆绕行距离较长，营运费用较大；② 需建二层跨线构造物 5 座，造价较高；③ 占地面积大。

涡轮式立交适用于城市快速路之间相互交叉的情况。

（5）组合式立交

组合式立交是根据交通量并结合地形、地物限制条件，采用两种或两种以上不同形式左转匝道组合而成的立交，一般只具有一个轴向或斜线对称性，如图 9–19 所示。由于组合式立交是因交通量、地形或地物的制约而形成的，所以，其立交形式多种多样。双向主线在立交范围不拉开距离的情况下，组合式立交多数由小回转式左转匝道与半定向左转匝道组合而成。

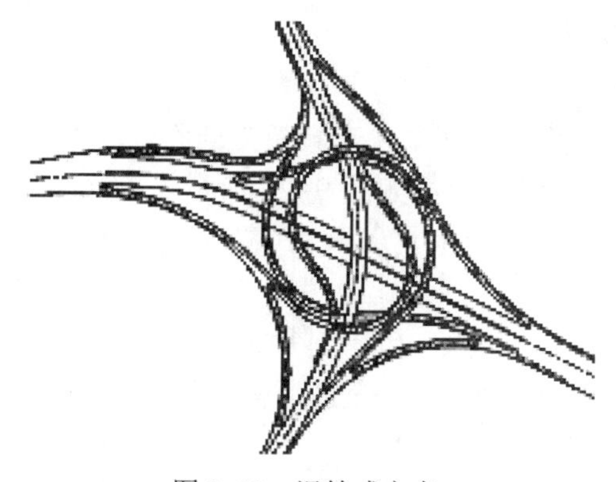

图 9–18　涡轮式立交

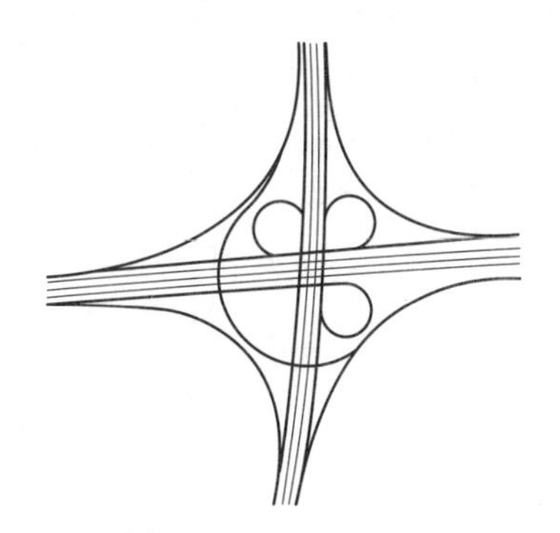

图 9–19　组合式立交

组合式立交的优点是：① 考虑交通流大小设置匝道；② 主要交通流匝道平曲线半径较大，纵坡和缓，适应车速较高；③ 形式灵活，可因地制宜采取适当的立交方案；④ 规模宏伟，造型具有非对称美。

组合式立交的缺点是：① 主要交通流左转弯车辆绕行距离较长，营运费用较高；② 占地面积较大。

2）四路部分互通式立交

四路部分互通式立交是在次要道路上或匝道上存在平面冲突点，或部分转弯方向不设专用匝道的立交。一般多用于主要道路与次要道路相交，也可用于地物限制较严或分期修建的情况。四路部分互通式立交的代表形式主要有菱形立交和部分苜蓿叶形立交等。

（1）菱形立交

菱形立交是只设右转和左转公用的匝道，使主要道路与次要道路连接，在跨线构造物两侧的次要道路上为平面交叉口，如图 9–20 所示。

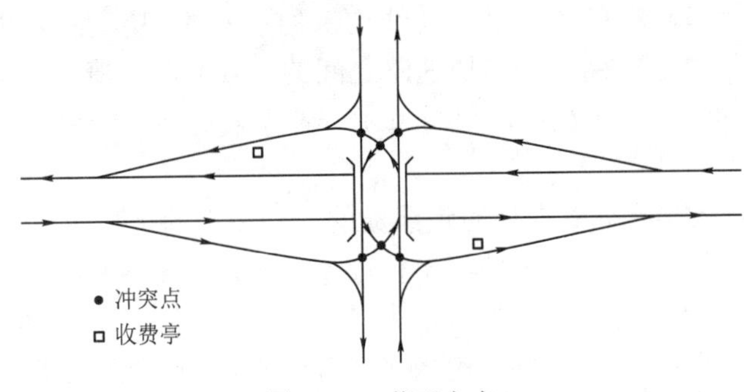

图 9–20　菱形立交

菱形立交的优点是：① 能保证主线直行车辆快速畅通；② 主线上具有高标准的单一进出口，交通标志简单；③ 主线下穿时匝道坡度便于驶出车辆减速和驶入车辆加速；④ 形式简单，用地少，工程费用低。

菱形立交的缺点是：① 次要道路与匝道连接处为平面交叉，影响通行能力和行车安全；② 当次要道路在上层时，可能存在视认性、错路运行或行车等待等问题。

菱形立交多用于城市主要道路与次要道路相交且用地困难的情况。在布设时应将平面交叉设在次要道路上。主要道路采用上跨式或下穿式应视地形和排水条件而定，一般以下穿为宜。次要道路上可通过渠化或设置交通信号等措施组织交通。

（2）部分苜蓿叶形立交

部分苜蓿叶形立交是相对于全苜蓿叶形立交而言，在部分左转弯方向不设环圈式左转匝道，而在次要道路上以平面交叉的方式实现左转弯运行，如图 9–21 所示。

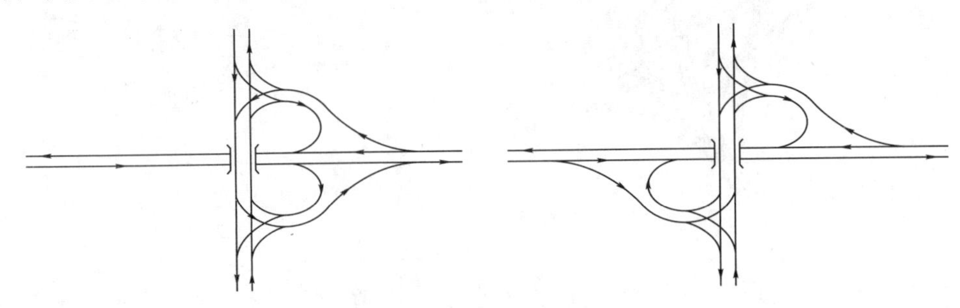

图 9–21　部分苜蓿叶形立交

部分苜蓿叶形立交的优点是：① 可保证主要道路直行车辆快速通畅；② 单一的驶出方式简化了主要道路上的交通标志；③ 用地和工程费用较少；④ 便于分期修建，远期可扩建为全苜蓿叶形立交。

部分苜蓿叶形立交的缺点是：① 在次要道路上存在平面冲突点，影响通行能力和行车安全；② 次要道路可能有停车等待和错路运行现象；③ 有时次要道路上的平面交叉口需设信号控制，若出口匝道储存能力不足时，往往会影响主要道路的交通。

当主要道路与次要道路相交时，可采用部分苜蓿叶形立交。在布设时应使转弯车辆的出入尽可能少妨碍主要道路的交通，平面交叉口应布设在次要道路上，必要时在次要道路上组织渠化交通或设置信号控制。

3）四路交织型立交

四路交织型立交的代表形式是环形立交。此外，按交织段的位置可分为匝道交织型、次要道路交织型及主要道路交织型。

（1）环形立交

环形立交是由平面环形交叉发展而来的，常用形式如图 9–22 所示。

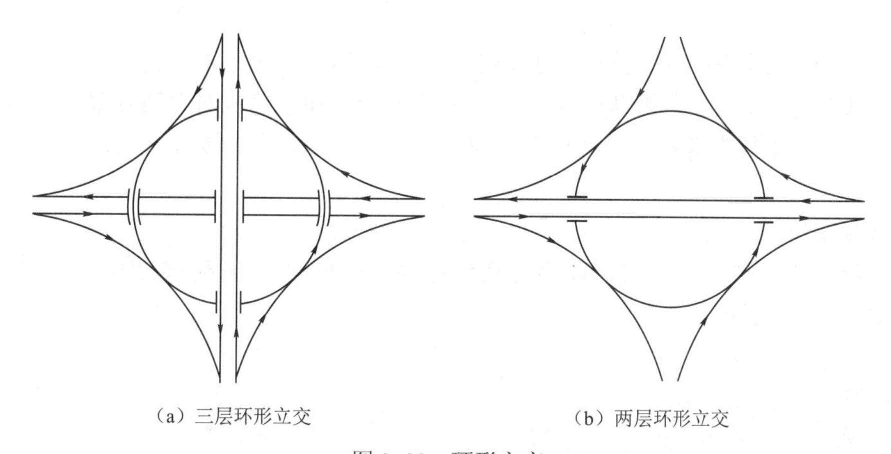

图 9–22　环形立交

环形立交的优点是：① 能保证主要道路快速畅通，转弯行驶方向明确；② 无冲突点，行车较安全，交通组织方便；③ 结构紧凑，占地较少。

环形立交的缺点是：① 存在交织运行，通行能力受到环道交织能力的限制；② 车速受到中心岛半径的影响，速度较低；③ 构筑物较多，工程费用较高；④ 左转弯车辆绕行距离长。

环形立交多用于城市道路立交，视具体情况可采用二层、三层或四层式，其中二层式用于主要道路与次要道路相交，三层式和四层式可用于相交道路上直行车辆较多，车速较高的快速路、主干路、环城道路之间的交叉，或用于市区机动车与非机动车分离行驶的情况。在布设时，应使主要道路直通，将交织段设在次要道路或匝道上。中心岛可采用圆形、椭圆形或其他形状。当机动车、非机动车分离行驶时，宜将非机动车设在地面一层或邻近地面层，以利于非机动车行驶。

当采用环形立交时，必须根据相交道路的性质进行比较研究，评估环道的最大通行能力和所采用的中心岛尺寸是否满足远期交通量和车速的要求。

（2）匝道交织型立交

当交织路段在匝道上时，匝道上运行的车辆之间存在交织，不影响正线直行车辆的正常行驶，如图 9–23 所示。

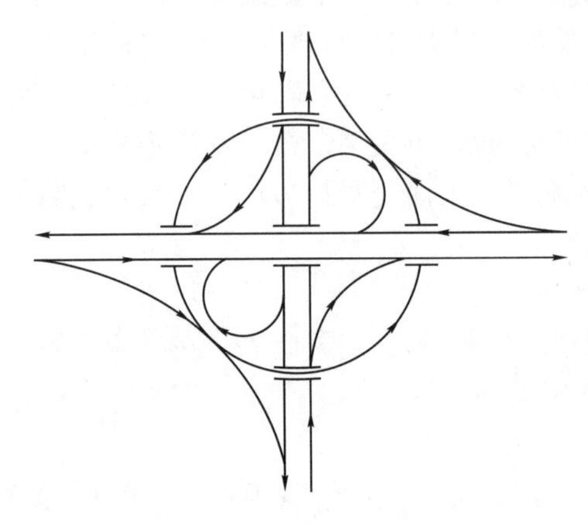

图 9–23　匝道交织型立交

匝道交织型立交与环形立交相比，匝道之间的交织运行在匝道上进行，部分左转方向采用环圈式匝道或其他形式匝道不参与交织运行，使通行能力和车速相对有所提高。因为直行车辆快速直通，可适用于较高等级道路之间的交叉。在布设时，可让左转方向交通量比较大的交通流不参与交织运行。

（3）次要道路交织型立交

当交织路段在次要道路上时，匝道与次要道路上的车辆之间存在交织，但不影响主要道路交通，如图 9–24 所示。

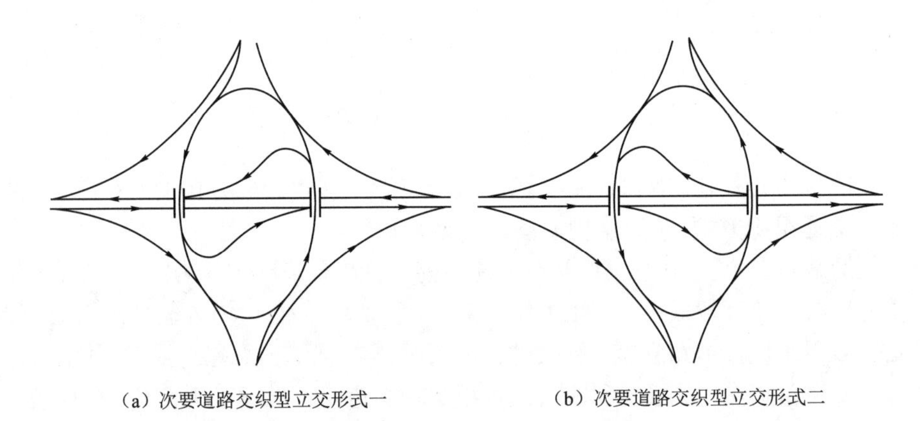

（a）次要道路交织型立交形式一　　（b）次要道路交织型立交形式二

图 9–24　次要道路交织型立交

次要道路交织型立交的显著特点是跨线构筑物简单，仅需二层式即可，与部分苜蓿叶形立交相比占地较少。但在次要道路上存在交织运行，影响其直行车辆行驶，左转弯绕行距离较长。

此类立交适用于城市街道用地限制较严，拆迁难度较大的交叉口。在布设时，宜将交织路段设在次要道路上，为不影响次要道路直行车辆的正常行驶，可在次要道路一侧或两侧设置集散道路供转弯车辆交织行驶。

（4）主要道路交织型立交

主要道路交织型立交是指主要道路和次要道路上下行都存在交织路段的交叉形式，如图 9–25 所示。

这类立交占地较少，在城市用地较紧张、拆迁困难的条件下实现立交可能性较大，但在主、次要道路上均存在交织运行，通行能力较小，行车速度较慢。适用于市区交叉口附近拆迁困难、道路用地限制较严的情况。

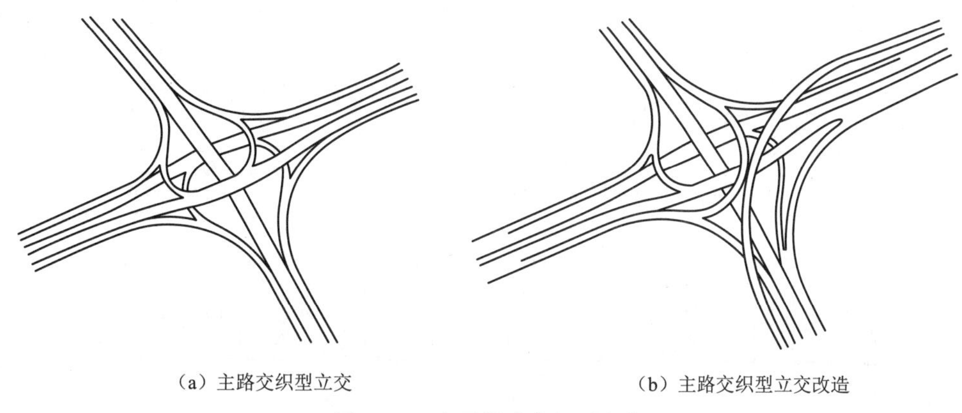

（a）主路交织型立交　　（b）主路交织型立交改造

图 9–25　主要道路交织型立交

3. 多路立交

5 条及 5 条以上道路交汇于一处构成多路立交。在规划时应尽量避免多条道路相交，不得已时方可采用。多路立交也可以划分为多路完全互通式、多路部分互通式和多路交织型立交 3 种类型。

9.4　城市立交选形和交通设计

9.4.1　城市立交选形的目的及意义

城市立交，尤其是较为复杂的城市互通式立交的规划、建设需要考虑用地、环境、交通流量等多个方面，再加上城市立交的形式复杂、变化多样，影响方案选择的因素众多，如社会经济、地质地形、环境景观等，对于一处立交，合适的形式也不止一个，即使同一个形式，采用不同的布置方案，也会产生不同的效果。立交建成后会诱发更大的交通流量，对周边交通产生影响，不同的设计对交通流产生的影响也不同。因此，如何选择立交的形式，这就需要进行立交的选形研究。

立交选形的目的是提供行车效率高、安全舒适、适应设计交通量，并满足车辆转弯需求，且与环境相协调的合理立交形式。通过城市立交选形研究，可以得到最适合城市道路交通的立交形式。立交选形除了满足城市交通方面的要求，还应与城市景观协调统一，成为城市的一道亮丽风景线。一座好的立交不仅能解决交通问题，甚至还能带动一个地区的经济快速发展，由此可见，城市互通式立交的选形意义重大。

9.4.2 城市立交选形的影响因素

影响立交形式选择的因素很多，归纳起来主要有道路、交通、环境及自然条件，具体内容如图 9–26 所示。

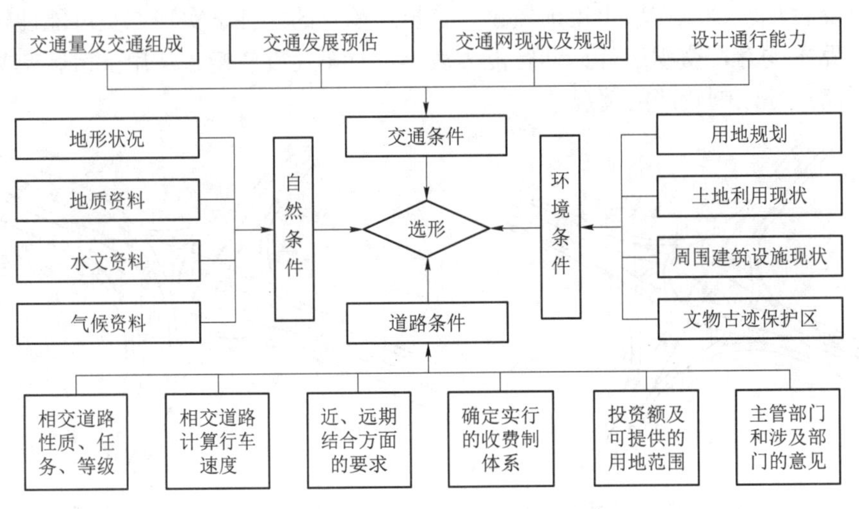

图 9–26 城市立交选形的基本因素

9.4.3 城市立交类型的选用

1. 国内情况

对北京市二、三环路上共 84 座立交进行汇总统计，得到各类立交所占比重如表 9–6所示。由表 9–6 可知，在北京市二、三环快速路系统中，菱形立交所占比重较大，共有 36 座，占 42.86%。其次是苜蓿叶形立交，共有 23 座，占 27.38%。组合式立交和环形立交各有 9 座，占 10.71%。最少选用的立交形式为喇叭形立交，只有 1 座，占 1.19%，这主要因为北京市立交多为非收费立交。

表 9–6 北京市二、三环立交类型统计

序号	立交形式	位置	立交数量	位置	立交数量	比例/%
1	菱形立交	二环	9	三环	27	42.86
2	定向形立交	二环	3	三环	2	5.95
3	完全苜蓿叶形立交	二环	11	三环	6	20.24
4	部分苜蓿叶形立交	二环	2	三环	4	7.14
5	环形立交	二环	5	三环	4	10.71
6	喇叭形立交	二环	1	三环	0	1.19
7	组合式立交	二环	3	三环	6	10.71
8	其他	二环	0	三环	1	1.19

通过对北京市快速路系统中各种立交形式选用情况分析，可得出以下结论。

① 菱形立交：适用于用地困难的城市中主要道路与次要道路相交。

② 定向形立交：适用于各方向交通量都很大的高等级道路，地形适宜的双向分离道路相交。

③ 完全苜蓿叶形立交：适用于用地允许的市区主要交叉口。

④ 部分苜蓿叶形立交：适用于高速公路与快速路、主干路相交。

⑤ 环形立交：适用于中等交通量的主干路与次干路相交。

⑥ 喇叭形立交：适用城区的T形交叉、高速公路与一般道路交叉。

2. 国外情况

对日本高速公路上447座立交的类型进行统计分析，得到以下结论。

① 在日本高速公路的立交中，组合式立交占91%，占绝对优势，非组合式立交仅占9%。

② 单喇叭与其他形式（平交形立交、T 形立交、苜蓿叶形立交）的组合形式在日本采用最多，占55%。其次是喇叭形立交，占18.3%。这两种类型都属于含有喇叭形的组合立交，占73.3%，是采用最多的立交形式。

③ 在高速公路四路立交组合式中，双喇叭形立交占绝对优势，占 73.2%；单喇叭形式与其他形式组合型立交占22.3%，也就是说，日本的高速公路四路立交组合形式几乎均为双喇叭形、单喇叭形与其他形式的组合类型。这主要因为日本的高速公路多为收费道路，喇叭形立交是收费道路立交的典型形式。

9.4.4　城市立交选形的基本原则

互通式立交形式的选择应该根据道路、交通条件，结合自然、环境条件综合考虑而定，并遵循以下基本原则。

① 立交的形式首先取决于相交道路的性质、使用任务和远景交通量等。其中相交道路的性质主要指道路的重要性、道路的类型和等级、设计速度等。若相交道路等级高时，应采用完全互通式立交；交通量大、设计速度高的行车方向，要求线形指标高、路线短捷、纵坡平缓；当车辆组成中既有机动车和非机动车，又有大型车和小型车时，不同车种的车辆行驶速度、爬坡能力及转弯半径等均不相同，选形时在满足一般要求的基础上，还要考虑个别交通特性的需求，例如，非机动车应行驶在地面层上或路堑内；若使机动车与非机动车交通量都很大的车流分离行驶时，可采用三层或四层式立交，不同的交通层面应相互套叠组合在一起，减少立交的建筑高度和用地。

② 选定的立交形式必须与立交所在地的自然条件和景观条件相适应。在形式选择时要充分考虑区域规划、地形地质条件、可能提供的用地范围、文物古迹保护区、周围建筑物及设施分布现状等。在满足交通量要求的前提下，立交选形应力求合理利用地形，与环境相协调，造型美观，结构新颖合理。

③ 形式选择要全面考虑远、近期结合。既要考虑近期交通量要求，减少投资费用，又要考虑远期交通发展，改建提高的可能。例如，为合理利用资金，适应交通量增长需求，近期可选用部分互通式、两层式立交等，远期可改建为完全互通式、三层或四层式立交，并应注意前期工程能为后期工程所利用，以免造成不必要的浪费。

④ 形式选择和匝道布置要全面安排，分清主次。立交形式往往受匝道的平、纵面安排布置的制约，应考虑匝道的平面线形指标和竖向标高的要求。应处理好主要道路与次要道路的关系，首先应满足主要道路的要求，然后考虑次要道路。选形要与立交线形、构造物、总体布局及环境相适合。例如，在处理竖向位置时，铁路与道路相交常以铁路上跨为宜，可减小净空高度；城市快速路与其他道路相交原则上城市快速路不变或少变，其他道路抬高或降低，以保证城市快速路行车的平顺；城市立交是以非机动车道不变或少变，有利于行人及自行车通行为原则。

⑤ 形式选择应从实际出发，有利于施工、养护和排水，尽量采用新技术、新工艺、新结构，以提高质量、缩短工期和降低成本。

⑥ 在城市中心区道路上，立交选形时应该考虑城市的特点，尽量少占地、少拆迁、少下挖，结构应该简单，行车方向明确，充分考虑非机动车及行人的要求，尽量考虑景观和城市建筑协调等方面的要求。

9.4.5 城市立交选形的基本步骤

立交形式选择是在立交位置选定的基础上进行的，一般要求立交的位置应选择在地势平坦开阔、地质良好、拆迁较少，以及相交道路具有较高的平、纵线指标之处。城市道路立交一般受用地和地物限制较严，为结合具体制约条件，在定位时必须考虑可能布设的立交形式，以便在进一步比较研究后选用。在定位时提供的可选立交形式基础上，按下列步骤确定该位置可采用的立交形式。

1. 确定城市立交基本类型

城市道路立交类型的选择，应根据交叉节点在城市道路网中的地位、作用和相交道路的等级，并结合城市性质、规模、交通需求及立交节点所在区域用地条件按表 9–7 选定。

表 9–7 城市道路立交类型选择

立交类型	选型	
	推荐形式	可用形式
快速路–高速公路	立 A_1 类	—
快速路–快速路	立 A_1 类	—
快速路–主干路	立 B 类	立 A_2 类、立 C 类
快速路–次干路	立 C 类	立 B 类
快速路–支路	—	立 C 类
主干路–高速公路	立 B 类	立 A_2 类、立 C 类
主干路–主干路	—	立 B 类
主干路–次干路	—	立 B 类
次干路–高速公路	—	立 C 类
支路–高速公路	—	立 C 类

2. 确定立交的基本形式

首先应选择立交的总体结构，如上跨式或下穿式，完全互通式、部分互通式或交织型，二层式、三层式或四层式，机动车与非机动车交通是分离行驶还是混合行驶，确定是否考虑行人交通，是否收费等。在此基础上进一步选择立交的基本形式，如菱形、环形、Y 形、苜蓿叶形、喇叭形或组合式等。

根据影响立交形式选择的主要因素，表 9–8为常用立交形式的选择条件，其中相交道路按 6 车道计，交通量为当量小客车数。

表 9–8 常用立交形式的选择条件

立交形式	设计速度/（km/h）			交叉口总通行能力/（pcu/h）	占地面积/km²	相交道路等级及交叉口情况
	直行	左转	右转			
定向形立交	80～100	70～80	70～80	13 000～15 000	8.5～12.5	高速公路相互交叉； 高速公路与市郊城市快速路相交
苜蓿叶形立交	60～80	30～40	30～40	9 000～13 000	7.0～9.0	高速公路与城市快速路、主干路相交； 用地允许的市区主要交叉口
部分苜蓿叶形立交	30～80	25～35	30～40	6 000～8 000	3.5～5.0	城市快速路与主干路相交； 苜蓿叶形立交的前期工程
菱形立交	30～80	25～35	25～35	5 000～7 000	2.5～3.5	城市快速路与主干路相交
三、四层环形立交	60～80	25～35	25～35	7 000～10 000	4.0～4.5	城市快速路相互交叉； 市区交叉口
喇叭形立交	60～80	30～40	30～40	6 000～8 000	3.5～4.5	高速公路与城市快速路相交； 用地允许的市区交叉口
三路环形立交	60～80	25～35	25～35	5 000～7 000	2.5～3.0	高速公路或城市快速路相互交叉； 市区 T 形、Y 形交叉口
三路子叶形立交	60～80	25～35	25～35	5 000～7 000	3.0～4.0	高速公路与城市快速路、主干路相交； 苜蓿叶形立交的前期工程
三路定向形立交	80～100	70～80	70～80	8 000～11 000	6.0～7.0	城市快速路相互交叉； 地形适宜的双向分离式道路相交

3. 立交方案设计

（1）方案构思

立交方案构思是选形阶段的关键步骤，要点归纳起来有“新、借、活、重、紧、美”6 个字。

① 新——立交构思要有创意，要大胆设想，广开思路。立交是结构比较复杂且庞大的交通基础设施，是道路工程与桥梁工程实体的结合产物，因此立交方案构思应在“新”字上下功夫，要按照设计创造的理念突出创造，体现新意，不能千篇一律。构思可采用“仿生法”“类比法”“融合法”等手段进行创新设计。如北京玉蜓桥立交就是借用仿生原理，模拟蜻蜓的形象，由苜蓿叶形立交变形后构成，达到自然融洽、创新的效果，是一个有新意的立交范例，如图 9–27 所示。

② 借——立交构思可以借用以往立交方案设计的经验，但不能生搬硬套，千篇一律。在构思时，借鉴国内外立交设计的成功经验，借用或参考其基本结构，结合该立交的特点和条件，经完善、优化，反复调整后形成新的方案。

③ 活——方案构思要机动灵活，因地制宜。每个立交的区位条件和要求均不相同，因地

制宜是立交方案构思的根本。特别是立交的地形、地物、环境及投资条件的适应和满足，是决定立交成败的关键。立交层次应合理安排，匝道灵活布设。如重庆黄花园立交结合周边建筑拆迁和长江江岸条件，采用对角线式半苜蓿、半定向形立交，就是一个较好的灵活设计的范例，如图 9–28 所示。

图 9–27　北京玉蜓桥立交

图 9–28　重庆黄花园立交

④ 重——立交方案的形成一定要有重点，要以功能为重，主次分明。影响立交方案形成的因素很多，而各个立交的因素又不尽相同，在分析影响立交的各种因素的基础上，应抓住主要因素，突出主要矛盾，找准关键性问题，采取有针对性的措施，深化突破，形成合理方案。

⑤ 紧——立交方案总体结构要紧凑，要注意经济实用，有效利用空间，匝道布设应精打细算，节省用地，减少拆迁。在平面和立面上保证匝道、主线最小间距和净空的基础上合理布局，达到结构紧凑、布局合理的要求。如重庆桥南桥头立交就是在长江河岸控制和山坡陡峻的环境条件下，充分利用空间，采用多层次（五层）迂回布局的手法，以达到结构紧凑、满足车辆转向的要求，是一个有创意的立交实例，如图 9–29 所示。

图 9–29　重庆桥南桥头立交

⑥ 美——立交方案设计应注意造型美观、环境协调的要求，在不过分增加造价的前提下，巧妙灵活布设匝道，使立交造型美观，环境协调，有较强的文化氛围和地域特色。图 9–30 为普宁莲花寺附近的城市立交，立交采用莲花为主题，灵活布设 3 个小环道，构成莲花形，造型美观，达到了造型美和具有地域特色的要求。

图 9–30 普宁莲花寺附近的城市立交方案

（2）初拟方案

在合理构思的基础上，根据设计要求和地形条件，在地形图或覆盖的透明纸上勾绘出各种可能方案。

（3）确定比较方案

对初拟方案进行分析，应考虑线形是否顺适、转弯半径是否能满足要求、各层间可否跨越、拆迁是否合理等，一般选定 2～4 个比较方案。

4. 立交方案综合评价

立交方案综合评价是立交交通设计的一个重要环节，其目的就是通过对立交方案的综合评价，寻找技术上、经济上、社会效益上的最合理的立交形式，使设计的道路立交在使用过程中发挥最大的社会效益和经济效益。

由于立交方案综合评价属于多因素、多目标的复杂决策过程，如果仅仅考虑一两个方面或只依靠人为分析是远远不够的，必须应用科学的理论和方法，从技术、经济、社会等多方面综合分析，从而对备选方案进行全面的定性和定量分析，度量不同方案的相对价值，为立交方案的选形问题提供科学的依据。进行立交方案评价首先要建立方案综合评价的指标体系，分析影响立交方案的因素，分层次确定各项评价指标，计算可量化的指标，如通行能力、行车速度、造价等；其次采用不同的评价方法进行评价，确定最优方案或推荐方案。

目前在我国立交方案综合评价方面多采用经验工程方法，如分项评分法、技术经济比较法等。另外，有的学者提出了一些新的评价方法，如层次分析法、模糊综合评判法、人工神经网络综合评价法、数据包络分析法等。

9.4.6 案例分析

城市快速路 EW 线与已建高速公路 NS 线交叉处的拟建枢纽立交，设计车速分别为 100 km/h 和 120 km/h，均为双向 6 车道，路基宽度为 35 m。交通量预测 W—N 方向占转向交通量的 46%，其次为 E—S 方向，占转向交通量的 25%，试设计互通式枢纽立交。

1. 方案设计

（1）方案一：对角苜蓿叶形+半定向匝道

W—N 方向和 E—S 方向交通量最大，左转匝道采用半定向迂回匝道，宽度采用单向双车道，设计车速分别为 80 km/h 和 60 km/h。交通量小的左转匝道采用 R=72 m 的对角苜蓿叶形匝道。其余均采用单向单车道匝道，设计车速为 40 km/h，匝道与 NS 主线的交叉采用匝道上跨已建 NS 主线方式。

该方案的优点是满足主要方向交通流的要求，平纵线形指标相对较高，适应车辆快速行驶，通行能力高，行车安全，由于对角布置苜蓿叶形匝道不需设置集散道路，营运费用较低，如图 9–31（a）所示。

（2）方案二：苜蓿叶形+半定向匝道

该方案 N—W 方向采用单向双车道匝道，设计车速为 80 km/h，其余均采用单向单车道匝道，设计速度为 40 km/h，匝道与 WE 线的交叉采用匝道上跨 WE 线的方式。

该方案的优点是主交通流方向采用较高指标。缺点是平纵指标相对方案一低，左转匝道运行时间相对较长，特别是 E—S 方向左转交通量大，采用苜蓿叶形匝道，转弯半径小，绕行距离长，通行能力相对较低，营运费用相对较高，占地面积相对较大，由于采用 3 个苜蓿叶形匝道彼此相邻，需要设置两条集散道路，如图 9–31（b）所示。

（3）方案三：苜蓿叶形+半定向匝道

N—W 方向和 E—S 方向采用单向双车道匝道，设计车速为 60 km/h，其余均采用单向单车道匝道，设计车速为 40 km/h，匝道上跨 W—E 方向。

该方案的优点是：半定向式匝道左转弯绕行距离短，桥跨减少，互通布局相对紧凑，占地规模较小。缺点是平纵指标相对方案一低，特别是定向匝道纵坡比较大，放坡比较困难，线形相对方案一较差，行车速度慢，如半定向匝道放到第三层，上跨各线，则造价高，如图 9–31（c）所示。

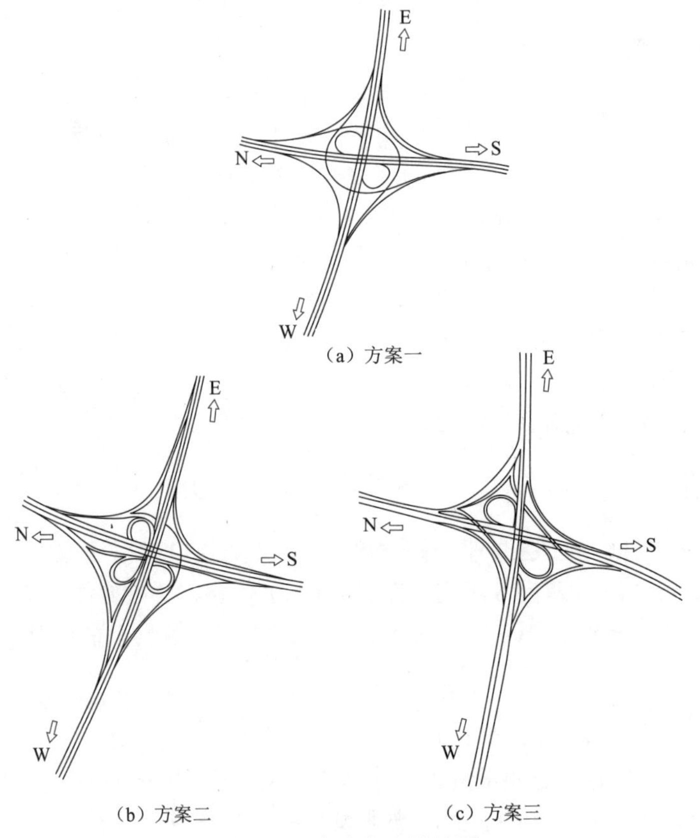

图 9–31　立交方案设计图

2. 方案比较

对方案一、方案二和方案三进行定量比较，如表 9–9所示。

表 9–9 方案比较表

项　　目		方案一	方案二	方案三
互通形式		对角苜蓿叶形+半定向匝道	苜蓿叶形+半定向匝道	苜蓿叶形+半定向匝道
层次		2	2	2
交通功能		佳	一般	最佳
匝道	平纵线形	最佳	平面线形较差	纵断线形较差
	最大长度/m	2 199	2 199	1 441
	最小半径/m	72	65	72
	最大纵坡/%	3.117	3.912	5
	全长/m	9 639	9 983	7 648
占地比较（相对）		1	1.03	0.8
拆迁比较（相对）		1	1.13	0.9
造价		最高	最低	适中

通过方案比较可知，方案一虽然造价略高，但具有满足主流向要求，平纵线形指标相对较高，适应车辆快速行驶，通行能力较强，行车安全，营运费用相对较低等优点，故推荐采用方案一。

9.5 匝道的布设和交通设计

9.5.1 匝道的动线分析

动线，即交通流线。动线分析的目的就是通过研究匝道分、合流点的交通流线的相互位置关系，进一步掌握交通流线的基本规律，从而更好地选择匝道类型，合理布置匝道及确定匝道几何形状尺寸，以便更好地为转弯车辆服务。

1. 匝道动线布置的基本形式

根据匝道与主线连接的进、出口的动线分布，有 4 种基本形式，即分流、合流、交织和交叉，如图 9–32 所示。

① 分流。分流指一个方向的交通流分为两个方向的交通流，如主线出口处即为分流，通常用“D”表示。

② 合流。合流指两个方向的交通流合为一个方向的变通流，如主线进口处即为合流，通常用“M”表示。

③ 交织。交织指两个方向的交通流先合流后分流的组合情况，如环道与匝道的车流相交时，即形成交织，通常用“W”表示。

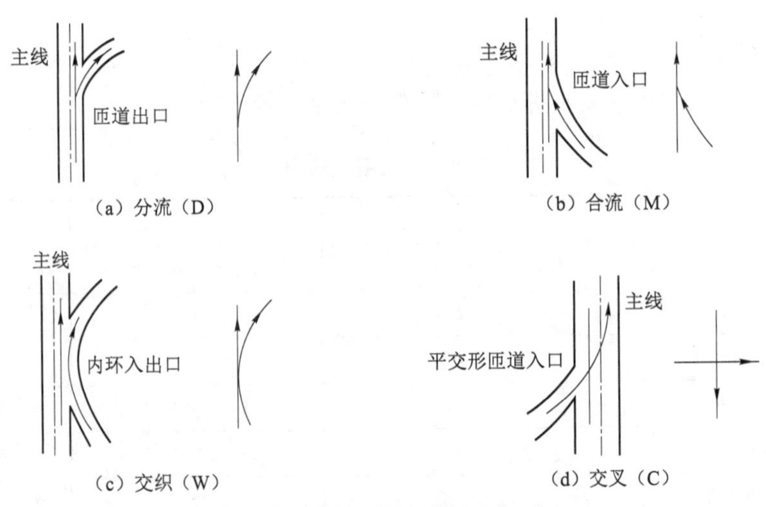

图 9–32 匝道动线布置的基本形式

④ 交叉。交叉指两个不同方向的交通流以接近或大于 90° 的交角相交的情况，如平交形立交中次要道路上的入口，通常用“C”表示。

2. 动线布置的组合形式

正线与匝道或匝道与匝道连接处车流轨迹线分流与合流的组合，可以是自身的组合，也可以是相互的组合。这样，分、合流的组合形式应有连续分流、连续合流、合分流及分合流 4 种类型，如图 9–33 所示。根据分流与合流在正线（或匝道）的左侧或右侧位置的不同，又有不同的形式组合，如图 9–34 所示。

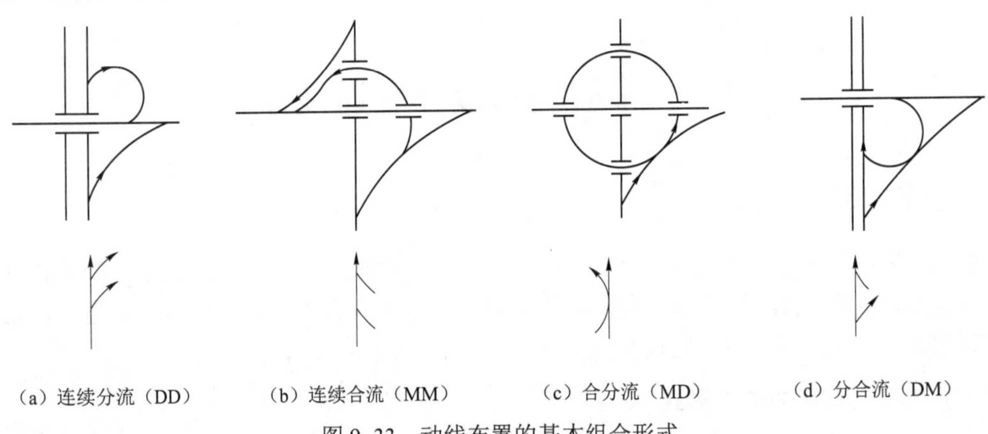

图 9–33 动线布置的基本组合形式

从行车安全方便的角度分析，各类的第Ⅰ、Ⅱ种形式使用较多，它们均属正线行车道右侧分流（简称右出）和右侧合流（简称右进）的行驶过程；而各类的后 3 种形式使用较少，它们都存在左侧分流（左出）、左侧合流（左进）的行驶过程。这是因为我国行车规则为右侧行驶，当单方向行道有两条或两条以上车道时，靠中线的车道为快速车道或超车车道，而靠右外侧车道为慢速车道或主车道，如果分、合流为左出和左进运行，那么车辆必须高速驶出和汇入正线，这对行车安全是非常不利的。同时，对于右侧行驶的慢速车要加速分离和汇入也是非常困难的，但若采用右出和右进的分、合流运行，对行车安全和方便进出是非常有利的。

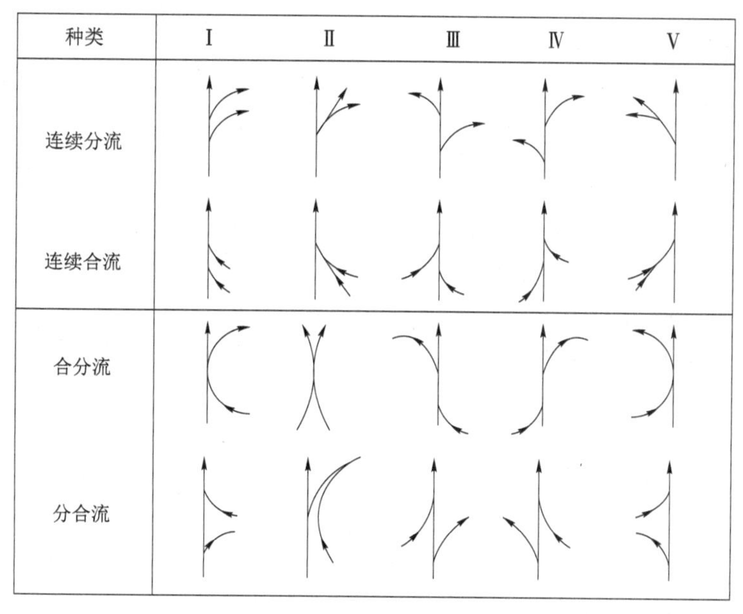

图 9–34　动线布置的各种组合形式

另外，连续分流和连续合流的第Ⅱ种形式比第Ⅰ种形式更有利于行车，因为第Ⅱ种形式的正线上只有一处分流或合流，对正线车流干扰最小。合分流类都存在交织运行，第Ⅰ种形式为正线与匝道车流交织，第Ⅱ种形式为匝道与匝道车流交织。分合流类是常用形式，其中第Ⅱ种形式为正线分流、匝道合流运行，也可采用匝道分流、正线合流的分合流形式。

9.5.2　匝道的基本形式

在立交中，主线与交叉线处于不同高程上，需用道路将其互相联系，便于各方向车流通达，这些起联系作用的道路通常称为匝道。如前文分析，多种动线组合形式不同的出入口，用匝道将其互相连通，设置必要的跨线桥，与主线、交叉线共同组合成各式各样的互通式立交，因此，匝道的布置形式多样。匝道布置是否得当，线形是否舒顺、紧凑、合理，对于满足交通、保证安全、少占土地、节省投资都极为重要，下面就常用的几种匝道布置形式加以介绍和分析。匝道主要分为 2 种类型，即右转匝道和左转匝道。

1. 右转匝道

右转匝道的基本形式如图 9–35（a）所示。车辆从交叉线右侧分流，通过匝道，从主线右侧汇入主线。此种匝道的特点是：右出右进，出入直接，方向明确，线形顺适，曲线半径较大，车速较快，车辆行程最短，采用较为广泛。

根据立交的形式和用地限制，右转匝道可以布置成单（复）曲线、反向曲线、平行线、斜线 4 种形式，如图 9–35（b）所示。

2. 左转匝道

左转匝道是供车辆实现左转弯行驶的匝道，左转匝道与直行车道之间及与相邻的左转匝道之间干扰大，布置复杂。因此，左转匝道的布置形式直接影响立交的功能及造型。左转匝道应根据相交道路的性质、交通量大小及其分布、地形条件，灵活合理布设，主要分为以下 4 类。

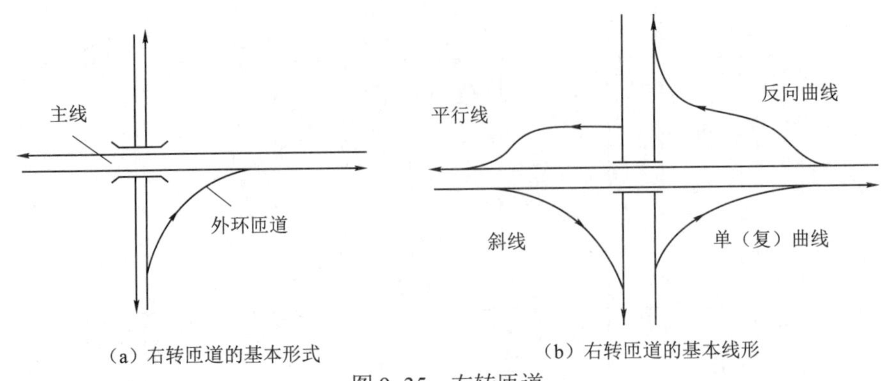

图 9–35　右转匝道

1)直接式(定向式)

直接式又称 DD 型,匝道从主线左侧驶出,左转弯行驶后,直接从另一主线左侧驶入。直接式匝道的主要特点如下。

① 左出左进,转向约 90°,行驶路线短捷,立交营运费用低,能承担较大的左转交通量。

② 左转车辆自主线左侧驶出,没有反向运行,平面线形较好。

③ 行车方向明确,行车顺适,出入口明显、易识别,一般不会在立交处发生错路运行。

④ 行车路线交叉多,使跨线构造物增加,立交工程费用增大。

⑤ 一般要求主线的双向行车道之间必须有足够的距离才能满足匝道上跨或下穿主线的立面布置的要求。

⑥ 当主线单方向有两条以上的车道,主线快车道上的车辆自主线左侧驶出时,减速段的要求严格;当主线慢车道上的重型车辆横移变换到左侧车道上再驶出去时,困难较大,进入另一主线后,车辆从高速车道左侧汇入的困难也较大。

⑦ 匝道需要连续两次跨越主线,纵面线形较差,并使桥跨增长。

这类匝道适用于左转交通量特别大的情况,一般情况下较少选用。直接式匝道布置有 3 种形式,如图 9–36 所示。

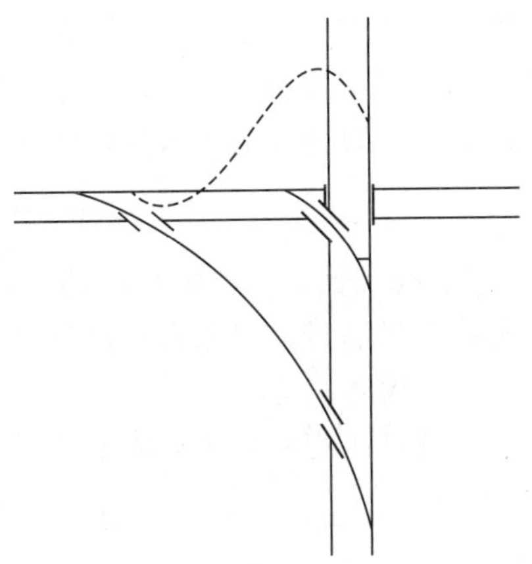

图 9–36　直接式匝道布置形式

2)半直接式(半定向式)

根据进出口匝道与主线连接关系的不同,这一类型的匝道有以下 3 种形式。

（1）A 型

A 型又称 DS 型，如图 9–37 所示。这种匝道的主要特点如下。

① 左出右进，匝道有绕行。

② DD 型匝道左出缺点仍然存在。

③ 连接匝道出口的主线双向行车道之间必须有相当大的间距，以便匝道竖向布置，因此主线设计时应与匝道设计一并考虑。

④ 转弯车流从主线右侧驶入，对主线车流干扰较小。

DS 型匝道的布置形式有两跨两层、一跨三层和一跨两层等。

（2）B 型

B 型又称 SD 型，如图 9–38 所示，这种匝道的主要特点如下。

① 转弯车辆右出左进，匝道绕行略长。

② DD 型匝道左进的缺点仍然存在，若当驶入的道路是双车道次要道时，左进右出关系不大，此时采用这种匝道是可行的。

③ 由于匝道左进，驶入主线双向车道之间必须有足够的距离，因此，主线设计应与匝道设计一并考虑。

④ 转弯车流从主线右侧驶出，对主线车流干扰较小。

与 DS 型相似，SD 型匝道的布置形式有两跨两层、一跨三层和一跨两层等。

（3）C 型

C 型又称 SS 型，如图 9–39 所示，这种匝道具有以下特点。

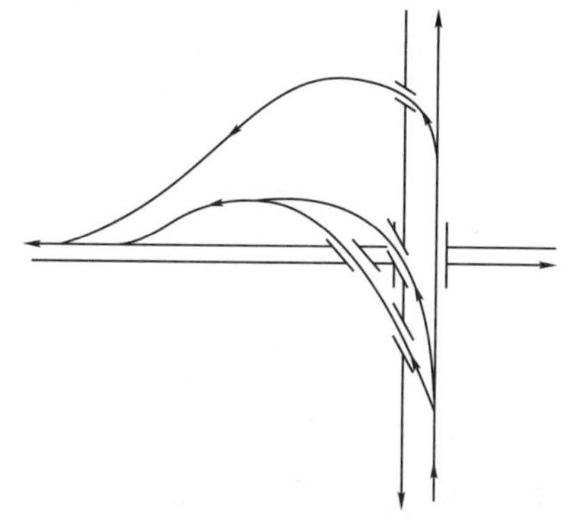

图 9–37　A 型左转匝道（DS 型）

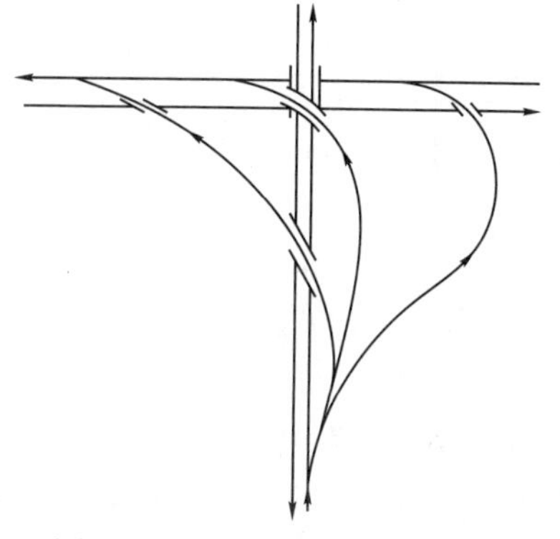

图 9–38　B 型左转匝道（SD 型）

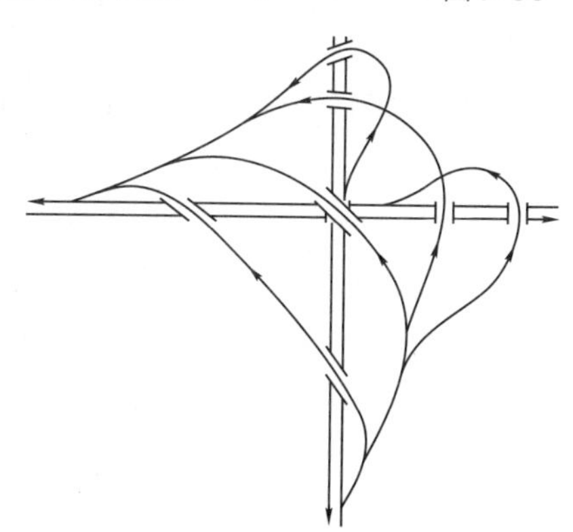

图 9–39　C 型左转匝道（SS 型）

① 右出右进，匝道绕行距离较长，匝道需要连续两次跨越主线，桥跨较多。

② 右出右进，避免了左出左进在运行上的困难和缺陷，车辆出入对主线干扰小，行车安全。

③ 驶出或驶入主线双向车道不必分开。

④ 匝道的纵面线形较好。

⑤ 这种匝道一般较适用于两条 4 车道以上的高等级道路相交且匝道连接象限左转交通量较大的情况。

直接式匝道和半直接式匝道都是以直接左转的方式行车，两者主要区别在于绕行路线长短及进出方式不同而已。

3）间接式

（1）小环道

小环道，又称 L 形匝道或环圈式匝道，有如图 9–40 所示的 4 种形式。

① 车辆过交叉点后，从主线右侧驶出，变左转为右转，转向 270°，形成一个环道。

② 匝道从右侧驶出，右侧驶入，不需设置任何构造物就达到独立左转的目的，经济安全。

③ 小环道绕行路线长，一般平曲线半径较小，出口设置在主线跨线桥（或地道）后面，行车不易识别，因而要求跨线桥下（或地道）具有良好的视距条件。

④ 当小环道半径较大时，占地较多，采用小环道匝道构成的苜蓿叶形立交中两小环道间存在交织段，影响主线行车和立交匝道的通行能力，可采取增设集散车道的措施加以改善。

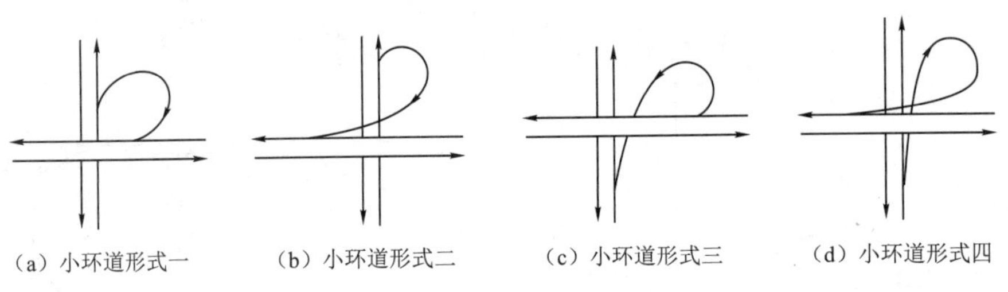

（a）小环道形式一　（b）小环道形式二　（c）小环道形式三　（d）小环道形式四

图 9–40　小环道（L 形）

（2）迂回式匝道

迂回式匝道是一种先右转行驶一定距离后，再回头左转 180° 的左转匝道，由于绕行路线长，称迂回式匝道，如图 9–41 所示。迂回式匝道布置为长条形，当用地受限时可考虑采用。由于迂回绕行，常布置为公用匝道，可减少匝道数，节省用地。

4）环道

环道是一种左转车辆在公用车道上交织行驶的匝道，这种匝道变左转为右转，实现立交全互通，如图 9–42 所示。

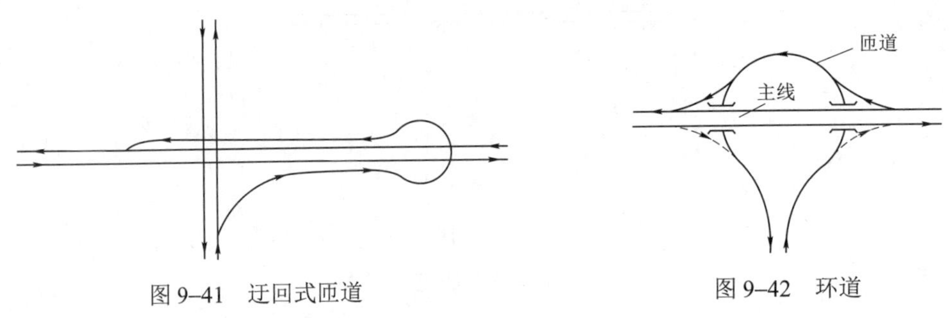

图 9–41　迂回式匝道　　图 9–42　环道

这种匝道的主要特点如下。

① 左转车辆与直行车辆、左转车辆与左转车辆共用一条匝道，产生交织运行。

② 环道半径较大，左转车行车方向明确，行车条件较好。

③ 由环道构成的环形立交结构紧凑，占地较少。

④ 环道上有交织路段，对通行能力及行车速度影响较大。

⑤ 转弯车辆绕行较长。

⑥ 环道构成的环形立交需要建两座构造物，造价较高。

9.5.3 匝道的特性

在上述匝道的基本形式中，右转匝道在不设跨线构造物的前提下是定型的，几乎都采用右出右进的形式，只是在使用中视场地限制条件改变匝道的线形而已。而左转匝道的基本形式变化多样，各种匝道可以单独或相互组合使用，形成许多不同类型的立交。进一步观察左转匝道的基本形式，它们具有以下特性。

（1）对称性

左转匝道可分为 10 种，如图 9–43 所示。从外观图形分析，可归纳为两类，一类为自身斜轴对称，如图 9–43（a）、图 9–43（f）、图 9–43（g）、图 9–43（j）4 种；另一类自身无对称轴，但可分为相互轴对称的 3 对，如图 9–43（b）和图 9–43（d）、图 9–43（c）和图 9–43（e）、图 9–43（h）和图 9–43（i）共 6 种。由这两类不同对称性的左转匝道，可以相互组合成许多对称的造型美观的立交形式。

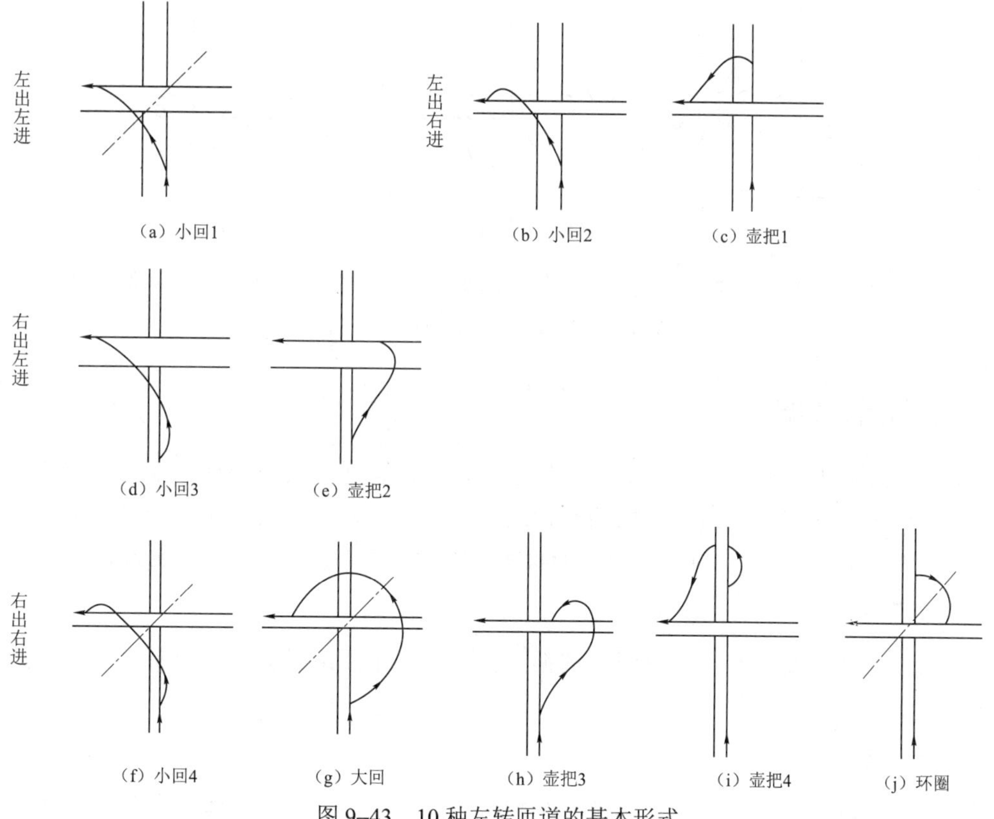

图 9–43 10 种左转匝道的基本形式

（2）可达性

任何一个方向左转的车辆，均可在所有象限内完成左转弯运行。如图 9–44 所示，若 A 方向来车拟左转到 B 方向时，可在 4 个象限内布置左转匝道。

（3）局域性

所有行驶方向左转的车辆，均可在部分象限内完成左转弯运行，如图 9–45 所示，图 9–45（a）所示为 1 个象限集中布置，图 9–45（b）和图 9–45（c）所示分别只在 2 个和 3 个象限内布置。

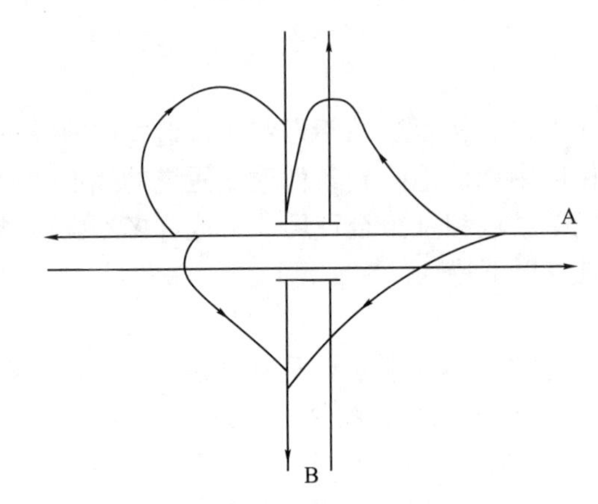

图 9–44 一个方向左转匝道布置

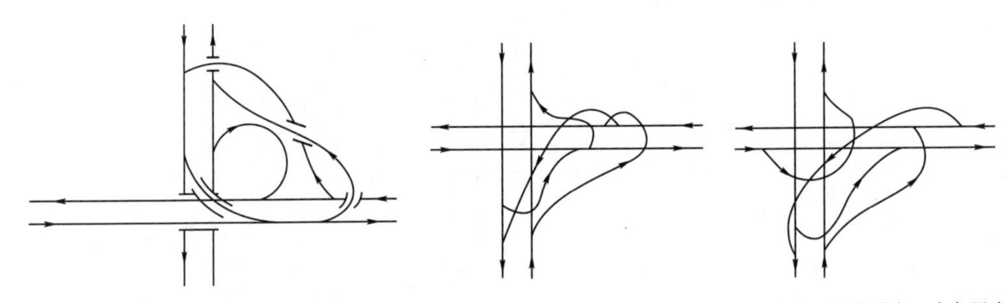

图 9–45 部分象限所有左转匝道布置

9.5.4 匝道设计依据

匝道的设计依据主要有立交等级、设计速度、设计交通量及设计通行能力。立交等级是确定匝道设计车速的主要依据，匝道的设计速度和设计交通量是确定匝道线形指标及匝道断面几何尺寸的主要依据，而匝道的设计通行能力则是检验匝道适应交通的能力。

1. 立交等级

匝道的设计首先要考虑立交等级，依据立交等级确定匝道设计各项指标，立交等级可参考表 9–5。

2. 设计速度

在立体交叉范围内，正线设计速度应与路段一致。匝道及集散车道设计速度宜为主路的

0.4～0.7 倍，辅路设计速度宜为主路的 0.4～0.6 倍，并根据互通式立交类型、匝道形式、交通量大小等因素取值。立体交叉匝道设计速度应符合表 9–10 所示的数值。

表 9–10 立体交叉匝道设计速度

匝道形式		定向式	迂回式	环形	平行式
匝道设计速度/（km/h）	一般立体交叉	40～60	40～50	20～40	30～40
	枢纽立体交叉	50～70	40～60	30～40	—

3. 设计交通量

匝道的设计交通量是指远景设计年限的交通量，设计年限一般为 15～20 年。匝道的设计交通量是确定匝道类型、设计速度、车道数、几何形状、部分互通式或完全互通式及是否分期修建等的基本依据。设计交通量是根据相交道路设计年限的年平均日交通量，结合交通调查资料推算出各转弯方向的交通量。如果推算出的各转弯方向交通量为年平均日交通量，则按式（9–3）计算设计小时交通量，即

$$\mathrm{DHV}=\mathrm{ADT}\times K \tag{9–3}$$

式中：

DHV——各转弯行驶方向的单向设计小时交通量，pcu/h；

ADT——各转弯行驶方向的单向年平均日交通量，pcu/d；

K——高峰小时系数，一般通过实际调查确定，当缺乏观测数据时，市区可以按 0.09～0.12 选用，郊区可按 0.12～0.15 选用。

4. 设计通行能力

互通式立交的通行能力按其组成部分的不同而异，一般包括相交道路正线的通行能力和匝道通行能力，如果在立交中存在交织段或平面交叉口时，还应考虑交织段通行能力或平面交叉口通行能力。立交通行能力分为可能通行能力和设计通行能力，设计通行能力等于可能通行能力（N_p）乘相应的设计服务水平比率α，α为交通量/通行能力的比值。

主线一条车道可能通行能力可采用表 9–11 的数值。

表 9–11 主线一条车道可能通行能力（N_p）

设计速度/（km/h）	40	50	60	70	80	100	120
可能通行能力/（pcu/h）	2 020	2 050	1 950	1 870	1 800	1 760	1 720

立交匝道一条车道可能通行能力可采用表 9-12 中的数值。

表 9–12 立交匝道一条车道可能通行能力（N_p）

设计速度/（km/h）	20～25	30	40	50	60
可能通行能力/（pcu/h）	1 550	1 650	1 700	1 730	1 750

立交主线及其匝道的服务水平可划分为 4 个等级，其服务水平标准应符合表 9–13 的规定。

表 9–13 立交服务水平标准

<table>
<tr><th colspan="2" rowspan="3">等级</th><th rowspan="3">交通运行特征</th><th colspan="7">（服务交通量/可能通行能力）比率α</th></tr>
<tr><th colspan="7">设计速度/（km/h）</th></tr>
<tr><th>100</th><th>80</th><th>60</th><th>50</th><th>40</th><th>30</th><th>20</th></tr>
<tr><td rowspan="2">Ⅰ</td><td>Ⅰ1</td><td>自由流，行车自由度大</td><td>0.33</td><td>0.29</td><td>0.26</td><td>0.24</td><td>—</td><td>—</td><td>—</td></tr>
<tr><td>Ⅰ2</td><td>自由流，行车自由度适中</td><td>0.56</td><td>0.50</td><td>0.43</td><td>0.40</td><td>0.37</td><td>—</td><td>—</td></tr>
<tr><td rowspan="2">Ⅱ</td><td>Ⅱ1</td><td>接近自由流，变换车道或超车自由度受到一定限制</td><td>0.76</td><td>0.69</td><td>0.62</td><td>0.58</td><td>0.55</td><td>0.51</td><td>—</td></tr>
<tr><td>Ⅱ2</td><td>行车自由度受限，车速有所下降</td><td>0.91</td><td>0.82</td><td>0.75</td><td>0.71</td><td>0.67</td><td>0.63</td><td>0.59</td></tr>
<tr><td colspan="2">Ⅲ</td><td>饱和车流，行车没有自由度</td><td colspan="7">1.00</td></tr>
<tr><td colspan="2">Ⅳ</td><td>拥塞状况，强制车流</td><td colspan="7">没意义</td></tr>
</table>

立 A_1、立 A_2 类立交宜采用服务水平Ⅱ1 级，立 B 类立交服务水平可采用Ⅱ2 级。一般匝道服务水平宜采用Ⅱ2 级，定向匝道服务水平宜采用Ⅱ1 级。对个别线形受限制的立 A_2、立 B 类立交的匝道，经论证确有困难时，可采用Ⅲ级。

立交设计通行能力应为组成该立交的主线直行车道、转向匝道设计通行能力的组合值，与服务水平采用等级相关。例如，苜蓿叶形立交的设计通行能力计算公式如下。

（1）直行车道无附加车道情况

$$N=(n_1-2)N_{S1}+(n_2-2)N_{S2}+4N_R \tag{9–4}$$

式中：

N——立交总的设计通行能力，pcu/h：

N_{S1}，N_{S2}——立交两条相交道路各自一条直行车道设计通行能力，pcu/h；

n_1，n_2——立交两条相交道路各自进入立交的车道数；

N_R——一条车道的设计通行能力，pcu/h。

（2）直行车道设有附加车道的情况

$$N=n_1N_{S1}+n_2N_{S2} \tag{9–5}$$

对于其他形式立交设计通行能力的计算可参考《城市道路交叉口设计规程》（CJJ 152—2010）等标准。

9.5.5 匝道线形设计标准

1. 平面线形设计标准

匝道平面线形应该根据匝道设计速度、交叉类型、交通量、地形、用地条件、造价等确定。

（1）匝道圆曲线半径

匝道圆曲线半径直接影响立交的形式、交叉类型、造价、规模及行车的安全性和舒适性，匝道圆曲线最小半径应符合表 9–14 的规定。

表 9–14　匝道圆曲线最小半径

匝道设计速度/（km/h）		80	70	60	50	40	35	30	25	20
积雪冰冻地区/m		—	—	240	150	90	70	50	35	25
一般地区	不设超高/m	420	300	200	130	80	60	45	30	20
	超高 i_h=2%的最小半径/m	315	230	160	105	65	50	35	25	20
	超高 i_h=4%的最小半径/m	280	205	145	95	60	45	35	25	15
	超高 i_h=6%的最小半径/m	255	185	130	90	55	40	30	25	15

（2）匝道回旋线参数

在匝道平面线形中，直线与圆曲线或大半径圆曲线与小半径圆曲线之间应设缓和曲线，缓和曲线采用回旋线，匝道缓和曲线最小长度及回旋参数 A 的规定值如表 9-15 所示。

表 9–15　匝道缓和曲线最小长度及回旋参数 A 的规定值

匝道设计速度/（km/h）	80	70	60	50	40	35	30	25	20
缓和曲线最小长度/m	75	70	60	50	45	40	35	25	20
回旋参数 A/m	135	110	90	70	50	40	35	25	20

（3）分流点处曲率半径及回旋线参数

驶出匝道的分流点处，因从正线分离后驶出速度较高，应具有较大曲率半径，并使其后的曲率变化与行驶速度的变化相适应，如图 9–46 和表 9–16 所示。

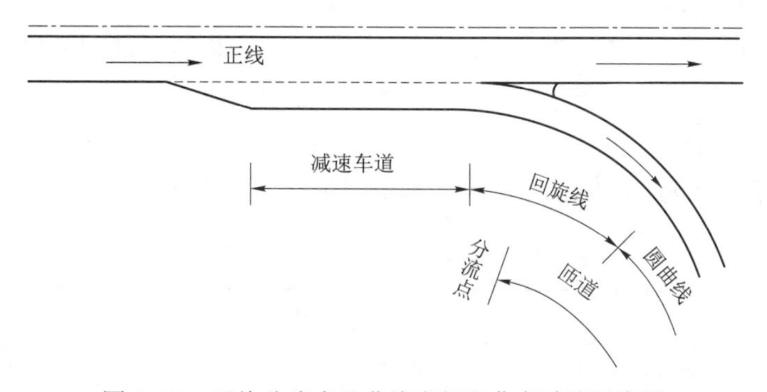

图 9–46　正线分流点处曲线半径和曲率过渡示意图

表 9–16　分流点处曲率半径与回旋线参数

正线设计速度/（km/h）	分流点处的行驶速度/（km/h）	分流点处的最小曲率半径/m	回旋参数 A/m	
			一般值	极限值
120	80	250	110	100
	60	150	70	65
100	55	120	60	55
80	50	100	50	45
60	≤40	70	35	30

（4）平曲线与圆曲线最小长度

匝道的平曲线是由一条圆曲线及两条缓和曲线组成的，平曲线长度和圆曲线长度应大于等于表 9–17中的数值。

表 9–17　匝道平曲线和圆曲线最小长度

匝道设计速度/（km/h）	80	70	60	50	40	35	30	25	20
平曲线最小长度/m	150	140	120	100	90	80	70	50	40
圆曲线最小长度/m	70	60	50	45	35	30	25	20	20

2. 匝道纵断面设计标准

（1）匝道的最大纵坡

匝道因为受上下线标高的限制，为克服高差、节省用地和减少拆迁，并考虑匝道上车速较低，匝道的纵坡一般比正线纵坡大。城市道路立交匝道的最大纵坡应不大于表 9–18 所示的规定。

表 9–18　城市道路立交匝道的最大纵坡

匝道设计速度/（km/h）		80	70	60	50	≤40
最大纵坡/%	一般地区	5	5.5	6	7	8
	积雪冰冻地区	4	4	4	4	4

（2）匝道竖曲线最小半径

匝道上纵坡转折处应设置竖曲线，竖曲线的形式可采用抛物线或圆曲线，一般为计算方便多采用抛物线形竖曲线。各设计速度所对应的匝道竖曲线最小半径及长度如表 9–19 所示，城市道路立交匝道的竖曲线可参照此表选用。在设计时应尽量采用大于或等于一般的竖曲线半径值，特殊困难时可适当减小，但不得低于表列极限值。

表 9–19　匝道竖曲线最小半径及长度

匝道设计速度/（km/h）			80	70	60	50	40	35	30	25	20
竖曲线最小半径/m	凸形	一般值	4 500	3 000	1 800	1 200	600	450	400	250	150
		极限值	3 000	2 000	1 200	800	400	300	250	150	100
	凹形	一般值	2 700	2 025	1 500	1 050	675	525	375	255	165
		极限值	1 800	1 350	1 000	700	450	350	250	170	110
竖曲线最小长度/m		一般值	105	90	75	60	55	45	40	30	30
		极限值	70	60	50	40	35	30	25	20	20

3. 匝道的横断面及加宽

匝道的横断面由车道、路缘带组成，对于双向分离式匝道还包括中间带部分。在一般情况下，匝道各组成部分的宽度：车道宽度一般为3.5～4.0 m，当设计速度≥40 km/h时，采用3.75 m或4.0 m，当设计速度＜40 km/h时，采用3.5 m。城市道路立交非机动车、机动车混合行驶的匝道，非机动车道宽度视非机动车交通量而定。匝道圆曲线的加宽值应根据圆曲线半径选取，按表9–20所列数值采用。

表9–20　匝道圆曲线的加宽值

车型	圆曲线半径/m								
	200＜R≤250	150＜R≤200	100＜R≤150	60＜R≤100	50＜R≤60	40＜R≤50	30＜R≤40	20＜R≤30	15＜R≤20
小型汽车	0.28	0.30	0.32	0.35	0.39	0.40	0.45	0.60	0.70
普通汽车	0.40	0.45	0.60	0.70	0.90	1.00	1.30	1.80	2.40
铰接车	0.45	0.55	0.75	0.95	1.25	1.50	1.90	2.80	3.50

4. 匝道的超高及其过渡

（1）超高值

匝道上的圆曲线应根据规定要求设置必要的超高，超高值按表9–21选用，当圆曲线半径大于表9–14所列的不设超高最小半径数值时，可不设超高。

表9–21　匝道圆曲线的超高值

匝道设计速度/（km/h）	圆曲线半径/m								
80	280以下	280～＜330	330～＜380	380～＜450	450～＜540	540～＜670	670～＜870	870～＜1 240	1 240以上
60	140以下	140～＜180	180～＜220	220～＜270	270～＜330	330～＜420	420～＜560	560～＜800	800以上
50	90以下	90～＜120	120～＜160	160～＜200	200～＜240	240～＜310	310～＜410	410～＜590	590以上
40	50以下	50～＜70	70～＜90	90～＜130	130～＜160	160～＜210	210～＜280	280～＜400	400以上
35	40以下	40～＜50	50～＜60	60～＜90	90～＜110	110～＜140	140～＜220	220～＜280	280以上
30	—	30以下	30～＜40	40～＜60	60～＜80	80～＜110	110～＜150	150～＜220	220以上
超高/%	9～10	8～9	7～8	6～7	5～6	4～5	4	3	2

（2）超高过渡

匝道最大超高横坡的取值应根据当地气候、地形、地区性质和交通特点来确定。一般地区最大超高横坡不应超过6%，积雪冰冻地区不应超过3.5%。匝道超高横坡度的确定在综合考虑容许最大超高横坡、最大横向摩阻系数、圆曲线半径和设计速度等影响因素的基础上，根据超高计算公式确定。

从直线上的不设超高到圆曲线上的全超高是在超高缓和段内完成过渡的，超高过渡段长度应根据匝道设计速度、横断面类型、旋转轴位置及超高渐变率等因素确定，超高渐变率可按表 9-22 取值。超高过渡段设置方法视匝道平面线形而定，在设置回旋线时，超高过渡段在回旋线全长或部分范围内进行；当无回旋线时，可将所需过渡段长度的 1/3～1/2 插入圆曲线，其余设在直线上；当两圆曲线径向连接时，可将过渡段的各二分之一分别设置于两圆曲线内。

表 9–22　超高渐变率

匝道设计速度/（km/h）	20	30	40	50	60	70	80
超高渐变率（绕中线旋转）	1/100	1/125	1/150	1/160	1/175	1/185	1/200
超高渐变率（绕边线旋转）	1/50	1/75	1/100	1/115	1/125	1/135	1/150

5. 匝道视距

（1）停车视距

单向单车道匝道主要满足停车视距，单向双车道匝道一般快、慢车分道行驶，可不考虑超车视距的要求，双向双车道匝道一般应设中间隔离设施，也不存在超车问题。所以，匝道全长只要满足停车视距要求即可。匝道停车视距如表 9–23 所示。

表 9–23　匝道停车视距

匝道设计速度/（km/h）	80	70	60	50	40	35	30	25	20
匝道停车视距/m	110	90	70	55	40	35	30	25	20

（2）识别视距

分流点之前正线上的识别视距应大于 1.25 倍的正线停车视距，当有条件时，宜按表 9–24 所列的数值选用。

表 9–24　识别视距

正线设计车速/（km/h）	120	100	80	60	40
识别视距/m	350～450	290～380	230～300	170～240	130～180

（3）通视三角区

在汇流鼻前，匝道与主线间应具有如图 9–47所示的通视三角区。另外，匝道出口位置应明显，容易识别。当出口接下坡匝道时，应保证驾驶者能在出口前看清楚匝道第一曲线的起点及曲率趋势。

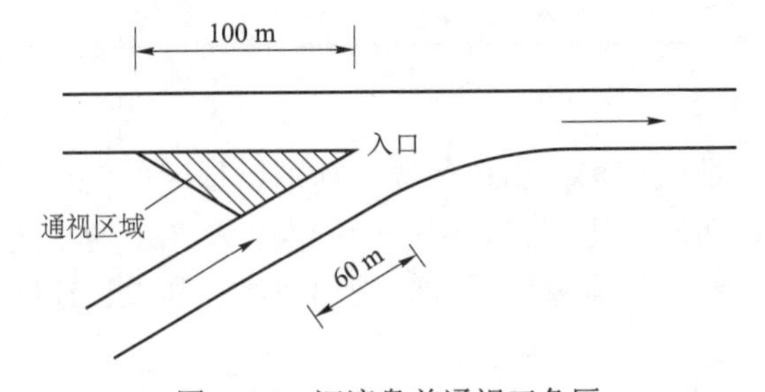

图 9–47　汇流鼻前通视三角区

9.5.6　匝道安全性设计

互通式立交具有交通转换功能和空间多层结构形态两大特征。在有限的区域空间内要完成各方向的交通转换，加剧了其运行方向的复杂性。同时，受项目投资、现场条件及环境限制，互通式立交的技术指标往往较低，而当几个低限指标组合不当时，所构成的线形可能造成运行条件更为复杂，这些复杂的因素导致互通式立交成为道路事故多发点。因此，互通式立交匝道设计的重要目标之一就是交通安全，对设计者最大的挑战是在投资和环境条件限制内使互通式立交达到最高的安全水平。影响立交安全的因素很多，从设计角度而言，某些指标单独来讲是安全的，但有时组合起来可能就不安全。在匝道布局和设计中，以下情况是不安全的。

1. 流出点不明确

在凸形竖曲线顶部设置出口，最容易产生流出点不明确的问题。由于视距不良，当驾驶人接近出口时，不能提早看见出口部分的构造及匝道走向，若减速车道同时又是平行式时，则更不能自如、有效地利用减速车道长度和有效控制方向，从而导致交通事故。

2. 流入点不明确

首先是匝道的流入点不明确，其次是道路上的合流点不明确。由于几何设计或标志、标线设置等方面的原因，导致合流路段过短或合流点不明，致使驾驶人迷茫而造成运行效率下降。特别对于双车道加速车道，如果连接部设置不当或标线划分使车道不明，在外侧车道上最容易产生此种情况。

3. 不自然的分、合流形式

左侧分、合流不符合驾驶人的驾驶习惯且能见范围小，导致不自然的交通运行，这也是左侧分、合流具有较高事故率的原因。

4. 速度急剧变化

许多流出匝道的几何线形变化急剧，造成运行速度突变，超出了驾驶人所期待和所能接受的程度，大大增加了事故的可能性。如图 9–48所示的示例，右侧匝道出口后接小半径曲线，造成速度急速降低，很容易引发交通事故。

图 9–48　右侧出口急剧变化造成速度急减

5. 能见范围不够

许多设计不能提供足够的能见范围，导致驾驶人不能正确判断线形变化和交通状况并进行相应操作。如前方上坡的坡顶后有复杂的线形变化，驾驶人在分流前看不清出口，在合流前难以清楚看到正在合流的交通状况等。一个典型的例子是，当完全苜蓿叶形立交出入交通量较大时，在凸形竖曲线交织段的附近难以及时发现出口。

6. 多个连续的出口

多个连续的出口，导致信息繁杂，驾驶人判别困难，从而极易出现误行现象，在匝道布设时应尽量避免类似情况。

7. 超出驾驶人能力的"负荷"

有些流入匝道需要驾驶人通过从侧面车窗看出去以寻找主线车流中的可插车间隙。一方面驾驶人要力图看清主线交通状况，另一方面驾驶人又要驾车通过复合曲线、超高和三角区段等，然后再汇入到高速公路或城市快速路的曲线上，这些超"负荷"的要求使驾驶人很难在短时间内有效地完成。

9.5.7 安全设计对策

1. 基本要求

在设计中，除了要遵循标准要求外，还应针对互通式立交的安全特点，灵活运用互通式立交的各要素，使其达到以下基本要求。

① 清晰的方向。通过互通式立交各部位的构造，使驾驶人能在高速行驶状态下较易识别前方路线走向，即所谓"感知前方"的要求。

② 良好的运行。立交所采用的分、合流方式和匝道线形，符合驾驶人行为和车辆行驶动力学的要求，并保证运行速度的连续性。

③ 适宜的位置。各互通式立交之间及各出入口之间有足够的时间和空间距离，以给驾驶人提供足够长的判断和反应时间。

④ 完善的信号。通过完善的交通信号标志，预告、警告和引导驾驶人，保证车辆安全和高效行驶。

2. 确保分、合流处和匝道上的视距

为满足"易感知前方"的要求，需要保证足够的视距。互通式立交范围内主线的视距比其他路段有更高的要求，特别在互通式立交出口之前，应根据主线的运行速度预测值保证判断出口所需的识别视距。作为一般性的控制原则，该视距最好保证是主线停车视距的2倍，当受地形等的限制时，最少应保证是主线停车视距的1.5倍。识别视距的能见范围，应保证驾驶人能在出口前清楚地看见匝道第一个曲线的起点和曲率趋势。对于合流端，应保证匝道与主线间具有足够的通视范围，以使来自匝道的车辆驾驶人能看清主线车流状况，从而能从容地寻找可插车间隙。

3. 出口设计应注意的问题

出口是车辆存在运行状态下方向和速度都发生较大改变的区域，因此出口是交通事故较为集中的地方。基于安全方面考虑的出口设计要点有以下几点。

① 尽量避免左侧流出。左侧流出不符合驾驶人的习惯和期望，容易出现驾驶人犹疑，车辆错过出口、退返、误行等情况，从而导致交通事故。而位于最右侧车道的大型车辆要转移至左侧车道流出，也会给直行交通带来干扰。因此，应尽量避免从左侧流出。

② 避免多个连续的出口。设置多个连续的出口，容易造成驾驶人对出口信息的迷惑，甚至错行或操作失误。因此，高速公路或城市快速路的出口尽可能只有单一的选择，多个连续出口应尽量合并，其后的分流放至匝道或集散道上。图 9–49为立交匝道左侧流出和多个出口的不良示例及改善方案。

③ 流出最好在桥墩之前。如果流出分岔端部设置在被交叉道路跨线桥之后，桥墩、桥台等容易对流出方向产生遮挡。当主线位于凹形竖曲线底部时，桥梁上部结构也可能对大型车的识别视距产生影响。因此，流出匝道的分岔端部最好设置在跨线桥之前，当不可避免时，应尽可能将其移至桥梁之后的较远处，以使驾驶人穿过桥梁后仍能判断分岔端部的情况。B 形喇叭或 B 形部分苜蓿叶要将分岔端部远移较为困难，因此从安全角度，宜首选 A 形喇叭和 A 形部分苜蓿叶形式，当为 B 形时，出口最好设在桥墩之前。

④ 分岔点之间保持足够的距离。当有多个连续的出口时，首先应考虑将其合并为一个出口。但不管是在高速公路或城市快速路还是在匝道上，相邻分岔点之间必须保证足够的距离，以使驾驶人有充足的阅读标志的时间和反应时间。同时，如果相邻分岔点距离过近，两处标志的信息容易在第一个分岔点前面造成信息干扰，增加驾驶人的辨认难度。

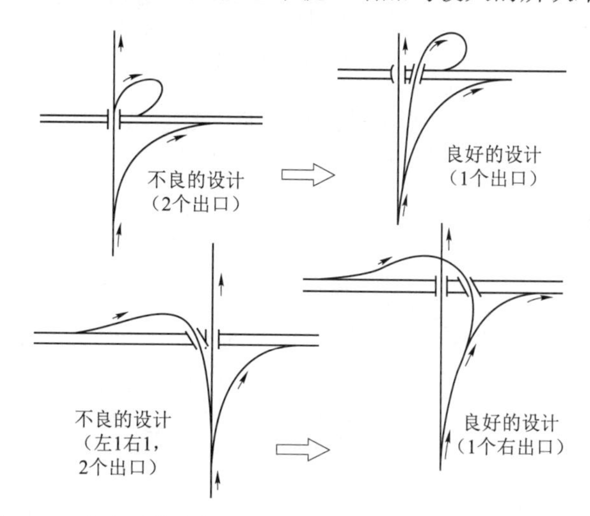

图 9–49 立交匝道左侧流出和多个出口的不良示例及改善方案

复习思考题

1. 城市立交一般由哪几个部分组成？
2. 城市立交的特点和作用是什么？
3. 结合所学知识及生活实践，谈谈城市立交在规划设计中普遍存在哪些问题。

4. 简述喇叭形立交、苜蓿叶形立交、定向形立交、菱形立交的特点。

5. 简述城市立交选形的基本步骤。

6. 匝道的基本形式有哪些？具有哪些特性？

7. 在匝道布局和设计中，存在哪些不安全设计现象？

8. 从交通安全出发，匝道设计安全包括哪些对策？

9. 右转弯匝道平面曲线布设有几种形式？

10. 扁苜蓿叶形匝道、左转弯小环道平曲线布置形式有哪几种？

11. 同一座立交具有不同形式的匝道，各匝道的设计速度一定是相同的吗？为什么？

12. 平面交叉口交通改善的基本途径有哪些？

13. 举例说明立交次要道路上存在的平面交叉的情况，并说明应采取何种措施保证交通畅通和安全。

14. 试用右转弯匝道及小回和环圈式左转匝道，规划两座互通式立交。

15. 某一T形交叉口，如图9–50所示。相交道路均为各向三车道。如果*AC*为主要的左转交通方向，且用地不受限制，试规划一座喇叭形立交。假设匝道采用二车道，试分析说明分、合流处的车道数。

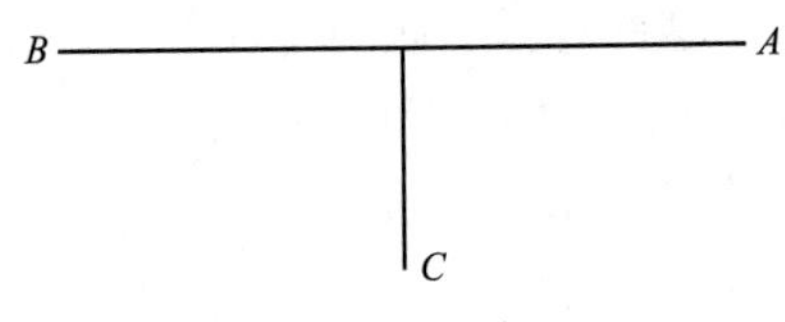

图9–50 T形交叉口

16. 绘图表示标准苜蓿叶形立交的交通流线，并说明它属于哪一类立交，有何特点。

第 10 章

城市交通设计方案评价

交通设计方案是交通基础设施防患于未然而安全高效运行的保障。本章主要讲述针对不同城市交通设计方案的评价方法、评价指标体系和评价指标，并以平面交叉和立体交叉为例进行具体说明。

10.1 概　　述

交通设计方案评价是指以安全、效率、环保和经济为目标，对交通设计方案的效果进行定性和定量评价的过程。交通设计方案评价是方案优化的基础，是制订最终方案的重要参考依据，可以分为技术评价和经济评价。交通设计方案评价的内容包括多个方面，主要有道路网交通设计、平面交叉交通设计、立体交叉交通设计、城市公共交通设计、停车交通设计、综合交通枢纽交通设计、交通安全设计、交通语言设计和慢行交通设计的评价等，并根据不同的交通项目情况，主要分为针对新建交通项目的设计方案评价和改、扩建交通项目的设计方案评价。完整的交通设计方案评价过程应包括评价指标体系的确立、备选方案的评价和排序等。

交通设计方案的技术评价包括安全、效率和环保，其指标包括交通事故、通行能力、饱和度、延误、服务水平、停车次数、油耗及排队长度等。

交通设计方案的经济评价主要分析其费用和效益水平。交通设计所产生的费用包括一次性投入的建设安装费（信号设备的安装、维护费用，交通标志的制作、安装与更新费用，交通标线材料及施工费，交通隔离物的建设费，以及交通安全岛、反光镜等设施的建设、安装费用）、道路红线变更引起的拆迁及土地征用费、设施维护费等。同时还应考虑由于实施交通设计方案对现有环境的损害。

交通设计方案的评价应考虑安全指标、技术指标和经济效益指标，寻找各自的优化方案或整体最优方案。

本章将主要通过城市交通设计方案安全评价、城市交通设计方案效率评价和城市交通设计方案评价案例 3 个方面介绍城市交通设计方案评价的方法和过程，其中城市交通设计方案效率评价主要分为平面交叉交通设计方案效率评价、立体交叉道路交通设计方案效率评价和城市综合客运交通枢纽交通设计方案效率评价 3 类。

10.2 城市交通设计方案安全评价

交通安全是交通设计的核心要素之一。在全世界，道路交通事故已经给整个社会造成了巨大的人员伤亡和经济损失，给人们的身心造成严重的伤害，影响社会秩序，不利于社会稳定发展，进而成为重大社会问题，制约社会经济发展和人们生活水平的提高。在城市交通复杂系统中，城市交通设计应该遵循“以人为本，安全第一”的原则。图 10–1 是 2003—2021 年我国道路交通事故数、事故死亡人数和事故受伤人数的变化趋势。可以看出，我国道路交通安全事故数、事故死亡人数和受伤人数在 2003—2015 年呈现逐年下降的趋势，之后的 5 年略有波动说明我国已经能够较好地控制交通事故的发生，这与相关政策和交通设施的逐渐完善密不可分。

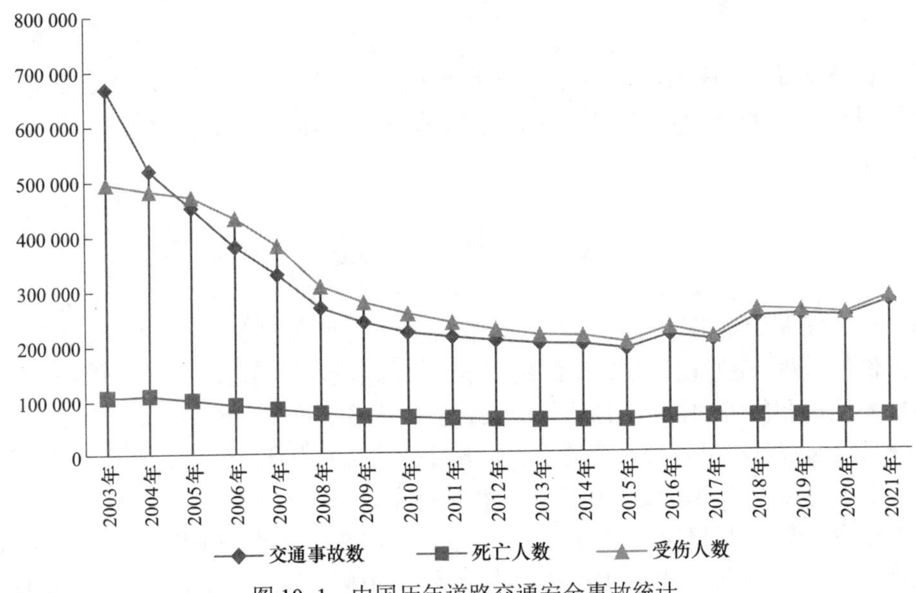

图 10–1 中国历年道路交通安全事故统计

交通设计安全评价以在设计阶段预防交通事故、减少交通事故带来的人员和经济损失为目标，对某一地区、地点、路段或断面的交通安全程度进行评价。交通设计安全评价主要对交通设计方案的安全效果进行评价。城市交通设计的安全评价方法主要有以交通事故统计为基础的直接评价法和基于交通冲突（traffic conflict）的间接评价法。

10.2.1 直接评价法

直接评价法主要是基于概率数理统计的一种方法，即以数学中概率论和数理统计方法对选取的交通事故相关指标进行统计分析。直接评价法的关键在于安全评价指标的选择和评价体系的建立，在选择评价指标时，应遵科学性、系统性、独立性、可行性和定性定量相结合的原则。

（1）科学性原则

评价指标的选取必须符合交通工程的基本原理，能够反映我国交通客观实际并体现道路的安全性能，在评价过程中具有较高的指导性作用。如事故发生频率、平均死亡率、人员伤亡率等指标。

（2）系统性原则

评价指标体系的建立必须符合系统性原则，即根据指标之间的相互关系，有目的、有层次地划分各个指标，避免以偏概全，使所有指标有机地结合在一起组成合理、全面的评价系统。

（3）独立性原则

在进行安全评价时，通常需要对各个评价指标进行加权求和，所以指标之间的相互独立性就比较重要，如果两项指标的属性之间相互影响较大，相关性太强，将会影响指标权重值的准确判定。

（4）可行性原则

可行性原则是指评价方法应当切实可行，主要包括对基础数据要求的可行性和评价过程的可行性，前者主要是指选择用来完成方案评价的数据应该准确可靠并且容易获得，后者主要是指评价的过程应该清晰明了并且具有较高的可操作性。

（5）定性定量相结合的原则

评价指标体系的建立应该尽量符合定量的原则，对于一些不能通过统计计算获得的指标，也应进行定量化的处理。对于一些难以获取数据或缺少数据的指标可依据专家打分的方法实现对指标值的量化。

根据评价指标的功能分类，进行交通设计安全评价的指标体系一般包括事故总量指标、事故率指标和经济损失率 3 类。事故总量指标也称为交通安全 4 项指标，主要包括交通事故起数、死亡人数、受伤人数和直接经济损失等绝对指标，也可以结合道路公里数、汽车保有量等已有数据得到一系列的相对指标，从而建立道路交通设计安全评价指标体系，如图 10–2 所示。

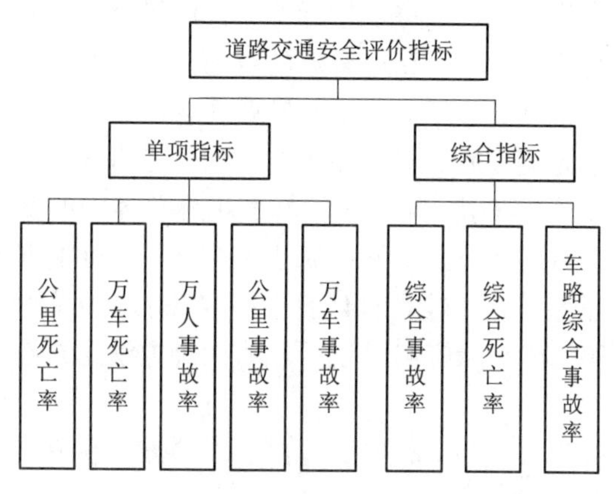

图 10–2　道路交通设计安全评价指标体系

在以上的道路交通安全评价指标体系中，公里死亡率、万车死亡率、万人事故率、公里事故率和万车事故率都是结合两个单项指标所得到的相对指标，计算方法如式（10–1）～式（10–5）所示。

公里死亡率：
$$F=\frac{S}{L} \tag{10–1}$$

万车死亡率：
$$F=\frac{S}{C}\times 10^{4} \tag{10–2}$$

万人事故率：
$$F = \frac{A}{R} \times 10^4 \tag{10-3}$$

公里事故率：
$$F = \frac{A}{L} \tag{10-4}$$

万车事故率：
$$F = \frac{A}{C} \times 10^4 \tag{10-5}$$

式中：

F——相应指标；

S——交通事故死亡人数，人；

C——登记的机动车保有量，车；

A——单位时间内交通事故起数，次；

R——人口总量，人；

L——对应的道路里程，km。

在利用直接评价法对交叉口设计进行安全评价时，针对交叉口的特点，常采用事故率作为安全评价的指标，计算公式为

$$R = \frac{N}{M} \times 10^6 \tag{10-6}$$

式中：

R——交叉口事故率，次/百万车；

N——交叉口范围内发生的事故次数；

M——相应时间内通过交叉口的总车辆数。

在评价过程中，计算出单项指标值后，还需要确定各指标的权值才能进行综合比较，通过对各项指标赋予权值来综合评价，可以将多目标决策问题转化为单目标决策问题来求解。权值是评价指标重要性的数量化表示，如何获得合理的权值是城市交通安全评价的重要环节，常见的权值确定方法有主观赋权法和客观赋权法。主观赋权法就是根据人们主观上对城市交通安全各评价指标的重视程度来确定其权重系数，主要方法有德尔菲法、层次分析法等。客观赋权法则排除在确定权重系数时人为的干扰，对各个指标在指标总体中的变异程度和对其他指标的影响程度进行度量，赋权的原始信息应当直接来源于客观环境，可根据各指标所提供的信息量的大小来决定相应指标的权重系数，比较具有代表性的客观赋权法有熵权法、主成分分析法、因子分析法、标准差系数法等。在实际应用时还可以将两种方法结合在一起，综合地求出指标权重值。

最后，通过对所有指标进行比较，判断并总结各个方案的优缺点，选取较优方案集合，再根据实际需求选择最优的设计方案。

10.2.2 间接评价法

交通安全设计的间接评价法主要是基于交通冲突理论（traffic conflict technique，TCT）。交通冲突理论自 20 世纪 50 年代开始在美国应用，是一种非事故统计评价理论，能够快速而定量地评价交通现状和交通设计方案的安全性。交通冲突是指交通行为者在参与道路交通过程中，与其他的交通行为者或道路设施在时间、空间上的相互接近，有可能发生相会、超越、交错、追尾等交通遭遇，从而导致交通损害危险发生的交通现象。按照发生的地点不同，交通冲

突可分为路段交通冲突和平面交叉交通冲突。

1. 路段交通冲突

一般道路上车辆行驶状态较为简单，因此可根据冲突角所属区间进行分类。冲突角是指发生交通冲突的行为者与行驶方向之间的夹角θ，$\theta \in [0°,180°]$。据此，路段交通冲突如表 10–1 所示，可分为正向冲突、追尾冲突、横穿冲突和设施冲突，示意图如图 10–3 所示。

表 10–1　路段交通冲突

冲突分类	冲突角	冲　突　表　现
正向冲突	[135°，180°]	车辆速度方向和位移方向相反，相互逼近，两车正面产生冲突
追尾冲突	[0°，45°)	车辆速度方向和位移方向相同，相互逼近，前车车尾和后车车头产生冲突
横穿冲突	[45°，135°)	车辆速度方向和位移方向相同或相反，两车以交错的方式相互逼近，主要是车头和车中产生冲突
设施冲突	[0°，90°)	车辆与道路构造物以一定的角度发生冲突，主要是车头和道路构造物产生冲突

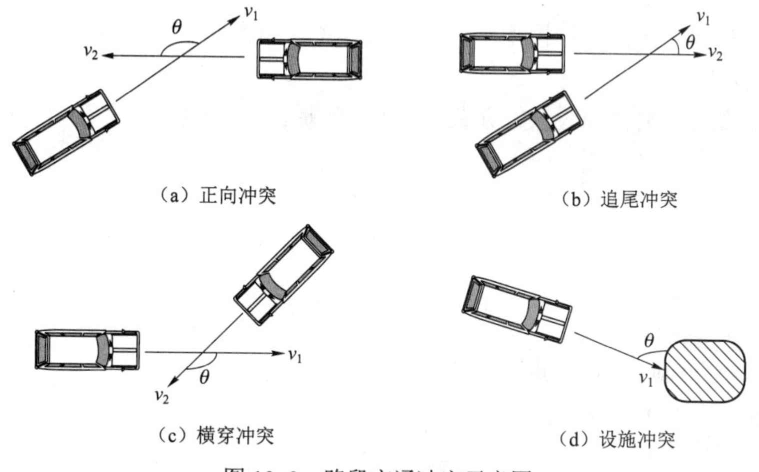

图 10–3　路段交通冲突示意图

2. 平面交叉交通冲突

平面交叉是城市路网中道路与道路相交的地方，是路网的重要组成部分。城市交通流的中断常常发生在交叉口，交通状态组成较为复杂，容易引起交通事故的发生，所以交叉口也往往是交通事故的集中发生点。平面交叉口的冲突分类方式和路段有所不同，按照冲突对象可分为机动车–机动车冲突、机动车–非机动车冲突、机动车–行人冲突、非机动车–非机动车冲突、非机动车–行人冲突和行人–行人冲突。通过判断几路相交可以初步计算出交叉口机动车冲突点个数，计算公式为

$$N = \frac{1}{6}n^2(n-1)(n-2) \tag{10–7}$$

式中：

N——冲突点数目；

n——相交道路数目。

交通冲突法是利用交通冲突与事故的相关性进行研究的一种方法，其对冲突点观测的要求比较高。尽管交通事故和交通冲突存在一定的差异，但是二者之间存在非常明显的规律，通过大量数据统计发现，交通事故和交通冲突之间存在较强的相关关系，存在交通冲突较多的区域，事故发生也较多，因此可以用交通冲突数来表示区域危险程度。常用的研究思路是假定冲突和事故之间存在一定的替换关系，其关系为

$$\pi = P_i \frac{C_i}{A_i} \tag{10-8}$$

式中：

A_i——小时事故记录数；

C_i——小时冲突记录数；

P_i——泊松分布，由最大似然估计法得出为

$$P_i = \frac{\sum C_i}{\sum A_i}$$

基于交通冲突理论的平面交叉口安全评价模型是通过计算危险度对交叉口的安全程度进行评价的，常见的有拉波波尔特模型和洛巴诺夫模型，这两种模型都属于经验模型。

（1）拉波波尔特模型

拉波波尔特模型是由德国拉波波尔特于 1955 年提出的，他在对交叉口方案进行比较时，提出了交叉口危险度 G 的计算公式，即

$$G = \sum \frac{\alpha\beta}{10} \tag{10-9}$$

式中：

G——交叉口危险度；

β——每一个分流点和合流点的交通量总和；

α——与 β 相对应的系数。

（2）洛巴诺夫模型

洛巴诺夫模型是根据交通流量大小、交通流线角度等因素对平面交叉口危险度进行评价的模型，提出用每 1 000 万辆车通过交叉口可能发生的道路交通事故数量来评价交叉口的危险度，即

$$G_i = aK_iM_iN_i \times \frac{25}{K_j} \times 10^{-7} \tag{10-10}$$

式中：

G_i——冲突点 i 通过 1 000 万辆汽车时可能发生的交通事故数；

K_i——冲突点 i 交通事故严重性系数；

M_i——次要道路经过冲突点 i 的高峰小时交通量；

N_i——主要道路经过冲突点 i 的高峰小时交通量；

K_j——交通量月变化系数。

$$K_a = \frac{a\sum_{i=1}^{n} K_iM_iN_i}{M_r + N_r} \tag{10-11}$$

式中：

K_a——交叉口危险度；

M_r——次要道路高峰小时交通量；

N_r——主要道路高峰小时交通量。

在式（10–10）和式（10–11）中，a 为修正系数，25 为每月平均工作天数。当 $K_a<3$ 时，不危险；当 $3.1<K_a<8$ 时，稍有危险；当 $8.1<K_a<12$ 时，危险；当 $K_a>12$ 时，有很大危险。

经验模型在收集了典型交叉口大量统计数据的基础上，运用统计学理论提出的数学模型并提出指标的评价等级划分。它可以非常简明直观地表现出交叉口的安全程度，但是需要统计大量的资料，考虑的因素往往有局限性，且受当地交通条件、地域条件影响较大，可移植性、通用性不强。

10.3　城市交通设计方案效率评价

10.3.1　平面交叉交通设计方案效率评价

作为城市道路的节点，平面交叉的设计水平直接影响城市路网的通畅和效率，因此如何有效地评价平面交叉的服务水平具有十分重要的意义。评价平面交叉的指标主要包括交叉口的通行能力、延误、排队长度、服务水平和环保评估等。

1. 通行能力

（1）无让行标志、无信号控制的平面交叉

无让行标志、无信号控制交叉口的通行能力计算公式为

$$C = C_0 \prod_i F_i \tag{10–12}$$

式中：

C_0——基准通行能力，$C_0=3\,600/T_0$，T_0 为最小车头时距；

F_i——第 i 种影响因素的修正系数，包括道路线形、转向车比例、大型车比例等。

（2）有信号控制的平面交叉

信号控制平面交叉口的通行能力是各进口道所有车道的通行能力之和，因此在计算交叉口的通行能力时，应该先计算各进口道的通行能力。车道分为直行、直行左转、直行右转、直行左右转混合、左转专用、右转专用几类，直行车道的通行能力计算公式为

$$C_{\mathrm{S}} = \frac{3\,600}{T_{\mathrm{C}}}\left(\left[\frac{t_{\mathrm{g}}-t_0}{t_i}\right]+1\right)\varphi \tag{10–13}$$

式中：

C_{S}——一条直行车道的通行能力，pcu/h；

T_{C}——信号灯周期，s；

t_{g}——对应相位的绿灯时间长，s；

t_0——绿灯后第一辆车从启动到通过停车线的时间，可取 2.3 s；

t_i——直行或右转车通过停车线的平均时间，s/pcu，小型车组成的车队取 2.5 s，大型车组成的车队取 3.5 s，不同车辆比例混合车队的数值的选取可以参照表 10–2；

φ——折减系数，一般取 0.9。

表 10–2 不同车辆比例混合车队的 t_i 值

大车:小车	2:8	3:7	4:6	5:5	6:4	7:3	8:2
t_i/s	2.65	2.95	3.12	3.26	3.30	3.34	3.42

直行右转车道跟直行车道的通行能力相同，右转向车辆并不影响车道的通行能力。直行左转车道需要根据左转车的比例对通行能力进行折减，其计算公式为

$$C_{\mathrm{Sl}} = C_{\mathrm{S}}(1 - \beta_{\mathrm{L}}' / 2) \tag{10–14}$$

式中：

β_{L}'——直行左转车道中左转车的比例。

因增加右转不会影响车道的通行能力，所以直行右转车道的通行能力和直行左转车道相等。左转专用车道和右转专用车道通行能力较为复杂，需要根据进口道的具体车道组成情况进行计算。

各进口道的饱和度是指各进口道的实际流量除以各进口道的通行能力，交叉口的饱和度就是交叉口的实际流量除以交叉口的通行能力。饱和度过大将造成交叉口拥堵，饱和度过小又会使得道路资源得不到充分、有效的利用，通常饱和度介于 0.6～0.85 之间为宜。

2. 延误

延误是一个受很多因素影响的指标，因此无法精确计算出来，一般采用现场观测的方法。用延误作为平面交叉交通设计方案的评价指标可以较为直观地反映出交叉口的改进效果。

（1）无信号控制的平面交叉

无信号控制的平面交叉的延误包括在进入交叉口时减速过程的延误、通过交叉口时低于正常速度行驶的延误和离开交叉口时加速过程的延误，其计算公式为

$$D = D_{\mathrm{dec}} + D_{\mathrm{neg}} + D_{\mathrm{ace}} \tag{10–15}$$

式中：

D_{dec}——减速延误；

D_{neg}——低于正常速度穿越带来的延误；

D_{ace}——加速延误。

（2）信号控制的平面交叉

在《美国道路通行能力手册》（HCM 2010）中，交叉口信控延误使用的是均匀延误、增量延误和初始排队延误之和，即

$$d = d_1 + d_2 + d_3 \tag{10–16}$$

式中：

d——各车道平均信号控制延误，s/pcu；

d_1——均匀延误，即车辆均匀到达所产生的延误，s/pcu；

d_2——增量延误，即车辆非均匀到达、事故及交通饱和的持续所产生的延误，s/pcu；

d_3——初始排队延误，上一时段积余车辆产生的延误，s/pcu。

对于均匀延误 d_1，可按式（10–17）进行计算。

$$d_1 = d_s \frac{t_u}{T} + f_a d_u \frac{T - t_u}{T}$$

$$d_s = 0.5C(1-\lambda)$$

$$d_u = 0.5C \frac{(1-\lambda)^2}{1-y}$$

$$t_u = \min\left[T, \frac{Q_b}{\mathrm{CAP}[1-\min(1,x)]}\right]$$

$$f_a = \frac{1-P}{1-\lambda}$$

即

$$d_1[\lambda_i(t)] = 0.5C \frac{[1-\lambda_i(t)]^2}{[1-\lambda_i(t) \cdot \min(x,1)]} \tag{10–17}$$

式中：

d_s——饱和延误，s/pcu；

d_u——不饱和延误，s/pcu；

T——分析时段的持续时长，h；

t_u——在 T 中积余车辆的持续时间，h；

Q_b——初始积余车辆数，实测；

f_a——绿灯期车流到达率校正系数；

C——信号周期时长，s；

λ——所计算进口道的绿信比（有效绿灯时间/周期）；

x——饱和度；

y——流量比（车辆到达交叉口的速率/饱和流率）；

CAP——所计算车道的通行能力，pcu/h；

P——绿灯期到达车辆占整周期到达量之比，可通过实测获得。

对于增量延误 d_2，可按式（10–18）计算。

$$d_2 = 900T\left[(x-1) + \sqrt{(x-1)^2 + \frac{8kIx}{T \cdot \mathrm{CAP}}}\right] \tag{10–18}$$

式中：

k——感应控制的增量延误修正系数；

I——按上游信号灯汇入或限流的增量延误修正系数。

因为目前我国的城市道路交叉口信号控制多为定时控制，所以为简单起见，可以取 $k = 0.5$，$I = 1.0$。对于感应控制交叉口或感应流向的 k 和 I 值，可参照《美国道路通行能力手册》（HCM 2010）取值。

对于初始排队延误 d_3，随前式计算结果 t_u 而定，按式（10–19）计算。

$$d_3 = \begin{cases} 3\,600 \dfrac{Q_b}{\mathrm{CAP}} - 1\,800T\{1-\min[1,x]\} & t_u = T \\ 1\,800 \dfrac{Q_b t_u}{T \cdot \mathrm{CAP}} & t_u < T \end{cases} \tag{10–19}$$

在观测整个交叉口的延误时，首先需要观测各进口道的所有车道的平均单车延误时间，再针对各进口道求出延误的加权平均值，最后再计算得到整个交叉口的延误值。

3. 排队长度

车辆在驾驶过程中，在信号交叉遇到红灯时无法继续前行，车流密度会即时增大，形成排队现象。排队长度能够直接地反映出交叉口的运行情况，是评价交叉口服务水平的一项重要指标。在实地测量中，排队长度是未能在上一绿灯通过交叉口的车辆长度和在红灯期间到达的车辆长度之和。假设交叉口的车辆为均匀到达和均匀驶离，交叉口车辆到达和驶离的累计示意图如图 10–4 所示，其中 n_{i-1} 为第 i–1 个周期末某方向过饱和排队车辆数，曲线 *DC* 为某方向车辆到达交叉口的累计数，曲线 *OAB* 为某方向车辆驶离交叉口的累计数，两者之差即为此方向的车辆排队长度，而第 i 个周期末该方向过饱和车辆数 n_i 的计算公式为

$$n_i = n_{i-1} + qC - Sg \tag{10–20}$$

式中：

q——车辆到达交叉口的速率，veh/s；

C——信号周期长度，s；

S——车辆驶离交叉口的速率，veh/s；

g——周期绿灯时间长度，s。

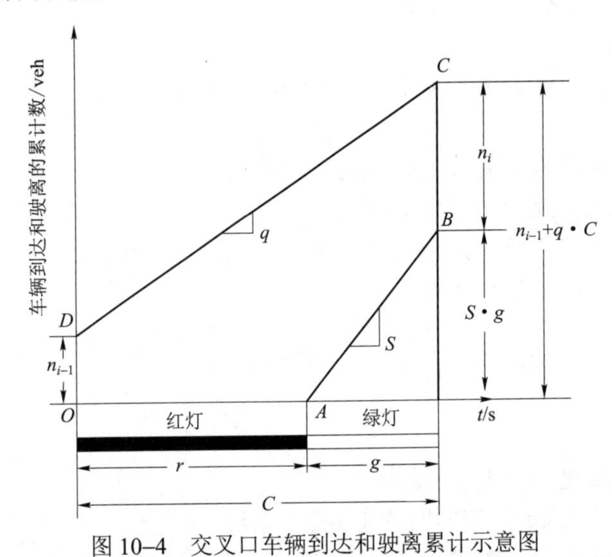

图 10–4　交叉口车辆到达和驶离累计示意图

4. 服务水平

美国使用交叉口的平均停车延误来评定该交叉口的服务水平，表 10–3 和表 10–4 即为 HCM 2010 交叉口服务水平评价标准。

表 10–3　无信号交叉服务水平（美国）

服务水平等级	A	B	C	D	E	F
平均停车延误/s	≤5.0	5.1～10.0	10.1～20.0	20.1～30.0	30.1～45.0	＞45.0

表 10–4 信号交叉服务水平（美国）

服务水平等级	A	B	C	D	E	F
平均停车延误/s	≤5.0	5.1～15.0	15.1～25.0	25.1～40.0	40.1～60.0	＞60.0

按照《城市道路工程设计规范》(CJJ 37—2012)，信号交叉口服务水平分为 4 个等级，如表 10–5 所示，其中第一等级相当于美国的 A～C 级，第二等级相当于美国的 D～E 级，第三等级相当于美国的 E 级，第四等级相当于美国的 F 级。新建交叉口应该至少符合第三等级服务水平。

表 10–5 信号交叉口服务水平（中国）

服务水平等级	控制延误/（s/veh）	饱和度	排队长度/m	相当于美国服务水平等级
一	＜30	＜0.6	＜30	A～C
二	30～50	0.6～0.8	30～80	D～E
三	50～60	0.8～0.9	80～100	E
四	＞60	＞0.9	＞100	F

服务水平是结合控制延误、饱和度和排队长度等指标后得出的一个综合性指标，能够较为全面地反映交叉口设计方案的优劣，因此，服务水平是十分重要且具有较高参考性的指标。

常见的评价指标获取方法主要包括交通调查、用户调查和交通仿真。交通调查常用于交通量、车速、延误和排队长度等，通过人工、录像等方式获得相应的交通参数，其后期数据处理工作量较大。用户调查常用于定性指标的获取，通常以问卷的形式进行调查。交通仿真是进行评价的可行性较高的一种手段，节省了大量的人力、物力，还可以通过改变仿真实验的参数获得不同条件下的评价指标值，常用的仿真软件有 VISSIM、PARAMICS、AIMSUN/2、CORSIM 等。

5. 环保评估

按照可持续发展原则，为了促进交通和环境的协调发展，在设计时还应考虑方案的实施给环境带来的影响、是否能够满足环境的约束要求。交通项目所带来的污染一般包括空气污染、噪声污染等，尤其是在交叉口，车辆制动、加速比较频繁，发动机排出的废气较多，噪声较大。

常用的交通噪声污染评价量是等效连续 A 声级（LEQ），其定义是根据能量平均的原则，将某一段时间内不同水平的噪声用一个 A 声级来表示，这个声级即为等效连续 A 声级。

计算等效声级的公式为

$$L_{\mathrm{eq}} = 10\lg\frac{1}{T}\int_0^T 10^{\frac{L_{\mathrm{A}}(t)}{10}}\mathrm{d}t \tag{10–21}$$

式中：

L_{eq}——等效连续 A 声级，dB；

$L_{\mathrm{A}}(t)$——测量得到的 t 时刻噪声级瞬间值；

T——某段时间的长度。

交叉口的建设或改造带来的最直接的影响就是机动车等待时间的变化，从而对空气质量带来一定的影响。可以根据颁布的《环境空气质量标准》（GB 3095—2012）来对交叉口的空气质量进行评估。环境空气功能区分为两类：一类区为自然保护区、风景名胜区和其他需要特殊保护的区域；二类区为居住区、商业交通居民混合区、文化区、工业区和农村地区。表 10–6 列出了部分交通相关污染物的国家标准，其中一类区适用一级浓度限值，二类区适用二级浓度限值。

表 10–6　部分交通相关污染物的国家标准

序号	污染物项目	平均时间	浓度限值		单位
			一级	二级	
1	CO	24 h 平均	4	4	mg/m^3
		1 h 平均	10	10	
2	$PM_{2.5}$	年平均	15	35	μg/m^3
		24 h 平均	35	75	
3	NO_x	年平均	50	50	
		24 h 平均	100	100	
		1 h 平均	250	250	
4	SO_2	年平均	20	60	μg/m^3
		24 h 平均	50	150	
		1 h 平均	150	500	

需要说明的是，路段交通设计方案的效率评价与平面交叉的评价步骤基本一致，仅具体测算方法有所差异。例如，路段服务水平以交通密度为衡量指标，《美国道路通行能力手册》按密度从低到高仍将服务水平分为 A～F 级，其中 F 级对应的交通密度≥72 pcu/（km/ln），即每车道每公里 72 辆标准小汽车（HCM 2010）。

10.3.2　立体交叉道路交通设计方案效率评价

立体交叉道路交通设计方案评价指标主要包括技术指标、经济指标和使用指标。技术指标主要包括立体交叉道路自身的构造属性，如占地面积、匝道总长、主线总长、土石方数量、匝道的路面面积、主线的路面面积和路线桥总长等。经济指标是指立体交叉道路建设和使用过程中产生的费用，包括安装建设、养护费用等。使用指标主要用于评价立体交叉道路的实用性和便捷性。

传统的立体交叉道路设计方案评价方法主要包括经验判断法、专家打分法等，但这些方法往往存在主观性较强的缺点。后来专家学者基于模糊数学和运筹学提出了一系列新的评价方法，有层次分析法、目标规划法和模糊综合评价法等。本节将主要介绍专家打分法、德尔菲法、分项评分法、技术经济比较法和综合评价法。

1. 专家打分法

专家打分法是出现比较早而且使用范围比较广的一种评价方法，通过征询专家评分的方式对方案进行评价，可以在数据资料匮乏或无法获得的情况下得出定量评价结果。专家打分法主要包括以下几步。

① 确定立体交叉口交通设计方案的评价指标，规定指标评价等级，等级标准用分值表示。

② 向专家提供资料及评价等级表，征询专家意见。

③ 汇集专家意见，通过一定的方法求出方案的综合评分值，从而得到评价结果。

2. 德尔菲法

德尔菲法(Delphi method)是以古希腊城市德尔菲命名的一种专家规定程序调查评价方法。德尔菲法不允许专家横向联系，专家只能和对应的调查员通信，经过反复征询归纳后，当所有专家的意见趋于一致时，最后得到较为准确的结论。

德尔菲法发挥专家打分法的优点，集思广益，吸取各家比较合理的地方，摒弃考虑不足的地方，从而获得准确性较高的结论。它还采用匿名的方式，使得各位专家能够在没有其他人影响的前提下独立地完成评分过程。而且经过几轮征询归纳，整个过程在各位专家意见趋于一致时才结束，大大提高了预测结果的准确性。但是德尔菲法也具有过程较为烦琐复杂、调查周期长的缺点。

3. 分项评分法

分项评分法是土木工程中常用的评价方法，将所有立体交叉方案分为若干项后分别进行评分，最后综合所有评分选出最佳方案的方法。确定所有立体交叉方案支出的费用和建成后的效益，分别打分计算评价并按照最后的总积分确定最佳立体交叉方案。根据《公路工程质量检验评定标准》（JTG F80/1—2017）规定，互通立交工程分项工程划分如表 10–7 所示，单位工程质量检验评定表如表 10–8 所示。

表 10–7　互通立交工程分项工程划分

分部工程	分　项　工　程
桥梁工程（每座）	桥梁总体、基础及下部构造、上部构造预制、安装及浇筑、支座安装、支座垫石、桥面铺装、护栏、人行道等
主线路基、路面工程（每 1～3 km）	土方路基、石方路基、软土路基、管道基础及管节安装、浆砌排水沟、急流槽、挡土墙、抗滑桩、锚喷防护、基层、面层等
匝道工程（每条）	路基、路面、通道、护坡、挡土墙、护栏等

表 10–8　单位工程质量检验评定表

<table>
<tr><td rowspan="3">施工单位</td><td colspan="5">分项工程</td><td rowspan="3">备注</td></tr>
<tr><td rowspan="2">工程名称</td><td colspan="4">质量评定</td></tr>
<tr><td>实得分</td><td>权值</td><td>加权得分</td><td>等级</td></tr>
<tr><td rowspan="4"></td><td></td><td></td><td></td><td></td><td></td><td></td></tr>
<tr><td></td><td></td><td></td><td></td><td></td><td></td></tr>
<tr><td></td><td></td><td></td><td></td><td></td><td></td></tr>
<tr><td colspan="2">合计</td><td></td><td></td><td></td><td></td></tr>
<tr><td>质量等级</td><td colspan="3"></td><td colspan="2">加权平均分</td><td></td></tr>
<tr><td>评定意见</td><td colspan="6"></td></tr>
</table>

4. 技术经济比较法

技术经济比较法是指直接计算立体交叉方案的技术指标、经济指标、使用指标，逐项进行对比和分析并选出最佳方案的方法。立体交叉技术经济比较指标体系的建立应考虑指标的全面性、独立性和可操作性等原则，常见指标如图 10–5 所示。

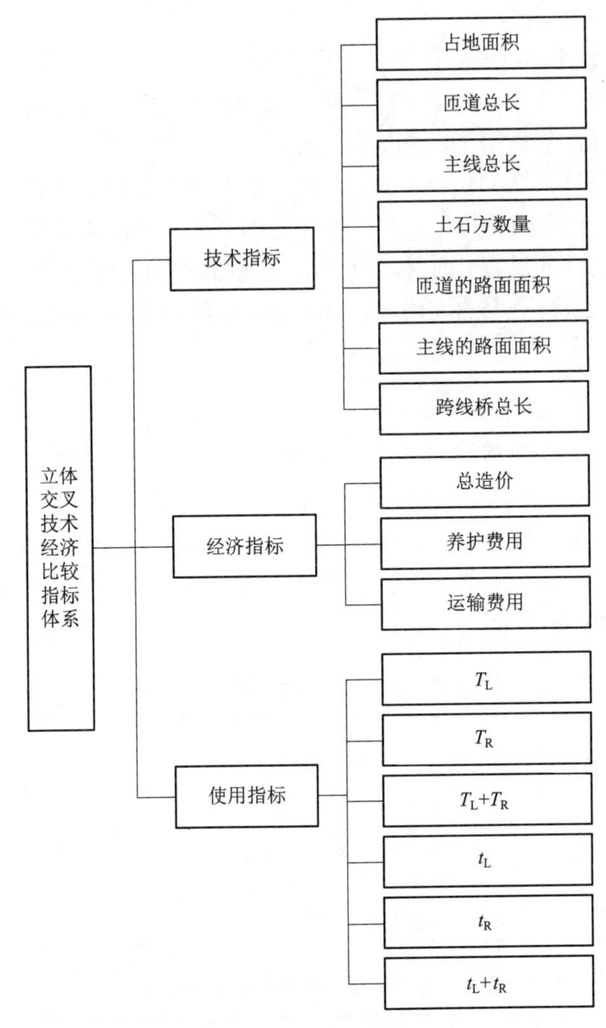

T_L——在相邻道路上两个固定点之间以计算行车速度左转运行时间，s；

T_R——在相同条件下右转运行时间，s；

t_L——在相同条件下以最佳车速左转运行的时间，s；

t_R——在相同条件下以最佳车速右转运行的时间，s

图 10–5 立体交叉技术经济比较指标体系

5. 综合评价法

综合评价法是在技术经济比较法的基础上，综合考虑所有指标的一种改进方法，流程图如图 10–6 所示。立体交叉方案综合评价的过程可分为以下 4 个步骤。

① 确定评价对象集、因素集和评语集；
② 建立评价因素的权分配矩阵；
③ 建立模糊评价矩阵 $\boldsymbol{R}$；
④ 计算评价结果矩阵 $\boldsymbol{B}$。

其中权分配矩阵的确定是最为重要的一步，各个指标之间的权重分配直接影响最后的评价结果。

综合评价法是较技术经济比较法更为系统的一个方法，它将所有的指标结合在一起，综合考虑方案的费用和效益，不仅可以避免单指标比较造成的最优方案集过大的问题，也可以使综合性能较高的方案脱颖而出。

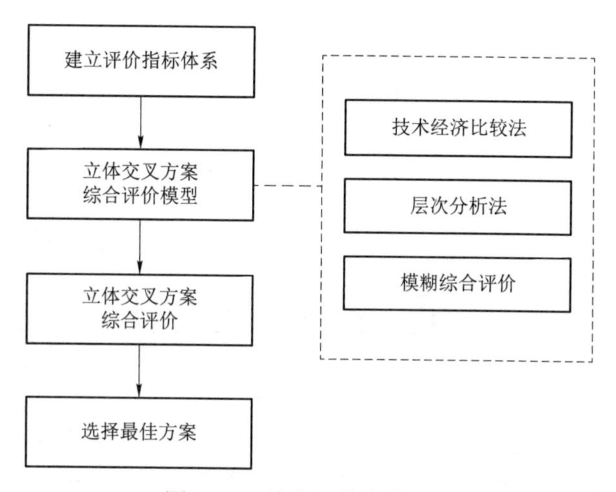

图 10-6　综合评价法流程图

10.3.3　城市综合客运交通枢纽交通设计方案效率评价

人们的出行方式越来越多元化，城市轨道交通、小汽车、出租车、公交车等构成了人们市内出行的主要方式，城市综合客运交通枢纽作为集多种交通方式于一体的各种交通设施的综合体，在城市交通中发挥重要的节点作用。对于城市综合客运交通枢纽，可以从交通功能、社会功能、经济功能及环境功能几个方面进行评价。其中，交通功能评价主要是从技术方面对枢纽的组织和功能设计的合理性等进行评价；社会功能评价主要从客运枢纽与城市各个方面的适应性和影响度进行评价；经济功能评价主要从枢纽投资者内部收益和国民经济的外部收益两个方面考虑社会经济与枢纽的协调性；环境功能评价主要评价枢纽对城市环境的影响。本节主要侧重交通功能设计对枢纽进行评价。

城市综合客运交通枢纽主要承担的客流活动过程是客流的集散、换乘和直通 3 个过程。其中，客流集散包括散点客流向枢纽集中的过程和集中客流向枢纽周围分散的过程；换乘主要包括相同交通方式中不同交通线路的转换或不同交通方式之间的更替；直通则是属于过站性质的客流过程。其中，集散功能和换乘功能是城市综合客运交通枢纽所承担的主要功能，可以针对这两种客流过程分别建立评价指标体系。

1. 集散功能评价

集散包括乘客前往枢纽的集结过程和乘客离开枢纽的消散过程，强调的是点状城市综合客运交通枢纽和面状城市交通网络之间的衔接过程。衡量枢纽交通设计方案集散功能强大与否主要有两种指标：一是城市综合客运交通枢纽集结和疏散客流的效率；二是城市综合客运交通枢纽集散客流的能力。针对这两种类型，又可以从宏观和微观两个角度来确定具体指标，如图 10–7 所示。

在宏观层面上，枢纽集散客流量是一个非常重要的指标，代表了枢纽的集散能力，该指标越大，枢纽集散能力越强。集散时间可以反映枢纽的集散效率，包括了步行时间、候车时间和排队时间。紧急情况下的疏散时间是枢纽内所有方式线路列车均进站的情况下，将所有乘客疏散出站外所花费的时间，《地铁设计规范》（GB 50157—2013）规定该时间不能超过 6 min。

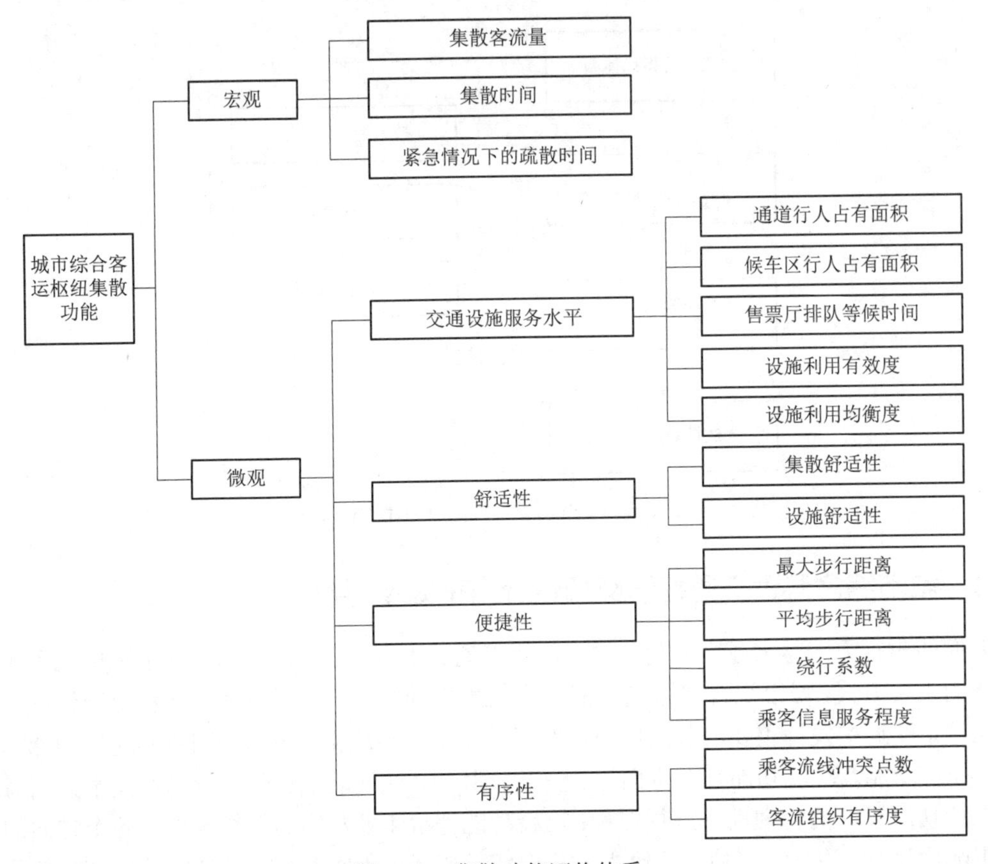

图 10–7　集散功能评价体系

在微观层面上，可以从交通设施服务水平、舒适性、便捷性和有序性 4 个方面考察交通设计方案的合理性。

（1）交通设施服务水平

通道行人占有面积和候车区行人占有面积可以直接反映出枢纽内的拥挤程度和服务水平，当人均值低于一定水平时，乘客会感到拥挤，从而造成枢纽服务水平的降低。售票厅排队等候时间是指乘客开始排队等候买票到完成买票所用的时间，从另一个方面反映出枢纽的服务水平。设施利用有效度是指枢纽内设施的实际客流量与能力之比，当设施利用有效度处于一定范围之内时，可以认为设施的设计是合理的，可以有效地满足需求而不浪费。设施利用均衡度是指枢纽内各个设施之间的协调程度，由各个设施的客流量和平均流量之比来表示，设施之间利用不均衡会造成局部拥堵，这样会导致整个流线无法连贯起来，而拥堵部分即为枢纽内流线的“瓶颈”。

（2）舒适性

枢纽舒适性会直接影响乘客出行时的感受，集散舒适性和设施舒适性，主要是乘客在使用枢纽的通道和其他设施时的直接感受。

（3）便捷性

评价枢纽的便捷性有以下几个指标：最大步行距离、平均步行距离、绕行系数、乘客信息服务程度。最大步行距离是指枢纽内乘客在实现换乘目的时所需步行的最长距离，选取所有换乘中换乘距离的最大值；平均步行距离则是换乘所需平均步行距离，取所有方式、线路之间换乘步行距离的平均值；绕行系数是实际换乘步行距离与理想换乘步行距离之比；乘客信息服务程度是指乘客在枢纽内是否能够获得全方位信息。

这几个指标可以反映出枢纽为乘客所提供的服务的便捷程度，最直接地表现出一个设计方案的优劣性。

（4）有序性

乘客流线冲突点数是用来考察不同出行目的乘客流线之间相互干扰的程度，可用实际运营中流线冲突点的数量来计算，这一指标与枢纽内的安全程度息息相关。客流组织有序度是指枢纽内冲突点数与有效面积之比，用枢纽内单位面积冲突点数来表示客流组织的秩序稳定情况。

2. 换乘功能评价

枢纽换乘日趋集中化、一体化，城市综合客运交通枢纽能够高效地实现不同交通方式之间、不同线路间的换乘。根据换乘的流程，可以从枢纽布局、枢纽效率和枢纽效益 3 个方面对交通设计方案进行评价，如图 10–8 所示。

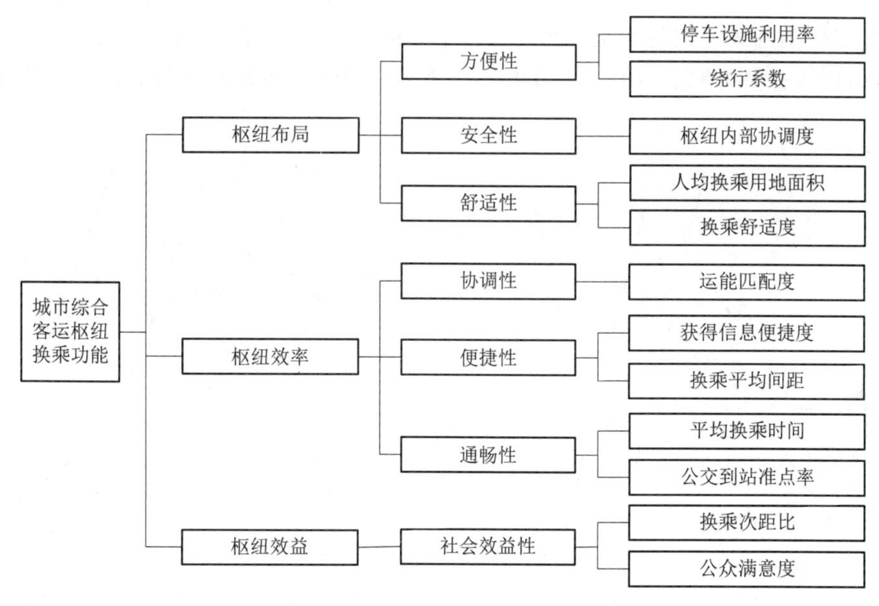

图 10–8　换乘功能评价体系

枢纽布局的合理与否可以基于其布局的方便性、安全性和舒适性进行评价。方便性指标包括停车设施利用率和绕行系数两个指标，主要反映了枢纽内乘客换乘的方便程度，换乘越方便，枢纽的吸引力越大，客流量也就越大，因此方便性指标是非常重要的一类指标。安全性指标与枢纽内交通流线相互冲突程度有关，可以依靠枢纽内部协调度进行衡量。舒适性指标代表了人们在枢纽内进行换乘时拥挤度和相应环境的舒适程度，主要用人均换乘用地面积和换乘舒适度来表示。

衡量枢纽效率的指标有协调性、便捷性和通畅性，其中协调性指标主要是指不同交通方式之间的运能匹配度；便捷性指标是针对陌生乘客而言，当他们不熟悉枢纽内部布局结构时，获得信息便捷度和换乘平均间距的长短会对他们的换乘过程产生多大的影响；通畅性指标可以衡量换乘过程的连续程度和各个过程之间衔接的紧密性，主要包括平均换乘时间和公交到站准点率。

枢纽效益既包括节约人们的出行时间，也包括给环境生态等带来的影响。为了方便对枢纽效益进行定量化评价，在这里，枢纽效益是指枢纽的社会效益性，主要指标包括换乘次距比和公众满意度。

对于图 10–8 所示的递阶层次结构，通常采用层次分析法来评价方案的优劣，首先计算各指标值，再结合所有指标的结果，获得方案的综合评价值。

10.4 城市交通设计方案评价案例

本节将主要从平面交叉和立体交叉两个方面举例，介绍对城市交通设计方案进行评价和改进的方法。

10.4.1 平面交叉方案

在现实路网中，因为规划不合理而存在各种问题，其中畸形交叉就是常见的一种问题。图 10–9 是 H 市的局部路网，其中外环东路为主干路，河北大街和河东五路均为城市次干路。

此路网为三路相交的畸形交叉，3 个交叉口 E、F、G 处的车辆流线如图 10–10 所示，可见 E 点将产生严重冲突，因为α是锐角，当左下方的车辆右转时需要转过超过 90° 的角，极易和其他流向的车辆产生冲突，由 10.2 节可知，交叉口的交通事故发生数和冲突点数呈正相关，

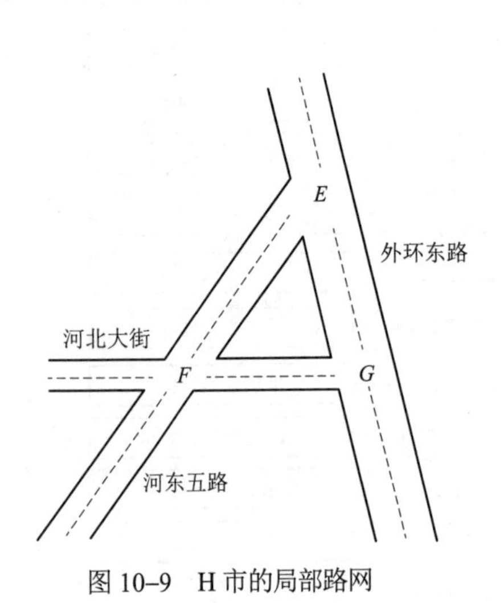

图 10–9 H 市的局部路网

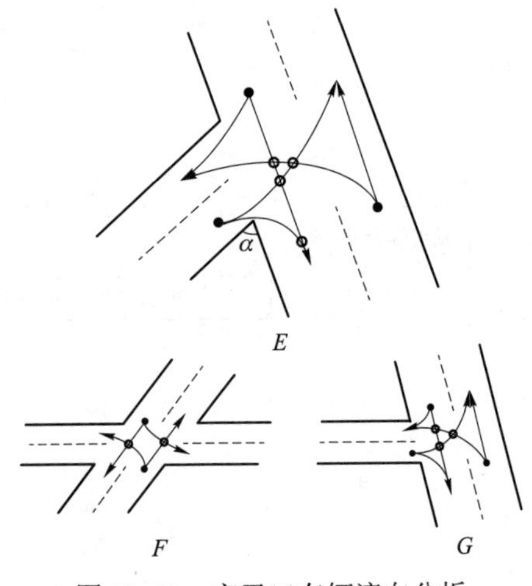

图 10–10 交叉口车辆流向分析

冲突点的增多会导致安全程度的降低。而且路段 *EF* 连接的路段较多，负荷较大，因此应该针对畸形交叉 *E* 和路段 *EF* 进行改进。

根据本章中提到的冲突点计算公式（10–7），即

$$N = \frac{1}{6}n^2(n-1)(n-2)$$

可以计算出原方案中 *E*、*F*、*G* 这 3 点机动车冲突点总数为

$$N = \frac{1}{6}\times 3^2\times(3-1)\times(3-2)+\frac{1}{6}\times 4^2\times(4-1)\times(4-2)+\frac{1}{6}\times 3^2\times(3-1)\times(3-2)=22\text{（个）}$$

改进方案如图 10–11 所示，改进后去掉 *E* 点的 T 形交叉，可以减少冲突点的产生，有效提高路段和交叉口的安全性能，改进后的冲突点减少到 6 个，减少了交通安全隐患。

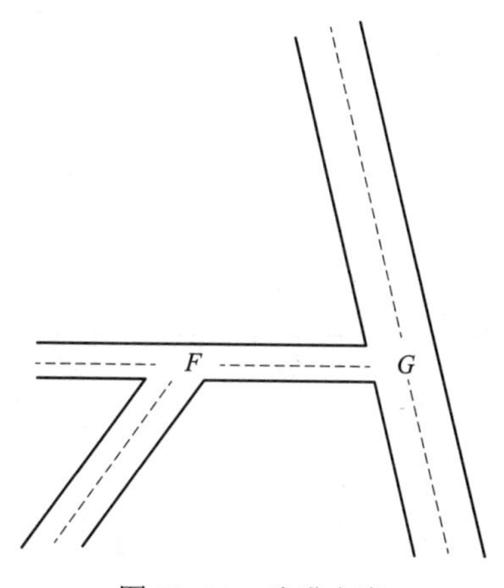

图 10–11　改进方案

10.4.2　立体交叉方案

M 市针对绕城高速立体交叉设计了两套方案，如图 10–12 所示，并给出两个方案的相应指标，如表 10–9 所示。根据所给资料，可以采用技术和经济指标的比较法判断两个方案的优劣性。

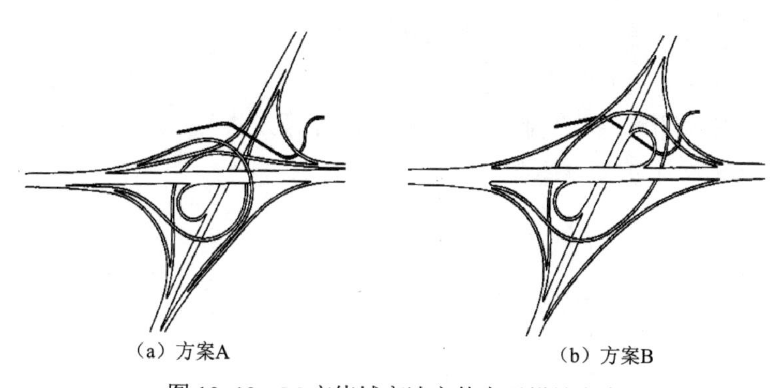

（a）方案A　　（b）方案B

图 10–12　M 市绕城高速立体交叉设计方案

表 10–9　方案指标

比较指标		方案 A	方案 B
技术指标	占地面积/hm^2	34	31
	匝道总长/km	7	5
	主线总长/km	8	8
	土石方数量/m^3	449 000	448 000
	匝道的路面面积/m^2	49 000	31 000
	主线的路面面积/m^2	113 000	114 200
	跨线桥总长/km	11 500	8 800
经济指标	总造价/万元	13 700	10 900
	养护费用/万元	300	280
	运输费用/万元	1 020	1 200
使用指标	T_L / s	270	350
	T_R / s	180	180
	$T_L + T_R$ / s	450	530
	t_L / s	340	400
	t_R / s	240	230
	$t_L + t_R$ / s	580	630

比较各项指标可知，方案 A 具有左转弯运行距离短、行车条件好，结构紧凑，外形宏伟，通行能力大，安全程度高，车辆运营费用低的优点；方案 B 则具有外形对称、造型美观，匝道和桥梁长度短，造价和养护费用低的优点。而方案 B 的纵向重叠较多，过于复杂，因此方案 A 要优于方案 B。

复习思考题

1. 什么是交通设计方案评价？需考虑哪些因素？
2. 交通设计安全评价的指标有哪些？
3. 平面交叉口评价指标通常包括哪些？具体的计算方法是什么？
4. 如何评价枢纽设计方案的换乘功能？

参 考 文 献

[1] 佐佐木纲．景观十年、风景百年、风土千年 [M]．东京：苍洋社，1997.
[2] 佐佐木纲．男らしさ·女らしさ [M]．东京：谈交社，1989.
[3] 刘春成，侯汉坡．城市的崛起：城市系统学与中国城市化 [M]．北京：中央文献出版社，2012.
[4] 杨晓光，白玉，马万经，等．交通设计 [M]．北京：人民交通出版社，2010.
[5] 杨晓光．城市道路交通设计指南 [M]．北京：人民交通出版社，2003.
[6] 石京．城市道路交通规划设计与运用 [M]．北京：人民交通出版社，2006.
[7] 齐岩，战国会，柳丽娜．综合客运枢纽功能空间组合设计：理论与实践 [M]．北京：中国科学技术出版社，2014.
[8] 横田英南．旅客站．东京：山海堂，1967.
[9] 依田和夫．駅前広場・駐車場とターミナル [M]．东京：技术书院，1976.
[10] 杨少伟．道路立体交叉规划与设计 [M]．北京：人民交通出版社，1999.
[11] 王琳颖．城市常规公交线网规划的基本方法研究 [D]．北京：北京交通大学，2012.
[12] 张生瑞，严海．城市公共交通规划的理论与实践 [M]．北京：中国铁道出版社，2007.
[13] 冯树民，白仕砚，慈玉生．城市公共交通 [M]．北京：知识产权出版社，2012.
[14] 龚翔．城市快速公交停靠站点优化设计方法研究 [D]．南京：东南大学，2009.
[15] 陈显林．公交车停靠站台的设计 [J]．城市建设，2012（23）.
[16] 戴炳奎．快速公交站点布局设计优化研究 [D]．成都：西南交通大学，2012.
[17] 毛子珍．快速公交（BRT）停靠站设计探讨 [J]．城市道桥与防洪，2009（9）：46–49.
[18] 徐康明，蔡健臣，孙鲁明，等．快速公交系统规划与设计 [M]．北京：中国建筑工业出版社，2010.
[19] 杨运平．巴士快速公交系统专用道设置与路口优先通行技术研究 [D]．长沙：湖南大学，2006.
[20] 刘涛．轨道交通与常规公交衔接研究 [D]．长沙：长沙理工大学，2009.
[21] 莫海波．城市轨道交通与常规公交一体化协调研究 [D]．北京：北京交通大学，2006.
[22] 郑维凤．城市轨道交通与快速公交的换乘协调研究 [D]．北京：北京交通大学，2011.
[23] 邵春福，王颖，周志祥．《公路工程技术标准》的对比分析 [J]．交通运输工程与信息学报，2005（3）：16–28.
[24] 邵春福，曹晓飞，陈鸣．城市道路中央隔离设施的交通安全与景观研究 [J]．中国安全科学学报，2004（9）：39–42.
[25] 樊桦．关于交通运输资源配置的若干思考 [J]．综合运输，2009（7）：14–18.
[26] 王丹．我国交通运输系统资源配置分析与评价 [D]．大连：大连海事大学，2005.
[27] 汤嘉欢．城市客运交通资源配置评价研究 [D]．长沙：长沙理工大学，2010.
[28] 赵旭．现代物流理念下的交通运输系统资源整合方法研究[D]．大连：大连海事大学，2007.

[29] 朱沪生. 上海城市轨道交通网络化建设的实践和对策[J]. 城市轨道交通研究，2006(12)：5–11.
[30] 邵春福. 交通规划原理 [M]. 3 版. 北京：中国铁道出版社，2022.
[31] 宋一凡. 城市交通网络设计模型和算法的研究 [D]. 北京：北京交通大学，2010.
[32] 胡永举，高婷婷，尹丽丽. 城市交通网络设计问题分析及其诡异 [J]. 黑龙江工程学院学报，2004 (4)：53–56.
[33] 高自友，张好智，孙会君. 城市交通网络设计问题中双层规划模型、方法及应用 [J]. 交通运输系统工程与信息，2004 (1)：35–44.
[34] LEBLANC L J. An algorithm for the discrete network design problem [J]. Transportation science，1975，9 (3)：183–199.
[35] ABDULAAL M，LEBLANC L J. Continuous equilibrium network design models [J]. Transportation research part B：methodological，1979，13 (1)：19–32.
[36] TAN H N，GERSHWIN S B，ATHANS M. Hybrid optimization in urban traffic networks [R]. MA：Cambridge，Laboratory for information design system，1979.
[37] MARCOTTE P. An analysis of heuristics for the continuous network design problem [C]// Proceedings of the Eighth International Symposium on Transportation and Traffic Theory. VNV Science Press，1983.
[38] HARKER P T，FRIESZ T L. Bounding the solution of the continuous equilibrium network design problem [C] //Proceedings of the Ninth International Symposium on Transportation and Traffic Theory. VNU Science Press，1984.
[39] SUWANSIRIKUL C，FRIESZ T L，TOBIN R L. Equilibrium decomposed optimization：a heuristic for the continuous equilibrium network design problem [J]. Transportation science，1987，21 (4)：254–263.
[40] KIM T J，SUH S. Toward developing a national transportation planning model：a bilevel programming approach for Korea [J]. The Annals of regional science，1988，22 (1)：65–80.
[41] 刘望保. 国内外城市交通微循环和支路网的研究进展和展望[J]. 规划师，2009，25(6)：21–24.
[42] 蒋强. 城市道路交通微循环网络中交通组织优化方法研究 [D]. 长沙：长沙理工大学，2011.
[43] 黄恩厚. 城市道路交通微循环系统改扩建优化理论与方法 [D]. 长沙：中南大学，2009.
[44] 钟媚. 基于可持续发展的城市交通微循环路网优化研究 [D]. 成都：西南交通大学，2013.
[45] 宋雪鸿. 城市交通微循环问题的解决策略及其应用研究 [D]. 上海：同济大学，2008.
[46] 史峰，王英姿，陈群. 城市交通微循环网络设计优化模型 [J]. 同济大学学报（自然科学版），2011，39 (12)：1795–1799.
[47] 李德慧，刘小明. 城市交通微循环体系的研究 [J]. 道路交通与安全，2005 (4)：17–19.
[48] 于博. 城市道路网络单向交通组织设计方法研究 [D]. 大连：大连海事大学，2011.
[49] 张威. 国内外城市单向交通组织实施经验与启示 [J]. 城市建设理论研究（电子版），2012 (15).

[50] 杨永勤．城市道路节点规划设计理论与方法研究［D］．北京：北京工业大学，2006.
[51] 张超，李海鹰．交通港站与枢纽［M］．北京：中国铁道出版社，2004.
[52] 于海霞．北京地铁西直门站换乘客流组织研究［D］．北京：北京交通大学，2008.
[53] HARIKAE M. Visualization of Common People's Behavior in the Barrier Free Environment［D］．日本福岛县：University of Aizu，1999.
[54] 陈光．我国无障碍建设发展概况与探讨［J］．中国康复理论与实践，2005（8）：684–685.
[55] 尹治军．城市道路的无障碍设计研究［D］．西安：长安大学，2009.
[56] 联合国亚太经社委员会．建立残疾人无障碍物质环境导则与事例［R］．建设部标准定额司组，译．1998.
[57] HENDERSON L F. The statistics of crowd fluids. Nature，1971，229: 381–383.
[58] 孙家驷．道路立交规划与设计［M］．北京：人民交通出版社，2009.
[59] 张志清．道路工程概论［M］．北京：北京工业大学出版社，2007.
[60] 徐家钰．城市道路设计［M］．北京：中国水利水电出版社，2005.
[61] 罗石贵，周伟．路段交通冲突技术研究［J］．公路交通科技，2001（1）：65–68.
[62] 成卫．城市道路交通事故与交通冲突技术理论模型及方法研究［D］．长春：吉林大学，2004.
[63] 张冬梅，徐杰，王艳辉．四相位信号控制的交叉口危险度评价研究［J］．交通运输系统工程与信息，2012，12（1）：71–78.
[64] 李晶玮．综合客运枢纽客流集散效能评价研究［D］．北京：北京交通大学，2011.
[65] 葛亮．城市综合客运换乘枢纽规划及设计方法研究［D］．南京：东南大学，2005.
[66] 李东屹．城市道路平面交叉口规划设计方案评价方法研究［D］．南京：东南大学，2009.
[67] 杨晓光，邵海鹏，云美萍．交通语言系统结构［J］．系统工程，2006（7）：1–7.
[68] 邵海鹏，董海倩．交通语言在交通管理中的应用［J］．城市交通，2007（6）：19–22.
[69] 邵海鹏．交通语言系统基础问题研究［D］．上海：同济大学，2006.
[70] 段里仁，毛力增．城市道路交通语言特点与设置原则分析［J］．综合运输，2013（6）：83–89.
[71] 谢顺堂．论道路交通符号信息系统：交通语言［J］．道路交通管理，1992（5）：33–35.
[72] 庞月光，刘利．语法［M］．香港：海峰出版社，1999.
[73] 隽志才，曹鹏，吴文静．基于认知心理学的驾驶员交通标志视认性理论分析［J］．中国安全科学学报，2005（8）：8–11.
[74] 张秀媛，董苏华，蔡华民，等．城市停车规划与管理［M］．北京：中国建筑工业出版社，2006.
[75] 过秀成．城市停车场规划与设计［M］．北京：中国铁道出版社，2008.
[76] 阮金梅．城市停车［M］．北京：中国建筑工业出版社，2012.
[77] 王元庆，周伟．停车设施规划［M］．北京：人民交通出版社，2003.
[78] 关宏志，刘小明．停车场规划设计与管理［M］．北京：人民交通出版社，2003.
[79] 陈峻．城市停车设施规划方法研究［D］．南京：东南大学，2000.
[80] 凌浩．城市机动车停车位配建指标及相关政策研究［D］．南京：东南大学，2006.
[81] 贾凡．城市停车场规划及交通影响研究［D］．兰州：兰州交通大学，2009.

[82] 张乔．我国大城市小汽车停车问题研究：以上海市为例 [D]．上海：同济大学，2006.
[83] 王文卿．城市汽车停车场（库）设计手册 [M]．北京：中国建筑工业出版社，2002.
[84] 贺松．广州市住区多层停车楼规划设计研究 [D]．广州：华南理工大学，2012.
[85] 何世伟．综合交通枢纽规划：理论与方法 [M]．北京：人民交通出版社，2012.
[86] 郝合瑞．道路客运站场布局规划理论与方法研究 [D]．北京：北京交通大学，2010.
[87] 杜丽娟．城市综合交通枢纽设计研究 [D]．西安：长安大学，2008.
[88] 任福田，刘小明，荣建，等．交通工程学 [M]．北京：人民交通出版社，2005.
[89] 宋瑞．交通运输设备 [M]．北京：中国铁道出版社，2005.
[90] 马桂贞．铁路站场及枢纽 [M]．2 版．成都：西南交通大学出版社，2003.
[91] 胡永举，黄芳．交通港站与枢纽设计 [M]．北京：人民交通出版社，2012.
[92] 张远．运输港站与枢纽 [M]．南京：东南大学出版社，2008.
[93] 朱海燕．城市轨道交通客运组织 [M]．北京：中国铁道出版社，2009.
[94] 孙小年，姜彩良．一体化客运换乘系统研究 [M]．北京：人民交通出版社，2007.
[95] 胡列格，刘中，杨明．交通枢纽与港站 [M]．北京：人民交通出版社，2003.
[96] 吴念祖．虹桥综合交通枢纽旅客联运研究 [M]．上海：上海科学技术出版社，2010.
[97] 李得伟，韩宝明．行人交通 [M]．北京：人民交通出版社，2011.
[98] 岳昊．基于元胞自动机的行人流仿真模型研究 [D]．北京：北京交通大学，2009.
[99] 魏召．基于空当搜索的客运交通枢纽行人交通仿真建模研究 [D]．北京：北京交通大学，2008.
[100] 张海林．客运交通枢纽内行人微观行为特性分析与仿真建模研究 [D]．南京：东南大学，2012.
[101] 孙浩．综合客运枢纽换乘衔接方案设计与评价 [D]．长春：吉林大学，2014.
[102] 王禄为．城市轨道交通与常规公交的换乘模式分析与评价 [D]．北京：北京交通大学，2014.
[103] 朱顺应，郭志勇．城市轨道交通规划与管理 [M]．南京：东南大学出版社，2008.
[104] 韩印，范海雁．公共客运系统换乘枢纽规划设计 [M]．北京：中国铁道出版社，2009.
[105] 顾保南，叶霞飞．城市轨道交通工程 [M]．武汉：华中科技大学出版社，2007.
[106] 韩宝明，李得伟，鲁放，等．铁路客运专线换乘枢纽交通设计理论与方法 [M]．北京：北京交通大学出版社，2010.
[107] 贾洪飞．综合交通客运枢纽仿真建模关键理论与方法 [M]．北京：科学出版社，2011.
[108] 刘行进．城市客运枢纽寻路特征与导向问题研究 [D]．上海：同济大学，2008.
[109] 向帆．导向标识系统设计 [M]．南昌：江西美术出版社，2009.
[110] 禹丹丹．基于寻路行为的轨道交通枢纽导向标识布局方案仿真评估研究 [D]．北京：北京交通大学，2012.
[111] 陈立民，李阳．公共图形与导向信息设计 [M]．北京：科学出版社，2014.
[112] 孔情情，李晔．综合客运枢纽导向标志系统的评价指标体系研究 [J]．城市轨道交通研究，2011，14（5）：83-86.
[113] 布罗．交通枢纽：交通建筑与换乘系统设计手册 [M]．田铁威，杨小东，译．北京：机械工业出版社，2011.

[114] 徐耀赐．道路交通工程设计理论基础 [M]．北京：人民交通出版社，2020.
[115] LUO S D，YU N. Impact of ride-pooling on the nature of transit network design [J]．Transportation research part B，2019，129：175-192.
[116] 户遥．城市中心区铁路客运综合体空间和流线组织研究 [D]．西安：西安建筑科技大学，2021.
[117] 曾如思，沈中伟．多维视角下的现代轨道交通综合体：以香港西九龙站为例 [J]．新建筑，2020（1）：88–92.
[118] 郝放，叶全喜，崔立长．中小城市静态交通规划建设及管理策略探究 [J]．河北水利电力学院学报，2020，30（4）：66–71.
[119] 许定源，李迅．既有城市住区停车问题、趋势及对策 [J]．城市发展研究，2021，28（6）：25–28.
[120] 谢艳芳．缓解中心城区停车难问题的探讨 [J]．山西建筑，2021，47（23）：190–193.
[121] 王亚思．乌鲁木齐市城市公共停车设施管理问题及对策研究 [D]．乌鲁木齐：新疆大学，2020.
[122] 蔡荣皓．昆明市公共停车管理问题研究 [D]．昆明：云南大学，2019.
[123] 陆丽丽，吴祖峰，施斌峰．宁波市中心区停车问题成因及关键对策研究 [J]．城市交通，2019，17（4）：85–90.
[124] 迟添宝．新时期城市智能停车场建设与管理探究 [J]．科技视界，2019（11）：229–230.
[125] 牛馨雅．城市停车泊位供给规模研究 [D]．济南：山东大学，2016.
[126] 祝华婷，胡盼，朱全军．大型专用停车库出入口数量与服务时间的计算方法 [J]．湖南交通科技，2012，38（3）：149–153.
[127] 闫星培，刘金广．我国城市道路路内停车泊位应如何设置 [J]．汽车与安全，2019（5）：31–35.
[128] 张文静．共享停车的发展现状及对策建议 [J]．现代商贸工业，2022，43（7）：49–50.
[129] 李莎．定制公交线网的建模与智能优化算法研究 [D]．广州：华南理工大学，2017.
[130] 韩志玲．基于出行数据的定制公交线网规划与线路设计研究 [D]．北京：北京工业大学，2020.
[131] 李长波，谢昭瑞，李国强．城市停车建设管理政策研究 [J]．交通工程，2022，22（4）：77–84.